ÉLÉMENTS D'HISTOIRE DES MATHÉMATIQUES

CHEZ LE MÊME ÉDITEUR

ÉLÉMENTS DE MATHÉMATIQUE, par N. BOURBAKI :

ALGÈBRE, Chapitres 4 à 7. 1981, 424 pages

ALGÈBRE, Chapitre 10. Algèbre homologique. 1980, 224 pages.

ESPACES VECTORIELS TOPOLOGIQUES, Chapitres 1 à 5. 1981, 368 pages.

GROUPES ET ALGÈBRES DE LIE, Chapitres 4 à 6. 1982, 288 pages.

GROUPES ET ALGÈBRES DE LIE, Chapitre 9. Groupes de Lie réels compacts. 1982, 144 pages.

ALGÈBRE COMMUTATIVE, Chapitres 1 à 4. 1984, 368 pages.

ALGÈBRE COMMUTATIVE, Chapitres 5 à 7. 1984, 352 pages.

ALGÈBRE COMMUTATIVE, Chapitres 8 à 9. 1983, 208 pages

J. [illegible]
Paris 11.99

ÉLÉMENTS D'HISTOIRE DES MATHÉMATIQUES

Nicolas BOURBAKI

3e tirage

MASSON

Paris Milan Barcelone

ISBN : 2-225-**80320**-X

MASSON S.A. 120, bd Saint-Germain, 75280 Paris Cedex 06
MASSON S.p.A. Via Statuto 2/4, 20121 Milano
MASSON S.A. Avenida Principe de Asturias 20, 08012 Barcelona

AVERTISSEMENT

Cet ouvrage rassemble, sans modification substantielle, la plupart des Notes historiques parues jusqu'ici dans mes *Eléments de Mathématique*. On en a seulement rendu la lecture indépendante des chapitres des *Eléments* auxquels ces Notes font suite ; elles sont donc en principe accessibles à tout lecteur pourvu d'une solide culture mathématique classique, du niveau du premier cycle de l'enseignement supérieur.

Bien entendu, les études séparées qui constituent ce volume ne sauraient en aucune manière prétendre à esquisser, même de façon sommaire, une histoire suivie et complète du développement de la Mathématique jusqu'à nos jours. Des parties entières des mathématiques classiques comme la Géométrie différentielle, la Géométrie algébrique, le Calcul des variations, n'y sont mentionnées que par allusions; d'autres, telles que la théorie des fonctions analytiques, celles des équations différentielles ou aux dérivées partielles, sont à peine effleurées; à plus forte raison, ces lacunes deviennent-elles plus nombreuses et plus importantes quand on arrive à l'époque moderne. Il va sans dire qu'il ne s'agit pas là d'omissions intentionnelles; elles sont simplement dues au fait que les chapitres correspondants des *Éléments* n'ont pas encore été publiés.

Enfin, le lecteur ne trouvera pratiquement dans ces Notes aucun renseignement biographique ou anecdotique sur les mathématiciens dont il est question ; on a cherché surtout, pour chaque théorie, à faire apparaître aussi clairement que possible quelles en ont été les idées directrices, et comment ces idées se sont développées et ont réagi les unes sur les autres.

Les nombres en caractères italiques renvoient à la Bibliographie placée à la fin du volume.

TABLE DES MATIÈRES

FONDEMENTS DES MATHÉMATIQUES
LOGIQUE
THÉORIE DES ENSEMBLES

L'étude de ce que l'on a coutume d'appeler les « fondements des Mathématiques », qui s'est poursuivie sans relâche depuis le début du XIXe siècle, n'a pu être menée à bien que grâce à un effort parallèle de systématisation de la Logique, tout au moins dans celles de ses parties qui régissent l'enchaînement des propositions mathématiques. Aussi ne peut-on dissocier l'histoire de la Théorie des ensembles et de la formalisation des mathématiques de celle de la « Logique mathématique ». Mais la logique traditionnelle, comme celle des philosophes modernes, couvre en principe un champ d'applications beaucoup plus vaste que la Mathématique. Le lecteur ne doit donc pas s'attendre à trouver dans ce qui suit une histoire de la Logique, même sous une forme très sommaire ; nous nous sommes bornés autant que possible à ne retracer l'évolution de la Logique que dans la mesure où elle a réagi sur celle de la Mathématique. C'est ainsi que nous ne dirons rien des logiques non classiques (logiques à plus de deux valeurs, logiques modales) ; à plus forte raison ne pourrons-nous aborder l'historique des controverses qui, des Sophistes à l'École de Vienne, n'ont cessé de diviser les philosophes quant à la possibilité et à la manière d'appliquer la Logique aux objets du monde sensible ou aux concepts de l'esprit humain.

Qu'il y ait eu une mathématique préhellénique fort développée, c'est ce qui ne saurait aujourd'hui être mis en doute. Non seulement les notions (déjà fort abstraites) de nombre entier et de mesure des grandeurs sont-elles couramment utilisées dans les documents les plus anciens qui nous soient parvenus d'Égypte ou de Chaldée, mais l'algèbre babylonienne, par l'élégance et la sûreté de ses méthodes, ne saurait se concevoir comme une simple collection de problèmes résolus par tâtonnements empiriques. Et, si on ne rencontre dans les textes rien qui ressemble à une « démonstration » au sens formel du mot, on est en droit de penser que la découverte de tels procédés de résolution, dont la généralité transparaît sous les applications numériques particulières, n'a pu s'effectuer sans un minimum d'enchaînements logiques (peut-être pas entièrement conscients, mais plutôt du genre de ceux sur lesquels s'appuie un algébriste moderne lorsqu'il entreprend un calcul, avant d'en « mettre en forme » tous les détails) ([*232*], p. 203 sqq.).

L'originalité essentielle des Grecs consiste précisément en un effort conscient pour ranger les démonstrations mathématiques en une succession telle que le passage d'un chaînon au suivant ne laisse aucune place au doute et contraigne l'assentiment universel. Que les mathématiciens grecs se soient servis au cours de leurs recherches, tout comme les modernes, de raisonnements « heuristiques » plutôt que probants, c'est ce que démontrerait par exemple (s'il en était besoin) le « traité de la méthode » d'Archimède [*153* c]; on notera aussi, chez celui-ci, des allusions à des résultats «trouvés, mais non démontrés» par des mathématiciens antérieurs*. Mais, dès les premiers textes détaillés qui nous soient connus (et qui datent du milieu du ve siècle), le « canon » idéal d'un texte mathématique est bien fixé. Il trouvera sa réalisation la plus achevée chez les grands classiques, Euclide, Archimède et Apollonius ; la notion de démonstration, chez ces auteurs, ne diffère en rien de la nôtre.

Nous n'avons aucun texte nous permettant de suivre les premiers pas de cette « méthode déductive », qui nous apparaît déjà proche de la perfection au moment même où nous en constatons l'existence. On peut seulement penser qu'elle s'inscrit assez naturellement dans la perpétuelle recherche d'« explications » du monde, qui caractérise la pensée grecque et qui est si visible déjà chez les philosophes ioniens du VIIe siècle ; en outre, la tradition est unanime à attribuer le développement et la mise au point de la méthode à l'école pythagoricienne, à une époque qui se situe entre la fin du VIe et le milieu du Ve siècle.

* Notamment Démocrite, à qui Archimède attribue la découverte de la formule donnant le volume d'une pyramide ([*153* c], p. 13). Cette allusion est à rapprocher d'un fragment célèbre attribué à Démocrite (mais d'authenticité contestée), où il déclare : « *Personne ne m'a jamais surpassé dans la construction de figures au moyen de preuves, pas même les « harpédonaptes » égyptiens, comme on les appelle* » ([*89*], t. I, p. 439 et t. II, 1, p. 727-728). La remarque d'Archimède et le fait qu'on n'a jamais trouvé de démonstration (au sens classique) dans les textes égyptiens qui nous sont parvenus, conduisent à penser que les « preuves » auxquelles fait allusion Démocrite n'étaient plus considérées comme telles à l'époque classique, et ne le seraient pas non plus aujourd'hui.

C'est sur cette mathématique « déductive », pleinement consciente de ses buts et de ses méthodes, que va s'exercer la réflexion philosophique et mathématique des âges suivants. Nous verrons d'une part s'édifier peu à peu la Logique « formelle » sur le modèle des mathématiques, pour aboutir à la création des langages formalisés ; d'autre part, principalement à partir du début du XIXe siècle, on s'interrogera de plus en plus sur les concepts de base de la Mathématique, et on s'efforcera d'en éclaircir la nature, surtout après l'avènement de la Théorie des ensembles.

LA FORMALISATION DE LA LOGIQUE

L'impression générale qui semble résulter des textes (fort lacunaires) que nous possédons sur la pensée philosophique grecque du Ve siècle, est qu'elle est dominée par un effort de plus en plus conscient pour étendre à tout le champ de la pensée humaine les procédés d'articulation du discours mis en œuvre avec tant de succès par la rhétorique et la mathématique contemporaines — en d'autres termes, pour créer la Logique au sens le plus général de ce mot. Le ton des écrits philosophiques subit à cette époque un brusque changement : alors qu'au VIIe ou au VIe siècle les philosophes affirment ou vaticinent (ou tout au plus ébauchent de vagues raisonnements, fondés sur de tout aussi vagues analogies), à partir de Parménide et surtout de Zénon, ils argumentent, et cherchent à dégager des principes généraux qui puissent servir de base à leur dialectique : c'est chez Parménide qu'on trouve la première affirmation du principe du tiers exclu, et les démonstrations « par l'absurde » de Zénon d'Elée sont restées célèbres. Mais Zénon écrit au milieu du Ve siècle ; et, quelles que soient les incertitudes de notre documentation*, il est très vraisemblable qu'à cette époque, les mathématiciens, dans leur propre sphère, se servaient couramment de ces principes.

Comme nous l'avons dit plus haut, il ne nous appartient pas de retracer les innombrables difficultés qui surgissent à chaque pas dans la gestation de cette Logique, et les polémiques qui en résultent, des

* Le plus bel exemple classique de raisonnement par l'absurde en mathématiques est la démonstration de l'irrationalité de $\sqrt{2}$, à laquelle Aristote fait plusieurs fois allusion ; mais les érudits modernes ne sont pas parvenus à dater cette découverte avec quelque précision, certains la plaçant au début et d'autres tout à la fin du Ve siècle (voir p. 185 et les références citées à ce propos).

Eléates à Platon et Aristote, en passant par les Sophistes ; relevons seulement ici le rôle que joue dans cette évolution la culture assidue de l'art oratoire et l'analyse du langage qui en est un corollaire, développements que l'on s'accorde à attribuer principalement aux Sophistes du ve siècle. D'autre part, si l'influence des mathématiques n'est pas toujours reconnue explicitement, elle n'en est pas moins manifeste, en particulier dans les écrits de Platon et d'Aristote. On a pu dire que Platon était presque obsédé par les mathématiques ; sans être lui-même un inventeur dans ce domaine, il s'est, à partir d'une certaine époque de sa vie, mis au courant des découvertes des mathématiciens contemporains (dont beaucoup étaient ses amis ou ses élèves), et n'a plus cessé de s'y intéresser de la manière la plus directe, allant jusqu'à suggérer de nouvelles directions de recherche ; aussi est-ce constamment que, sous sa plume, les mathématiques viennent servir d'illustration ou de modèle (et même parfois alimenter, comme chez les Pythagoriciens, son penchant vers le mysticisme). Quant à son élève Aristote, il n'a pu manquer de recevoir le minimum de formation mathématique qui était exigé des élèves de l'Académie, et on a fait un volume des passages de son œuvre qui se rapportent aux mathématiques ou y font allusion [*153* d]; mais il ne semble jamais avoir fait grand effort pour garder le contact avec le mouvement mathématique de son époque, et il ne cite dans ce domaine que des résultats qui avaient été vulgarisés depuis longtemps. Ce décalage ne fera d'ailleurs que s'accentuer chez la plupart des philosophes postérieurs, dont beaucoup, faute de préparation technique, s'imagineront en toute bonne foi parler des mathématiques en connaissance de cause, alors qu'ils ne feront que se référer à un stade depuis longtemps dépassé dans l'évolution de celles-ci.

L'aboutissement de cette période, en ce qui concerne la Logique, est l'œuvre monumentale d'Aristote [*6*], dont le grand mérite est d'avoir réussi à systématiser et codifier pour la première fois des procédés de raisonnement restés vagues ou informulés chez ses prédécesseurs *. Il nous faut surtout retenir ici, pour notre objet, la thèse

* Malgré la simplicité et l' « évidence » que paraissent présenter pour nous les règles logiques formulées par Aristote, il n'est que de les replacer dans leur cadre historique pour apprécier les difficultés qui s'opposaient à une conception précise de ces règles, et l'effort qu'a dû déployer Aristote pour y parvenir : Platon, dans ses dialogues, où il s'adresse à un public cultivé, laisse encore ses personnages s'embrouiller sur des questions aussi élémentaires que les rapports entre la négation de $A \subset B$ et la relation $A \cap B = \varnothing$ (en langage moderne), quitte à faire apparaître par la suite la réponse correcte [*264*].

générale de cette œuvre, savoir qu'il est possible de réduire tout raisonnement correct à l'application systématique d'un petit nombre de règles immuables, indépendantes de la nature particulière des objets dont il est question (indépendance clairement mise en évidence par la notation des concepts ou des propositions à l'aide de lettres — vraisemblablement empruntée par Aristote aux mathématiciens). Mais Aristote concentre à peu près exclusivement son attention sur un type particulier de relations et d'enchaînements logiques, constituant ce qu'il appelle le « syllogisme » : il s'agit essentiellement de relations que nous traduirions à l'heure actuelle sous la forme $A \subset B$ ou $A \cap B \neq \emptyset$ en langage de théorie des ensembles *, et de la manière d'enchaîner ces relations ou leurs négations, au moyen du schéma

$$(A \subset B \text{ et } B \subset C) \Rightarrow (A \subset C).$$

Aristote était encore trop averti des mathématiques de son époque pour ne pas s'être aperçu que les schémas de ce genre n'étaient pas suffisants pour rendre compte de toutes les opérations logiques des mathématiciens, ni à plus forte raison des autres applications de la Logique ([*6*], An. Pr., I, 35; [*153* d], p. 25-26)**. Du moins l'étude approfondie des diverses formes de « syllogisme » à laquelle il se livre (et qui est presque entièrement consacrée à l'élucidation des perpétuelles difficultés que soulève l'ambiguité ou l'obscurité des termes sur lesquels porte le raisonnement) lui donne-t-elle entre autres l'occasion de formuler des règles pour prendre la négation d'une proposition ([*6*], An. Pr., I, 46). C'est aussi à Aristote que revient le

* Les énoncés correspondants d'Aristote sont « Tout A est B » et « Quelque A est B » ; dans ces notations A (le « sujet ») et B (le « prédicat ») remplacent des concepts, et dire que « Tout A est un B » signifie que l'on peut attribuer le concept B à tout être auquel on peut attribuer le concept A (A est le concept « homme » et B le concept « mortel » dans l'exemple classique). L'interprétation que nous en donnons consiste à considérer les ensembles d'êtres auxquels s'appliquent respectivement les concepts A et B ; c'est le point de vue dit « de l'extension », déjà connu d'Aristote. Mais ce dernier considère surtout la relation « Tout A est B » d'un autre point de vue, dit « de la compréhension », où B est envisagé comme un des concepts qui constituent en quelque sorte le concept plus complexe A, ou, comme dit Aristote, lui « appartiennent ». Au premier abord, les deux points de vue paraissent aussi naturels l'un que l'autre, mais le point de vue « de la compréhension » a été une source constante de difficultés dans le développement de la Logique (il paraît plus éloigné de l'intuition que le premier, et entraîne assez facilement à des erreurs, notamment dans les schémas où interviennent des négations; cf. [*69* a], p. 21-32).

** Pour une discussion critique du syllogisme et de ses insuffisances, voir par exemple ([*69* a], p. 432-441) ou ([*164*], p. 44-50).

mérite d'avoir distingué avec une grande netteté le rôle des propositions « universelles » de celui des propositions « particulières », première ébauche des quantificateurs *. Mais on sait trop comment l'influence de ses écrits (souvent interprétés de façon étroite et inintelligente), qui reste encore très sensible jusque bien avant dans le XIXe siècle, devait encourager les philosophes dans leur négligence de l'étude des mathématiques, et bloquer les progrès de la Logique formelle **.

Toutefois cette dernière continue à progresser dans l'Antiquité, au sein des écoles mégarique et stoïcienne, rivales des Péripatéticiens. Nos renseignements sur ces doctrines sont malheureusement tous de seconde main, souvent transmis par des adversaires ou de médiocres commentateurs. Le progrès essentiel accompli par ces logiciens consiste, semble-t-il, en la fondation d'un « calcul propositionnel » au sens où on l'entend aujourd'hui : au lieu de se borner, comme Aristote, aux propositions de la forme particulière $A \subset B$, ils énoncent des règles concernant des propositions entièrement *indéterminées*. En outre, ils avaient analysé les rapports logiques entre ces règles de façon si approfondie qu'ils savaient les déduire toutes de cinq d'entre elles, posées comme « indémontrables », par des procédés très semblables aux méthodes modernes [*23*]. Malheureusement leur influence fut assez éphémère, et leurs résultats devaient sombrer dans l'oubli jusqu'au jour où ils furent redécouverts par les logiciens du XIXe siècle. Le maître incontesté, en Logique, reste Aristote jusqu'au XVIIe siècle ; on sait en particulier que les philosophes scolastiques sont entièrement sous son influence, et si leur contribution à la logique formelle est loin d'être négligeable [*25*], elle ne comporte aucun progrès de premier plan par rapport à l'acquit des philosophes de l'Antiquité.

Il convient d'ailleurs de noter ici qu'il ne semble pas que les travaux d'Aristote ou de ses successeurs aient eu un retentissement notable sur les mathématiques. Les mathématiciens grecs poursuivent leurs recherches dans la voie ouverte par les Pythagoriciens et leurs successeurs du IVe siècle (Théodore, Théétète, Eudoxe) sans se soucier apparemment de logique formelle dans la présentation de leurs résul-

* L'absence de véritables quantificateurs (au sens moderne) jusqu'à la fin du XIXe siècle, a été une des causes de la stagnation de la Logique formelle.

** On cite le cas d'un universitaire éminent qui, dans une conférence récente faite à Princeton en présence de Gödel, aurait dit que rien de nouveau ne s'était fait en Logique depuis Aristote !

tats : constatation qui ne doit guère étonner quand on compare la souplesse et la précision acquises, dès cette époque, par le raisonnement mathématique, à l'état fort rudimentaire de la logique aristotélicienne. Et lorsque la logique va dépasser ce stade, ce sont encore les nouvelles acquisitions des mathématiques qui la guideront dans son évolution.

Avec le développement de l'algèbre, on ne pouvait en effet manquer d'être frappé par l'analogie entre les règles de la Logique formelle et les règles de l'algèbre, les unes comme les autres ayant le caractère commun de s'appliquer à des objets (propositions ou nombres) non précisés. Et lorsqu'au XVIIe siècle la notation algébrique a pris sa forme définitive entre les mains de Viète et de Descartes, on voit presque aussitôt apparaître divers essais d'une écriture symbolique destinée à représenter les opérations logiques ; mais, avant Leibniz, ces tentatives, comme par exemple celle d'Hérigone (1644) pour noter les démonstrations de la Géométrie élémentaire, ou celle de Pell (1659) pour noter celles de l'Arithmétique, restent très superficielles et ne conduisent à aucun progrès dans l'analyse du raisonnement mathématique.

Avec Leibniz, on est en présence d'un philosophe qui est aussi un mathématicien de premier plan, et qui va savoir tirer de son expérience mathématique le germe des idées qui feront sortir la logique formelle de l'impasse scolastique *. Esprit universel s'il en fut jamais, source inépuisable d'idées originales et fécondes, Leibniz devait s'intéresser d'autant plus à la Logique qu'elle s'inserait au cœur même de ses grands projets de formalisation du langage et de la pensée, auxquels il ne cessa de travailler toute sa vie. Rompu dès son enfance à la logique scolastique, il avait été séduit par l'idée (remon-

* Bien que Descartes et (à un moindre degré) Pascal aient consacré une partie de leur œuvre philosophique aux fondements des mathématiques, leur contribution aux progrès de la Logique formelle est négligeable. Sans doute faut-il en voir la raison dans la tendance fondamentale de leur pensée, l'effort d'émancipation de la tutelle scolastique, qui les portait à rejeter tout ce qui pouvait s'y rattacher, et en premier lieu la Logique formelle. De fait, dans ses *Réflexions sur l'esprit géométrique*, Pascal, comme il le reconnaît lui-même, se borne essentiellement à couler en formules bien frappées les principes connus des démonstrations euclidiennes (par exemple, le fameux précepte : « *Substituer toujours mentalement les définitions à la place des définis* » ([*244*], t. IX, p. 280) était essentiellement connu d'Aristote ([*6*], Top., VI, 4; [*153* d], p. 87)). Quant à Descartes, les règles de raisonnement qu'il pose sont avant tout des préceptes psychologiques (assez vagues) et non des critères logiques; comme le lui reproche Leibniz ([*69* a], p. 94 et 202-203), elles n'ont par suite qu'une portée subjective.

tant à Raymond Lulle) d'une méthode qui résoudrait tous les concepts humains en concepts primitifs, constituant un « Alphabet des pensées humaines », et les recombinerait de façon quasi mécanique pour obtenir toutes les propositions vraies ([*198* b], t. VII, p. 185; cf. [*69* a], chap. II). Très jeune aussi, il avait conçu une autre idée beaucoup plus originale, celle de l'utilité des notations symboliques comme « fil d'Ariane » de la pensée * : « *La veritable methode* », dit-il, « *nous doit fournir un* filum Ariadnes, *c'est-à-dire un certain moyen sensible et grossier, qui conduise l'esprit, comme sont les lignes tracées en geometrie et les formes des operations qu'on prescrit aux apprentifs en Arithmétique. Sans cela nostre esprit ne sçauroit faire un long chemin sans s'egarer.* » ([*198* b], t. VII, p. 22; cf. [*69* a], p. 90). Peu au courant des mathématiques de son époque jusque vers sa 25ᵉ année, c'est d'abord sous forme de « langue universelle » qu'il présente ses projets ([*69* a], chap. III) ; mais dès qu'il entre en contact avec l'Algèbre, il l'adopte pour modèle de sa « Caractéristique universelle ». Il entend par là une sorte de langage symbolique, capable d'exprimer sans ambiguïté toutes les pensées humaines, de renforcer notre pouvoir de déduction, d'éviter les erreurs par un effort d'attention tout mécanique, enfin construit de telle sorte que « *les chimeres, que celuy même qui les avance n'entend pas, ne pourront pas estre écrites en ces caracteres* » ([*198* a], t. I, p. 187). Dans les innombrables passages de ses écrits où Leibniz fait allusion à ce projet grandiose et aux progrès qu'entraînerait sa réalisation (cf. [*69* a], chap. IV et VI), on voit avec quelle clarté il concevait la notion de langage formalisé, pure combinaison de signes dont seul importe l'enchaînement **, de sorte qu'une machine serait capable de fournir tous les théorèmes ***, et que toutes les controverses se résoudraient par un simple calcul ([*198* b], t. VII, p. 198-203). Si ces espoirs peuvent paraître démesurés, il n'en est pas moins vrai que c'est à cette tendance constante de la pensée de Leibniz qu'il faut rattacher une bonne part de son œuvre mathéma-

* Bien entendu, l'intérêt d'un tel symbolisme n'avait pas échappé aux prédécesseurs de Leibniz en ce qui concerne les mathématiques, et Descartes, par exemple, recommande de remplacer des figures entières « *par des signes très courts* » (XVIᵉ Règle pour la direction de l'esprit; [*85* a], t. X, p. 454). Mais personne avant Leibniz n'avait insisté avec autant de vigueur sur la portée universelle de ce principe.

** Il est frappant de le voir citer comme exemples de raisonnement « en forme », « *un compte de receveur* » ou même un texte judiciaire ([*198* b], t. IV, p. 295).

*** On sait que cette conception d'une « machine logique » est utilisée de nos jours en métamathématique, où elle rend de grands services ([*181*], chap. XIII).

tique, à commencer par ses travaux sur le symbolisme du Calcul infinitésimal (voir p. 238-241) ; il en était lui-même parfaitement conscient, et reliait explicitement aussi à sa « Caractéristique » ses idées sur la notation indicielle et les déterminants ([*198* a], t. II, p. 204; cf. [*69* a], p. 481-487) et son ébauche de « Calcul géométrique » (voir p. 71 et 84-86; cf. [*69* a], chap. IX). Mais dans son esprit, la pièce essentielle devait en être la Logique symbolique, ou, comme il dit, un « Calculus ratiocinator », et s'il ne parvint pas à créer ce calcul, du moins le voyons-nous s'y essayer à trois reprises au moins. Dans une première tentative, il a l'idée d'associer à chaque terme « primitif » un nombre premier, tout terme composé de plusieurs termes primitifs étant représenté par le produit des nombres premiers correspondants * ; il cherche à traduire dans ce système les règles usuelles du syllogisme, mais se heurte à des complications considérables causées par la négation (qu'il essaie, assez naturellement, de représenter par le changement de signe) et abandonne rapidement cette voie ([*198* c], p. 42-96; cf. [*69* a], p. 326-344). Dans des essais ultérieurs, il cherche à donner à la logique aristotélicienne une forme plus algébrique ; tantôt il conserve la notation AB pour la conjonction de deux concepts ; tantôt il utilise la notation A + B ** ; il observe (en notation multiplicative) la loi d'idempotence AA = A, remarque qu'on peut remplacer la proposition « tout A est B » par l'égalité A = AB et qu'on peut retrouver à partir de là la plupart des règles d'Aristote par un pur calcul algébrique ([*198* c], p. 229-237 et 356-399; cf. [*69* a], p. 345-364) ; il a aussi l'idée du concept vide (« non Ens »), et reconnaît par exemple l'équivalence des propositions « tout A est B » et « A.(non B) n'est pas » (*loc.cit.*). En outre, il remarque que son calcul logique s'applique non seulement à la logique des concepts, mais aussi à celle des propositions ([*198* c], p. 377). Il paraît donc très proche du « calcul booléien ». Malheureusement, il semble qu'il n'ait pas réussi à se dégager complètement de l'influence scolastique ; non seulement il se propose à peu près uniquement pour but de son calcul la transcription, dans ses notations, des règles du syllogisme ***,

* L'idée a été reprise avec succès par Gödel dans ses travaux de métamathématique, sous une forme légèrement différente (cf. [*130* a] et [*181*], p. 254).

** Leibniz ne cherche à introduire dans son calcul la disjonction que dans quelques fragments (où il la note A + B) et ne semble pas avoir réussi à manier simultanément cette opération et la conjonction de façon satisfaisante ([*69* a], p. 363).

*** Leibniz savait fort bien que la logique aristotélicienne était insuffisante pour traduire formellement les textes mathématiques, mais, malgré quelques tentatives, il ne parvint jamais à l'améliorer à cet égard ([*69* a], p. 435 et 560).

mais il va jusqu'à sacrifier ses idées les plus heureuses au désir de retrouver intégralement les règles d'Aristote, même celles qui étaient incompatibles avec la notion d'ensemble vide *.

Les travaux de Leibniz restèrent en grande partie inédits jusqu'au début du XXe siècle, et n'eurent que peu d'influence directe. Pendant tout le XVIIIe et le début du XIXe siècle, divers auteurs (de Segner, J. Lambert, Ploucquet, Holland, De Castillon, Gergonne) ébauchent des tentatives semblables à celles de Leibniz, sans jamais dépasser sensiblement le point où s'était arrêté celui-ci ; leurs travaux n'eurent qu'un très faible retentissement, ce qui fait que la plupart d'entre eux ignorent tout des résultats de leurs prédécesseurs **. C'est d'ailleurs dans les mêmes conditions qu'écrit G. Boole, qui doit être considéré comme le véritable créateur de la logique symbolique moderne [*29*]. Son idée maîtresse consiste à se placer systématiquement au point de vue de l' « extension », donc à calculer directement sur les ensembles, en notant xy l'intersection de deux ensembles, et $x + y$ leur réunion lorsque x et y n'ont pas d'élément commun. Il introduit en outre un « univers » noté 1 (ensemble de tous les objets) et l'ensemble vide noté 0, et il écrit $1 - x$ le complémentaire de x. Comme l'avait fait Leibniz, il interprète la relation d'inclusion par la relation $xy = x$ (d'où il tire sans peine la justification des règles du syllogisme classique) et ses notations pour la réunion et le complémentaire donnent à son système une souplesse qui avait manqué à ses devanciers ***. En outre, en associant à toute proposition l'ensemble des « cas » où elle est vérifiée, il interprète la relation d'implication comme une inclusion, et son calcul des ensembles lui donne de cette façon les règles du « calcul propositionnel ».

Dans la seconde moitié du XIXe siècle, le système de Boole sert de base aux travaux d'une active école de logiciens, qui l'améliorent et

* Il s'agit des règles dites « de conversion » basées sur le postulat que « Tout A est un B » entraîne « Quelque A est un B », ce qui suppose naturellement que A n'est pas vide.

** L'influence de Kant, à partir du milieu du XVIIIe siècle, entre sans doute pour une part dans le peu d'intérêt suscité par la logique formelle à cette époque; il estime que « *nous n'avons besoin d'aucune invention nouvelle en logique* », la forme donnée à celle-ci par Aristote étant suffisante pour toutes les applications qu'on en peut faire ([*178*], t. VIII, p. 340). Sur les conceptions dogmatiques de Kant à propos des mathématiques et de la logique, on pourra consulter [*69* b].

*** Notons en particulier que Boole utilise la distributivité de l'intersection par rapport à la réunion, qui paraît avoir été remarquée pour la première fois par J. Lambert.

le complètent sur divers points. C'est ainsi que Jevons (1864) élargit le sens de l'opération de réunion $x + y$ en l'étendant au cas où x et y sont quelconques ; A. de Morgan en 1858 et C. S. Peirce en 1867 démontrent les relations de dualité

$$(\complement A) \cap (\complement B) = \complement(A \cup B), \qquad (\complement A) \cup (\complement B) = \complement(A \cap B)\text{*};$$

De Morgan aborde aussi, en 1860, l'étude des relations, définissant l'inversion et la composition des relations binaires (c'est-à-dire les opérations qui correspondent aux opérations $\overset{-1}{G}$ et $G_1 \circ G_2$ sur les graphes) **. Tous ces travaux se trouvent systématiquement exposés et développés dans le massif et prolixe ouvrage de Schröder [*277*]. Mais il est assez curieux de noter que les logiciens dont nous venons de parler ne paraissent guère s'intéresser à l'application de leurs résultats aux mathématiques, et que, tout au contraire, Boole et Schröder notamment semblent avoir pour but principal de développer l'algèbre « booléienne » en calquant ses méthodes et ses problèmes sur l'algèbre classique (souvent de façon assez artificielle). Il faut sans doute voir les raisons de cette attitude dans le fait que le calcul booléien manquait encore de commodité pour transcrire la plupart des raisonnements mathématiques ***, et ne fournissait ainsi qu'une réponse très partielle au grand rêve de Leibniz. La construction de formalismes mieux adaptés aux mathématiques — dont l'introduction des variables et des quantificateurs, due indépendamment à Frege [*117* a, b, c] et C. S. Peirce [*248* b], constitue l'étape capitale — fut l'œuvre de logiciens et de mathématiciens qui, à la différence des précédents, avaient avant tout en vue les applications aux fondements des mathématiques.

* Il faut noter que des énoncés équivalents à ces règles se trouvent déjà chez certains philosophes scolastiques ([*25*], p. 67 sqq.).

** Toutefois, la notion de produit « cartésien » de deux ensembles quelconques ne paraît explicitement introduite que par G. Cantor ([*47*], p. 286); c'est aussi Cantor qui définit le premier l'exponentiation A^B (*loc. cit.*, p. 287); la notion générale de produit infini est due à A. N. Whitehead ([*333*], p. 369). L'utilisation des graphes de relations est assez récente ; si l'on excepte bien entendu le cas classique des fonctions numériques de variables réelles, elle semble apparaître pour la première fois chez les géomètres italiens, notamment C. Segre, dans leur étude des correspondances algébriques.

*** Pour *chaque* relation obtenue à partir d'une ou de plusieurs relations données par application de nos quantificateurs, il faudrait, dans ce calcul, introduire une notation *ad hoc*, du type des notations $\overset{-1}{G}$ et $G_1 \circ G_2$ (cf. par exemple [*248* b]).

Le projet de Frege [*117* b et c] était de fonder l'arithmétique sur une logique formalisée en une « écriture des concepts » (Begriffschrift) et nous reviendrons plus loin (p. 45) sur la façon dont il définit les entiers naturels. Ses ouvrages se caractérisent par une précision et une minutie extrêmes dans l'analyse des concepts ; c'est en raison de cette tendance qu'il introduit mainte distinction qui s'est révélée d'une grande importance en logique moderne : par exemple, c'est lui qui le premier distingue entre l'énoncé d'une proposition et l'assertion que cette proposition est vraie, entre la relation d'appartenance et celle d'inclusion, entre un objet x et l'ensemble $\{x\}$ réduit à ce seul objet, etc. Sa logique formalisée, qui comporte non seulement des « variables » au sens utilisé en mathématiques, mais aussi des « variables propositionnelles » représentant des relations indéterminées, et susceptibles de quantification, devait plus tard (à travers l'œuvre de Russell et Whitehead) fournir l'outil fondamental de la métamathématique. Malheureusement, les symboles qu'il adopte sont peu suggestifs, d'une effroyable complexité typographique et fort éloignés de la pratique des mathématiciens ; ce qui eut pour effet d'en détourner ces derniers et de réduire considérablement l'influence de Frege sur ses contemporains.

Le but de Peano était à la fois plus vaste et plus terre à terre ; il s'agissait de publier un « Formulaire de mathématiques », écrit entièrement en langage formalisé et contenant, non seulement la logique mathématique, mais tous les résultats des branches des mathématiques les plus importantes. La rapidité avec laquelle il parvint à réaliser cet ambitieux projet, aidé d'une pléiade de collaborateurs enthousiastes (Vailati, Pieri, Padoa, Vacca, Vivanti, Fano, Burali-Forti) témoigne de l'excellence du symbolisme qu'il avait adopté : suivant de près la pratique courante des mathématiciens, et introduisant de nombreux symboles abréviateurs bien choisis, son langage reste en outre assez aisément lisible, grâce notamment à un ingénieux système de remplacement des parenthèses par des points de séparation [*246* f]. Bien des notations dues à Peano sont aujourd'hui adoptées par la plupart des mathématiciens : citons $\in$, $\supset$ (mais, contrairement à l'usage actuel, au sens de « est contenu » ou « implique » *), $\cup$, $\cap$, $A - B$ (ensemble des différences $a—b$, où $a \in A$ et $b \in B$). D'autre part, c'est dans le « Formulaire » qu'on trouve pour

* Cela indique bien à quel point était enracinée, même chez lui, la vieille habitude de penser « en compréhension » plutôt qu'« en extension ».

la première fois une analyse poussée de la notion générale de fonction, de celles d'image directe * et d'image réciproque, et la remarque qu'une suite n'est qu'une fonction définie dans **N**. Mais la quantification, chez Peano, est soumise à des restrictions gênantes (on ne peut en principe quantifier, dans son système, que des relations de la forme A $\Rightarrow$ B, A $\Leftrightarrow$ B ou A $=$ B). En outre, le zèle presque fanatique de certains de ses disciples prêtait aisément le flanc au ridicule ; la critique, souvent injuste, de H. Poincaré en particulier, porta un coup sensible à l'école de Peano et fit obstacle à la diffusion de ses doctrines dans le monde mathématique.

Avec Frege et Peano sont acquis les éléments essentiels des langages formalisés utilisés aujourd'hui. Le plus répandu est sans doute celui forgé par Russell et Whitehead dans leur grand ouvrage « *Principia Mathematica* », qui associe heureusement la précision de Frege et la commodité de Peano [*266*]. La plupart des langages formalisés actuels ne s'en distinguent que par des modifications d'importance secondaire, visant à en simplifier l'emploi. Parmi les plus ingénieuses, citons l'écriture « fonctionnelle » des relations (par exemple $\in xy$ au lieu de $x \in y$), imaginée par Lukasiewicz, grâce à laquelle on peut supprimer totalement les parenthèses ; mais la plus intéressante est sans doute l'introduction par Hilbert du symbole τ, qui permet de considérer comme des signes abréviateurs les quantificateurs $\exists$ et $\forall$, d'éviter l'introduction du symbole fonctionnel « universel » ι de Peano et Russell (qui ne s'applique qu'à des relations fonctionnelles), et enfin dispense de formuler l'axiome de choix dans la théorie des ensembles ([*163* a], t. III, p. 183.)

LA NOTION DE VÉRITÉ EN MATHÉMATIQUE

Les mathématiciens ont toujours été persuadés qu'ils démontrent des « vérités » ou des « propositions vraies » ; une telle conviction ne peut évidemment être que d'ordre sentimental ou métaphysique, et ce n'est pas en se plaçant sur le terrain de la mathématique qu'on peut la justifier, ni même lui donner un sens qui n'en fasse pas une tautologie. L'histoire du concept de vérité en mathématique relève donc de l'histoire de la philosophie et non de celle des mathématiques ;

* L'introduction de celle-ci semble due à Dedekind, dans son ouvrage « Was sind und was sollen die Zahlen », dont nous parlerons plus loin ([*79*], t. III, p. 348).

mais l'évolution de ce concept a eu une influence indéniable sur celle des mathématiques, et à ce titre nous ne pouvons la passer sous silence.

Observons d'abord qu'il est aussi rare de voir un mathématicien en possession d'une forte culture philosophique que de voir un philosophe qui ait des connaissances étendues en mathématique ; les vues des mathématiciens sur les questions d'ordre philosophique, même quand ces questions ont trait à leur science, sont le plus souvent des opinions reçues de seconde ou de troisième main, provenant de sources de valeur douteuse. Mais, justement de ce fait, ce sont ces opinions moyennes qui intéressent l'historien des mathématiques, au moins autant que les vues originales de penseurs tels que Descartes ou Leibniz (pour en citer deux qui ont été aussi des mathématiciens de premier ordre), Platon (qui s'est du moins tenu au courant des mathématiques de son époque), Aristote ou Kant (dont on ne pourrait en dire autant).

La notion traditionnelle de vérité mathématique est celle qui remonte à la Renaissance. Dans cette conception, il n'y a pas grande différence entre les objets dont traitent les mathématiciens et ceux dont traitent les sciences de la nature ; les uns et les autres sont connaissables, et l'homme a prise sur eux à la fois par l'intuition et le raisonnement ; il n'y a lieu de mettre en doute ni l'intuition ni le raisonnement, qui ne sont faillibles que si on ne les emploie pas comme il faut. « *Il faudrait* », dit Pascal, « *avoir tout à fait l'esprit faux pour mal raisonner sur des principes si gros qu'il est presque impossible qu'ils échappent* » ([*244*], t. XII, p. 9). Descartes, dans son poêle, se convainc qu' « *il n'y a eu que les seuls Mathématiciens qui ont pu trouver quelques démonstrations, c'est-à-dire quelques raisons certaines et évidentes* » ([*85* a], t. VI, p. 19), et cela (si l'on s'en tient à son récit) bien avant d'avoir bâti une métaphysique dans laquelle « *cela même* », dit-il, « *que j'ai tantôt pris pour règle, à savoir que les choses que nous concevons très clairement et très distinctement sont toutes vraies, n'est assuré qu'à cause que Dieu est ou existe et qu'il est un être parfait* » ([*85* a], t. VI, p. 38). Si Leibniz objecte à Descartes qu'on ne voit pas à quoi on reconnaît qu'une idée est « claire et distincte » *, il considère, lui aussi, les axiomes comme des conséquences

* « *Ceux qui nous ont donné des méthodes* » dit-il à ce propos « *donnent sans doute de beaux préceptes, mais non pas le moyen de les observer* » ([*198* b], t. VII, p. 21). Et ailleurs, raillant les règles cartésiennes, il les compare aux recettes des alchimistes : « *Prends ce qu'il faut, opère comme tu le dois, et tu obtiendras ce que tu souhaites!* » ([*198* b], t. IV, p. 329).

évidentes et inéluctables des définitions, dès que l'on en comprend les termes *. Il ne faut pas oublier d'ailleurs que, dans le langage de cette époque, les mathématiques comprennent bien des sciences que nous ne reconnaissons plus comme telles, et parfois jusqu'à l'art de l'ingénieur ; et dans la confiance qu'elles inspirent, le surprenant succès de leurs applications à la « philosophie naturelle », aux « arts mécaniques », à la navigation, entre pour une grande part.

Dans cette manière de voir, les axiomes ne sont pas plus susceptibles d'être discutés ou mis en doute que les règles du raisonnement ; tout au plus peut-on laisser à chacun le choix, suivant ses préférences, de raisonner « à la manière des anciens » ou de laisser libre cours à son intuition. Le choix du point de départ est aussi question de préférence individuelle, et on voit apparaître de nombreuses « éditions » d'Euclide où la solide charpente logique des *Eléments* est étrangement travestie ; on donne du calcul infinitésimal, de la mécanique rationnelle, des exposés prétendument déductifs dont les bases sont singulièrement mal assises ; et Spinoza était peut-être de bonne foi en donnant son *Ethique* pour démontrée à la manière des géomètres « more geometrico demonstrata ». Si l'on a peine à trouver, au XVIIe siècle, deux mathématiciens d'accord sur quelque question que ce soit, si les polémiques sont quotidiennes, interminables et acrimonieuses, la notion de vérité n'en reste pas moins hors de cause. « *N'y ayant qu'une vérité de chaque chose* », dit Descartes, « *quiconque la trouve en sait autant qu'on peut en savoir* » ([*85* a], t. VI, p. 21).

Bien qu'aucun texte mathématique grec de haute époque ne se soit conservé sur ces questions, il est probable que le point de vue des mathématiciens grecs sur ce sujet a été beaucoup plus nuancé. C'est à l'expérience seulement que les règles de raisonnement ont pu s'élaborer au point d'inspirer une complète confiance ; avant qu'elles pussent être considérées comme au-dessus de toute discussion, il a

* Sur ce point, Leibniz est encore sous l'influence scolastique ; il pense toujours aux propositions comme établissant un rapport de « sujet » à « prédicat » entre concepts. Dès que l'on a résolu les concepts en concepts « primitifs » (ce qui, nous l'avons vu, est une de ses idées fondamentales), tout se ramène, pour Leibniz, à vérifier des relations d' « inclusion » au moyen de ce qu'il appelle les « axiomes identiques » (essentiellement les propositions $A = A$ et $A \subset A$) et du principe de « substitution des équivalents » (si $A = B$, on peut partout remplacer A par B ([*69* a], p. 184-206)). Il est intéressant à ce propos de remarquer que, conformément à son désir de tout ramener à la Logique et de « démontrer tout ce qui est démontrable », Leibniz démontre la symétrie et la transitivité de la relation d'égalité, à partir de l'axiome $A = A$ et du principe de substitution des équivalents ([*198* a], t. VII, p. 77-78).

fallu nécessairement passer par bien des tâtonnements et des paralogismes. Ce serait méconnaître aussi l'esprit critique des Grecs, leur goût pour la discussion et pour la sophistique, que d'imaginer que les « axiomes » mêmes que Pascal jugeait les plus évidents (et que, suivant une légende répandue par sa sœur, il aurait, avec un instinct infaillible, découverts de lui-même dans son enfance) n'ont pas fait l'objet de longues discussions. Dans un domaine qui n'est pas celui de la géométrie proprement dite, les paradoxes des Eléates nous ont conservé quelque trace de telles polémiques ; et Archimède, lorsqu'il fait observer ([*5* b], t. II, p. 265) que ses prédécesseurs se sont servi en plusieurs circonstances de l'axiome auquel nous avons l'habitude de donner son nom, ajoute que ce qui est démontré au moyen de cet axiome « *a été admis non moins que ce qui est démontré sans lui* », et qu'il lui suffit que ses propres résultats soient admis au même titre. Platon, conformément à ses vues métaphysiques, présente la mathématique comme un moyen d'accès à une « vérité en soi », et les objets dont elle traite comme ayant une existence propre dans le monde des idées ; il n'en caractérise pas moins avec précision la méthode mathématique dans un passage célèbre de la *République* : « *Ceux qui s'occupent de géométrie et d'arithmétique... supposent le pair et l'impair, trois espèces d'angles ; ils les traitent comme choses connues : une fois cela supposé, ils estiment qu'ils n'ont plus à en rendre compte ni à eux-mêmes ni aux autres,* [le regardant] *comme clair à chacun ; et, partant de là, ils procèdent par ordre, pour en arriver d'un commun accord au but que leur recherche s'était proposé* » ([*250*], Livre VI, 510 *c-e*). Ce qui constitue la démonstration, c'est donc d'abord un point de départ présentant quelque arbitraire (bien que « clair à chacun »), et au-delà duquel, dit-il un peu plus loin, on ne cherche pas à remonter ; ensuite, une démarche qui parcourt par ordre une suite d'étapes intermédiaires ; enfin, à chaque pas, le consentement de l'interlocuteur garantissant la correction du raisonnement. Il faut ajouter qu'une fois les axiomes posés, aucun nouvel appel à l'intuition n'est en principe admis : Proclus, citant Géminus, rappelle que « *nous avons appris des pionniers mêmes de cette science, à ne tenir aucun compte de conclusions simplement plausibles lorsqu'il s'agit des raisonnements qui doivent faire partie de notre doctrine géométrique* » ([*153* e], t. I, p. 203).

C'est donc à l'expérience et au feu de la critique qu'ont dû s'élaborer les règles du raisonnement mathématique; et, s'il est vrai, comme on l'a soutenu d'une manière plausible [*317* d], que le Livre VIII d'Euclide nous a conservé une partie de l'arithmétique d'Archytas, il n'est pas surprenant d'y voir la raideur de raisonnement quelque peu pédantesque qui ne manque pas d'apparaître dans toute école mathématique où l'on découvre ou croit découvrir la « rigueur ». Mais, une fois entrées dans la pratique des mathématiciens, il ne semble pas que ces règles de raisonnement aient jamais été mises en doute jusqu'à une époque toute récente ; si, chez Aristote et les Stoïciens, certaines de ces règles sont déduites d'autres par des schémas de raisonnement, les règles primitives sont toujours admises comme évidentes. De même, après être remontés jusqu'aux « hypothèses », « axiomes », « postulats » qui leur parurent fournir un fondement solide à la science de leur époque (tels par exemple qu'ils ont dû se présenter dans les premiers « Éléments », que la tradition attribue à Hippocrate de Chio, vers 450 av. J.-C.), les mathématiciens grecs de la période classique semblent avoir consacré leurs efforts à la découverte de nouveaux résultats plutôt qu'à une critique de ces fondements qui, à cette époque, n'aurait pu manquer d'être stérile ; et, toute préoccupation métaphysique mise à part, c'est de cet accord général entre mathématiciens sur les bases de leur science que témoigne le texte de Platon cité ci-dessus.

D'autre part, les mathématiciens grecs ne semblent pas avoir cru pouvoir élucider les « notions premières » qui leur servent de point de départ, ligne droite, surface, rapport des grandeurs ; s'ils en donnent des « définitions », c'est visiblement par acquit de conscience et sans se faire d'illusions sur la portée de celles-ci. Il va sans dire qu'en revanche, sur les définitions autres que celles des « notions premières » (définitions souvent dites « nominales »), les mathématiciens et philosophes grecs ont eu des idées parfaitement claires. C'est à ce propos qu'intervient explicitement, pour la première fois sans doute, la question d' « existence » en mathématique. Aristote ne manque pas d'observer qu'une définition n'entraîne pas l'existence de la chose définie, et qu'il faut là-dessus, soit un postulat, soit une démonstration. Sans doute son observation était-elle dérivée de la pratique des mathématiciens ; en tout cas Euclide prend soin de postuler l'existence du cercle, et de démontrer celle du triangle équilatéral, des parallèles, du carré, etc. à mesure qu'il les introduit dans ses raisonnements ([*153* e], Livre I); ces démonstrations sont des « constructions » ; autrement dit, il exhibe, en s'appuyant sur les axiomes, des objets mathématiques dont il démontre qu'ils satisfont aux définitions qu'il s'agit de justifier.

Nous voyons ainsi la mathématique grecque, à l'époque classique, aboutir à une sorte de certitude empirique (quelles qu'en puissent être les bases métaphysiques chez tel ou tel philosophe); si on ne conçoit pas qu'on puisse mettre en question les règles du raisonnement, le succès de la science grecque, et le sentiment que l'on a de l'inopportunité d'une révision critique, sont pour beaucoup dans la confiance qu'inspirent les axiomes proprement dits, confiance qui est plutôt de l'ordre de celle (presque illimitée, elle aussi) qu'on attachait au siècle dernier aux principes de la physique théorique. C'est d'ailleurs ce que suggère l'adage de l'école « *nihil est in intellectu quod non prius fuerit in sensu* », contre lequel justement s'élève Descartes, comme ne donnant pas de base assez ferme à ce que Descartes entendait tirer de l'usage de la raison.

Il faut descendre jusqu'au début du XIXe siècle pour voir les mathématiciens revenir de l'arrogance d'un Descartes (sans parler de celle d'un Kant, ou de celle d'un Hegel, ce dernier quelque peu en retard, comme il convient, sur la science de son époque *), à une position aussi nuancée que celle des Grecs. Le premier coup porté aux conceptions classiques est l'édification de la géométrie non-euclidienne hyperbolique par Gauss, Lobatschevsky et Bolyai au début du siècle. Nous n'entreprendrons pas de retracer ici en détail la genèse de cette découverte, aboutissement de nombreuses tentatives infructueuses pour démontrer le postulat des parallèles (voir [*105* a et b]). Sur le moment, son effet sur les principes des mathématiques n'est peut-être pas aussi profond qu'on le dit parfois. Elle oblige simplement à abandonner les prétentions du siècle précédent à la « vérité absolue » de la géométrie euclidienne, et à plus forte raison, le point de vue leibnizien des définitions impliquant les axiomes ; ces derniers n'apparaissent plus du tout comme « évidents », mais bien comme des hypothèses dont il s'agit de voir si elles sont adaptées à la représentation mathématique du monde sensible. Gauss et Lobatschevsky croient que le débat entre les divers géométries possibles peut être tranché par l'expérience ([*206*], p. 76). C'est aussi le point de vue de Riemann, dont la célèbre Leçon inaugurale « *Sur les hypothèses qui servent de fondement à la géométrie* » a pour but de fournir un cadre mathématique général aux divers phénomènes naturels : « *Reste à résoudre* », dit-il, « *la question de savoir en quelle*

* Dans sa dissertation inaugurale, il « démontre » qu'il ne peut exister que sept planètes, l'année même où on en découvrait une huitième.

mesure et jusqu'à quel point ces hypothèses se trouvent confirmées par l'expérience » ([*259* a], p. 284). Mais c'est là un problème qui visiblement n'a plus rien à faire avec la Mathématique ; et aucun des auteurs précédents ne semble mettre en doute que, même si une « géométrie » ne correspond pas à la réalité expérimentale, ses théorèmes n'en continuent pas moins à être des « vérités mathématiques » *.

Toutefois, s'il en est ainsi, ce n'est certes plus à une confiance illimitée en l' « intuition géométrique » classique qu'il faut attribuer une telle conviction ; la description que Riemann cherche à donner des « multiplicités n fois étendues », objet de son travail, ne s'appuie sur des considérations « intuitives » ** que pour arriver à justifier l'introduction des « coordonnées locales » ; à partir de ce moment, il se sent apparemment en terrain solide, savoir celui de l'Analyse. Mais cette dernière est fondée en définitive sur le concept de nombre réel, resté jusque-là de nature très intuitive ; et les progrès de la théorie des fonctions conduisaient à cet égard à des résultats bien troublants : avec les recherches de Riemann lui-même sur l'intégration, et plus encore avec les exemples de courbes sans tangente, construits par Bolzano et Weierstrass, c'est toute la pathologie des mathématiques qui commençait. Depuis un siècle, nous avons vu tant de monstres de cette espèce que nous sommes un peu blasés, et qu'il faut accumuler les caractères tératologiques les plus biscornus pour arriver encore à nous étonner. Mais l'effet produit sur la plupart des mathématiciens du XIXe siècle allait du dégoût à la consternation : « *Comment* », se demande H. Poincaré, « *l'intuition peut-elle nous tromper à ce point?* » ([*251* d], p. 19); et Hermite (non sans une pointe d'humour dont les commentateurs de cette phrase célèbre ne semblent pas tous s'être aperçus) déclare qu'il se « *détourne avec effroi et horreur de cette plaie lamentable des fonctions continues qui n'ont point de dérivée* » ([*160*], t. II, p. 318). Le plus grave était qu'on ne pouvait plus mettre ces phénomènes, si contraires au sens commun, sur le compte de notions mal élucidées, comme au temps des « indivisibles » (voir p. 215), puisqu'ils survenaient après la réforme de Bolzano, Abel et Cauchy, qui avait permis de fonder la notion de limite de façon

* Cf. les arguments de Poincaré en faveur de la « simplicité » et de la « commodité » de la géométrie euclidienne ([*251* c], p. 67), ainsi que l'analyse par laquelle, un peu plus loin, il arrive à la conclusion que l'expérience ne fournit pas de critère absolu pour le choix d'une géométrie plutôt qu'une autre comme cadre des phénomènes naturels.

** Encore ce mot n'est-il justifié que pour $n \leqslant 3$; pour de plus grandes valeurs de n, il s'agit en réalité d'un raisonnement par analogie.

aussi rigoureuse que la théorie des proportions (voir p. 193). C'est donc bien au caractère grossier et incomplet de notre intuition géométrique qu'il fallait s'en prendre, et on comprend que depuis lors elle soit restée discréditée à juste titre en tant que moyen de preuve.

Cette constatation devait inéluctablement réagir sur les mathématiques classiques, à commencer par la géométrie. Quelque respect que l'on témoignât à la construction axiomatique d'Euclide, on n'avait pas été sans y relever plus d'une imperfection, et cela dès l'antiquité. C'est le postulat des parallèles qui avait été l'objet du plus grand nombre de critiques et de tentatives de démonstration ; mais les continuateurs et commentateurs d'Euclide avaient aussi cherché à démontrer d'autres postulats (notamment celui de l'égalité des angles droits) ou reconnu l'insuffisance de certaines définitions, comme celles de la droite ou du plan. Au XVIe siècle, Clavius, un éditeur des *Eléments*, note l'absence d'un postulat garantissant l'existence de la quatrième proportionnelle ; de son côté, Leibniz remarque qu'Euclide utilise l'intuition géométrique sans le mentionner explicitement, par exemple lorsqu'il admet (*Eléments*, Livre I, prop. 1) que deux cercles dont chacun passe par le centre de l'autre ont un point commun ([*198* b], t. VII, p. 166). Gauss (qui lui-même ne se privait pas de se servir de telles considérations topologiques) attire l'attention sur le rôle joué dans les constructions euclidiennes par la notion d'un point (ou d'une droite) situé « entre » deux autres, notion qui n'est cependant pas définie ([*124* a], t. VIII, p. 222). Enfin, l'usage des déplacements — notamment dans les « cas d'égalité des triangles » — longtemps admis comme allant de soi *, devait bientôt apparaître à la critique du XIXe siècle comme reposant aussi sur des axiomes non formulés. On aboutit ainsi, dans la période de 1860 à 1885, à diverses révisions partielles des débuts de la géométrie (Helmholtz, Méray, Houël) tendant à remédier à certaines de ces lacunes. Mais c'est seulement chez M. Pasch [*245*] que l'abandon de tout appel à l'intuition est un programme nettement formulé et suivi avec une parfaite rigueur. Le succès de son entreprise lui valut bientôt de nombreux émules qui, principalement entre 1890 et 1910, donnent des présentations assez variées des axiomes de la géométrie euclidienne. Les plus célèbres de ces ouvrages furent celui de Peano, écrit dans son langage symbolique [*246* d], et surtout les « *Grundlagen der Geo-*

* Il faut noter cependant que, dès le XVIe siècle, un commentateur d'Euclide, J. Peletier, proteste contre ce moyen de démonstration, en termes voisins de ceux des critiques modernes ([*153* e], t. I, p. 249).

metrie » de Hilbert [*163* c], parus en 1899, livre qui, par la lucidité et la profondeur de l'exposé, devait aussitôt devenir, à juste titre, la charte de l'axiomatique moderne, jusqu'à faire oublier ses devanciers. C'est qu'en effet, non content d'y donner un système complet d'axiomes pour la géométrie euclidienne, Hilbert classe ces axiomes en divers groupements de nature différente, et s'attache à déterminer la portée exacte de chacun de ces groupes d'axiomes, non seulement en développant les conséquences logiques de chacun d'eux isolément, mais encore en discutant les diverses « géométries » obtenues lorsqu'on supprime ou modifie certains de ces axiomes (géométries dont celles de Lobatschevsky et de Riemann n'apparaissent plus que comme des cas particuliers *) ; il met ainsi clairement en relief, dans un domaine considéré jusque-là comme un des plus proches de la réalité sensible, la liberté dont dispose le mathématicien dans le choix de ses postulats. Malgré le désarroi causé chez plus d'un philosophe par ces « métagéométries » aux propriétés étranges, la thèse des « *Grundlagen* » fut rapidement adoptée de façon à peu près unanime par les mathématiciens ; H. Poincaré, pourtant peu suspect de partialité en faveur du formalisme, reconnaît en 1902 que les axiomes de la géométrie sont des conventions, pour laquelle la notion de « vérité », telle qu'on l'entend d'habitude, n'a plus de sens ([*251* c], p. 66-67). La « vérité mathématique » réside ainsi uniquement dans la déduction logique à partir des prémisses posées arbitrairement par les axiomes. Comme on le verra plus loin (p. 52-56), la validité des règles de raisonnement suivant lesquelles s'opèrent ces déductions devait elle-même bientôt être remise en question, amenant ainsi une refonte complète des conceptions de base des mathématiques.

OBJETS, MODÈLES, STRUCTURES

A) *Objets et structures mathématiques.* — De l'Antiquité au XIXe siècle, il y a un commun accord sur ce que sont les objets principaux du mathématicien ; ce sont ceux-là mêmes que mentionne Platon dans le passage cité plus haut (p. 24) ; les nombres, les grandeurs et les figures. Si, au début, il faut y joindre les objets et phénomènes dont s'occupent la Mécanique, l'Astronomie, l'Optique et

* Celle qui semble avoir le plus frappé les contemporains est la géométrie « non-archimédienne », c'est-à-dire la géométrie ayant pour corps de base un corps ordonné non archimédien (commutatif ou non), qui (dans le cas commutatif) avait été introduite quelques années auparavant par Veronese [*318*].

la Musique, ces disciplines « mathématiques » sont toujours nettement séparées, chez les Grecs, de l'Arithmétique et de la Géométrie, et à partir de la Renaissance elles accèdent assez vite au rang de sciences indépendantes.

Quelles que soient les nuances philosophiques dont se colore la conception des objets mathématiques chez tel ou tel mathématicien ou philosophe, il y a au moins un point sur lequel il y a unanimité : c'est que ces objets nous sont *donnés* et qu'il n'est pas en notre pouvoir de leur attribuer des propriétés arbitraires, de même qu'un physicien ne peut changer un phénomène naturel. A vrai dire, il entre sans doute pour une part dans ces vues des réactions d'ordre psychologique, qu'il ne nous appartient pas d'approfondir, mais que connaît bien tout mathématicien lorsqu'il s'épuise en vains efforts pour saisir une démonstration qui semble se dérober sans cesse. De là à assimiler cette résistance aux obstacles que nous oppose le monde sensible, il n'y a qu'un pas ; et même aujourd'hui, plus d'un, qui affiche un intransigeant formalisme, souscrirait volontiers, dans son for intérieur, à cet aveu d'Hermite : « *Je crois que les nombres et les fonctions de l'Analyse ne sont pas le produit arbitraire de notre esprit ; je pense qu'ils existent en dehors de nous, avec le même caractère de nécessité que les choses de la réalité objective, et nous les rencontrons ou les découvrons, et les étudions, comme les physiciens, les chimistes et les zoologistes* » ([*160*], t. II, p. 398).

Il n'est pas question, dans la conception classique des mathématiques, de s'écarter de l'étude des nombres et des figures ; mais cette doctrine officielle, à laquelle tout mathématicien se croit tenu d'apporter son adhésion verbale, ne laisse pas de constituer peu à peu une gêne intolérable, à mesure que s'accumulent les idées nouvelles. L'embarras des algébristes devant les nombres négatifs ne cesse guère que lorsque la Géométrie analytique en donne une « interprétation » commode ; mais, en plein XVIIIe siècle encore, d'Alembert, discutant la question dans l'*Encyclopédie* ([*75* a], article NÉGATIF), perd courage tout à coup après une colonne d'explications assez confuses, et se contente de conclure que « *les règles des opérations algébriques sur les quantités négatives sont admises généralement par tout le monde et reçues généralement comme exactes, quelque idée qu'on attache d'ailleurs à ces quantités* ». Pour les nombres imaginaires, le scandale est bien plus grand encore ; car si ce sont des racines « impossibles » et si (jusque vers 1800) on ne voit aucun moyen de les « interpréter », comment peut-on sans contradiction parler de ces êtres indéfinissables, et surtout pourquoi les introduire ? D'Alembert ici garde un silence prudent et ne pose même pas ces questions, sans doute parce qu'il reconnaît qu'il ne pourrait y répondre autrement que ne le faisait naïvement A. Girard un siècle plus tôt ([*129*], f. 22) : « *On pourroit dire : à quoy sert ces solutions qui sont impossibles ? Je respond : pour trois choses, pour la certitude de la reigle generale, et qu'il n'y a point d'autre solutions, et pour son utilité.* »

En Analyse, la sitation, au XVIIe siècle, n'est guère meilleure. C'est une heureuse circonstance que la Géométrie analytique soit apparue, comme à point nommé, pour donner une « représentation » sous forme de figure géométrique, de la grande création du XVIIe siècle, la notion de fonction, et aider ainsi puissamment (chez Fermat, Pascal ou Barrow) à la naissance du Calcul infinitésimal (cf. p. 242). Mais on sait par contre à quelles controverses philosophico-mathématiques devaient donner lieu les notions d'infiniment petit et d'indivisible. Et si d'Alembert est ici plus heureux, et reconnaît que dans la « métaphysique » du Calcul infinitésimal il n'y a rien d'autre que la notion de limite ([*75* a], articles DIFFÉRENTIEL et LIMITE, et [*75* b]), il ne peut, pas plus que ses contemporains, comprendre le sens véritable des développements en séries divergentes, et expliquer le paradoxe de résultats exacts obtenus au bout de calculs sur des expressions dépourvues de toute interprétation numérique. Enfin, même dans le domaine de la « certitude géométrique », le cadre euclidien éclate : lorsque Stirling, en 1717, n'hésite pas à dire qu'une certaine courbe a un « point double imaginaire à l'infini » ([*299*], p. 93 de la nouv. éd.), il serait certes bien en peine de rattacher un tel « objet » aux notions communément reçues ; et Poncelet, qui, au début du XIXe siècle, donne un développement considérable à de telles idées en fondant la géométrie projective (voir p. 165), se contente encore d'invoquer comme justification un « principe de continuité » tout métaphysique.

On conçoit que, dans ces conditions (et au moment même où, paradoxalement, on proclame avec le plus de force la « vérité absolue » des mathématiques), la notion de démonstration semble s'estomper de plus en plus au cours du XVIIIe siècle, puisqu'on est hors d'état de fixer, à la manière des Grecs, les notions sur lesquelles on raisonne, et leurs propriétés fondamentales. Le retour vers la rigueur, qui se déclanche au début du XIXe siècle, apporte quelque amélioration à cet état de choses, mais n'arrête pas pour autant le flot des notions nouvelles : on voit ainsi apparaître en Algèbre les imaginaires de

Galois ([*123*], p. 113-127), les nombres idéaux de Kummer [*188* b], que suivent vecteurs et quaternions, espaces *n*-dimensionnels, multivecteurs et tenseurs (voir p. 83-89), sans parler de l'algèbre booléienne. Sans doute un des grand progrès (qui permet justement le retour à la rigueur, sans rien perdre des conquêtes des âges précédents) est la possibilité de donner des « modèles » de ces nouvelles notions en termes plus classiques : les nombres idéaux ou les imaginaires de Galois s'interprètent par la théorie des congruences (voir p. 108-109), la géométrie *n*-dimensionnelle n'apparaît (si l'on veut) que comme un pur langage pour exprimer des résultats d'algèbre « à *n* variables » ; et pour les nombres imaginaires classiques — dont la représentation géométrique par les points d'un plan (voir p. 200-202) marque le début de cet épanouissement de l'Algèbre — on a bientôt le choix entre ce « modèle » géométrique et une interprétation en termes de congruences (cf. p. 108). Mais les mathématiciens commencent enfin à sentir nettement que c'est là lutter contre la pente naturelle où les entraînent leurs travaux, et qu'il doit être légitime, en mathématiques, de raisonner sur des objets qui n'ont aucune « interprétation » sensible : « *Il n'est pas de l'essence de la mathématique* », dit Boole en 1854, « *de s'occuper des idées de nombre et de quantité* » ([*29*], t. II, p. 13)*. La même préoccupation conduit Grassmann, dans son « *Ausdehnungslehre* » de 1844, à présenter son calcul sous une forme d'où les notions de nombre ou d'être géométrique sont tout d'abord ex-

* Leibniz, à cet égard, apparaît encore comme un précurseur : « *la Mathématique universelle* » dit-il, « *est, pour ainsi dire, la Logique de l'imagination* », et doit traiter « *de tout ce qui, dans le domaine de l'imagination, est susceptible de détermination exacte* » ([*198* c], p. 348; cf. [*69* a], p. 290-291); et pour lui, la pièce maîtresse de la Mathématique ainsi conçue est ce qu'il appelle la « Combinatoire » ou « Art des formules », par quoi il entend essentiellement la science des relations abstraites entre les objets mathématiques. Mais alors que jusque-là les relations considérées en mathématiques étaient presque exclusivement des relations de grandeur (égalité, inégalité, proportion), Leibniz conçoit bien d'autres types de relations qui, à son avis, auraient dû être étudiées systématiquement par les mathématiciens, comme la relation d'inclusion, ou ce qu'il appelle la relation de « détermination » univoque ou plurivoque (c'est-à-dire les notions d'application et de correspondance) ([*69* a], p. 307-310). Beaucoup d'autres idées modernes apparaissent sous sa plume à ce propos : il remarque que les diverses relations d'équivalence de la géométrie classique ont en commun les propriétés de symétrie et de transitivité; il conçoit aussi la notion de relation compatible avec une relation d'équivalence, et note expressément qu'une relation quelconque n'a pas nécessairement cette propriété ([*69* a], p. 313-315). Bien entendu, il préconise là comme partout l'usage d'un langage formalisé, et introduit même un signe destiné à noter une relation indéterminée ([*69* a], p. 301).

clues *. Et un peu plus tard, Riemann, dans sa Leçon inaugurale, prend soin au début de ne pas parler de « points », mais bien de « déterminations » (Bestimmungsweise), dans sa description des « multiplicités *n* fois étendues », et souligne que, dans une telle multiplicité, les « relations métriques » (Massverhältnisse) « *ne peuvent s'étudier que pour des grandeurs abstraites et se représenter que par des formules ; sous certaines conditions, on peut cependant les décomposer en relations dont chacune prise isolément est susceptible d'une représentation géométrique, et par là il est possible d'exprimer les résultats du calcul sous forme géométrique* » ([*259* a], p. 276).

A partir de ce moment, l'élargissement de la méthode axiomatique est un fait acquis. Si, pendant quelque temps encore, on croit utile de contrôler, quand il se peut, les résultats « abstraits » par l'intuition géométrique, du moins est-il admis que les objets « classiques » ne sont plus les seuls dont le mathématicien puisse légitimement faire l'étude. C'est que — justement à cause des multiples « interprétations » ou « modèles » possibles — on a reconnu que la « nature » des objets mathématiques est au fond secondaire, et qu'il importe assez peu, par exemple, que l'on présente un résultat comme théorème de géométrie « pure », ou comme un théorème d'algèbre par le truchement de la géométrie analytique. En d'autres termes, l'essence des mathématiques — cette notion fuyante qu'on n'avait pu jusqu'alors exprimer que sous des noms vagues tels que « *reigle generale* » ou « *métaphysique* » — apparaît comme l'étude des *relations* entre des objets qui ne sont plus (volontairement) connus et décrits que par *quelques-unes* de leurs propriétés, celles précisément que l'on met comme axiomes à la base de leur théorie. C'est ce qu'avait déjà clairement vu Boole en 1847, quand il écrivait que la mathématique traite « *des opérations considérées en elles-mêmes, indépendamment des matières diverses auxquelles elles peuvent être appliquées* » ([*29*], t. I, p. 3). Hankel, en 1867, inaugurant l'axiomatisation de l'algèbre,

* Il faut reconnaître que son langage, d'allure très philosophique, n'était guère fait pour séduire la plupart des mathématiciens, qui se sentent mal à l'aise devant une formule telle que la suivante : « *La mathématique pure est la science de l'être particulier en tant qu'il est né dans la pensée* » (Die Wissenschaft des *besonderen* Seins als eines durch das Denken *gewordenen*). Mais le contexte fait voir que Grassmann entendait par là de façon assez nette la mathématique axiomatique au sens moderne (sauf qu'il suit assez curieusement Leibniz en considérant que les bases de cette « science formelle », comme il dit, sont les définitions et non les axiomes) ; en tout cas, il insiste, comme Boole, sur le fait que « *le nom de science des grandeurs ne convient pas à l'ensemble des mathématiques* » ([*134*], t. I_1, p. 22-23).

défend une mathématique « *purement intellectuelle, une pure théorie des formes, qui a pour objet, non la combinaison des grandeurs, ou de leurs images, les nombres, mais des choses de la pensée* (« Gedankendinge ») *auxquelles il peut correspondre des objets ou relations effectives, bien qu'une telle correspondance ne soit pas nécessaire* » ([*146*], p. 10). Cantor, en 1883, fait écho à cette revendication d'une « libre mathématique », en proclamant, que « *la mathématique est entièrement libre dans son développement, et ses concepts ne sont liés que par la nécessité d'être non contradictoires, et coordonnés aux concepts antérieurement introduits par des définitions précises* » ([*47*], p. 182). Enfin, la révision de la géométrie euclidienne achève de répandre et de populariser ces idées. Pasch lui-même, pourtant encore attaché à une certaine « réalité » des êtres géométriques, reconnaît que la géométrie est en fait indépendante de leur signification, et consiste purement en l'étude de leurs relations ([*245*], p. 90); conception que Hilbert pousse à son terme logique en soulignant que les noms mêmes des notions de base d'une théorie mathématique peuvent être choisis à volonté *, et que Poincaré exprime en disant que les axiomes sont des « définitions déguisées », renversant ainsi complètement le point de vue scolastique.

On serait donc tenté de dire que la notion moderne de « structure » est acquise en substance vers 1900 ; en fait, il faudra encore une trentaine d'années d'apprentissage pour qu'elle apparaisse en pleine lumière. Il n'est sans doute pas difficile de reconnaître des structures de même espèce lorsqu'elles sont de nature assez simple ; pour la structure de groupe, par exemple, ce point est atteint dès le milieu du XIXe siècle. Mais au même moment, on voit encore Hankel lutter — sans y parvenir tout à fait — pour dégager les idées générales de corps et d'extension, qu'il n'arrive à exprimer que sous forme d'un « principe de permanence » à demi métaphysique [*146*], et qui seront seulement formulées de façon définitive par Steinitz [*294* a] 40 ans plus tard. Surtout il a été assez difficile, en cette matière, de se libérer de l'impression que les objets mathématiques nous sont « donnés » *avec*

* Suivant une anecdote célèbre, Hilbert exprimait volontiers cette idée en disant que l'on pouvait remplacer les mots « point », « droite » et « plan » par « table », « chaise » et « verre à bière » sans rien changer à la géométrie. Il est curieux de trouver déjà chez d'Alembert une anticipation de cette boutade : « *On peut donner aux mots tels sens qu'on veut* » écrit-il dans l'*Encyclopédie* ([*75* a], article DÉFINITION); « [on pourrait] *faire à la rigueur des éléments de Géométrie exacts (mais ridicules) en appelant triangle ce qu'on appelle ordinairement cercle* ».

leur structure ; seule une assez longue pratique de l'Analyse fonctionnelle a pu familiariser les mathématiciens modernes avec l'idée que, par exemple, il y a plusieurs topologies « naturelles » sur les nombres rationnels, et plusieurs mesures sur la droite numérique. Avec cette dissociation s'est finalement réalisé le passage à la définition générale des structures.

B) *Modèles et isomorphismes.* — On aura remarqué à plusieurs reprises l'intervention de la notion de « modèle » ou d' « interprétation » d'une théorie mathématique à l'aide d'une autre. Ce n'est pas là une idée récente, et on peut sans doute y voir une manifestation sans cesse renaissante d'un sentiment profond de l'unité des diverses « sciences mathématiques ». S'il faut tenir pour authentique la traditionnelle maxime « *Toutes choses sont nombres* » des premiers Pythagoriciens, on peut la considérer comme la trace d'une première tentative pour ramener la géométrie et l'algèbre de l'époque à l'arithmétique. Bien que la découverte des irrationnelles semblât clore pour toujours cette voie, la réaction qu'elle déclancha dans les mathématiques grecques fut un second essai de synthèse prenant cette fois la géométrie pour base, et y englobant entre autres les méthodes de résolution des équations algébriques héritées des Babyloniens *. On sait que cette conception devait subsister jusqu'à la réforme fondamentale de R. Bombelli et de Descartes, assimilant toute mesure de grandeur à une mesure de longueur (autrement dit, à un nombre réel ; cf. p. 189). Mais avec la création de la géométrie analytique par Descartes et Fermat, la tendance est de nouveau renversée, et une fusion bien plus étroite de la géométrie et de l'algèbre est obtenue, mais cette fois au profit de l'algèbre. Du coup, d'ailleurs, Descartes va plus loin et conçoit l'unité essentielle de « *toutes ces sciences qu'on nomme communément Mathématiques... Encore que leurs objets soient différents* », dit-il, « *elles ne laissent pas de s'accorder toutes, en ce qu'elles n'y considèrent autre chose que les divers rapports ou proportions qui s'y trouvent* » ([*85* a], t. VI, p. 19-20)**. Toutefois, ce point de vue

* L'arithmétique reste toutefois en dehors de cette synthèse ; et on sait qu'Euclide, après avoir développé la théorie générale des proportions entre grandeurs quelconques, développe indépendamment la théorie des nombres rationnels, au lieu de les considérer comme cas particuliers de rapports de grandeurs (voir p. 185-187).

** Il est assez curieux, à ce propos, de voir Descartes rapprocher de l'arithmétique et des « *combinaisons de nombres* », les « *arts... où l'ordre règne davantage, comme sont ceux des artisans qui font de la toile ou des tapis, ou ceux des femmes qui brodent ou font de la dentelle* » ([*85* a], t. X, p. 403), comme par une anticipation des études modernes sur la symétrie et ses rapports avec la notion de groupe (cf. [*331* c]).

tendait seulement à faire de l'Algèbre la science mathématique fondamentale ; conclusion contre laquelle proteste vigoureusement Leibniz, qui lui aussi, on l'a vu, conçoit une « Mathématique universelle », mais sur un plan bien plus vaste et déjà tout proche des idées modernes. Précisant l' « accord » dont parlait Descartes, il entrevoit, en effet, pour la première fois, la notion générale d'isomorphie (qu'il appelle « similitude »), et la possibilité d' « identifier » des relations ou opérations isomorphes ; il en donne comme exemple l'addition et la multiplication ([*69* a], p. 301-303). Mais ces vues audacieuses restèrent sans écho chez les contemporains, et il faut attendre l'élargissement de l'Algèbre qui s'effectue vers le milieu du XIXe siècle (voir p. 72-74) pour voir s'amorcer la réalisation des rêves leibniziens. Nous avons déjà souligné que c'est à ce moment que les « modèles » se multiplient et qu'on s'habitue à passer d'une théorie à une autre par simple changement de langage ; l'exemple le plus frappant en est peut-être la dualité en géométrie projective (voir p. 167), où la pratique, fréquente à l'époque, d'imprimer face à face, sur deux colonnes, les théorèmes « duaux » l'un de l'autre, est sans doute pour beaucoup dans la prise de conscience de la notion d'isomorphie. D'un point de vue plus technique, il est certain que la notion de groupes isomorphes est connue de Gauss pour les groupes abéliens, de Galois pour les groupes de permutations (cf. p. 72-74) ; elle est acquise de façon générale pour des groupes quelconques vers le milieu du XIXe siècle *. Par la suite, avec chaque nouvelle théorie axiomatique, on se trouva naturellement amené à définir une notion d'isomorphisme ; mais c'est seulement avec la notion moderne de structure que l'on a finalement reconnu que toute structure porte en elle une notion d'isomorphisme, et qu'il n'est pas besoin d'en donner une définition particulière pour chaque espèce de structure.

C) *L'arithmétisation des mathématiques classiques.* — L'usage de plus en plus répandu de la notion de « modèle » allait aussi permettre au XIXe siècle de réaliser l'unification des mathématiques rêvée par les Pythagoriciens. Au début du siècle, le nombre entier et la grandeur continue paraissaient toujours aussi inconciliables que dans l'antiquité ; les nombres réels restaient liés à la notion de grandeur

* Le mot même d' « isomorphisme » est introduit dans la théorie des groupes vers la même époque ; mais au début, il sert à désigner aussi les homomorphismes surjectifs, qualifiés d' « isomorphismes mériédriques », alors que les isomorphismes proprement dits sont appelés « isomorphismes holoédriques » ; cette terminologie restera en usage jusqu'aux travaux d'E. Noether.

géométrique (tout au moins à celle de longueur), et c'est à cette dernière qu'on avait fait appel pour les « modèles » des nombres négatifs et des nombres imaginaires. Même le nombre rationnel était traditionnellement rattaché à l'idée du « partage » d'une grandeur en parties égales ; seuls les entiers restaient à part, comme des « *produits exclusifs de notre esprit* » ainsi que dit Gauss en 1832, en les opposant à la notion d'espace ([*124* a], t. VIII, p. 201). Les premiers efforts pour rapprocher l'Arithmétique de l'Analyse portèrent d'abord sur les nombres rationnels (positifs et négatifs) et sont dûs à Martin Ohm (1822) ; ils furent repris vers 1860 par plusieurs auteurs, notamment Grassmann, Hankel et Weierstrass (dans ses cours non publiés) ; c'est à ce dernier que paraît due l'idée d'obtenir un « modèle » des nombres rationnels positifs ou des nombres entiers négatifs en considérant des classes de couples d'entiers naturels. Mais le pas le plus important restait à faire, à savoir trouver un « modèle » des nombres irrationnels dans la théorie des nombres rationnels ; vers 1870, c'était devenu un problème urgent, vu la nécessité, après la découverte des phénomènes « pathologiques » en Analyse, d'éliminer toute trace d'intuition géométrique et de la notion vague de « grandeur » dans la définition des nombres réels. On sait que ce problème fut résolu vers cette époque, à peu près simultanément par Cantor, Dedekind, Méray et Weierstrass, et suivant des méthodes assez différentes (voir p. 194).

A partir de ce moment, les entiers sont devenus le fondement de toutes les mathématiques classiques. En outre, les « modèles » fondés sur l'Arithmétique acquièrent encore plus d'importance avec l'extension de la méthode axiomatique et la conception des objets mathématiques comme libres créations de l'esprit. Il subsistait en effet une restriction à cette liberté revendiquée par Cantor, la question d'« existence » qui avait déjà préoccupé les Grecs, et qui se posait ici de façon bien plus pressante, puisque précisément tout appel à une représentation intuitive était maintenant abandonné. Nous verrons plus loin (p. 53-54) de quel maelström philosophico-mathématique la notion d' « existence » devait être le centre dans les premières années du XXe siècle. Mais au XIXe siècle on n'en est pas encore là, et démontrer l'existence d'un objet mathématique ayant des propriétés données, c'est simplement, comme pour Euclide, « construire » un objet ayant les propriétés indiquées. C'est à quoi servaient précisément les « modèles » arithmétiques : une fois les nombres réels « interprétés » en termes d'entiers, les nombres complexes et la géométrie euclidienne l'étaient aussi, grâce à la Géométrie analytique, et il en était de même de tous les êtres algébriques nouveaux introduits depuis le début du siècle ; enfin— découverte qui avait eu un grand retentissement — Beltrami et Klein avaient même obtenu des « modèles » euclidiens des géométries non-euclidiennes de Lobatschevsky et de Riemann (voir p. 169), et par suite « arithmétisé » (et par là complètement justifié) ces théories qui au premier abord avaient suscité tant de méfiance.

D) *L'axiomatisation de l'arithmétique.* — Il était dans la ligne de cette évolution que l'on se tournât ensuite vers les fondements de l'arithmétique elle-même, et de fait c'est ce que l'on constate aux environs de 1880. Il ne semble pas qu'avant le XIXe siècle on ait cherché à définir l'addition et la multiplication des entiers naturels autrement que par un appel direct à l'intuition ; Leibniz est le seul qui, fidèle à ses principes, signale expressément que des « vérités » aussi « évidentes » que $2 + 2 = 4$ n'en sont pas moins susceptibles de démonstration si on réfléchit aux définitions des nombres qui y figurent ([*198* b], t. IV, p. 403; cf. [*69* a], p. 203); et il ne considérait nullement la commutativité de l'addition et de la multiplication comme allant de soi *. Mais il ne pousse pas plus loin ses réflexions à ce sujet, et vers le milieu du XIXe siècle, aucun progrès n'avait encore été fait dans ce sens : Weierstrass lui-même, dont les cours contribuèrent beaucoup à répandre le point de vue « arithmétisant », ne paraît pas avoir ressenti le besoin d'une clarification logique de la théorie des entiers. Les premiers pas dans cette direction semblent dus à Grassmann, qui, en 1861 ([*134*], t. II_2, p. 295) donne une définition de l'addition et de la multiplication des entiers, et démontre leurs propriétés fondamentales (commutativité, associativité, distributivité) en n'utilisant que l'opération $x \mapsto x + 1$ et le principe de récurrence. Ce dernier avait été clairement conçu et employé pour la première fois au XVIIe siècle par B. Pascal ([*244*], t. III, p. 456)** — encore qu'on en trouve dans l'Antiquité des applications plus ou moins conscientes — et était couramment utilisé par les mathématiciens depuis la seconde moitié du XVIIe siècle. Mais ce n'est qu'en 1888 que Dedekind ([*79*], t. III, p. 359-361) énonce un système complet d'axiomes pour l'arithmétique (système reproduit 3 ans plus tard

* Comme exemple d'opérations non commutatives, il indique la soustraction, la division et l'exponentiation ([*198* b], t. VII, p. 31); il avait même un moment essayé d'introduire de telles opérations dans son calcul logique ([*69* a], p. 353).
** Voir aussi [*45*].

par Peano et connu d'ordinaire sous son nom [*246* c]), qui comprenait en particulier une formulation précise du principe de récurrence (que Grassmann emploie encore sans l'énoncer explicitement).

Avec cette axiomatisation, il semblait que l'on eût atteint les fondements définitifs des mathématiques. En fait, au moment même où l'on formulait clairement les axiomes de l'arithmétique, celle-ci, pour beaucoup de mathématiciens (à commencer par Dedekind et Peano eux-mêmes) était déjà déchue de ce rôle de science primordiale, en faveur de la dernière venue des théories mathématiques, la théorie des ensembles ; et les controverses qui allaient se dérouler autour de la notion d'entier ne peuvent être isolées de la grande « crise des fondements » des années 1900-1930.

LA THÉORIE DES ENSEMBLES

On peut dire que de tout temps, mathématiciens et philosophes ont utilisé des raisonnements de théorie des ensembles de façon plus ou moins consciente ; mais dans l'histoire de leurs conceptions à ce sujet, il faut nettement séparer toutes les questions liées à l'idée de nombre cardinal (et en particulier à la notion d'infini) de celles qui ne font intervenir que les notions d'appartenance et d'inclusion. Ces dernières sont des plus intuitives et ne paraissent jamais avoir soulevé de controverses : c'est sur elles qu'on peut le plus facilement fonder une théorie du syllogisme (comme devaient le montrer Leibniz et Euler), ou des axiomes comme « le tout est plus grand que la partie », sans parler de ce qui, en géométrie, concerne les intersections de courbes et de surfaces. Jusqu'à la fin du XIXe siècle, on ne fait non plus aucune difficulté pour parler de l'ensemble (ou « classe » chez certains auteurs) des objets possédant telle ou telle propriété donnée * ; et la « définition » célèbre donnée par Cantor (« *Par ensemble on entend un groupement en un tout d'objets bien distincts de notre intuition ou de notre pensée* » ([*47*], p. 282)) ne soulèvera, au moment de sa publication, à peu près aucune objection**. Il en est

*Nous avons vu plus haut que Boole n'hésite même pas à introduire dans son calcul logique l' « Univers » 1, ensemble de tous les objets ; il ne semble pas qu'à l'époque on ait critiqué cette conception, bien qu'elle soit rejetée par Aristote, qui donne une démonstration, assez obscure, visant à en prouver l'absurdité ([*6*], Met. B, 3, 998 *b*).

** Frege semble être un des rares mathématiciens contemporains qui, non sans raison, se soit élevé contre le vague de semblables « définitions » ([*117* c], t. I, p. 2).

tout autrement dès qu'à la notion d'ensemble viennent se mêler celles de nombre ou de grandeur. La question de la divisibilité indéfinie de l'étendue (sans doute posée dès les premiers Pythagoriciens) devait, comme on sait, conduire à des difficultés philosophiques considérables : des Eléates à Bolzano et Cantor, mathématiciens et philosophes se heurteront sans succès au paradoxe de la grandeur finie composée d'une infinité de points dépourvus de grandeur. Il serait sans intérêt pour nous de retracer, même sommairement, les polémiques interminables et passionnées que suscite ce problème, qui constituait un terrain particulièrement favorable aux divagations métaphysiques ou théologiques ; notons seulement le point de vue auquel, dès l'Antiquité, s'arrêtent la plupart des mathématiciens. Il consiste essentiellement à refuser le débat, faute de pouvoir le trancher de façon irréfutable — attitude que nous retrouverons chez les formalistes modernes : de même que ces derniers s'arrangent pour éliminer toute intervention d'ensembles « paradoxaux » (voir ci-dessous pp. 47-50), les mathématiciens classiques évitent soigneusement d'introduire dans leurs raisonnements l' « infini actuel » (c'est-à-dire des ensembles comportant une infinité d'objets conçus comme existant simultanément, au moins dans la pensée), et se contentent de l'« infini potentiel », c'est-à-dire de la possibilité d'augmenter toute grandeur donnée (ou de la diminuer s'il s'agit d'une grandeur « continue ») *. Si ce point de vue comportait une certaine dose d'hypocrisie **, il permettait toutefois de développer la plus grande partie de la mathématique classique (y compris la théorie des proportions

* Un exemple typique de cette conception est l'énoncé d'Euclide : « *Pour toute quantité donnée de nombres premiers, il y en a un plus grand* » que nous exprimons aujourd'hui en disant que l'ensemble des nombres premiers est infini.

** Classiquement, on a évidemment le droit de dire qu'un point appartient à une droite, mais tirer de là la conclusion qu'une droite est « composée de points » serait violer le tabou de l'infini actuel, et Aristote consacre de longs développements à justifier cette interdiction. C'est vraisemblablement pour échapper à toute objection de ce genre qu'au XIXe siècle, beaucoup de mathématiciens évitent de parler d'ensembles, et raisonnent systématiquement « en compréhension » ; par exemple, Galois ne parle pas de corps de nombres, mais seulement des propriétés communes à tous les éléments d'un tel corps. Même Pasch et Hilbert, dans leurs présentations axiomatiques de la géométrie euclidienne, s'abstiennent encore de dire que les droites et plans sont des ensembles de points ; Peano est le seul qui utilise librement le langage de la théorie des ensembles en géométrie élémentaire.

et plus tard le Calcul infinitésimal) *; il paraissait même un excellent garde-fou, surtout après les querelles suscitées par les infiniment petits, et était devenu un dogme à peu près universellement admis jusque bien avant dans le XIXᵉ siècle.

Un premier germe de la notion générale d'équipotence apparaît dans une remarque de Galilée ([*122* b], t. VIII, p. 78-80) : il observe que l'application $n \mapsto n^2$ établit une correspondance biunivoque entre les entiers naturels et leurs carrés et par suite que l'axiome « le tout est plus grand que la partie » ne saurait s'appliquer aux ensembles infinis. Mais bien loin d'inaugurer une étude rationnelle des ensembles infinis, cette remarque ne paraît avoir eu d'autre effet que de renforcer la méfiance vis-à-vis de l'infini actuel ; c'est déjà la conclusion de Galilée lui-même, et Cauchy, en 1833, ne le cite que pour approuver son attitude.

Les nécessités de l'Analyse — et particulièrement l'étude approfondie des fonctions de variables réelles, qui se poursuit durant tout le XIXᵉ siècle — sont à l'origine de ce qui allait devenir la théorie moderne des ensembles. Lorsque Bolzano, en 1817, démontre l'existence de la borne inférieure d'un ensemble minoré dans $\mathbf{R}$ [*27* c], il raisonne encore, comme la plupart de ses contemporains, « en compréhension », parlant non pas d'un ensemble quelconque de nombres réels, mais d'une propriété arbitraire de ces derniers. Mais quand, 30 ans plus tard, il rédige ses « Paradoxien des Unendlichen » [*27* b] (publiés en 1851, trois ans après sa mort), il n'hésite pas à

* Il faut voir sans doute la raison de ce fait dans la circonstance que les ensembles envisagés dans les mathématiques classiques appartiennent à un petit nombre de types simples, et peuvent pour la plupart être complètement décrits par un nombre fini de « paramètres » numériques, si bien que leur considération se ramène en définitive à celle d'un ensemble fini de nombres (il en est ainsi par exemple des courbes et surfaces algébriques, qui pendant longtemps sont à peu près seules à constituer les « figures » de la géométrie classique). Avant que les progrès de l'Analyse n'imposent, au XIXᵉ siècle, la considération de parties arbitraires de la droite ou de $\mathbf{R}^n$, on ne trouve que rarement des ensembles qui s'écartent des types précédents ; par exemple, Leibniz, toujours original, envisage comme « lieu géométrique » le disque fermé privé de son centre, ou (par un curieux pressentiment de la théorie des idéaux) considère qu'en arithmétique un entier est « le genre » de l'ensemble de ses multiples, et remarque que l'ensemble des multiples de 6 est l'intersection de l'ensemble des multiples de 2 et de l'ensemble des multiples de 3 ([*198* b], t. VII, p. 292). A partir du début du XIXᵉ siècle, on se familiarise, en algèbre et en théorie des nombres, avec les ensembles de ce dernier type, comme les classes de formes quadratiques, introduites par Gauss, ou les corps et idéaux, définis par Dedekind avant la révolution cantorienne.

revendiquer le droit à l'existence pour l'« infini actuel » et à parler d'ensembles arbitraires. Il définit, dans ce travail, la notion générale d'équipotence de deux ensembles, et démontre que deux intervalles compacts dans **R** sont équipotents ; il observe aussi que la différence caractéristique entre ensembles finis et ensembles infinis consiste en ce qu'un ensemble infini E est équipotent à un sous-ensemble distinct de E, mais il ne donne aucune démonstration convaincante de cette assertion. Le ton général de cet ouvrage est d'ailleurs beaucoup plus philosophique que mathématique, et faute de dissocier de façon suffisamment nette la notion de puissance d'un ensemble de celle de grandeur ou d'ordre d'infinitude, Bolzano échoue dans ses tentatives pour former des ensembles infinis de puissances de plus en plus grandes, et se laisse entraîner à cette occasion à mêler à ses raisonnements des considérations sur les séries divergentes qui sont totalement dépourvues de sens.

C'est au génie de G. Cantor qu'est due la création de la théorie des ensembles telle qu'on l'entend aujourd'hui. Lui aussi part de l'Analyse, et ses travaux sur les séries trigonométriques, inspirés par ceux de Riemann, l'amènent naturellement, en 1872, à un premier essai de classification des ensembles « exceptionnels » qui se présentent dans cette théorie *, au moyen de la notion d' « ensembles dérivés » successifs, qu'il introduit à cette occasion. C'est sans doute à propos de ces recherches, et aussi de sa méthode pour définir les nombres réels ([*47*], p. 92-97), que Cantor commence à s'intéresser aux problèmes d'équipotence, car en 1873, il remarque que l'ensemble des nombres rationnels (ou l'ensemble des nombres algébriques) est dénombrable; et dans sa correspondance avec Dedekind, qui débute vers cette date [*48*], on le voit poser la question de l'équipotence entre l'ensemble des entiers et l'ensemble des nombres réels, qu'il parvient à résoudre par la négative quelques semaines plus tard. Puis, dès 1874, c'est le problème de la dimension qui le préoccupe, et pendant trois ans, il cherche en vain à établir l'impossibilité d'une correspondance biunivoque entre **R** et $\mathbf{R}^n$ ($n > 1$), avant d'arriver, à sa propre stupéfaction **, à définir une telle correspondance. En possession de ces

* Il s'agit des ensembles $E \subset \mathbf{R}$ tels que, si une série trigonométrique $\sum_{-\infty}^{+\infty} c_n e^{nix}$ converge vers 0 sauf aux points de E, on ait nécessairement $c_n = 0$ pour tout n ([*47*], p. 99).

** « *Je le vois, mais je ne le crois pas* » écrit-il à Dedekind ([*48*], p. 34; en français dans le texte).

résultats aussi nouveaux que surprenants, il se consacre entièrement à la théorie des ensembles. Dans une série de 6 mémoires publiés aux *Mathematische Annalen* entre 1878 et 1884, il aborde à la fois les problèmes d'équipotence, la théorie des ensembles totalement ordonnés, les propriétés topologiques de $\mathbf{R}$ et de $\mathbf{R}^n$ et le problème de la mesure ; et il est admirable de voir avec quelle netteté se dégagent peu à peu, entre ses mains, ces notions qui paraissaient si inextricablement enchevêtrées dans la conception classique du « continu ». Dès 1880, il a l'idée d'itérer « transfiniment » la formation des « ensembles dérivés » ; mais cette idée ne prend corps que deux ans plus tard, avec l'introduction des ensembles bien ordonnés, une des découvertes les plus originales de Cantor, grâce à laquelle il peut aborder une étude détaillée des nombres cardinaux et formuler le « problème du continu » [*47*].

Il était impossible que des conceptions aussi hardies, renversant une tradition deux fois millénaire, et conduisant à des résultats aussi inattendus et d'apparence si paradoxale, fussent acceptées sans résistance. De fait, parmi les mathématiciens alors influents en Allemagne, Weierstrass fut le seul à suivre avec quelque faveur les travaux de Cantor (son ancien élève) ; ce dernier devait se heurter par contre à l'opposition irréductible de Schwarz et surtout de Kronecker *. C'est, semble-t-il, autant la tension constante engendrée par l'opposition à ses idées, que ses efforts infructueux pour démontrer l'hypothèse du continu, qui amenèrent chez Cantor les premiers symptômes d'une maladie nerveuse dont sa productivité mathématique devait se ressentir **. Il ne reprit vraiment intérêt à la théorie des ensembles que vers 1887, et ses dernières publications datent de 1895-97 ; il y développe surtout la théorie des ensembles totalement ordonnés et le calcul des ordinaux. Il avait aussi démontré en 1890 l'inégalité $\mathfrak{m} < 2^{\mathfrak{m}}$; cependant, non seulement le problème du continu restait sans réponse, mais il subsistait dans la théorie des cardinaux une lacune plus sérieuse, car Cantor n'avait pu établir l'existence d'une

* Les contemporains de Kronecker ont fait de fréquentes allusions à sa position doctrinale sur les fondements des mathématiques ; il est à présumer qu'il s'est exprimé plus explicitement dans les contacts personnels que dans ses publications (où, en ce qui concerne le rôle des entiers naturels, il ne fait que reprendre des remarques sur l' « arithmétisation », assez banales vers 1880) (cf. [*327* b], en particulier p. 14-15).

** Sur cette période de la vie de Cantor, voir [*275* b].

relation de bon ordre entre cardinaux quelconques. Cette lacune devait être comblée, d'une part par le théorème de F. Bernstein (1897) montrant que les relations $\mathfrak{a} \leqslant \mathfrak{b}$ et $\mathfrak{b} \leqslant \mathfrak{a}$ entraînent $\mathfrak{a} = \mathfrak{b}$ *, et surtout par le théorème de Zermelo [*342* a] prouvant l'existence d'un bon ordre sur tout ensemble — théorème conjecturé dès 1883 par Cantor ([*47*], p. 169).

Cependant Dedekind, dès le début, n'avait cessé de suivre avec un intérêt soutenu les recherches de Cantor ; mais alors que ce dernier concentrait son attention sur les ensembles infinis et leur classification, Dedekind poursuivait ses propres réflexions sur la notion de nombre (qui l'avaient déjà conduit à sa définition des nombres irrationnels par les « coupures »). Dans son opuscule *Was sind und was sollen die Zahlen*, publié en 1888, mais dont l'essentiel date de 1872-78 ([*79*], t. III, p. 335), il montre comment la notion d'entier naturel (sur laquelle, on l'a vu, avait fini par reposer toute la Mathématique classique) pouvait elle-même être dérivée des notions fondamentales de la théorie des ensembles. Développant (sans doute le premier de façon explicite) les propriétés élémentaires des applications quelconques d'un ensemble dans un autre (négligées jusque-là par Cantor, qui ne s'intéressait qu'aux correspondances biunivoques), il introduit, pour toute application f d'un ensemble E dans lui-même, la notion de « chaîne » d'un élément $a \in E$ relativement à f, savoir l'intersection des ensembles $K \subset E$ tels que $a \in K$ et $f(K) \subset K$ **. Il prend ensuite comme *définition* d'un ensemble infini E le fait qu'il existe une application biunivoque φ de E dans E telle que $\varphi(E) \neq E$ *** ; si en outre il existe une telle application φ et un élément $a \notin \varphi(E)$ pour lequel E soit la chaîne de a, Dedekind dit que E est « simplement infini », remarque que les « axiomes de Peano » sont alors satisfaits et montre (avant Peano) comment à partir de là s'obtiennent tous les théorèmes élémentaires d'arithmétique. Seul manque à son exposé l'axiome de l'infini, que Dedekind (à la suite de Bolzano) croit pou-

* Ce théorème avait déjà été obtenu par Dedekind en 1887, mais sa démonstration ne fut pas publiée ([*79*], t. III, p. 447).

** C'est sur une notion très analogue que repose la seconde démonstration donnée par Zermelo de son théorème [*342* b].

*** Nous avons vu que Bolzano avait déjà noté cette caractérisation des ensembles infinis, mais son travail (assez peu répandu, semble-t-il, dans les milieux mathématiques) était inconnu de Dedekind au moment où celui-ci écrivait « Was sind und was sollen die Zahlen ».

voir démontrer en considérant le « monde des pensées » humaines (« Gedankenwelt ») comme un ensemble *.

D'un autre côté, Dedekind avait été amené par ses travaux d'arithmétique (et notamment la théorie des idéaux) à envisager la notion d'ensemble ordonné sous un aspect plus général que Cantor. Alors que ce dernier se borne exclusivement aux ensembles totalement ordonnés **, Dedekind aborde le cas général, et fait notamment une étude approfondie des ensembles réticulés ([*79*], t. II, p. 236-271). Ces travaux ne furent guère remarqués à l'époque ; bien que leurs résultats, retrouvés par divers auteurs, aient fait l'objet de nombreuses publications depuis 1935, leur importance historique tient bien moins aux possibilités d'application, assez minces sans doute, de cette théorie, qu'au fait qu'ils ont constitué un des premiers exemples de construction axiomatique soignée. Par contre, les premiers résultats de Cantor sur les ensembles dénombrables ou ayant la puissance du continu devaient rapidement avoir de multiples et importantes applications jusque dans les questions les plus classiques de l'Analyse *** (sans parler naturellement des parties de l'œuvre cantorienne qui inauguraient la Topologie générale et la théorie de la

* Une autre méthode pour définir la notion d'entier naturel et pour en établir les propriétés fondamentale avait été proposée par Frege en 1884 [*117* b]. Il cherche tout d'abord à donner à la notion de cardinal d'un ensemble un sens plus précis que Cantor; à cette époque ce dernier n'avait défini que les notions d'ensembles équipotents et d'ensemble ayant une puissance au plus égale à celle d'un autre, et la définition de « nombre cardinal » qu'il devait donner plus tard ([*47*], p. 282) est aussi obscure et inutilisable que la définition de la droite chez Euclide. Frege, toujours soucieux de précision, a l'idée de prendre comme définition du cardinal d'un ensemble A l'ensemble de tous les ensembles équipotents à A ([*117* b], § 68); puis, ayant défini $\varphi(\mathfrak{a}) = \mathfrak{a} + 1$ pour tout cardinal (§ 76), il se place dans l'ensemble C de tous les cardinaux, et définit la relation « $\mathfrak{b}$ est un φ-successeur de $\mathfrak{a}$ » comme signifiant que $\mathfrak{b}$ appartient à l'intersection de tous les ensembles $X \subset C$ tels que $\varphi(\mathfrak{a}) \in X$ et $\varphi(X) \subset X$ (§ 79). Enfin, il définit un entier naturel comme un φ-successeur de 0 (§ 83 ; toutes ces définitions sont bien entendu exprimées par Frege dans son langage de la « logique des concepts »). Malheureusement, cette construction devait se révéler défectueuse, l'ensemble C ou l'ensemble des ensembles équipotents à un ensemble A étant « paradoxaux » (voir ci-dessous).

** Il est curieux de noter que, parmi ces derniers, Cantor ne voulut jamais admettre l'existence des groupes ordonnés « non archimédiens » parce qu'ils introduisaient la notion d' « infiniment petit actuel » ([*47*], p. 156 et 172). De telles relations d'ordre s'étaient naturellement présentées dans les recherches de Du Bois-Reymond sur les ordres d'infinitude (cf. p. 254) et furent étudiées de façon systématique par Veronese [*318*].

*** Dès 1874, Weierstrass avait signalé, dans une lettre à Du Bois-Reymond, une application aux fonctions de variable réelle du théorème de Cantor sur la possibilité de ranger les nombres rationnels en une suite ([*329* b], p. 206).

mesure ; voir là-dessus p. 178 et 278). En outre, dès les dernières années du XIXe siècle apparaissent les premières utilisations du principe d'induction transfinie, devenu, surtout après la démonstration du théorème de Zermelo, un outil indispensable dans toutes les parties des mathématiques modernes. Kuratowski devait, en 1922, donner une version souvent plus maniable de ce principe, évitant l'utilisation des ensembles bien ordonnés ([*189* a], p. 89); c'est sous cette forme, retrouvée plus tard par Zorn [*344*], qu'il est principalement employé à l'époque actuelle *.

Vers la fin du XIXe siècle, les conceptions essentielles de Cantor avaient donc gain de cause **. Nous avons vu que, vers cette même époque, la formalisation des mathématiques s'achève et que l'emploi de la méthode axiomatique est à peu près universellement admis. Mais, au même moment, s'ouvrait une « crise des fondements » d'une rare violence, qui allait secouer le monde mathématique pendant plus de 30 ans, et sembler par moments compromettre, non seulement toutes ces acquisitions récentes, mais même les parties les plus classiques de la Mathématique.

LES PARADOXES DE LA THÉORIE DES ENSEMBLES ET LA CRISE DES FONDEMENTS

Les premiers ensembles « paradoxaux » apparurent dans la théorie des cardinaux et des ordinaux. En 1897, Burali-Forti remarque que l'on ne peut considérer qu'il existe un ensemble formé de *tous les ordinaux*, car cet ensemble serait bien ordonné, et par suite isomorphe à un de ses segments distincts de lui-même, ce qui est absurde [*42*] ***. En 1899, Cantor observe (dans une lettre à Dedekind) que l'on ne peut non plus dire que les cardinaux forment un ensemble, ni parler de « l'ensemble de tous les ensembles » sans

* De ce fait, l'intérêt qui s'attachait aux ordinaux de Cantor a beaucoup décru ; d'une façon générale, d'ailleurs, beaucoup des résultats de Cantor et de ses successeurs sur l'arithmétique des ordinaux et les cardinaux non dénombrables sont jusqu'ici restés assez isolés.

** La consécration officielle de la théorie des ensembles se manifeste dès le premier Congrès international des mathématiciens (Zurich, 1897), où Hadamard [*141*] et Hurwitz en signalent d'importantes applications à l'Analyse. L'influence grandissante de Hilbert à cette époque contribua beaucoup à répandre les idées de Cantor, surtout en Allemagne.

*** Cette remarque avait déjà été faite par Cantor en 1896 (dans une lettre à Hilbert, non publiée).

aboutir à une contradiction (l'ensemble des parties de ce dernier « ensemble » Ω serait équipotent à une partie de Ω, ce qui est contraire à l'inégalité $\mathfrak{m} < 2^{\mathfrak{m}}$) ([*47*], p. 444-448). En 1905 enfin, Russell, analysant la démonstration de cette inégalité, montre que le raisonnement qui l'établit prouve (sans faire appel à la théorie des cardinaux) que la notion de « l'ensemble des ensembles qui ne sont pas éléments d'eux-mêmes » est, elle aussi, contradictoire [*266*] *.

On pouvait penser que de telles « antinomies » ne se manifesteraient que dans des régions périphériques des mathématiques, caractérisées par la considération d'ensembles d'une « grandeur » inaccessible à l'intuition. Mais d'autres « paradoxes » devaient bientôt menacer les parties les plus classiques des mathématiques. Berry et Russell ([*266*], t. I, p. 63-64), simplifiant un raisonnement de J. Richard [*258*], observent en effet que l'ensemble des entiers dont la définition peut s'exprimer en moins de seize mots français est fini, mais qu'il est cependant contradictoire de définir un entier comme « le plus petit entier qui n'est pas définissable en moins de seize mots français », car cette définition ne comporte que quinze mots.

Bien que de tels raisonnements, si éloignés de l'usage courant des mathématiciens, aient pu paraître à beaucoup d'entre eux comme des sortes de calembours, ils n'en indiquaient pas moins la nécessité d'une révision des bases des mathématiques, destinée à éliminer les « paradoxes » de cette nature. Mais s'il y avait unanimité sur l'urgence de cette révision, des divergences radicales devaient bientôt surgir touchant la manière de la réaliser. Pour un premier groupe de mathématiciens, soit « idéalistes », soit « formalistes » **, la situation créée par les « paradoxes » de la théorie des ensembles est très analogue à celle qui résultait, en géométrie, de la découverte des géométries non-euclidiennes ou des courbes « pathologiques » (comme les courbes sans tangente) ; elle doit conduire à une conclusion semblable, mais plus générale, savoir qu'il est vain de chercher à fonder

* Le raisonnement de Russell est à rapprocher des paradoxes antiques dont le type est le célèbre « Menteur », sujet d'innombrables commentaires dans la Logique formelle classique : il s'agit de savoir si l'homme qui dit « Je mens » dit ou non la vérité en prononçant ces paroles (cf. [*267*]).

** Les divergences entre ces deux écoles sont surtout d'ordre philosophique, et nous ne pouvons ici entrer dans plus de détails à ce sujet ; l'essentiel est qu'elles se rejoignent sur le terrain proprement mathématique. Par exemple, Hadamard, représentant typique des « idéalistes », adopte, en ce qui concerne la validité des raisonnements de théorie des ensembles, un point de vue très voisin des formalistes, mais sans l'exprimer sous une forme axiomatique ([*12*], p. 271).

une théorie mathématique *quelconque* par un appel (explicite ou non) à l' « intuition ». On peut résumer cette position avec les mots mêmes du principal adversaire de l'école formaliste : « *Le formaliste* », dit Brouwer ([*39* a], p. 83), « *soutient que la raison humaine n'a pas à sa disposition d'images exactes des lignes droites ou des nombres supérieurs à dix, par exemple... Il est vrai que de certaines relations entre entités mathématiques, que nous prenons comme axiomes, nous déduisons d'autres relations d'après des règles fixes, avec la conviction que de cette façon nous dérivons des vérités d'autres vérités par un raisonnement logique...* [Mais] *pour le formaliste, l'exactitude mathématique ne réside que dans le développement de la suite des relations, et est indépendante de la signification que l'on pourrait vouloir donner à ces relations ou aux entités qu'elles relient.* »

Il s'agit donc, pour le formaliste, de donner à la théorie des ensembles une base axiomatique tout à fait analogue à celle de la géométrie élémentaire, où on ne s'occupe pas de savoir ce que sont les « choses » que l'on appelle « ensembles », ni ce que signifie la relation $x \in y$, mais où on énumère les conditions imposées à cette dernière relation ; bien entendu, cela doit être fait de façon à inclure, autant que possible, tous les résultats de la théorie de Cantor, tout en rendant impossible l'existence des ensembles « paradoxaux ». Le premier exemple d'une telle axiomatisation fut donné par Zermelo en 1908 [*342* c]; il évite les ensembles « trop grands » par l'introduction d'un « axiome de sélection (Aussonderung) », une propriété $P(x)$ ne déterminant un ensemble formé des éléments qui la possèdent que si $P(x)$ entraîne déjà une relation de la forme $x \in A$ *. Mais l'élimination des paradoxes analogues au « paradoxe de Richard » ne pouvait se faire qu'en restreignant le sens attaché à la notion de « propriété » ; là-dessus, Zermelo se contente de décrire de façon fort vague un type de propriétés qu'il appelle « *definit* », et d'indiquer qu'il faut se limiter à ces dernières dans l'application de l'axiome de sélection. Ce point fut précisé par Skolem [*286* a] et Fraenkel [*113* b]; comme l'observèrent ceux-ci, son élucidation exige qu'on se place dans un système complètement formalisé, où les notions de « propriété » et de « relation » ont perdu toute « signification » et sont

* Par exemple, le paradoxe de Russell ne deviendrait valable dans le système de Zermelo que si l'on y démontrait la relation $(\exists z)((x \notin x) \Rightarrow (x \in z))$; bien entendu, une telle démonstration, si l'on venait à l'obtenir, aurait pour conséquence immédiate la nécessité d'une modification substantielle du système en question.

devenues de simples désignations pour des assemblages formés suivant des règles explicites. Cela nécessite bien entendu qu'on fasse entrer dans le système les règles de Logique utilisées, ce qui n'était pas encore le cas dans le système de Zermelo-Fraenkel.

D'autres axiomatisations de la théorie des ensembles ont été proposées par la suite. Citons principalement celle de von Neumann [*324* a et c] qui, plus que le système de Zermelo-Fraenkel, se rapproche de la conception primitive de Cantor : ce dernier, pour éviter les ensembles paradoxaux, avait déjà proposé ([*47*], p. 445-448), dans sa correspondance avec Dedekind, de distinguer deux sortes d'ensembles, les « multiplicités » (« Vielheiten ») et les « ensembles » (« Mengen ») proprement dits, les seconds se caractérisant en ce qu'ils peuvent être pensés comme un seul objet. C'est cette idée que précise von Neumann en distinguant deux types d'objets, les « ensembles » et les « classes » ; dans son système (à peu près complètement formalisé), les classes se distinguent des ensembles en ce qu'elles ne peuvent être placées à gauche du signe $\in$. Un des avantages d'un tel système est qu'il réhabilite la notion de « classe universelle » utilisée par les logiciens du XIXe siècle (qui naturellement n'est pas un ensemble) ; signalons aussi que le système de von Neumann évite (pour la théorie des ensembles) l'introduction de schémas d'axiomes, remplacés par des axiomes convenables (ce qui en rend l'étude logique plus facile). Des variantes du système de von Neumann ont été données par Bernays et Gödel [*130* b].

L'élimination des paradoxes semble bien obtenue par les systèmes précédents, mais au prix de restrictions qui ne peuvent manquer de paraître très arbitraires. A la décharge du système de Zermelo-Fraenkel, on peut dire qu'il se borne à formuler des interdictions qui ne font que sanctionner la pratique courante dans les applications de la notion d'ensemble aux diverses théories mathématiques. Les systèmes de von Neumann et de Gödel sont plus éloignés des conceptions usuelles ; en revanche, il n'est pas exclu qu'il soit plus aisé d'insérer certaines théories mathématiques encore à leur début dans le cadre fourni par de tels systèmes plutôt que dans le cadre plus étroit du système de Zermelo-Fraenkel.

On ne saurait certes affirmer qu'aucune de ces solutions donne l'impression d'être définitive. Si elles satisfont les formalistes, c'est que ces derniers refusent de prendre en considération les réactions psychologiques individuelles de chaque mathématicien ; ils estiment qu'un langage formalisé a rempli sa tâche lorsqu'il peut transcrire les raisonnements mathématiques sous une forme dépourvue d'ambiguïté, et servir ainsi de véhicule à la pensée mathématique ; libre à chacun, diraient-ils, de penser ce qu'il voudra sur la « nature » des êtres mathématiques ou la « vérité » des théorèmes qu'il utilise, pourvu que ses raisonnements puissent être transcrits dans le langage commun *.

En d'autres termes, du point de vue philosophique, l'attitude des formalistes consiste à se désintéresser du problème posé par les « paradoxes », en abandonnant la position platonicienne qui visait à attribuer aux notions mathématiques un « contenu » intellectuel commun à tous les mathématiciens. Beaucoup de mathématiciens reculent devant cette rupture avec la tradition. Russell, par exemple, cherche à éviter les paradoxes en analysant leur structure de façon plus approfondie. Reprenant une idée émise d'abord par J. Richard (dans l'article [*258*] où il exposait son « paradoxe ») et développée ensuite par H. Poincaré [*251* c], Russell et Whitehead observent que les définitions des ensembles paradoxaux violent toutes le principe suivant, dit « principe du cercle vicieux » : « Un élément dont la définition implique la totalité des éléments d'un ensemble, ne peut appartenir à cet ensemble » ([*266*], t. I, p. 40). Aussi est-ce cet énoncé qui sert de base aux *Principia*, et c'est pour le respecter qu'est développée dans cet ouvrage la « théorie des types ». Comme celle de Frege dont elle est inspirée, la logique de Russell et Whitehead possède des « variables propositionnelles » ; la théorie des types procède à un classement entre ces diverses variables, dont les grandes lignes sont les suivantes. Partant d'un « domaine d'individus » non précisés et qui peuvent être qualifiés d' « objets d'ordre 0 », les relations où les variables *(libres ou liées)* sont des individus, sont dites « objets du premier ordre » ; et de façon générale, les relations où les variables sont des objets d'ordre $\leqslant n$ (une au moins étant d'ordre n) sont dites « objets d'ordre $n+1$ » **. Un ensemble d'objets d'ordre n

* Hilbert, toutefois, paraît avoir toujours cru à une « vérité » mathématique objective ([*163* c], p. 315 et 323). Même des formalistes qui, comme H. Curry, ont une position très voisine de celle que nous venons de résumer, repoussent avec une sorte d'indignation l'idée que les mathématiques pourraient être considérées comme un simple jeu, et veulent absolument y voir une « science objective » ([*73*], p. 57).

** Ce n'est là en réalité que le début de la classification des « types », dont on ne saurait rendre compte fidèlement sans entrer dans de très longs développements; le lecteur désireux d'explications plus détaillées pourra se reporter notamment à l'introduction du t. II des *Principia Mathematica* [*266*].

ne peut alors être défini que par une relation d'ordre $n + 1$, condition qui permet d'éliminer sans peine les ensembles paradoxaux *. Mais le principe de la « hiérarchie des types » est si restrictif qu'en y adhérant strictement on aboutirait à une mathématique d'une inextricable complexité **. Pour échapper à cette conséquence, Russell et Whitehead sont contraints d'introduire un « axiome de réductibilité » affirmant l'existence, pour toute relation entre « individus », d'une relation *du premier ordre* qui lui soit équivalente ; condition tout aussi arbitraire que les axiomes des formalistes, et qui réduit considérablement l'intérêt de la construction des *Principia*. Aussi le système de Russell et Whitehead a-t-il eu plus de succès chez les logiciens que chez les mathématiciens ; il n'est d'ailleurs pas entièrement formalisé ***, et il en résulte de nombreuses obscurités de détail. Divers efforts ont été faits pour simplifier et clarifier ce système (Ramsey, Chwistek, Quine, Rosser) ; tendant à utiliser des langages de plus en plus complètement formalisés, ces auteurs remplacent les règles des *Principia* (qui avaient encore un certain fondement intuitif) par des restrictions ne tenant compte que de l'écriture des assemblages considérés ; non seulement ces règles paraissent alors tout aussi gratuites que les interdictions formulées dans les systèmes de Zermelo-Fraenkel ou de von Neumann, mais, étant plus éloignées de la pratique des mathématiciens, elles ont, dans plusieurs cas, conduit à des conséquences inacceptables, que n'avait pas prévues l'auteur (comme le paradoxe de Burali-Forti, ou la négation de l'axiome de choix).

Pour les mathématiciens des écoles précédentes, il s'agit avant tout de ne renoncer à aucune part de l'héritage du passé : « *Du paradis que Cantor a créé pour nous* », dit Hilbert ([*163* c], p. 274), « *nul*

* Dans le système de Russell et Whitehead, la relation $x \in x$ ne peut donc être écrite légitimement, au contraire du système de Zermelo-Fraenkel, par exemple.

** Par exemple, l'égalité n'est pas une notion primitive dans le système des *Principia* : deux objets a, b sont égaux si pour *toute* propriété $P(x)$, $P(a)$ et $P(b)$ sont des propositions équivalentes. Mais cette définition n'a pas de sens en théorie des types : il faudrait, pour lui en donner un, spécifier au moins l' « ordre » de P, et on serait ainsi amené à distinguer une infinité de relations d'égalité ! Zermelo avait d'ailleurs remarqué, dès 1908 [*342* b], que de nombreuses définitions des mathématiques classiques (par exemple celle de la borne inférieure d'un ensemble dans **R**) ne respectent pas le « principe du cercle vicieux », et que l'adoption de ce principe risquait donc de jeter l'interdit sur des parties importantes des théories mathématiques les plus traditionnelles.

*** Russell et Whitehead (comme déjà Frege) s'en tiennent à la position classique touchant les formules mathématiques, qui doivent toujours pour eux avoir un « sens » se rapportant à une activité sous-jacente de la pensée.

ne doit pouvoir nous chasser ». Pour ce faire, ils sont disposés à accepter des limitations aux raisonnements mathématiques, peu essentielles parce que conformes à l'usage, mais qui ne paraissent pas imposées par nos habitudes mentales et l'intuition de la notion d'ensemble. Tout leur semble préférable à l'intrusion de la psychologie dans les critères de validité des mathématiques ; et plutôt que de « *faire entrer en ligne de compte les propriétés de nos cerveaux* », comme dit Hadamard ([*12*], p. 270), ils se résignent à imposer au domaine mathématique des bornes en grande partie arbitraires, pourvu qu'elles enferment la Mathématique classique et ne risquent pas d'entraver les progrès ultérieurs.

Toute différente est l'attitude des mathématiciens se rattachant à la tendance dont il nous reste à parler. Si les formalistes acceptent de renoncer au contrôle des « yeux de l'esprit » en ce qui concerne le raisonnement mathématique, les mathématiciens que l'on a appelé « empiristes », « réalistes » ou « intuitionnistes » se refusent à cette abdication ; il leur faut une sorte de certitude intérieure garantissant l'« existence » des objets mathématiques dont ils s'occupent. Tant qu'il ne s'agissait que de renoncer à l'intuition spatiale, il n'y avait pas eu d'objection sérieuse, puisque les « modèles » arithmétiques permettaient de se retrancher derrière la notion intuitive des entiers. Mais des oppositions irréductibles se manifestent lorsqu'il est question de ramener la notion d'entier à celle (beaucoup moins précise intuitivement) d'ensemble, puis d'imposer au maniement des ensembles des barrières sans fondement intuitif. Le premier en date de ces opposants (et celui qui, par l'autorité de son génie, devait exercer le plus d'influence) fut H. Poincaré ; ayant admis, non seulement le point de vue axiomatique touchant la géométrie et l'arithmétisation de l'Analyse, mais aussi une bonne partie de la théorie de Cantor (qu'il fut un des premiers à appliquer avec fruit dans ses travaux), il se refuse par contre à concevoir que l'arithmétique puisse, elle aussi, être justiciable d'un traitement axiomatique ; le principe d'induction complète lui paraît en particulier une intuition fondamentale de notre esprit, où il est impossible de voir une pure convention * [*251* c]. Hostile par principe aux langages formalisés, dont il

* Poincaré va jusqu'à dire en substance qu'il est impossible de définir une structure vérifiant tous les axiomes de Peano, à l'exception du principe d'induction complète ([*251* c], p. 65); l'exemple (dû à Padoa) des entiers avec l'application $x \mapsto x + 2$ remplaçant $x \mapsto x + 1$ montre que cette assertion est inexacte. Il est curieux de la trouver déjà chez Frege, presque dans les mêmes termes ([*117* b], p. 21 *e*).

contestait l'utilité, il confond constamment la notion d'entier dans les mathématiques formalisées, et l'utilisation des entiers dans la théorie de la démonstration, qui s'ébauchait alors, et dont nous parlerons plus loin ; sans doute était-il difficile à cette époque de faire aussi nettement qu'aujourd'hui — après 50 années d'études et de discussion — cette distinction qu'avaient pourtant bien sentie un Hilbert ou un Russell.

Les critiques de cette nature se multiplient après l'introduction de l'axiome de choix par Zermelo en 1904 [*342* a]. Son utilisation dans mainte démonstration antérieure d'Analyse ou de théorie des ensembles était jusque-là passée à peu près inaperçue * ; c'est en suivant une idée suggérée par Erhard Schmidt que Zermelo, énonçant explicitement cet axiome, en déduisit de façon ingénieuse une démonstration satisfaisante de l'existence d'un bon ordre sur tout ensemble. Venant en même temps que les « paradoxes », il semble que ce nouveau mode de raisonnement, par son allure insolite, ait jeté la confusion chez beaucoup de mathématiciens ; il n'est que de voir les étranges malentendus qui surgissent à ce propos, dans le tome suivant des *Mathematische Annalen*, sous la plume de mathématiciens aussi familiers avec les méthodes cantoriennes que Schoenflies et F. Bernstein. Les critiques d'E. Borel, publiées dans ce même volume, sont plus substantielles et se rattachent nettement au point de vue exprimé par H. Poincaré sur les entiers ; elles sont développées et discutées dans un échange de lettres entre E. Borel, Baire, Hadamard et Lebesgue, resté classique dans la tradition mathématique française [*12*]. Borel commence par nier la validité de l'axiome de choix parce qu'il comporte en général une infinité non dénombrable de choix, ce qui est inconcevable pour l'intuition. Mais Hadamard et Lebesgue observent que l'infinité dénombrable de choix *arbitraires* successifs n'est pas plus intuitive, puisqu'elle comporte une infinité d'opérations, qu'il est impossible de concevoir comme s'effectuant réellement. Pour Lebesgue, qui élargit le débat, tout revient à savoir ce qu'on entend quand on dit qu'un être mathéma-

* En 1890, Peano, démontrant son théorème sur l'existence des intégrales des équations différentielles, remarque qu'il serait naturellement amené à « *appliquer une infinité de fois une loi arbitraire avec laquelle à une classe on fait correspondre un individu de cette classe* » ; mais il ajoute aussitôt qu'un tel raisonnement est inadmissible à ses yeux ([*246* c], p. 210). En 1902, B. Levi avait remarqué que ce même raisonnement était implicitement utilisé par F. Bernstein dans une démonstration de théorie des cardinaux [*199*].

tique « existe » ; il faut, pour lui, qu'on « nomme » explicitement une propriété le définissant de façon unique (une propriété « fonctionnelle », dirions-nous) ; pour une fonction comme celle qui sert à Zermelo dans son raisonnement, c'est ce que Lebesgue appelle une « loi » de choix ; si, continue-t-il, on ne satisfait pas à cette exigence, et qu'on se borne à « penser » à cette fonction au lieu de la « nommer », est-on sûr qu'au cours du raisonnement on pense toujours à la même ([*12*], p. 267)? D'ailleurs, ceci amène Lebesgue à de nouveaux doutes ; déjà la question du choix d'un seul élément dans un ensemble lui paraît soulever des difficultés : il faut qu'on soit sûr qu'un tel élément « existe », c'est-à-dire qu'on puisse « nommer » au moins un des éléments de l'ensemble *. Peut-on alors parler d' « existence » d'un ensemble dont on ne sait pas « nommer » chaque élément ? Déjà Baire n'hésite pas à nier l' « existence » de l'ensemble des parties d'un ensemble infini donné (*loc. cit.*, p. 263-264) ; en vain Hadamard observe-t-il que ces exigences conduisent à renoncer même à parler de l'ensemble des nombres réels : c'est bien à cette conclusion que finit par se rallier E. Borel. Mis à part le fait que le dénombrable semble avoir acquis droit de cité, on est à peu près revenu à la position classique des adversaires de l' « infini actuel ».

Toutes ces objections n'avaient rien de très systématique ; il était réservé à Brouwer et à son école d'entreprendre une refonte complète des mathématiques guidée par des principes semblables, mais encore bien plus radicaux. Nous ne saurions ici entreprendre de résumer une doctrine aussi complexe que l'intuitionnisme, qui participe autant de la psychologie que des mathématiques, et nous nous bornerons à en indiquer quelques-uns des traits les plus frappants, renvoyant pour plus de détails aux travaux de Brouwer lui-même [*39* a et b] et à l'exposé de Heyting [*162*]. Pour Brouwer, la Mathématique est identique à la partie « exacte » de notre pensée,

* Le prétendu « choix » d'un élément dans un ensemble n'a en fait rien à voir avec l'axiome de choix ; il s'agit d'une simple façon de parler, et partout où on s'exprime de cette manière, on ne fait en réalité qu'utiliser les règles logiques les plus élémentaires (où le signe τ n'intervient pas). Bien entendu, l'application de ces règles à un ensemble A exige que l'on ait démontré que $A \neq \varnothing$; c'est sur ce point que porte l'argumentation de Lebesgue, car une telle démonstration n'est valable pour lui que si précisément on a « nommé » un élément de A. Par exemple, Lebesgue ne considère pas comme valable le raisonnement de Cantor ([*47*], p. 115-118) prouvant l'existence des nombres transcendants; cette existence n'est prouvée pour lui que parce qu'il est possible de « nommer » des nombres transcendants, tels que les nombres de Liouville ou les nombres e ou π.

basée sur l'intuition première de la suite des entiers naturels, et qu'il est impossible de traduire sans mutilations en un système formel. Elle n'est d'ailleurs « exacte » que dans l'esprit des mathématiciens, et il est chimérique d'espérer forger un instrument de communication entre eux qui ne soit pas sujet à toutes les imperfections et ambiguïtés du langage ; on peut, tout au plus, espérer éveiller chez l'interlocuteur un état d'esprit favorable par des descriptions plus ou moins vagues ([*162*], p. 11-13). La mathématique intuitionniste n'attache guère plus d'importance à la logique qu'au langage : une démonstration n'est pas concluante en vertu de règles logiques fixées une fois pour toutes, mais en raison de l' « évidence immédiate » de chacun de ses chaînons. Cette « évidence » doit en outre être interprétée de façon encore plus restrictive que par E. Borel et ses partisans : c'est ainsi qu'en mathématique intuitionniste, on ne peut dire qu'une relation de la forme « R ou (non R) » est vraie (principe du tiers exclu), à moins que, pour tout système de valeurs données aux variables figurant dans R, on ne puisse démontrer que l'une des deux propositions R, « non R » est vraie ; par exemple, de l'équation $ab = 0$ entre deux nombres réels, on ne peut conclure « $a = 0$ ou $b = 0$ », car il est facile de former des exemples explicites de nombres réels a, b pour lesquels on a $ab = 0$ sans que l'on sache, à l'heure actuelle, démontrer aucune des deux propositions $a = 0$, $b = 0$ ([*162*], p. 21).

On ne s'étonnera pas si, à partir de tels principes, les mathématiciens intuitionnistes aboutissent à des résultats fort différents des théorèmes classiques. Toute une partie de ces derniers disparaît, par exemple la plupart des théorèmes « existentiels » en Analyse (comme les théorèmes de Bolzano et de Weierstrass pour les fonctions numériques) ; si une fonction d'une variable réelle « existe » au sens intuitionniste, elle est *ipso facto* continue ; une suite bornée monotone de nombres réels n'a pas nécessairement de limite. D'autre part, beaucoup de notions classiques se ramifient, pour l'intuitionniste, en plusieurs notions fondamentalement distinctes : il y a ainsi deux notions de convergence (pour une suite de nombres réels) et huit de dénombrabilité. Il va sans dire que l'induction transfinie et ses applications à l'Analyse moderne sont (comme la plus grande partie de la théorie de Cantor) condamnées sans appel.

C'est seulement de cette façon, selon Brouwer, que les propositions mathématiques peuvent acquérir un « contenu » ; les raisonnements formalistes qui vont au-delà de ce qu'admet l'intuitionnisme sont jugés sans valeur, puisque l'on ne peut plus leur donner un « sens » auquel la notion intuitive de « vérité » pourrait s'appliquer. Il est clair que de pareils jugements ne peuvent reposer que sur une notion préalable de « vérité », de nature psychologique ou métaphysique. C'est dire pratiquement qu'ils échappent à toute discussion.

Il n'est pas douteux que les vigoureuses attaques venues du camp intuitionniste n'aient forcé quelque temps non seulement les écoles mathématiques d'avant-garde, mais même les partisans de la mathématique traditionnelle, à se mettre sur la défensive. Un mathématicien célèbre a reconnu avoir été impressionné par ces attaques au point d'avoir volontairement renfermé ses travaux dans des branches des mathématiques jugées « sûres ». Mais de tels cas ont dû être peu fréquents. L'école intuitionniste, dont le souvenir n'est sans doute destiné à subsister qu'à titre de curiosité historique, aura du moins rendu le service d'avoir obligé ses adversaires, c'est-à-dire en définitive l'immense majorité des mathématiciens, à préciser leurs positions et à prendre plus clairement conscience des raisons (les unes d'ordre logique, les autres d'ordre sentimental) de leur confiance dans la mathématique.

LA MÉTAMATHÉMATIQUE

L'absence de contradiction a de tout temps été considérée comme une condition *sine qua non* de toute mathématique, et dès l'époque d'Aristote, la logique était assez développée pour qu'on sût parfaitement que d'une théorie contradictoire, on peut déduire n'importe quoi. Les preuves d' « existence », considérées comme indispensables depuis l'Antiquité, n'avaient visiblement pas d'autre but que de garantir que l'introduction d'un nouveau concept ne risquait pas d'entraîner contradiction, particulièrement quand ce concept était trop compliqué pour tomber immédiatement sous l' « intuition ». Nous avons vu comment cette exigence était devenue plus impérieuse avec l'avènement du point de vue axiomatique au XIXe siècle, et comment la construction de « modèles » arithmétiques y avait répondu. Mais l'arithmétique elle-même pouvait-elle être contradictoire ? Question qu'on n'aurait sans doute pas songé à se poser avant la fin du XIXe siècle, tant les entiers paraissaient appartenir à ce qu'il y a de plus sûr dans notre intuition ; mais après les « paradoxes » tout semblait remis en question, et on comprend que le sentiment d'insécurité qu'ils avaient créé ait conduit les mathématiciens, vers 1900, à se pencher avec plus d'attention sur le problème de la non-contradiction de l'arithmétique, afin de sauver au moins du naufrage les mathématiques classiques. Aussi ce problème est-il le second de ceux qu'énumérait Hilbert dans sa célèbre conférence au Congrès international de 1900 ([*163* a], t. III, p. 229-301). Ce faisant, il posait un principe nouveau qui devait avoir un grand retentissement : alors que dans la logique traditionnelle la non-contradiction d'un concept ne faisait que le rendre « possible », elle équivaut pour Hilbert (tout au moins pour les concepts mathématiques définis axiomatiquement) à *l'existence* de ce concept. Cela impliquait apparemment la nécessité de démontrer *a priori* la non-contradiction d'une théorie mathématique avant même de pouvoir la développer de façon légitime ; c'est bien ainsi que l'entend H. Poincaré qui, pour battre en brèche le formalisme, reprend à son compte l'idée de Hilbert, en soulignant avec un malin plaisir à quel point les formalistes étaient loin à cette époque de pouvoir la réaliser ([*251* c], p. 163). Nous verrons plus loin comment Hilbert devait relever le défi ; mais auparavant il nous faut noter ici que, sous l'influence de son autorité et de celle de Poincaré, les exigences posées par ce dernier devaient pendant longtemps être acceptées sans réserve aussi bien par les formalistes que par leurs adversaires. Une conséquence fut la croyance, très répandue aussi chez les formalistes, que la théorie de la démonstration de Hilbert faisait partie intégrante de la mathématique, dont elle constituait les indispensables prolégomènes. Ce dogme ne nous paraît pas justifié *, et nous considérons que l'intervention de la métamathématique dans l'exposé de la logique et des mathématiques peut et doit être réduite à la partie très élémentaire qui traite du maniement des symboles abréviateurs et des critères déductifs. Il ne s'agit pas ainsi, contrairement à ce que prétend Poincaré, de « revendiquer la liberté de la contradiction », mais bien plutôt de considérer, avec Hadamard, que l'absence de contradiction, lors même qu'elle ne se démontre pas, se constate ([*12*], p. 270).

* En pure doctrine formaliste, les mots « il existe » dans un texte formalisé n'ont pas plus de « signification » que les autres, et il n'y a pas à considérer d'autre type d' « existence » dans les démonstrations formalisées.

Il nous reste à donner une brève esquisse historique des efforts de Hilbert et de son école, et à retracer sommairement, non seulement l'évolution qui devait finalement conduire au résultat négatif de Gödel et justifier *a posteriori* le scepticisme d'Hadamard, mais aussi tous les progrès qui en ont découlé, touchant la connaissance du mécanisme des raisonnements mathématiques, et qui font de la métamathématique moderne une science autonome d'un intérêt incontestable.

Dès 1904, dans une conférence au Congrès international ([*163* c], p. 247-261), Hilbert s'attaque au problème de la non-contradiction de l'arithmétique. Il constate d'abord qu'il ne peut être question de la démontrer en ayant recours à un modèle *, et indique à grands traits le principe d'une autre méthode : il propose de considérer les propositions vraies de l'arithmétique formalisée comme des assemblages de signes sans signification, et de prouver qu'en utilisant les règles gouvernant la formation et l'enchaînement de ces assemblages, on ne peut jamais obtenir un assemblage qui soit une proposition vraie et dont la négation soit aussi une proposition vraie. Il ébauche même une démonstration de cette nature pour un formalisme moins étendu que celui de l'arithmétique ; mais, comme l'observe peu après H. Poincaré ([*251* c], p. 185), cette démonstration fait essentiellement usage du principe de récurrence, et paraît donc reposer sur un cercle vicieux. Hilbert ne répondit pas immédiatement à cette critique, et une quinzaine d'années s'écoula sans que personne tentât de développer ses idées ; c'est en 1917 seulement que (mû par le désir de répondre aux attaques des intuitionnistes) il s'attelle de nouveau au problème des fondements des mathématiques, dont il ne cessera désormais de s'occuper jusqu'à la fin de sa carrière scientifique. Dans ses travaux sur ce sujet, qui s'échelonnent de 1920 à 1930 environ, et auxquels participe activement toute une école de jeune mathématiciens (Ackermann, Bernays, Herbrand, von Neumann), Hilbert dégage peu à peu les principes de sa « théorie de la démonstration » de façon plus précise : reconnaissant implicitement le bien-fondé de la critique de Poincaré, il admet qu'en

* Les « modèles » fournis par les définitions de Dedekind ou de Frege ne feraient que déplacer la question, en la ramenant à la non-contradiction de la Théorie des ensembles, problème sans aucun doute plus difficile que la non-contradiction de l'Arithmétique, et qui devait le paraître bien davantage encore à une époque où aucune tentative sérieuse pour éviter les « paradoxes » n'avait été proposée.

métamathématique, les raisonnements arithmétiques utilisés ne peuvent se fonder que sur notre intuition des entiers (et non sur l'arithmétique formalisée) ; pour ce faire, il paraît essentiel de restreindre ces raisonnements à des « procédés finis » (« finite Prozesse ») d'un type admis par les intuitionnistes : par exemple, une démonstration par l'absurde ne peut prouver l'existence métamathématique d'un assemblage ou d'une suite d'assemblages, il faut en donner une loi de construction explicite *. D'autre part Hilbert élargit dans deux directions son programme initial : non seulement il aborde la non-contradiction de l'arithmétique, mais il aspire aussi à démontrer la non-contradiction de la théorie des nombres réels et même celle de la théorie des ensembles ** ; en outre, aux problèmes de non-contradiction viennent s'ajouter ceux d'indépendance des axiomes, de catégoricité et de décision. Nous allons passer rapidement en revue ces diverses questions et signaler les principales recherches qu'elles ont suscitées.

Démontrer *l'indépendance* d'un système de propositions A_1, A_2, ..., A_n consiste à montrer que, pour chaque indice i, A_i n'est pas un théorème dans la théorie $\mathcal{T}_i$ obtenue en prenant comme axiomes les A_j d'indice $j \neq i$. Ce point sera établi si on connaît une théorie non contradictoire $\mathcal{T}'_i$ dans laquelle les A_j $(j \neq i)$ sont des théorèmes, ainsi que « non A_i » ; on peut ainsi considérer le problème sous deux aspects suivant que l'on admet ou non que certaines théories (comme l'arithmétique ou la théorie des ensembles) sont non contradictoires. Dans le second cas, on a affaire à un problème de non-contradiction « absolue ». Au contraire, le premier type de problèmes se résout comme les problèmes de non-contradiction « relative », par construction de « modèles » appropriés, et de nombreuses démonstrations de cette nature ont été imaginées, bien avant que la mathématique n'eût pris un aspect complètement formalisé : il suffit de rappeler les modèles de la géométrie non-euclidienne (voir p. 169), les questions d'indépendance des axiomes de la géométrie

* Pour une description détaillée et précise des procédés finis admis en métamathématique, on pourra consulter, par exemple, la thèse de J. Herbrand [*158*].
** Lorsqu'on parle de la non-contradiction de la théorie des nombres réels, on suppose que celle-ci est définie axiomatiquement, sans utiliser la théorie des ensembles (ou tout au moins en s'abstenant de faire usage de certains axiomes de cette dernière, comme l'axiome de choix ou l'axiome de l'ensemble des parties).

élémentaire traitées par Hilbert dans les « *Grundlagen der Geometrie* » [*163* c], ainsi que les travaux de Steinitz sur l'axiomatisation de l'Algèbre et ceux de Hausdorff et de ses successeurs sur celle de la Topologie.

Une théorie $\mathfrak{T}$ est dite *catégorique* si, pour toute proposition A de $\mathfrak{T}$ (ne contenant aucune lettre autre que les constantes de $\mathfrak{T}$), l'une des deux propositions A, (non A), est un théorème de $\mathfrak{T}$ *. Si l'on met à part certains formalismes très rudimentaires, dont on prouve aisément la catégoricité ([*164*], p. 35), les résultats obtenus dans cette voie sont essentiellement négatifs; le premier en date est dû à K. Gödel [*130* a] qui a montré que, si $\mathfrak{T}$ est non contradictoire et si les axiomes de l'arithmétique formalisée sont des théorèmes de $\mathfrak{T}$, alors $\mathfrak{T}$ n'est pas catégorique. L'idée fondamentale de son ingénieuse méthode consiste à établir une correspondance biunivoque (bien entendu, au moyen de « procédés finis ») entre les énoncés métamathématiques et certaines propositions de l'arithmétique formalisée; nous nous bornerons à en esquisser les grandes lignes **. A chaque assemblage A qui est un terme ou une relation de $\mathfrak{T}$, on commence par associer (par un procédé de construction explicite, applicable quasi mécaniquement) un entier $g(\mathrm{A})$, de façon biunivoque. De même, à chaque démonstration D de $\mathfrak{T}$ (considérée comme succession d'assemblages) on peut associer un entier $h(\mathrm{D})$ de façon biunivoque. Enfin, on peut donner un procédé de construction explicite d'une relation $\mathrm{P}(x, y, z)$ de $\mathfrak{T}$ ***, telle que, dans $\mathfrak{T}$, $\mathrm{P}(x, y, z)$ entraîne que x, y, z sont des entiers, et vérifie les deux conditions suivantes :

1° si D est une démonstration de $\mathrm{A}(\lambda)$, où $\mathrm{A}(x)$ est une relation de $\mathfrak{T}$, et λ est un entier explicité (c'est-à-dire un terme de $\mathfrak{T}$ qui est un entier), alors $\mathrm{P}(\lambda, g(\mathrm{A}(x)), h(\mathrm{D}))$ est un théorème de $\mathfrak{T}$;

2° si l'entier explicité μ n'est pas de la forme $h(\mathrm{D})$, ou si $\mu = h(\mathrm{D})$ et si D n'est pas une démonstration de $\mathrm{A}(\lambda)$, alors (non $\mathrm{P}(\lambda, g(\mathrm{A}(x)), \mu)$) est un théorème de $\mathfrak{T}$.

Soit alors $\mathrm{S}(x)$ la relation (non $(\exists z)\mathrm{P}(x, x, z)$), et soit $\gamma = g(\mathrm{S}(x))$, qui est un terme de $\mathfrak{T}$. Si $\mathfrak{T}$ n'est pas contradictoire

* On exprime souvent cela en disant que si A n'est pas un théorème de $\mathfrak{T}$, la théorie $\mathfrak{T}'$ obtenue en ajoutant A aux axiomes de $\mathfrak{T}$ est contradictoire.

** Pour plus de détails, voir [*130* a] ou ([*181*], p. 181-258).

*** La description détaillée de $g(\mathrm{A})$, $h(\mathrm{D})$ et $\mathrm{P}(x, y, z)$ est fort longue et minutieuse, et l'écriture de $\mathrm{P}(x,y,z)$ exigerait un nombre de signes tellement grand qu'elle est pratiquement impossible, mais aucun mathématicien ne pense que cela diminue en rien la valeur de ces constructions.

il n'y a *aucune démonstration* de la proposition S(γ) dans 𝔗. En effet, si D était une telle démonstration, P(γ, g(S(x)), h(D)) serait un théorème de 𝔗 ; mais cette relation n'est autre que P(γ,γ, h(D)), et par suite ($\exists z$)P(γ,γ,z) serait aussi un théorème de 𝔗 ; comme cette dernière relation est équivalente à (non S(γ)), 𝔗 serait contradictoire. D'autre part, ce qui vient d'être dit montre que pour tout entier explicité μ, (non P(γ,γ,μ)) est un théorème de 𝔗. Il en résulte qu'il n'y a *aucune démonstration*, dans 𝔗, de (non S(γ)), car cette dernière relation est équivalente à ($\exists z$) P(γ,γ,z) et l'existence d'un entier μ tel que P(γ,γ, μ) entraînerait que 𝔗 est contradictoire, en vertu de ce qui précède *. Ce théorème métamathématique de Gödel a été généralisé ultérieurement dans diverses directions ([*181*], chap. XI) **.

* En fait, cette dernière partie du raisonnement suppose un peu plus que la non-contradiction de 𝔗, savoir ce que l'on appelle la « ω-non-contradiction » de 𝔗 : cela signifie qu'il n'y a pas de relation R(x) dans 𝔗 telle que R(x) entraîne $x \in \mathbf{N}$ et que, pour chaque entier *explicité* μ, R(μ) soit un théorème de 𝔗 bien que ($\exists x$) ($x \in \mathbf{N}$ et (non R(x))) soit aussi un théorème de 𝔗. Rosser a d'ailleurs montré qu'on peut modifier le raisonnement de Gödel de façon à ne supposer que la non-contradiction de 𝔗 ([*181*], p. 208).

** On notera l'analogie du raisonnement de Gödel avec le sophisme du menteur : la proposition S(γ) affirme sa propre fausseté, quand on l'interprète en termes métamathématiques! On remarquera aussi que la proposition

$$(\forall z)((z \in \mathbf{N}) \Rightarrow (\text{non } \mathrm{P}(\gamma,\gamma,z)))$$

est intuitivement vraie, puisque l'on a une démonstration dans 𝔗 de (non P(γ, γ, μ)) pour tout entier *explicité* μ; et cependant cette proposition n'est pas démontrable dans 𝔗. Cette situation est à rapprocher d'un résultat obtenu antérieurement par Löwenheim et Skolem (voir [*286* a]) : ce dernier définit métamathématiquement une relation entre deux *entiers naturels* x, y qui, si on l'écrit $x \in y$, satisfait aux axiomes de von Neumann pour la théorie des ensembles. D'où à première vue un nouveau « paradoxe », puisque dans ce « modèle » tous les ensembles infinis seraient dénombrables, contrairement à l'inégalité de Cantor $\mathfrak{m} < 2^{\mathfrak{m}}$. Mais en fait, la « relation » définie par Skolem ne peut être écrite dans la théorie formalisée des ensembles, pas plus que le « théorème » affirmant que l'ensemble des parties d'un ensemble infini n'a qu'une infinité dénombrable d' « éléments ». Au fond, ce « paradoxe » n'est qu'une forme plus subtile de la remarque banale que l'on n'écrira jamais qu'un nombre fini d'assemblages d'une théorie formalisée, et qu'il est donc absurde de concevoir un ensemble non dénombrable de termes de la théorie ; remarque voisine de celle qui avait déjà conduit au « paradoxe de Richard ». De pareils raisonnements prouvent que la formalisation de la théorie des ensembles est indispensable si l'on veut conserver l'essentiel de la construction cantorienne. Les mathématiciens paraissent d'accord pour en conclure aussi qu'il n'y a guère qu'une concordance superficielle entre nos conceptions « intuitives » de la notion d'ensemble ou d'entier, et les formalismes qui sont supposés en rendre compte ; le désaccord commence lorsqu'il est question de choisir entre les unes et les autres.

La relation S(γ) de $\mathfrak{T}$ dont on montre ainsi qu'il n'existe aucune démonstration dans $\mathfrak{T}$, ni de cette relation, ni de sa négation, est visiblement fabriquée pour les besoins de la cause et ne se rattache de façon naturelle à aucun problème mathématique. Beaucoup plus intéressant est le fait que si $\mathfrak{T}$ désigne la théorie des ensembles (avec le système d'axiomes de von Neumann-Bernays), *ni l'hypothèse du continu ni sa négation ne sont démontrables dans* $\mathfrak{T}$. Ce remarquable résultat a été établi en deux étapes : en 1940, Gödel prouva que la théorie obtenue en adjoignant à $\mathfrak{T}$ l'hypothèse du continu $2^{\aleph_0} = \aleph_1$ n'était pas contradictoire [*130* b]; puis, en 1963, P. Cohen a démontré qu'il en est de même lorsqu'on adjoint à $\mathfrak{T}$ la relation $2^{\aleph_0} = \aleph_2$ (ou $2^{\aleph_0} = \aleph_n$ pour un entier $n > 1$ quelconque) [*67*].

Le problème de la *décision* (« Entscheidungsproblem ») est sans doute le plus ambitieux de tous ceux que se pose la métamathématique : il s'agit de savoir si, pour un langage formalisé donné, on peut imaginer un « procédé universel » quasi mécanique qui, appliqué à n'importe quelle relation du formalisme considéré, indique en un nombre fini d'opérations si cette relation est vraie ou non *. La solution de ce problème faisait déjà partie en substance des grands desseins de Leibniz, et il semble qu'un moment l'école de Hilbert ait cru sa réalisation toute proche. Il est de fait que l'on peut décrire de tels procédés pour des formalismes comportant peu de signes primitifs et d'axiomes ([*181*], p. 136-141). Mais les efforts faits pour préciser le problème de la décision, en délimitant exactement ce qu'il faut entendre par « procédé universel » n'ont jusqu'ici abouti qu'à des résultats négatifs ([*181*], p. 432-439). D'ailleurs, la solution du problème de la décision pour une théorie $\mathfrak{T}$ permet aussitôt de savoir si $\mathfrak{T}$ est ou non contradictoire, puisqu'il suffit d'appliquer le « procédé universel » à une relation de $\mathfrak{T}$ et à sa négation ; et nous allons voir qu'il est exclu qu'on puisse résoudre la question de cette manière pour les théories mathématiques usuelles **.

C'est en effet dans la question de la non-contradiction des théo-

* Une question voisine est celle de l'existence d'« algorithmes » pour la résolution de certains problèmes, que nous ne pouvons examiner ici (Turing, Post, P. Novikov).

**On distinguera soigneusement le problème de la décision de la croyance, partagée par de nombreux mathématiciens, et souvent exprimée avec vigueur par Hilbert en particulier, que pour toute proposition mathématique, on finira un jour par savoir si elle est vraie, fausse ou indécidable. C'est là un pur acte de foi, dont la critique échappe à notre discussion.

ries mathématiques — l'origine et le cœur même de la Métamathématique — que les résultats se sont révélés les plus décevants. Pendant les années 1920-1930, Hilbert et son école avaient développé des méthodes nouvelles pour aborder ces problèmes ; après avoir démontré la non-contradiction de formalismes partiels, couvrant une partie de l'arithmétique (cf. [*158*], [*324* d]), ils croyaient toucher au but et démontrer, non seulement la non-contradiction de l'arithmétique, mais aussi celle de la théorie des ensembles, lorsque Gödel, s'appuyant sur la non-catégoricité de l'arithmétique, en déduisit l'impossibilité de démontrer, par les « procédés finis » de Hilbert, la non-contradiction de toute théorie $\mathfrak{T}$ contenant cette dernière *.

Le théorème de Gödel ne ferme cependant pas entièrement la porte aux tentatives de démonstration de non-contradiction, pourvu que l'on abandonne (tout au moins partiellement) les restrictions de Hilbert touchant les « procédés finis ». C'est ainsi que Gentzen, en 1936 [*127*], parvint à démontrer la non-contradiction de l'arithmétique formalisée, en utilisant « intuitivement » l'induction transfinie jusqu'à l'ordinal dénombrable ε_0 **. La valeur de « certitude » que l'on peut attribuer à un tel raisonnement est sans doute moins probante que pour ceux qui satisfont aux exigences initiales de Hilbert, et est essentiellement affaire de psychologie personnelle pour chaque mathématicien ; il n'en reste pas moins vrai que de semblables « démonstrations » utilisant l'induction transfinie « intuitive » jusqu'à un ordinal donné, seraient considérées comme un important progrès si elles s'appliquaient, par exemple, à la théorie des nombres réels ou à une partie substantielle de la théorie des ensembles.

* Avec les notations introduites ci-dessus, le résultat précis de Gödel est le suivant. Dire que $\mathfrak{T}$ n'est pas contradictoire signifie qu'il n'y a pas de démonstration, dans $\mathfrak{T}$, de la relation $0 \neq 0$; cela entraîne par suite, pour tout entier explicité μ, que (non $\mathrm{P}(0, g(x \neq x), \mu)$) est un théorème de $\mathfrak{T}$. Considérons alors la proposition $(\forall z)((z \in \mathbf{N}) \Rightarrow \text{non } \mathrm{P}(0, g(x \neq x), z))$, que nous désignerons par C ; en « traduisant » en arithmétique formalisée le raisonnement (reproduit plus haut) par lequel on montre métamathématiquement que « si $\mathfrak{T}$ est non contradictoire, il n'y a pas de démonstration de $\mathrm{S}(\gamma)$ dans $\mathfrak{T}$ », on peut établir que $\mathrm{C} \Rightarrow (\text{non } (\exists z)(\mathrm{P}(\gamma, \gamma, z)))$ est un théorème de $\mathfrak{T}$, autrement dit, que $\mathrm{C} \Rightarrow \mathrm{S}(\gamma)$ est un théorème de $\mathfrak{T}$. Il en résulte que, si $\mathfrak{T}$ n'est pas contradictoire, C *n'est pas un théorème de* $\mathfrak{T}$, puisque dans ces conditions $\mathrm{S}(\gamma)$ n'est pas un théorème de $\mathfrak{T}$. C'est là l'énoncé exact du théorème de Gödel.

** Gentzen associe à chaque démonstration D de l'arithmétique formalisée un ordinal $\alpha(\mathrm{D}) < \varepsilon_0$; d'autre part, il décrit un procédé qui, à partir de toute démonstration D aboutissant à une contradiction, fournit une démonstration D' aboutissant aussi à une contradiction et telle que $\alpha(\mathrm{D}') < \alpha(\mathrm{D})$; la théorie des ensembles bien ordonnés permet de conclure à l'inexistence d'une telle démonstration D (type de raisonnement qui étend la classique « descente infinie » de la théorie des nombres).

NUMÉRATION ; ANALYSE COMBINATOIRE

L'histoire et l'archéologie nous font connaître un grand nombre de « systèmes de numération » ; leur but initial est d'attacher à chaque entier individuel (jusqu'à une limite qui dépend des besoins de la pratique) un nom et une représentation écrite, formés de combinaisons d'un nombre restreint de signes, s'effectuant suivant des lois plus ou moins régulières. Le procédé de beaucoup le plus fréquent consiste à décomposer les entiers en sommes d' « unités successives » $b_1, b_2, \ldots, b_n, \ldots$, dont chacune est un multiple entier de la précédente ; et si en général b_n/b_{n-1} est pris égal à un même nombre b (la « base » du système, le plus souvent 10), on observe mainte exception à cette règle, comme chez les Babyloniens, où b_n/b_{n-1} est tantôt égal à 10, tantôt à 6 [*232*], et dans le système chronologique des Mayas, où b_n/b_{n-1} est égal à 20 sauf pour $n = 2$, et où $b_2/b_1 = 18$ [*228*]. Quant à l'écriture correspondante, elle doit indiquer le nombre d' « unités » b_i de chaque ordre i ; dans beaucoup de systèmes (comme chez les Égyptiens, les Grecs et les Romains), les multiples successifs $k.b_i$ (où k varie de 1 à (b_{i+1}/b_i)—1) sont désignés par des symboles qui dépendent à la fois de k et de i. Un premier et important progrès consiste à désigner tous les nombres $k.b_i$ (pour la même valeur de k) par le même signe : c'est le principe de la « numération de position », où l'indice i est indiqué par le fait que le symbole représentant $k.b_i$ apparaît à la i-ème place dans la succession des « tranches » constituant le nombre représenté. Le premier système de cette nature se rencontre chez les Babyloniens, qui, sans doute dès 2 000 avant J.-C., notent par un même signe tous les multiples $k.60^{\pm i}$ correspondant à des valeurs quelconques de l'exposant i ([*232*], p. 93-109). L'inconvénient d'un tel système réside bien entendu dans l'ambiguïté des symboles employés, tant que rien n'indique que les unités d'un certain ordre peuvent être absentes, en d'autres termes, tant que le système n'est pas complété par l'introduction d'un « zéro ». On voit pourtant les Babyloniens se passer d'un tel signe pendant la plus grande partie de leur histoire ; ils n'emploient en effet un « zéro » que dans les deux derniers siècles avant J.-C., et encore seulement à l'intérieur d'un nombre ; jusque-là, le contexte devait seul préciser la signification du nombre considéré. Deux autres systèmes seulement utilisent systématiquement un « zéro » : celui des Mayas (en usage, semble-t-il, dès le début de l'ère chrétienne [*228*]), et notre système décimal actuel, qui (par l'intermédiaire des Arabes) dérive de la mathématique hindoue, où son usage est attesté dès les premiers siècles de notre ère. Il faut noter en outre que la conception du zéro comme un nombre (et non comme un simple signe de séparation) et son introduction dans les calculs, comptent aussi parmi les contributions originales des Hindous ([*78*], t. I). Bien entendu, une fois acquis le principe de la numération de position, il était facile de l'étendre à une base quelconque ; la discussion des mérites des différentes « bases » proposées depuis le XVIIe siècle relève des techniques du Calcul numérique et ne saurait être abordée ici. Bornons-nous à remarquer que l'opération qui sert de fondement à ces systèmes, la division dite « euclidienne », n'apparaît pas avant les Grecs, et remonte sans doute aux premiers Pythagoriciens, qui en firent l'outil essentiel de leur Arithmétique théorique (voir p. 110).

Les problèmes généraux d'énumération, groupés sous le nom d' « Analyse combinatoire », ne paraissent pas avoir été abordés avant les derniers siècles de l'Antiquité classique : seule la formule $\binom{n}{2} = n(n-1)/2$ est attestée au IIIe siècle de notre ère. Le mathématicien hindou Bhaskara (XIIe siècle) connaît la formule générale pour $\binom{n}{p}$. Une étude plus systématique se trouve dans un manuscrit de Levi ben Gerson, au début du XIIIe siècle : il obtient la formule de récurrence permettant de calculer le nombre V_n^p des arrangements de n objets p à p, et en particulier le nombre des permutations de n objets ; il énonce aussi des règles équivalentes aux relations $\binom{n}{p} = V_n^p/p!$ et $\binom{n}{n-p} = \binom{n}{p}$ ([*311*], t. VI, p. 64-65). Mais ce manuscrit paraît être resté ignoré des contemporains, et les résultats n'en sont que peu à peu retrouvés par les mathématiciens des siècles suivants. Parmi les progrès ultérieurs, signalons que Cardan démontre que le nombre des parties non vides d'un ensemble de n éléments est $2^n - 1$; Pascal et Fermat, fondant le calcul des probabilités, retrouvent l'expression de $\binom{n}{p}$, et Pascal est le premier à observer la relation entre ces nombres et la formule du binôme : cette dernière paraît avoir été connue des Arabes dès le XIIIe siècle, des Chinois au XIVe siècle, et elle avait été retrouvée en Occident au début du XVIe siècle, ainsi que la méthode de calcul par récurrence dite du « triangle arithmétique », que l'on attribue d'ordinaire à Pascal ([*311*], t. VI, p. 35-38). Enfin, Leibniz, vers 1676, obtient (sans la publier) la formule générale des « coefficients multinomiaux », retrouvée indépendamment et publiée 20 ans plus tard par de Moivre.

L'ÉVOLUTION DE L'ALGÈBRE

Il est peu de notions, en Mathématique, qui soient plus primitives que celle de loi de composition : elle semble inséparable des premiers rudiments de calcul sur les entiers naturels et les grandeurs mesurables. Les documents les plus anciens qui nous restent sur la Mathématique des Égyptiens et des Babyloniens nous les montrent déjà en possession d'un système complet de règles de calcul sur les entiers naturels > 0, les nombres rationnels > 0, les longueurs et les aires ; encore que les textes babyloniens qui nous sont parvenus ne traitent que de problèmes dans lesquels les données ont des valeurs numériques explicitées *, ils ne laissent aucun doute sur la généralité attribuée aux règles employées, et dénotent une habileté technique tout à fait remarquable dans le maniement des équations du premier et du second degré ([*232*], p. 179 et suiv.). On n'y trouve d'ailleurs aucune trace d'un souci de justification des règles utilisées, ni même de définition précise des opérations qui interviennent : celles-ci comme celles-là restent du domaine de l'empirisme.

Pareil souci, par contre, se manifeste déjà très nettement chez les Grecs de l'époque classique ; on n'y rencontre pas encore, il est vrai, de traitement axiomatique de la théorie des entiers naturels (une telle axiomatisation n'apparaîtra qu'à la fin du XIXe siècle ; voir p. 38) ; mais, dans les *Eléments* d'Euclide, nombreux sont les passages donnant des démonstrations formelles de règles de calcul

* Il ne faut pas oublier que ce n'est qu'avec Viète [*319*] que s'introduit l'usage de désigner par des lettres tous les éléments (donnés ou inconnus) qui interviennent dans un problème d'Algèbre. Jusque là, les seules équations qui soient résolues dans les traités d'Algèbre sont à coefficients numériques ; lorsque l'auteur énonce une règle générale pour traiter les équations analogues, il le fait (du mieux qu'il peut) en langage ordinaire ; en l'absence d'un énoncé explicite de ce genre, la conduite des calculs dans les cas numériques traités rend plus ou moins vraisemblable la possession d'une telle règle.

tout aussi intuitivement « évidentes » que celles du calcul des entiers (par exemple, la commutativité du produit de deux nombres rationnels). Les plus remarquables des démonstrations de cette nature sont celles qui se rapportent à la *théorie des grandeurs*, la création la plus originale de la Mathématique grecque (équivalente, comme on sait, à notre théorie des nombres réels > 0 ; voir p. 186-187) : Euclide y considère, entre autres, le produit de deux rapports de grandeurs, montre qu'il est indépendant de la forme sous laquelle se présentent ces rapports (premier exemple de « quotient » d'une loi de composition par une relation d'équivalence), et qu'il est commutatif ([*107*], Livre V, prop. 22-23) *.

Il ne faut pas dissimuler, cependant, que ce progrès vers la rigueur s'accompagne, chez Euclide, d'une stagnation, et même sur certains points d'un recul, en ce qui concerne la technique du calcul algébrique. La prépondérance écrasante de la Géométrie (en vue de laquelle est manifestement conçue la théorie des grandeurs) paralyse tout développement autonome de la notation algébrique : les éléments entrant dans les calculs doivent, à chaque moment, être « représentés » géométriquement ; en outre, les deux lois de composition qui interviennent ne sont pas définies sur le même ensemble (l'addition des rapports n'est pas définie de façon générale, et le produit de deux longueurs n'est pas une longueur, mais une aire) ; il en résulte un manque de souplesse qui rend à peu près impraticable le maniement des relations algébriques de degré supérieur au second.

Ce n'est qu'au déclin de la Mathématique grecque classique qu'on voit Diophante revenir à la tradition des « logisticiens » ou calculateurs professionnels, qui avaient continué à appliquer telles quelles les règles héritées des Égyptiens et des Babyloniens : ne s'embarrassant plus de représentations géométriques pour les « nombres » qu'il considère, il est naturellement amené à développer les règles du calcul algébrique abstrait ; par exemple, il donne des règles qui (en langage moderne) équivalent à la formule $x^{m+n} = x^m x^n$ pour les petites valeurs (positives ou négatives) de m et n ([*91* a], t. I, p. 8-13); un peu plus loin (p. 12-13) se trouve énoncée la « règle

* Euclide ne donne pas à cet endroit, il est vrai, de définition formelle du produit de deux rapports, et celle qui se trouve un peu plus loin dans les *Eléments* (Livre VI, déf. 5) est considérée comme interpolée : il n'en a pas moins, bien entendu, une conception parfaitement claire de cette opération et de ses propriétés.

des signes », premier germe du calcul sur les nombres négatifs * ; enfin Diophante utilise, pour la première fois, un symbole littéral pour représenter une inconnue dans une équation. Par contre, il ne semble guère préoccupé de rattacher à des idées générales les méthodes qu'il applique à la résolution de ses problèmes ; quant à la conception axiomatique des lois de composition, telle qu'elle commençait à se faire jour chez Euclide, elle paraît étrangère à la pensée de Diophante comme à celle de ses continuateurs immédiats ; on ne la retrouvera en Algèbre qu'au début du XIXe siècle.

Il fallait d'abord, durant les siècles intermédiaires, que d'une part se développât un système de notation algébrique adéquat à l'expression de lois abstraites, et que, d'autre part, la notion de « nombre » reçût un élargissement tel qu'il permît, par l'observation de cas particuliers assez diversifiés, de s'élever à des conceptions générales. A cet égard, la théorie axiomatique des rapports de grandeurs, créée par les Grecs, était insuffisante, car elle ne faisait que préciser la notion intuitive de nombre réel > 0 et les opérations sur ces nombres, déjà connues des Babyloniens sous forme plus confuse ; il va s'agir au contraire maintenant de « nombres » dont les Grecs n'avaient pas eu l'idée, et dont, au début, aucune « représentation » sensible ne s'imposait : d'une part, le zéro et les nombres négatifs, qui apparaissent dès le haut Moyen âge dans la Mathématique hindoue ; de l'autre, les nombres imaginaires, création des algébristes italiens du XVIe siècle.

Si on met à part le zéro, introduit d'abord comme symbole de numération avant d'être considéré comme un nombre (voir p. 66), le caractère commun de ces extensions est d'être (au début tout au moins) purement « formelles ». Il faut entendre par là que les nouveaux « nombres » apparaissent tout d'abord comme résultats d'opérations appliquées dans des conditions où elles n'ont, en s'en tenant à leur définition stricte, aucun sens (par exemple, la différence $a - b$ de deux entiers naturels lorsque $a < b$) : d'où les noms de nombres « faux », « fictifs », « absurdes », « impossibles », « imaginaires », etc., qui leur sont attribués. Pour les Grecs de l'époque classique, épris avant tout de pensée claire, de pareilles extensions étaient inconcevables ; elles ne pouvaient provenir que de calculateurs plus disposés que ne l'étaient les Grecs à accorder une con-

* Diophante ne connaît pas les nombres négatifs ; cette règle ne peut donc s'interpréter que comme se rapportant au calcul des polynômes, et permettant de « développer » des produits tels que $(a - b)(c - d)$.

fiance quelque peu mystique à la puissance de leurs méthodes (« la généralité de l'Analyse », comme dira le XVIIIe siècle), et à se laisser entraîner par le mécanisme de leurs calculs sans en vérifier à chaque pas le bien-fondé ; confiance d'ailleurs justifiée le plus souvent *a posteriori*, par les résultats exacts auxquels conduisait l'extension, à ces nouveaux êtres mathématiques, de règles de calcul valables uniquement, en toute rigueur, pour les nombres antérieurement connus. C'est ce qui explique comment on s'enhardit peu à peu à considérer pour elles-mêmes (indépendamment de toute application à des calculs concrets), ces généralisations de la notion de nombre, qui, au début, n'intervenaient qu'à titre d'intermédiaires dans une suite d'opérations dont le point de départ et l'aboutissement étaient de véritables « nombres » ; une fois ce pas franchi, on commence à rechercher des interprétations, plus ou moins tangibles, des entités nouvelles qui acquièrent ainsi droit de cité dans la Mathématique *.

A cet égard, les Hindous sont déjà conscients de l'interprétation que doivent recevoir les nombres négatifs dans certains cas (une dette dans un problème commercial, par exemple). Aux siècles suivants, à mesure que se diffusent en Occident (par l'intermédiaire des Arabes) les méthodes et les résultats des mathématiques grecque et hindoue, on se familiarise davantage avec le maniement de ces nombres, et on commence à en avoir d'autres « représentations » de caractère géométrique ou cinématique. C'est d'ailleurs là, avec une amélioration progressive de la notation algébrique, le seul progrès notable en Algèbre pendant la fin du Moyen âge.

Au début du XVIe siècle, l'Algèbre connaît un nouvel essor, grâce à la découverte, par les mathématiciens de l'école italienne, de la résolution « par radicaux » de l'équation du 3e, puis celle du 4e degré (voir p. 96-97) ; c'est à cette occasion que, malgré leurs répugnances, ils se trouvent pour ainsi dire contraints d'introduire dans leurs calculs les imaginaires ; peu à peu, d'ailleurs, la confiance naît dans le calcul de ces nombres « impossibles », comme dans celui des nombres négatifs, et bien qu'ici aucune « représentation » n'en ait été imaginée pendant plus de deux siècles.

* Cette recherche n'a d'ailleurs constitué qu'un stade transitoire dans l'évolution des notions dont il s'agit ; dès le milieu du XIXe siècle, on est revenu, de façon pleinement consciente cette fois, à une conception formelle des diverses extensions de la notion de nombre, conception qui a fini par s'intégrer dans le point de vue « formaliste » et axiomatique, qui domine l'ensemble des mathématiques modernes.

D'autre part, la notation algébrique reçoit ses perfectionnements décisifs de Viète et de Descartes ; à partir de ce dernier, l'écriture algébrique est déjà, à peu de choses près, celle que nous utilisons aujourd'hui.

Du milieu du XVIIe à la fin du XVIIIe siècle, il semble que les vastes horizons ouverts par la création du Calcul infinitésimal fassent quelque peu négliger l'Algèbre en général, et singulièrement la réflextion mathématique sur les lois de composition, ou sur la nature des nombres réels et complexes *. C'est ainsi que la composition des forces et la composition des vitesses, bien connues en Mécanique dès la fin du XVIIe siècle, n'exercèrent aucune répercussion sur l'Algèbre, bien qu'elles renfermassent déjà en germe le calcul vectoriel. Il faut attendre en effet le mouvement d'idées qui, aux environs de 1800, conduit à la représentation géométrique des nombres complexes (voir p. 200), pour voir utiliser, en Mathématiques pures, l'addition des vecteurs **.

C'est vers cette même époque que, pour la première fois en Algèbre, la notion de loi de composition s'étend, dans deux directions différentes, à des éléments qui ne présentent plus avec les « nombres » (au sens le plus large donné jusque-là à ce mot) que des analogies lointaines. La première de ces extensions est due à C. F. Gauss, à l'occasion de ses recherches arithmétiques sur les formes quadratiques $ax^2 + bxy + cy^2$ à coefficients entiers. Lagrange avait défini, dans l'ensemble des formes de même discriminant, une relation d'équivalence ***, et avait, d'autre part, démontré une identité qui fournissait, dans cet ensemble, une loi de composition commutative (non partout définie) ; partant de ces résultats, Gauss montre que cette loi est compatible avec une relation d'équivalence un peu différente ([*124*a], t. I, p. 272) : « *On voit par là* », dit-il alors, « *ce qu'on doit entendre par une classe composée de deux ou de plusieurs classes* ».

* Il faut mettre à part les tentatives de Leibniz, d'une part pour mettre sous forme algébrique les raisonnements de logique formelle (voir p. 17), d'autre part pour fonder un « calcul géométrique » opérant sur les éléments géométriques, sans l'intermédiaire des coordonnées ([*198* a], t. V, p. 141). Mais ces tentatives restèrent à l'état d'ébauches, et n'eurent aucun écho chez les contemporains ; elles ne devaient être reprises qu'au cours du XIXe siècle (voir ci-dessous).

** Cette opération est d'ailleurs introduite sans aucune référence à la Mécanique ; le lien entre les deux théories n'est explicitement reconnu que par les fondateurs du Calcul vectoriel, dans le second tiers du XIXe siècle (voir p. 84).

*** Deux formes sont équivalentes lorsque l'une d'elles se déduit de l'autre par un « changement de variables » $x' = \alpha x + \beta y$, $y' = \gamma x + \delta y$, où α, β, γ, δ sont des entiers tels que $\alpha\delta - \beta\gamma = 1$.

Il procède ensuite à l'étude de la loi « quotient » qu'il vient ainsi de définir, établit en substance que c'est (en langage moderne) une loi de groupe abélien, et ce par des raisonnements dont la généralité dépasse de loin, le plus souvent, le cas spécial que Gauss envisage (par exemple, le raisonnement par lequel il prouve l'unicité de l'élément symétrique s'applique à une loi de composition quelconque (*ibid.*, p. 273)). Mais il ne s'arrête pas là : revenant un peu plus loin sur la question, il reconnaît l'analogie entre la composition des classes et la multiplication des entiers modulo un nombre premier * (*ibid.*, p. 371), mais constate aussi que le groupe des classes de formes quadratiques de discriminant donné n'est pas toujours un groupe cyclique ; les indications qu'il donne à ce sujet donnent à penser qu'il avait peut-être reconnu, au moins sur ce cas particulier, la structure générale des groupes abéliens finis ([*124* a], t. I, p. 374 et t. II, p. 266).

L'autre série de recherches dont nous voulons parler aboutit, elle aussi, à la notion de groupe, pour l'introduire de façon définitive en Mathématique : c'est la « théorie des substitutions », développement des idées de Lagrange, Vandermonde et Gauss sur la résolution des équations algébriques. Nous n'avons pas à faire ici l'historique détaillé de cette question (voir p. 99-103) ; il nous faut en retenir la définition par Ruffini [*265*], puis Cauchy ([*56* a], (2), t. I, p. 64), du « produit » de deux permutations d'un ensemble fini **, et des premières notions concernant les groupes finis de permutations : transivité, primitivité, élément neutre, éléments permutables, etc. Mais ces premières recherches restent, dans l'ensemble, assez superficielles, et c'est Evariste Galois qui doit être considéré comme

* Il est tout à fait remarquable que Gauss note *additivement* la composition des classes de formes quadratiques, malgré l'analogie qu'il signale lui-même, et malgré le fait que l'identité de Lagrange, qui définit la composée de deux formes, suggère beaucoup plus naturellement la notation multiplicative (à laquelle sont d'ailleurs revenus tous les successeurs de Gauss). Il faut voir dans cette indifférence en matière de notation un témoignage de plus de la généralité à laquelle Gauss était certainement parvenu dans ses conceptions relatives aux lois de composition. Il ne bornait d'ailleurs pas ses vues aux lois commutatives, comme le montre un fragment non publié de son vivant, mais datant des années 1819-1820, où il donne, plus de vingt ans avant Hamilton, les formules de multiplication des quaternions ([*124* a], t. VIII, p. 357).

** La notion de fonction composée était naturellement connue bien antérieurement, tout au moins pour les fonctions de variables réelles ou complexes; mais l'aspect algébrique de cette loi de composition, et le lien avec le produit de deux permutations, ne sont mis en lumière que par les travaux d'Abel ([*1*], t. I, p. 478) et de Galois.

le véritable initiateur de la théorie : ayant, dans ses mémorables travaux [*123*], ramené l'étude des équations algébriques à celle des groupes de permutations qu'il leur associe, il approfondit considérablement cette dernière, tant en ce qui concerne les propriétés générales des groupes (c'est Galois qui définit le premier la notion de sous-groupe distingué et en reconnaît l'importance), que la détermination de groupes possédant des propriétés particulières (où les résultats qu'il obtient comptent encore aujourd'hui parmi les plus subtils de la théorie). C'est aussi à Galois que revient la première idée de la « représentation linéaire des groupes » *, et ce fait prouve clairement qu'il était en possession de la notion d'*isomorphie* de deux structures de groupe, indépendamment de leurs « réalisations ».

Toutefois, s'il paraît incontestable que les méthodes géniales de Gauss et de Galois les avaient amenés à une conception très large de la notion de loi de composition, ils n'eurent pas l'occasion de développer particulièrement leurs idées sur ce point, et leurs travaux n'eurent pas d'action immédiate sur l'évolution de l'Algèbre abstraite **. C'est dans une troisième direction que se font les progrès les plus nets vers l'abstraction : à la suite de réflexions sur la nature des imaginaires (dont la représentation géométrique avait suscité, au début du XIXe siècle, d'assez nombreux travaux), les algébristes de l'école anglaise dégagent les premiers, de 1830 à 1850, la notion abstraite de loi de composition, et élargissent immédiatement le champ de l'Algèbre en appliquant cette notion à une foule d'êtres mathématiques nouveaux : algèbre de la Logique avec Boole (voir p. 18), vecteurs, quaternions et systèmes hypercomplexes généraux avec Hamilton [*145* a], matrices et lois non associatives avec Cayley ([*58*], t. I, p. 127 et 301, et t. II, p. 185 et 475). Une évolution parallèle se poursuit indépendamment sur le Continent, notamment en ce qui concerne le Calcul vectoriel (Möbius, Bellavitis), l'Algèbre linéaire et les systèmes hypercomplexes (Grassmann) (voir p. 84-86) ***.

* C'est à cette occasion que Galois, par une extension hardie du « formalisme » qui avait conduit aux nombres complexes, considère des « racines imaginaires » d'une congruence modulo un nombre premier, et découvre ainsi les *corps finis* (voir p. 108).

** Ceux de Galois restèrent d'ailleurs ignorés jusqu'en 1846, et ceux de Gauss n'exercèrent une influence directe qu'en Théorie des Nombres.

*** Les principales théories développées au cours de cette période se trouvent remarquablement exposées dans l'ouvrage contemporain de H. Hankel [*146*], où la notion abstraite de loi de composition est conçue et présentée avec une parfaite netteté.

De tout ce bouillonnement d'idées originales et fécondes qui vient revivifier l'Algèbre dans la première moitié du XIXe siècle, celle-ci sort renouvelée jusque dans ses tendances. Auparavant, méthodes et résultats gravitaient autour du problème central de la résolution des équations algébriques (ou des équations diophantiennes en Théorie des Nombres) : « *l'Algèbre* », dit Serret dans l'Introduction de son Cours d'Algèbre supérieure [*284*], « *est, à proprement parler, l'Analyse des équations* ». Après 1850, si les traités d'Algèbre laissent encore pendant longtemps la prééminence à la théorie des équations, les recherches nouvelles ne sont plus dominées par le souci d'applications immédiates à la résolution des équations numériques, et s'orientent de plus en plus vers ce que nous considérons aujourd'hui comme le problème essentiel de l'Algèbre, l'étude des structures algébriques pour elles-mêmes.

Ces travaux se répartissent assez nettement en trois courants, qui prolongent respectivement les trois mouvements d'idées que nous avons analysés ci-dessus, et se poursuivent parallèlement sans influences réciproques sensibles jusque dans les dernières années du XIXe siècle *.

C'est d'abord l'édification, par l'école allemande du XIXe siècle (Dirichlet, Kummer, Kronecker, Dedekind, Hilbert) de la théorie des nombres algébriques, issue de l'œuvre de Gauss, à qui est due la première étude de ce genre, celle des nombres $a + bi$ (a et b rationnels). Nous n'avons pas à suivre ici l'évolution de cette théorie : il nous faut seulement relever, pour notre objet, les notions algébriques abstraites qui s'y font jour. Dès les premiers successeurs de Gauss, l'idée de *corps* (de nombres algébriques) est à la base de tous les travaux sur la question (comme aussi des recherches d'Abel et de Galois sur les équations algébriques) ; son champ d'application s'agrandit lorsque Dedekind et Weber [*80*] calquent la théorie des fonctions algébriques d'une variable sur celle des nombres algébriques. C'est à Dedekind aussi ([*79*], t. III, p. 251) qu'est due l'introduction de la notion d'*idéal*, qui fournit un nouvel exemple de loi de composition entre *ensembles* d'éléments ; à lui et à Kronecker remonte le rôle de

* Nous laissons ici volontairement de côté tout ce qui concerne, pendant cette période, l'évolution de la géométrie algébrique, et de la théorie des invariants, qui lui est étroitement liée ; ces deux théories se développent suivant leurs méthodes propres, orientées vers l'Analyse autant que vers l'Algèbre, et ce n'est qu'à une époque récente qu'elles ont trouvé leur place dans le vaste édifice de l'Algèbre moderne.

plus en plus grand joué par les groupes abéliens et les modules dans la théorie des corps algébriques ; nous y reviendrons plus loin (voir p. 86-87 et 120-130).

Nous renvoyons aussi à plus tard l'historique du développement de l'Algèbre linéaire (p. 78) et des systèmes hypercomplexes (p. 149), qui se poursuit sans introduire de notion algébrique nouvelle pendant la fin du XIXᵉ et le début du XXᵉ siècle, en Angleterre (Sylvester, W. Clifford) et en Amérique (B. et C. S. Peirce, Dickson, Wedderburn) suivant la voie tracée par Hamilton et Cayley, en Allemagne (Weierstrass, Dedekind, Frobenius, Molien) et en France (Laguerre, E. Cartan) d'une manière indépendante des Anglo-Saxons, et en suivant des méthodes assez différentes.

Quant à la théorie des groupes, c'est surtout sous l'aspect de la théorie des groupes finis de permutations qu'elle se développe d'abord, à la suite de la publication des œuvres de Galois et de leur diffusion par les ouvrages de Serret [*284*], et surtout le grand « Traité des Substitutions » de C. Jordan [*174* a]. Ce dernier y résume, en les perfectionnant beaucoup, les travaux de ses prédécesseurs sur les propriétés particulières aux groupes de permutations (transitivité, primitivité, etc), obtenant des résultats dont la plupart n'ont guère été dépassés depuis ; il étudie également, de façon approfondie, des groupes particuliers fort importants, les groupes linéaires et leurs sous-groupes (voir p. 174) ; en outre, c'est lui qui introduit la notion fondamentale de représentation d'un groupe sur un autre, ainsi que (un peu plus tard) celle de groupe quotient, et qui démontre une partie du théorème connu sous le nom de « théorème de Jordan-Hölder » *. C'est enfin à Jordan que remonte la première étude des groupes *infinis* [*174* b], que S. Lie d'une part, F. Klein et H. Poincaré de l'autre, devaient considérablement développer, dans deux directions différentes, quelques années plus tard.

Entre temps, on s'était peu à peu rendu compte que ce qui est essentiel dans un groupe, c'est sa loi de composition et non la nature des objets constituant le groupe (voir par exemple [*58*], t. II, p. 123 et 131 et [*79*], t. III, p. 439). Toutefois, même les recherches sur les groupes abstraits finis sont encore pendant longtemps conçues comme études de groupes de permutations, et ce n'est que vers 1880 que commence

* Jordan n'avait établi que l'invariance (à l'ordre près) des *ordres* des groupes quotients d'une « suite de Jordan-Hölder » pour un groupe fini ; c'est O. Hölder qui montra que les groupes quotients eux-mêmes étaient (à l'ordre près) indépendants de la suite considérée [*165*].

à se développer consciemment la théorie autonome des groupes finis. Nous ne pouvons poursuivre plus loin l'historique de cette théorie; bornons-nous à mentionner deux des outils qui aujourd'hui encore sont parmi les plus utilisés dans l'étude des groupes finis, et qui tous deux remontent au XIXe siècle : les théorèmes de Sylow * sur les p-groupes, qui datent de 1872 [*303*] et la théorie des caractères, créée dans les dernières années du siècle par Frobenius ([*119*], t. III, p. 1-37). Nous renvoyons le lecteur désireux d'approfondir la théorie des groupes finis et les nombreux et difficiles problèmes qu'elle soulève, aux monographies [*44* b], [*131*], [*291*] et [*341*].

C'est vers 1880 aussi qu'on commence à étudier systématiquement les *présentations* des groupes; auparavant, on n'avait rencontré que des présentations de groupes particuliers, par exemple pour le groupe alterné $\mathfrak{A}_5$ dans un travail de Hamilton [*145* b], ou pour les groupes de monodromie des équations différentielles et des surfaces de Riemann (Schwarz, Klein, Schläfli). W. Dyck le premier [*97*] définit (sans lui donner encore de nom) le groupe libre engendré par un nombre fini de générateurs, mais s'y intéresse moins pour lui-même qu'en tant qu'objet « universel » permettant de définir de façon précise ce qu'est un groupe donné « par générateurs et relations ». Développant une idée d'abord émise par Cayley, et visiblement influencé par ailleurs par les travaux de l'école de Riemann mentionnés ci-dessus, Dyck décrit une interprétation d'un groupe de présentation donnée, où chaque générateur est représenté par un produit de deux inversions par rapport à des cercles tangents ou sécants (voir aussi [*44* b], chap. XVIII). Un peu plus tard, après le développement de la théorie des fonctions automorphes par Poincaré et ses successeurs, puis l'introduction par Poincaré des outils de la Topologie algébrique, les premières études du groupe fondamental iront de pair avec celles des présentations de groupes (Dehn, Tietze), les deux théories se prêtant un mutuel appui. C'est d'ailleurs un topologue, J. Nielsen, qui en 1924 introduit la terminologie de *groupe libre* dans la première étude approfondie de ses propriétés [*234*]; presque aussitôt après E. Artin (toujours à propos de questions de topologie) introduit la notion de produit libre de groupes, et

* L'existence d'un sous-groupe d'ordre p^n dans un groupe fini dont l'ordre est divisible par p^n est mentionnée sans démonstration dans les papiers de Galois ([*123*], p. 72).

O. Schreier définit plus généralement le produit libre avec sous-groupes amalgamés. Ici encore, nous ne pouvons aborder l'histoire des développements ultérieurs dans cette direction, renvoyant à l'ouvrage [*216*] pour plus de détails.

Ce n'est pas davantage le lieu de parler de l'extraordinaire fortune que connaît, depuis la fin du XIXe siècle, l'idée de groupe (et celle d'*invariant*, qui lui est intimement liée) en Analyse, en Géométrie, en Mécanique et en Physique théorique. C'est par un envahissement analogue de cette notion, et des notions algébriques qui lui sont apparentées (groupes à opérateurs, anneaux, idéaux, modules) dans les parties de l'Algèbre qui paraissaient jusqu'alors assez éloignées de leur domaine propre, que se marque la dernière période de l'évolution que nous retraçons ici, et qui aboutit à la synthèse des trois tendances que nous avons suivies ci-dessus. Cette unification est surtout l'œuvre de l'école allemande moderne : commencé avec Dedekind et Hilbert dans les dernières années du XIXe siècle, le travail d'axiomatisation de l'Algèbre a été vigoureusement poursuivi par E. Steinitz [*294* a], puis, à partir de 1920, sous l'impulsion d'E. Artin, E. Noether et des algébristes de leurs écoles (Hasse, Krull, O. Schreier, van der Waerden). Le traité de van der Waerden [*317* a], publié en 1930, a réuni pour la première fois ces travaux en un exposé d'ensemble, ouvrant la voie et servant de guide aux multiples recherches d'Algèbre abstraite ultérieures.

ALGÈBRE LINÉAIRE ET ALGÈBRE MULTILINÉAIRE

L'algèbre linéaire est à la fois l'une des plus anciennes branches des mathématiques, et l'une des plus nouvelles. D'une part, on trouve à l'origine des mathématiques les problèmes qui se résolvent par une seule multiplication ou division, c'est-à-dire par le calcul d'une valeur d'une fonction $f(x) = ax$, ou par la résolution d'une équation $ax = b$: ce sont là des problèmes typiques d'algèbre linéaire, et il n'est pas possible de les traiter, ni même de les poser correctement, sans « penser linéairement ».

D'autre part, non seulement ces questions, mais presque tout ce qui touche aux équations du premier degré, avait depuis longtemps été relégué dans l'enseignement élémentaire, lorsque le développement moderne des notions de corps, d'anneau, d'espace vectoriel topologique, etc..., est venu dégager et mettre en valeur des notions essentielles d'algèbre linéaire (par exemple la dualité) ; c'est alors qu'on s'est aperçu du caractère essentiellement linéaire de presque toute l'algèbre moderne, dont cette « linéarisation » est même l'un des traits marquants, et qu'on a rendu à l'algèbre linéaire la place qui lui revient. En faire l'histoire, du point de vue où nous nous plaçons, serait donc une tâche aussi importante que difficile ; et nous devrons nous contenter ici d'indications assez sommaires.

De ce qui précède, il résulte que l'algèbre linéaire a sans doute pris naissance pour répondre aux besoins de praticiens calculateurs ; c'est ainsi que nous voyons la règle de trois ([*311*], t. I, p. 150-155) et la règle de fausse position, plus ou moins clairement énoncées, jouer un rôle important dans tous les manuels d'arithmétique pratique, depuis le papyrus Rhind des Égyptiens jusqu'à ceux qui sont en honneur dans nos écoles primaires, en passant par Aryabhata, les Arabes, Léonard de Pise et les innombrables « livres de calcul » du

Moyen âge et de la Renaissance ; mais elles n'ont peut-être jamais constitué autre chose qu'un extrait, à l'usage des praticiens, de théories scientifiques plus avancées.

Quant aux mathématiciens proprement dits, la nature de leurs recherches sur l'algèbre linéaire est fonction de la structure générale de leur science. La mathématique grecque ancienne, telle qu'elle est exposée dans les *Eléments* d'Euclide, a développé deux théories abstraites de caractère linéaire, d'une part celle des grandeurs ([*107*], livre V; cf. p. 191), d'autre part celle des entiers ([*107*], livre VII). Chez les Babyloniens, nous trouvons des méthodes beaucoup plus voisines de notre algèbre élémentaire; ils savent résoudre, et d'une manière fort élégante ([*232*], p. 181-183) des systèmes d'équations du premier degré. Pendant fort longtemps, néanmoins, les progrès de l'algèbre linéaire tiennent surtout à ceux du calcul algébrique, et c'est sous cet aspect, étranger à la présente Note, qu'il convient de les considérer; pour ramener, en effet, un système linéaire à une équation du type $ax = b$, il suffit, s'il s'agit d'une seule inconnue, de connaître les règles (déjà, en substance, énoncées par Diophante) par lesquelles on peut faire passer des termes d'un membre dans l'autre, et combiner les termes semblables ; et, s'il s'agit de plusieurs inconnues, il suffit de savoir de plus les éliminer successivement jusqu'à n'en avoir plus qu'une. Aussi les Traités d'algèbre, jusqu'au XVIIIe siècle, pensent-ils avoir tout fait, en ce qui concerne le premier degré, dès qu'ils ont exposé ces règles ; quant à un système à autant d'équations que d'inconnues (ils n'en considèrent pas d'autres) où les premiers membres ne seraient pas des formes linéairement indépendantes, ils se contentent invariablement d'observer en passant que cela indique un problème mal posé. Dans les traités du XIXe siècle, et même certains ouvrages plus récents, ce point de vue ne s'est modifié que par les progrès de la notation, qui permettent d'écrire des systèmes de n équations à n inconnues, et par l'introduction des déterminants, qui permettent d'en donner des formules de résolution explicite dans le « cas général »; ces progrès, dont le mérite appartiendrait à Leibniz ([*198* a], t. I, p. 239) s'il avait développé et publié ses idées à ce sujet, sont dus principalement aux mathématiciens du XVIIIe et du début du XIXe siècle.

Mais il nous faut d'abord examiner divers courants d'idées qui, beaucoup plus que l'étude des systèmes d'équations linéaires, ont contribué au développement de l'algèbre linéaire au sens où nous l'entendons. Inspiré par l'étude d'Apollonius, Fermat ([*109*], t. I,

p. 91-110 ; trad. française, t. III, p. 85-101), conçoit, avant même Descartes ([*85* a], t. VI), le principe de la géométrie analytique, a l'idée de la classification des courbes planes suivant leur degré (qui, devenue peu à peu familière à tous les mathématiciens, peut être considérée comme définitivement acquise vers la fin du XVIIe siècle), et pose le principe fondamental qu'une équation du premier degré, dans le plan, représente une droite, et une équation du second degré une conique : principe dont il déduit aussitôt de « très belles » conséquences relatives à des lieux géométriques. En même temps, il énonce ([*109*], t. I, p. 184-188; trad. française, t. III, p. 159-163) la classification des problèmes en problèmes déterminés, problèmes qui se ramènent à une équation à deux inconnues, à une équation à trois inconnues, etc. ; et il ajoute : les premiers consistent en la détermination d'un point, les seconds d'une ligne ou lieu plan, les suivants d'une surface, etc. (« *...un tel problème ne recherche pas un point seulement, ou une ligne, mais toute une surface propre à la question ; c'est de là que naissent les lieux superficiels, et de même pour les suivants* », *loc. cit.*, p. 186 ; là déjà se trouve le germe de la géométrie à n dimensions). Cet écrit, posant le principe de la dimension en algèbre et en géométrie algébrique, indique une fusion de l'algèbre et de la géométrie, absolument conforme aux idées modernes, mais qui, on l'a déjà vu, mit plus de deux siècles à pénétrer dans les esprits.

Du moins ces idées aboutissent-elles bientôt à l'épanouissement de la géométrie analytique, qui prend toute son ampleur au XVIIIe siècle avec Clairaut, Euler, Cramer, Lagrange et bien d'autres. Le caractère linéaire des formules de transformation de coordonnées dans le plan et dans l'espace, qui n'a pu manquer d'être aperçu déjà par Fermat, est mis en relief par exemple par Euler ([*108*a], (1), t. IX, chap. II-III, et Append. chap. IV), qui fonde là-dessus la classification des lignes planes, et celle des surfaces, suivant leur degré (invariant justement en raison de la linéarité de ces formules) ; c'est lui aussi (*loc. cit.*, chap. XVIII) qui introduit le mot d' « affinité », pour désigner la relation entre courbes qui peuvent se déduire l'une de l'autre par une transformation $x' = ax$, $y' = by$ (mais sans apercevoir rien de géométriquement invariant dans cette définition qui reste attachée à un choix d'axes particulier). Un peu plus tard, nous voyons Lagrange ([*191*], t. III, p. 661-692) consacrer tout un mémoire, qui longtemps resta justement célèbre, à des problèmes typiquement linéaires et multilinéaires de géométrie analytique à trois dimensions. C'est vers la même époque, à propos du problème linéaire constitué par la recherche d'une courbe plane passant par des points donnés, que prend corps, d'abord d'une manière en quelque sorte empirique, la notion de déterminant, avec Cramer [*72*] et Bézout [*21*]; développée ensuite par plusieurs auteurs, cette notion et ses propriétés essentielles sont définitivement mises au point par Cauchy ([*56* a], (2), t. I, p. 91-169) et Jacobi ([*171*], t. III, p. 355-392).

D'autre part, tandis que les mathématiciens avaient quelque peu tendance à dédaigner les équations du premier degré, la résolution des équations différentielles constituait au contraire un problème capital ; il était naturel que, parmi ces équations, on distinguât de bonne heure les équations linéaires, à coefficients constants ou non, et que leur étude contribuât à mettre en valeur la linéarité et ce qui s'y rattache. C'est bien ce qu'on aperçoit chez d'Alembert [*75* c], Lagrange ([*191*], t. I, p. 471-668) et Euler ([*108* a], (1), t. XII); mais seul le premier juge utile de dire que la solution générale de l'équation non homogène est somme d'une solution particulière et de la solution générale de l'équation homogène correspondante ; en outre, lorsque ces auteurs énoncent que la solution générale de l'équation linéaire homogène d'ordre n est combinaison linéaire de n solutions particulières, ils n'ajoutent pas que celles-ci doivent être linéairement indépendantes, et ne font aucun effort pour expliciter cette dernière notion ; sur ce point comme sur tant d'autres, c'est seulement, semble-t-il, l'enseignement de Cauchy à l'École Polytechnique qui jettera de la clarté ([*56* b], pp. 573-574). Mais déjà Lagrange (*loc. cit.*) introduit aussi (purement par le calcul, il est vrai, et sans lui donner de nom) l'équation adjointe $L^*(y) = 0$ d'une équation différentielle linéaire $L(y) = 0$, exemple typique de dualité en vertu de la relation

$$\int zL(y)dx = \int L^*(z)ydx$$

valable pour y et z s'annulant aux extrémités de l'intervalle d'intégration ; plus précisément, et 30 ans avant que Gauss ne définît explicitement la transposée d'une substitution linéaire à 3 variables, nous voyons là le premier exemple sans doute d'un « opérateur fonctionnel » L^* transposé ou « adjoint » d'un opérateur L donné au moyen d'une fonction bilinéaire (ici l'intégrale $\int yzdx$).

En même temps, et avec Lagrange aussi ([*191*], t. III, p. 695-795), les substitutions linéaires, à 2 et 3 variables tout d'abord, étaient en passe de conquérir l'artihmétique. Il est clair que l'ensemble des valeurs d'une fonction $F(x,y)$, lorsqu'on donne à x et y toutes les valeurs entières, ne change pas lorsqu'on fait sur x, y une substitution linéaire quelconque, à coefficients entiers, de déterminant 1 ; c'est sur cette observation fondamentale que Lagrange fonde la théorie de la représentation des nombres par les formes, et celle de la réduction des formes ; et Gauss, par un pas dont il nous est devenu difficile d'apprécier toute la hardiesse, en dégage la notion d'équivalence et celle de classe de formes (cf. p. 72) ; à ce propos, il reconnaît la nécessité de quelques principes élémentaires relatifs aux substitutions linéaires, et introduit en particulier la notion de transposée ou d'adjointe ([*124* a], t. I, p. 304). A partir de ce moment, l'étude arithmétique et l'étude algébrique des formes quadratiques, à 2, 3 et plus tard n variables, celle des formes bilinéaires qui leur sont étroitement liées, et plus récemment la généralisation de ces notions à une infinité de variables, devaient, jusqu'à notre époque, constituer l'une des plus fécondes sources de progrès pour l'algèbre linéaire (cf. p. 172-174).

Mais, progrès encore plus décisif peut-être, Gauss, dans ces mêmes *Disquisitiones*, créait (cf. p. 72) la théorie des groupes abéliens finis, qui y interviennent de quatre manières différentes, par le groupe additif des entiers modulo m (pour m entier), par le groupe multiplicatif des nombres premiers à m modulo m, par le groupe des classes de formes quadratiques binaires, enfin par le groupe multiplicatif des racines m-èmes de l'unité ; et, comme nous l'avons déjà marqué, c'est clairement comme groupes abéliens, ou pour mieux dire comme modules sur $\mathbf{Z}$, que Gauss traite de tous ces groupes, étudie leur structure, leurs relations d'isomorphisme, etc. Dans le module des « entiers complexes » $a + bi$, on le voit plus tard étudier un module infini sur $\mathbf{Z}$, dont il n'a pas manqué sans doute d'apercevoir l'isomorphisme avec le module des périodes (découvertes par lui dans le domaine complexe) des fonctions elliptiques ; en tout cas cette idée apparaît déjà nettement chez Jacobi, par exemple dans sa célèbre démonstration de l'impossibilité d'une fonction à 3 périodes et dans ses vues sur le problème d'inversion des intégrales abéliennes ([*171*], t. II, p. 25-50), pour aboutir bientôt aux théorèmes de Kronecker ([*186* a], t. III_1, p. 49-109).

Ici, aux courants dont nous avons cherché à suivre le tracé et parfois les méandres, vient s'en mêler un autre, qui était longtemps demeuré souterrain. Comme il sera ailleurs exposé plus en détail (voir p. 165), la géométrie « pure » au sens où on l'a comprise durant le siècle dernier, c'est-à-dire essentiellement la géométrie projective du plan et de l'espace sans usage de coordonnées, avait été créée au XVIIe siècle par Desargues [*84*], dont les idées, appréciées à leur juste valeur par un Fermat, mises en œuvre par un Pascal, étaient ensuite tombées dans l'oubli, éclipsées par les brillants progrès de la géométrie analytique ; elle est remise en honneur vers la fin du XVIIIe siècle, par Monge, puis Poncelet et ses émules, Brianchon, Chasles, parfois séparée complètement et volontairement des méthodes analytiques, parfois (surtout en Allemagne) s'y mêlant intimement. Or les transformations projectives, de quelque point de vue qu'on les considère (synthétique ou analytique), ne sont pas autre chose bien entendu que des substitutions linéaires sur les coordonnées projectives ou « barycentriques » ; les coniques (au XVIIe siècle), et plus tard les quadriques, dont la théorie projective a longtemps fait le sujet d'étude principal de cette école, ne sont autres que les formes quadratiques, dont nous avons déjà signalé plus haut l'étroite connexion avec l'algèbre linéaire. A ces notions se joint celle de polarité : créée, elle aussi, par Desargues, la théorie des pôles et polaires devient, entre les mains de Monge et de ses successeurs, et bientôt sous le nom de principe de dualité, un puissant instrument de transformation des théorèmes géométriques ; si l'on n'ose affirmer que ses rapports avec les équations différentielles adjointes aient été aperçus sinon tardivement (ils sont indiqués par Pincherle à la fin du siècle), on n'a pas manqué du moins, Chasles en porte le témoignage ([*60* b], p. 55), d'apercevoir sa parenté avec la notion de triangles sphériques réciproques, introduite en trigonométrie sphérique par Viète ([*319*], p. 418) et Snellius dès le XVIe siècle. Mais la dualité en géométrie projective n'est qu'un aspect de la dualité des espaces vectoriels, compte tenu des modifications qu'impose le passage de l'espace affine à l'espace projectif (qui en est un espace quotient, par la relation « multiplication scalaire »).

Le XIXe siècle, plus qu'aucune époque de notre histoire, a été riche en mathématiciens de premier ordre ; et il est difficile en quelques pages, même en se bornant aux traits les plus saillants, de décrire tout ce que la fusion de ces mouvements d'idées vient produire entre leurs mains. Entre les méthodes purement synthétiques d'une part, espèce de lit de Procuste où se mettent eux-mêmes à la torture leurs adeptes orthodoxes, et les méthodes analytiques liées à un système de coordonnées arbitrairement infligé à l'espace, on sent bientôt le besoin d'une espèce de calcul géométrique, rêvé mais non créé par

Leibniz, imparfaitement ébauché par Carnot [*51*] : c'est d'abord l'addition des vecteurs qui apparaît, implicite chez Gauss dans sa représentation géométrique des imaginaires et l'application qu'il en fait à la géométrie élémentaire (cf. p. 201), développée par Bellavitis sous le nom de « méthode des équipollences », et qui prend sa forme définitive chez Grassmann, Möbius, Hamilton ; en même temps, sous le nom de « calcul barycentrique », Möbius en donne une version adaptée aux besoins de la géométrie projective ([*223*], t. I).

A la même époque, et parmi les mêmes hommes, s'effectue le passage, si naturel (dès qu'on est engagé dans cette voie) que nous l'avons vu annoncé déjà par Fermat, du plan et de l'espace «ordinaire » à l'espace à *n* dimensions ; passage inévitable même, puisque les phénomènes algébriques, qui pour deux ou trois variables s'interprètent comme d'eux-mêmes en termes géométriques, subsistent sans changement pour des variables en nombre quelconque ; s'imposer donc, dans l'emploi du langage géométrique, la limitation à 2 ou 3 dimensions, serait pour le mathématicien moderne un joug aussi incommode que celui qui empêcha toujours les Grecs d'étendre la notion de nombre aux rapports de grandeurs incommensurables. Aussi le langage et les idées relatifs à l'espace à *n* dimensions apparaissent-ils à peu près simultanément de tous côtés, obscurément chez Gauss, clairement chez les mathématiciens de la génération suivante ; et leur plus ou moins grande hardiesse à s'en servir a moins tenu peut-être à leurs penchants mathématiques qu'à des vues philosophiques ou même purement pratiques. En tout cas, Cayley et Grassmann, vers 1846, manient ces concepts avec la plus grande aisance (et cela, dit Cayley à la différence de Grassmann ([*58*], t. I, p. 321), « *sans recourir à aucune notion métaphysiques* ») ; chez Cayley, on reste constamment très près de l'interprétation analytique et des coordonnées, tandis que chez Grassmann c'est dès l'abord, avec l'addition des vecteurs dans l'espace à *n* dimensions, l'aspect géométrique qui prend le dessus, pour aboutir aux développements dont nous allons parler dans un moment.

Cependant, l'impulsion venue de Gauss poussait, de deux manières différentes, les mathématiciens vers l'étude des algèbres ou systèmes hypercomplexes. D'une part, on ne pouvait manquer de chercher à étendre le domaine des nombres réels autrement que par l'introduction de l'« unité imaginaire » $i = \sqrt{-1}$, et à s'ouvrir peut-être ainsi des domaines plus vastes et aussi féconds que celui des nombres complexes. Gauss lui-même s'était convaincu ([*124* a], t. II, p. 178) de l'impossibilité d'une telle extension, tant du moins qu'on cherche à conserver les principales propriétés des nombres complexes, c'est-à-dire, en langage moderne, celles qui en font un corps commutatif ; et, soit sous son influence, soit indépendamment, ses contemporains semblent avoir partagé cette conviction, qui ne sera justifiée que bien plus tard par Weierstrass ([*329* a], t. II, p. 311-332) dans un théorème précis. Mais, dès qu'on interprète la multiplication des nombres complexes par des rotations dans le plan, on est amené, si on se propose d'étendre cette idée à l'espace, à envisager (puisque les rotations dans l'espace forment un groupe non abélien) des multiplications non commutatives ; c'est là une des idées qui guident Hamilton* dans sa découverte des quaternions [*145* a], premier exemple d'un corps non commutatif. La singularité de cet exemple (le seul, comme Frobenius devait le démontrer plus tard, qu'on puisse construire sur le corps des réels) en restreint quelque peu la portée, en dépit ou peut-être à cause même de la formation d'une école de « quaternionistes » fanatiques : phénomène étrange, qui se reproduit plus tard autour de l'œuvre de Grassmann, puis des vulgarisateurs qui tirent de Hamilton et Grassmann ce qu'on a appelé le « calcul vectoriel ». L'abandon un peu plus tard de l'associativité, par Graves et Cayley qui construisent les « nombres de Cayley », n'ouvre pas de voie intéressante. Mais, après que Sylvester eut introduit les matrices, et (sans lui donner de nom) en eut clairement défini le rang ([*304*], t. I, p. 145-151), c'est encore Cayley ([*58*], t. II, p. 475-496) qui en crée le calcul, non sans observer (fait essentiel, souvent perdu de vue par la suite) qu'une matrice n'est qu'une notation abrégée pour une substitution linéaire, de même en somme que Gauss notait (a, b, c) la forme $aX^2 + 2bXY + cY^2$. Il n'y a là d'ailleurs que l'un des aspects, le plus intéressant pour nous sans doute, de l'abondante production de Sylvester et Cayley sur les déterminants et tout ce qui s'y rattache, production hérissée d'ingénieuses identités et d'impressionants calculs.

C'est aussi (entre autres choses) une algèbre sur les réels que découvre Grassmann, l'algèbre extérieure à laquelle son nom reste attaché. Son œuvre, antérieure même à celle de Hamilton ([*134*], t. I_1), créée dans une solitude morale presque complète, resta long-

* Cf. l'intéressante préface de ses *Lectures on quaternions* [*145* a] où il retrace tout l'historique de sa découverte.

temps mal connue, à cause sans doute de son originalité, à cause aussi des brumes philosophiques dont elle commence par s'envelopper, et qui par exemple en détournent d'abord Möbius. Mû par des préoccupations analogues à celles de Hamilton mais de plus ample portée (et qui, comme il s'en aperçoit bientôt, avaient été celles mêmes de Leibniz), Grassmann construit un vaste édifice algébrico-géométrique, reposant sur une conception géométrique ou « intrinsèque » (déjà à peu près axiomatisée) de l'espace vectoriel à *n* dimensions ; parmi les plus élémentaires des résultats auxquels il aboutit, citons par exemple la définition de l'indépendance linéaire des vecteurs, celle de la dimension, et la relation fondamentale $dim\,V + dim\,W = dim\,(V+W) + dim\,(V \cap W)$ (*loc. cit.*, p. 209 ; cf. [*134*], t. I_2, p. 21). Mais ce sont surtout la multiplication extérieure, puis la multiplication intérieure, des multivecteurs, qui lui fournissent les outils au moyen desquels il traite aisément, d'abord les problèmes de l'algèbre linéaire proprement dite, ensuite ceux qui se rapportent à la structure euclidienne, c'est-à-dire à l'orthogonalité des vecteurs (où il trouve l'équivalent de la dualité qui lui manque).

L'autre voie ouverte par Gauss, dans l'étude des systèmes hypercomplexes, est celle qui part des entiers complexes $a + bi$; de ceux-ci, on passe tout naturellement aux algèbres ou systèmes hypercomplexes plus généraux, sur l'anneau **Z** des entiers et sur le corps **Q** des rationnels, et tout d'abord à ceux déjà envisagés par Gauss qui sont engendrés par des racines de l'unité, puis aux corps de nombres algébriques et aux modules d'entiers algébriques : ceux-là font l'objet principal de l'œuvre de Kummer, l'étude de ceux-ci est abordée par Dirichlet, Hermite, Kronecker, Dedekind. Ici, contrairement à ce qui se passe pour les algèbres sur les réels, il n'est nécessaire de renoncer à aucune des propriétés caractéristiques des corps commutatifs, et c'est à ceux-ci qu'on se borne pendant tout le XIXe siècle. Mais les propriétés linéaires, et par exemple la recherche de la base pour les entiers du corps (indispensable à une définition générale du discriminant) jouent sur bien des points un rôle essentiel ; et, chez Dedekind en tout cas, les méthodes sont destinées à devenir typiquement « hypercomplexes » ; Dedekind lui-même d'ailleurs, sans se poser de manière générale le problème des algèbres, a conscience de ce caractère de ses travaux, et de ce qui les apparente par exemple aux résultats de Weierstrass sur les systèmes hypercomplexes sur les réels ([*79*], en particulier vol. II, p. 1-19). En même temps la détermination de la structure du groupe multiplicatif des unités dans un corps de nombres algébriques, effectuée par Dirichlet dans des notes célèbres ([*92*], t. I, p. 619-644) et presque en même temps par Hermite ([*159*], t. I, p. 159-160), était éminemment propre à éclaircir les idées sur les modules sur **Z**, leurs systèmes de générateurs, et, quand ils en ont, leurs bases. Puis la notion d'idéal, que Dedekind définit dans les corps de nombres algébriques (comme module sur l'anneau des entiers du corps) ([*79*], t. III, p. 251), tandis que Kronecker introduit dans les anneaux de polynômes (sous le nom de « systèmes de modules ») une notion équivalente ([*186* a], t. II, p. 334-342), donne les premiers exemples de modules sur des anneaux plus généraux que **Z** ; et avec les mêmes auteurs, puis avec Hilbert, se dégage peu à peu dans des cas particuliers la notion de groupe à opérateurs, et la possibilité de construire toujours à partir d'un tel groupe un module sur un anneau convenablement défini.

En même temps, l'étude arithmético-algébrique des formes quadratiques et bilinéaires, et de leur « réduction » (ou, ce qui revient au même, des matrices et de leurs « invariants ») amène à la découverte des principes généraux sur la résolution des systèmes d'équations linéaires, principes qui, faute de la notion de rang, avaient échappé à Jacobi *. Le problème de la résolution en nombres entiers des systèmes d'équations linéaires à coefficients entiers est abordé et résolu, d'abord dans un cas particulier par Hermite, puis dans toute sa généralité par H. J. Smith ([*287*], t. I, p. 367-409); les résultats de ce dernier sont retrouvés, en 1878 seulement, par Frobenius, dans le cadre du vaste programme de recherches institué par Kronecker, et auquel participe aussi Weierstrass ; c'est incidemment que Kronecker, au cours de ces travaux, donne leur forme définitive aux théorèmes sur les systèmes linéaires à coefficients réels (ou complexes), qu'élucide aussi, dans un obscur manuel, avec le soin minutieux qui le caractérise, le célèbre auteur d'*Alice in Wonderland* ; quant à Kronecker, il dédaigne de publier ces résultats, et les abandonne à ses collègues et disciples ; le mot même de rang n'est introduit que par Frobenius. C'est aussi dans leur enseignement à l'université de Berlin que Kronecker [*186* b] et Weierstrass introduisent la définition « axiomatique » des déterminants (comme fonction multilinéaire alternée de *n* vecteurs dans l'espace à *n* dimensions, normée

* De la classification des systèmes de *n* équation à *n* inconnues quand le déterminant s'annule, il dit ([*171*], t. III, p. 370) : « *paullo prolixum videtur negotium* » (elle ne saurait s'élucider brièvement).

de manière à prendre la valeur 1 pour la matrice unité), définition équivalente à celle qui se déduit du calcul de Grassmann ; c'est dans ses cours encore que Kronecker, sans éprouver le besoin de lui donner un nom, et sous forme encore non intrinsèque, introduit le produit tensoriel d'espaces et le produit « kroneckérien » des matrices (substitution linéaire induite, sur un produit tensoriel, par des substitutions linéaires données appliquées aux facteurs).

Ces recherches ne sauraient être séparées non plus de la théorie des invariants, créée par Cayley, Hermite et Sylvester (la « trinité invariantive » dont parle plus tard Hermite dans ses lettres) et qui, d'un point de vue moderne, est avant tout une théorie des représentations du groupe linéaire. Là se dégage, comme équivalent algébrique de la dualité en géométrie projective, la distinction entre séries de variables cogrédientes et contragrédientes, c'est-à-dire vecteurs dans un espace et vecteurs dans l'espace dual ; et, après que l'attention se fut portée d'abord sur les formes de bas degré, puis de degré quelconque, à 2 et 3 variables, on ne tarde guère à examiner les formes bilinéaires, puis multilinéaires, à plusieurs séries de variables « cogrédientes » ou « contragrédientes », ce qui équivaut à l'introduction des tenseurs ; celle-ci devient consciente et se popularise lorsque, sous l'inspiration de la théorie des invariants, Ricci et Levi-Cività, en 1900, introduisent en géométrie différentielle le « calcul tensoriel » [*257*], qui connut plus tard une grande vogue à la suite de son emploi par les physiciens « relativistes ». C'est encore l'interpénétration progressive de la théorie des invariants, de la géométrie différentielle, et de la théorie des équations aux dérivées partielles (surtout le problème dit de Pfaff, et ses généralisations) qui amènent peu à peu les géomètres à considérer, d'abord les formes bilinéaires alternées de différentielles, en particulier le « covariant bilinéaire » d'une forme de degré 1 (introduit en 1870 par Lipschitz, puis étudié par Frobenius), pour aboutir à la création, par E. Cartan ([*52* a], t. II_1, p. 303-396) et Poincaré ([*251* b], t. III, chap. XXII) du calcul des formes différentielles extérieures. Poincaré introduit celles-ci, en vue de la formation de ses invariants intégraux, comme étant les expressions qui figurent dans les intégrales multiples, tandis que Cartan, guidé sans doute par ses recherches sur les algèbres, les introduit d'une manière plus formelle, mais non sans observer aussi que la partie algébrique de leur calcul est identique à la multiplication extérieure de Grassmann (d'où le nom qu'il adopte), remettant par là définitivement à sa vraie place l'œuvre de celui-ci. La traduction, dans les notations du calcul tensoriel, des formes différentielles extérieures, montre d'ailleurs immédiatement leur liaison avec les tenseurs antisymétriques, ce qui, dès qu'on revient au point de vue purement algébrique, fait voir qu'elles sont aux formes multilinéaires alternées ce que les tenseurs covariants sont aux formes multilinéaires quelconques ; cet aspect s'éclaircit encore avec la théorie moderne des représentations du groupe linéaire ; et on reconnaît par là, par exemple, l'identité substantielle entre la définition des déterminants donnée par Weierstrass et Kronecker, et celle qui résulte du calcul de Grassmann.

Nous arrivons ainsi à l'époque moderne, où la méthode axiomatique et la notion de structure (sentie d'abord, définie à date récente seulement), permettent de séparer des concepts qui jusque-là avaient été inextricablement mêlés, de formuler ce qui était vague ou inconscient, de démontrer avec la généralité qui leur est propre les théorèmes qui n'étaient connus que dans des cas particuliers. Peano, l'un des créateurs de la méthode axiomatique, et l'un des premiers mathématiciens aussi à apprécier à sa valeur l'œuvre de Grassmann, donne dès 1888 ([*246* b], chap. IX) la définition axiomatique des espaces vectoriels (de dimension finie ou non) sur le corps des réels, et, avec une notation toute moderne, des applications linéaires d'un tel espace dans un autre ; un peu plus tard, Pincherle cherche à développer des applications de l'algèbre linéaire, ainsi conçue, à la théorie des fonctions, dans une direction il est vrai qui s'est montrée peu féconde ; du moins son point de vue lui permet-il de reconnaître dans l' « adjointe de Lagrange » un cas particulier de la transposition des applications linéaires : ce qui apparaît bientôt, plus clairement encore, et pour les équations aux dérivées partielles aussi bien que pour les équations différentielles, au cours des mémorables travaux de Hilbert et de son école sur l'espace de Hilbert et ses applications à l'analyse. C'est à l'occasion de ces dernières recherches que Toeplitz [*309* a], introduisant aussi (mais au moyen de coordonnées) l'espace vectoriel le plus général sur les réels, fait l'observation fondamentale que la théorie des déterminants est inutile à la démonstration des principaux théorèmes de l'algèbre linéaire, ce qui permet d'étendre ceux-ci sans difficulté aux espaces de dimension infinie ; et il indique aussi que l'algèbre linéaire ainsi comprise s'applique bien entendu à un corps de base commutatif quelconque.

D'autre part, avec l'introduction par Banach, en 1922, des espaces qui portent son nom *, on rencontre, il est vrai dans un problème topologique autant qu'algébrique, des espaces non isomorphes à leur dual (voir p. 269-272). Déjà entre un espace vectoriel de dimension finie et son dual, il n'est pas d'isomorphisme « canonique », c'est-à-dire déterminé par la structure, ce qui s'était reflété depuis longtemps dans la distinction entre cogrédient et contragrédient. Il semble néanmoins hors de doute que la distinction entre un espace et son dual ne s'est définitivement établie qu'à la suite des travaux de Banach et de son école ; ce sont ces travaux aussi qui ont fait apparaître l'intérêt de la notion de codimension. Quant à la dualité ou « orthogonalité » entre les sous-espaces vectoriels d'un espace et ceux de son dual, la manière dont on la formule aujourd'hui présente une analogie qui n'est pas seulement extérieure avec la formulation moderne du théorème principal de la théorie de Galois, et avec la dualité dite de Pontrjagin dans les groupes abéliens localement compacts ; celle-ci remonte à Weber, qui, à l'occasion de recherches arithmétiques, en pose les bases en 1886 pour les groupes finis [*327* d]; en théorie de Galois, la « dualité » entre sous-groupes et sous-corps prend forme chez Dedekind et Hilbert ; et l'orthogonalité entre sous-espaces vectoriels dérive visiblement, d'abord de la dualité entre variétés linéaires en géométrie projective, et aussi de la notion et des propriétés des variétés complètement orthogonales dans un espace euclidien ou un espace de Hilbert (d'où son nom). Tous ces faisceaux se rassemblent à l'époque contemporaine, entre les mains d'algébristes tels que E. Noether, Artin et Hasse, de topologistes tels que Pontrjagin et Whitney, non sans influences mutuelles s'exerçant entre les uns et les autres.

En même temps se fait un examen critique, destiné à éliminer, sur chaque point, les hypothèses non vraiment indispensables, et surtout celles par lesquelles on se fermerait certaines applications. On s'aperçoit ainsi de la possibilité de substituer les anneaux aux corps dans la notion d'espace vectoriel, et, créant la notion générale de module, de traiter du même coup ces espaces, les groupes abéliens, les modules particuliers déjà étudiés par Kronecker, Weierstrass, Dedekind, Steinitz, et même les groupes à opérateurs, et par exemple de leur appliquer le théorème de Jordan-Hölder ; en même temps se fait, au moyen de la distinction entre module à droite et module

* Ce sont les espaces vectoriels normés complets, sur le corps des nombres réels ou celui des nombres complexes.

à gauche, le passage au non commutatif, à quoi conduisait le développement moderne de la théorie des algèbres par l'école américaine (Wedderburn, Dickson) et surtout par l'école allemande (E. Noether, Artin).

Enfin se fait jour, à date récente, la dernière des tendances dont nous avons à parler ici : contenue en germe dans le théorème de Dedekind ([*79*], vol. III, p. 29) d'après lequel des automorphismes quelconques d'un corps commutatif sont toujours linéairement indépendants, la linéarisation de la théorie de Galois s'accomplit avec Artin [*7* a], puis se généralise bientôt aux extensions quelconques des corps commutatifs, et même aux extensions des corps non commutatifs ([*172* d], chap. VII).

POLYNOMES ET CORPS COMMUTATIFS

La théorie des corps commutatifs — et la théorie des polynômes, qui lui est étroitement liée — sont dérivées directement de ce qui a constitué, jusqu'au milieu du XIXe siècle, l'objet principal de l'Algèbre classique : la résolution des équations algébriques, et des problèmes de constructions géométriques qui en sont l'équivalent.

Dès qu'on cherche à résoudre une équation algébrique de degré > 1, on se trouve en présence de difficultés de calcul toutes nouvelles, la détermination de l'inconnue ne pouvant plus se faire par des calculs « rationnels » à partir des données. Cette difficulté a dû être aperçue de très bonne heure ; et il faut compter comme une des contributions les plus importantes des Babyloniens le fait qu'ils aient su ramener la résolution des équations quadratiques et bicarrées à une seule opération algébrique nouvelle, l'extraction des racines carrées (comme le prouvent les nombreuses équations numériques qu'on trouve résolues de cette manière dans les textes qui nous sont parvenus ([*232*], p. 183-193)). En ce qui concerne le calcul formel, l'Antiquité ne dépassera jamais ce point dans le problème de la résolution des équations algébriques ; les Grecs de l'époque classique se bornent en effet à retrouver les formules babyloniennes en termes géométriques, et leur emploi sous forme algébrique n'est pas attesté avant Héron (100 ap. J.-C.) et Diophante.

C'est dans une tout autre direction que les Grecs apportent un progrès décisif. Nous sommes mal renseignés sur la façon dont les Babyloniens concevaient et calculaient les racines carrées de nombres entiers non carrés * ; dans les rares textes qui nous sont parvenus sur cette question, ils semblent se contenter de méthodes d'approxi-

* Dans tous les exemples d'équations quadratiques et bicarrées des textes babyloniens, les données sont toujours choisies de sorte que les radicaux portent sur des carrés.

mation assez grossières ([*232*], p. 33-38). L'école pythagoricienne, qui avait fixé avec rigueur le concept de grandeurs commensurables, et y attachait un caractère quasi religieux, ne pouvait se tenir à ce point de vue ; et il est possible que ce soit l'échec de tentatives répétées pour exprimer rationnellement $\sqrt{2}$ qui les conduisit enfin à démontrer que ce nombre est irrationnel *.

Nous dirons ailleurs (cf. p. 185) comment cette découverte, qui marque un tournant capital dans l'histoire des Mathématiques, réagit profondément sur la conception du « nombre » chez les Grecs, et les amena à créer une algèbre de caractère exclusivement géométrique, pour y trouver un mode de représentation (ou peut-être une preuve d' « existence ») pour les rapports incommensurables, qu'ils se refusaient à considérer comme des nombres. Le plus souvent, un problème algébrique est ramené par eux à l'intersection de deux courbes planes auxiliaires, convenablement choisies, ou à plusieurs déterminations successives de telles intersections. Des traditions tardives et de peu d'autorité font remonter à Platon l'introduction d'une première classification de ces constructions, destinées à une longue et brillante carrière : pour des raisons plus philosophiques que mathématiques, semble-t-il, il aurait mis à part les constructions dites « par la règle et le compas », c'est-à-dire celles où n'interviennent comme courbes auxiliaires que des droites et des cercles **. En tout cas, Euclide, dans ses Éléments [*107*], se borne exclusivement à traiter des problèmes résolubles de cette manière (sans toutefois les caractériser par un nom particulier) ; circonstance qui ne contribua pas peu sans doute à fixer sur ces problèmes l'attention des mathématiciens des

* Un auteur récent a fait la remarque ingénieuse que la construction du pentagone étoilé régulier, connue des Pythagoriciens (dont c'était un des symboles mystiques) conduit immédiatement à une démonstration de l'irrationalité de $\sqrt{5}$, et a émis l'hypothèse (qui malheureusement n'est appuyée par aucun texte) que c'est de cette manière que les Pythagoriciens auraient découvert les nombres irrationnels [*323*].

** En liaison avec ce principe, on attribue aussi à Platon la classification des courbes planes en « lieux plans » (droite et cercle), « lieux solides » (les coniques, obtenues par section plane d'un corps solide, le cône), toutes les autres courbes étant groupées sous le nom de « τόποι γραμμικοί ». Il est curieux de voir l'influence de cette classification s'exercer encore sur Descartes, qui, dans sa Géométrie, range dans un même « genre » les équations de degré $2n - 1$ et de degré $2n$, sans doute parce que celles de degré 1 ou 2 se résolvent par des intersections de « lieux plans » et celles de degré 3 ou 4 par des intersections de « lieux solides » ([*85* a], t. VI, p. 392-393).

siècles suivants. Mais nous savons aujourd'hui * que les équations algébriques qu'on peut résoudre « par la règle et le compas » sont d'un type très spécial ; en particulier, une équation irréductible du 3e degré (sur le corps des rationnels) ne peut se résoudre de la sorte, et les Grecs avaient rencontré très tôt des problèmes du 3e degré restés célèbres, tels la duplication du cube (résolution de $x^3 = 2$) et la trisection de l'angle ; la quadrature du cercle les mettait d'autre part en présence d'un problème transcendant. Nous les voyons, pour résoudre ces problèmes, introduire de nombreuses courbes algébriques (coniques, cissoïde de Dioclès, conchoïde de Nicomède) ou transcendantes (quadratrice de Dinostrate, spirale d'Archimède) ; ce qui ne pouvait manquer de les conduire à une étude autonome de ces diverses courbes, préparant ainsi la voie aux développements futurs de la Géométrie analytique, de la Géométrie algébrique et du Calcul infinitésimal. Mais ces méthodes ne font faire aucun progrès à la résolution des équations algébriques **, et le seul ouvrage de l'Antiquité qui ait apporté une contribution notable à cette question et exercé une influence durable sur les algébristes du Moyen âge et de la Renaissance est le Livre X des Éléments d'Euclide [*107*]; dans ce Livre (dont certains historiens voudraient faire remonter les principaux résultats à Théétète), il considère des expressions obtenues par combinaison de plusieurs radicaux, telles que $\sqrt{\sqrt{a} \pm \sqrt{b}}$ (a et b rationnels), donne des conditions moyennant lesquelles ces expressions sont irrationnelles, les classe en de nombreuses catégories

* La détermination des points d'intersection d'une droite et d'un cercle (ou de deux cercles) équivaut à la résolution d'une équation du second degré dont les coefficients sont fonctions rationnelles des coefficients des équations de la droite et du cercle (ou des deux cercles) considérés. On en conclut aisément que les coordonnées d'un point construit « par la règle et le compas » à partir de points donnés appartiennent à une extension L du corps **Q** des nombres rationnels, obtenue comme suit : si K est le corps obtenu en adjoignant à **Q** les coordonnées des points donnés, il existe une suite croissante $(L_i)_{0 \leqslant i \leqslant n}$ de corps intermédiaires entre K et L, satisfaisant aux conditions $K = L_0$, $L = L_n$, $[L_i : L_{i-1}] = 2$ pour $1 \leqslant i \leqslant n$. Par récurrence sur n, on en déduit que le degré sur K de l'extension galoisienne N engendrée par L est une *puissance de* 2 ; réciproquement, on peut démontrer que, si cette condition est vérifiée, il existe une suite (L_i) de corps intermédiaires entre K et L ayant les propriétés précédentes, et par suite le problème posé est résoluble par la règle et le compas (cf. [*312*], p. 351-366).

** Faute d'un calcul algébrique maniable, on ne trouve pas trace chez les Grecs d'une tentative de classification des problèmes qu'ils ne savaient pas résoudre par la règle et le compas : les Arabes sont les premiers à ramener de nombreux problèmes de cette espèce (par exemple la construction des polygones réguliers à 7 et 9 côtés) à des équations du 3e degré.

(qu'il démontre être distinctes), et étudie les relations algébriques entre ces diverses irrationnelles, telle que celle que nous écririons aujourd'hui

$$\sqrt{\sqrt{p}+\sqrt{q}}=\sqrt{\frac{1}{2}(\sqrt{p}+\sqrt{p-q})}+\sqrt{\frac{1}{2}(\sqrt{p}-\sqrt{p-q})}\ ;$$

le tout exprimé dans le langage géométrique habituel des *Eléments*, ce qui rend l'exposé particulièrement touffu et incommode.

Après le déclin des mathématiques grecques classiques, les conceptions relatives aux équations algébriques se modifient. Il ne fait pas de doute que, pendant toute la période classique, les Grecs possédaient des méthodes d'approximation indéfinie des racines carrées, sur lesquelles nous sommes malheureusement mal renseignés *. Avec les Hindous, puis les Arabes et leurs émules occidentaux du Moyen Age, l'extraction des racines de tous ordres devient une opération qui tend à être considérée comme fondamentale au même titre que les opérations rationnelles de l'algèbre, et à être notée, comme ces dernières, par des symboles de plus en plus maniables dans les calculs **. La théorie de l'équation du second degré, qui se perfectionne durant tout le Moyen Age (nombre de racines, racines négatives, cas d'impossibilité, racine double), et celle des équations bicarrées, donnent des modèles de formules de résolution d'équations « par radicaux », sur lesquelles les algébristes vont essayer pendant des siècles de calquer des formules analogues pour la résolution des équations de degré supérieur, et en premier lieu pour l'équation du 3e degré. Léonard de Pise, le principal introducteur de la science arabe en Occident au XIIIe siècle, reconnaît en tout cas que les irra-

* Par exemple, la méthode d'Archimède pour le calcul approché du nombre π nécessite la connaissance de plusieurs racines carrées, avec une assez grande approximation, mais nous ignorons le procédé employé par Archimède pour obtenir ces valeurs. La méthode d'approximation de $\sqrt{2}$ qui fournit le développement de ce nombre en « fraction continuée » est connue (sous forme géométrique) par un texte de Théon de Smyrne (IIe siècle après J.-C.), mais remonte peut-être aux premiers pythagoriciens. Quant à la méthode d'approximation indéfinie des racines carrées encore en usage de nos jours dans l'enseignement élémentaire, elle n'est pas attestée avant Théon d'Alexandrie (IVe siècle après J.-C.), bien qu'elle ait sans doute été déjà connue de Ptolémée. Notons enfin qu'on trouve chez Héron (vers 100 ap. J.-C.) un calcul approché d'une racine cubique [*103*].

** L'irrationalité de $\sqrt[n]{a}$, lorsque a est un entier qui n'est pas une puissance n-ème exacte, n'est pas mentionnée ni démontrée avant Stifel (XVIe siècle); la démonstration de ce dernier ([*298*], f. 103) est d'ailleurs calquée sur celle d'Euclide pour $n = 2$, et il est assez peu vraisemblable que cette généralisation facile n'ait pas été aperçue plus tôt.

tionnelles classées par Euclide dans son Xe livre ne peuvent servir à cette fin (nouvelle démonstration d'impossibilité, dans une théorie qui en compte tant), et nous le voyons déjà s'essayer à des calculs analogues sur les racines cubiques, obtenant des relations telles que

$$\sqrt[3]{16} + \sqrt[3]{54} = \sqrt[3]{250},$$

analogues aux formules d'Euclide pour les radicaux carrés (et dont on trouve d'ailleurs des exemples antérieurs chez les Arabes). Mais trois siècles d'efforts infructueux passeront encore avant que Scipion del Ferro, au début du XVIe siècle, n'arrive enfin, pour l'équation $x^3 + ax = b$, à la formule de résolution*

$$(1)\quad x = \sqrt[3]{\frac{b}{2} + \sqrt{\left(\frac{b}{2}\right)^2 + \left(\frac{a}{3}\right)^3}} + \sqrt[3]{\frac{b}{2} - \sqrt{\left(\frac{b}{2}\right)^2 + \left(\frac{a}{3}\right)^3}}.$$

Nous ne pouvons décrire ici le côté pittoresque de cette sensationnelle découverte — les querelles qu'elle provoqua entre Tartaglia, d'une part, Cardan et son école de l'autre — ni les figures, souvent attachantes, des savants qui en furent les protagonistes. Mais il nous faut noter les progrès décisifs qui s'ensuivent pour la théorie des équations, entre les mains de Cardan et de ses élèves. Cardan, qui a moins de répugnance que la plupart de ses contemporains à employer les nombres négatifs, observe ainsi que les équations du troisième degré peuvent avoir trois racines, et les équations bicarrées quatre ([*50*], t. IV, p. 259), et il remarque que la somme des trois racines de $x^3 + bx = ax^2 + c$ (équation dont il sait d'ailleurs faire disparaître le terme en x^2) est toujours égale à a (*ibid.*). Sans doute guidé par cette relation et l'intuition de son caractère général, il a la première idée de la notion de multiplicité d'une racine ; surtout il s'enhardit (non sans précautions oratoires) à calculer formellement sur des expressions contenant des racines carrées de nombres négatifs. Il est vraisemblable qu'il y fut amené par le fait que de telles expressions se présentent naturellement dans l'emploi de la formule (1) lorsque $\left(\frac{b}{2}\right)^2 + \left(\frac{a}{3}\right)^3 < 0$ (cas — dit « irréductible » — où Cardan avait reconnu l'existence de trois racines réelles); c'est ce qui apparaît en tout cas avec netteté chez son disciple R. Bombelli, qui, dans son Algèbre ([*28* a], p. 293) démontre la relation

$$\sqrt[3]{2 + \sqrt{-121}} = 2 + \sqrt{-1}$$

* Si on pose $x = y + z$ avec la condition $yz = -a/3$ on obtient $y^3 + z^3 = b$ et $y^3z^3 = -(a/3)^3$, d'où y^3 et z^3.

et prend soin de donner explicitement les règles de calcul des nombres complexes sous une forme déjà très voisine des exposés modernes *. Enfin, dès 1545, un autre élève de Cardan, L. Ferrari, parvient à résoudre l'équation générale du 4e degré, à l'aide d'une équation auxiliaire du 3e degré **.

Après une avance aussi rapide, la période suivante, jusqu'au milieu du XVIIIe siècle, ne fait guère que développer les nouvelles idées introduites par l'école italienne. Grâce aux progrès essentiels qu'il apporte à la notation algébrique, Viète peut exprimer de façon générale les relations entre coefficients et racines d'une équation algébrique, tout au moins lorsque les racines sont toutes positives *** ([*319*], p. 158). Plus hardi, A. Girard [*129*] n'hésite pas à affirmer (bien entendu sans démonstration) qu'une équation de degré n a exactement n racines, à condition de compter les « racines impossibles », chacune avec son degré de multiplicité, et que ces racines satisfont aux relations données par Viète ; il obtient aussi, pour la première fois, l'expression des sommes de puissances semblables des racines, jusqu'à l'exposant 4.

Mais l'esprit du XVIIe siècle est tourné vers d'autres directions et ce n'est que par contrecoup que l'Algèbre profite quelque peu des nouvelles découvertes de la Géométrie analytique et du Calcul infinitésimal. Ainsi, à la méthode de Descartes pour obtenir les tangentes aux courbes algébriques (cf. p. 221) est lié le critère de multiplicité d'une racine d'une équation algébrique, qu'énonce son disciple Hudde ([*85* b], t. I, p. 433 et 507-509). C'est sans doute aussi à l'influence de Descartes qu'il faut faire remonter la distinction entre fonctions algébriques et fonctions transcendantes, parallèle à celle qu'il introduit dans sa *Géométrie* entre les courbes « géomé-

* Bombelli ([*28* a], p. 169 et 190) considère les nombres complexes comme « combinaisons linéaires » à coefficients positifs, de quatre éléments de base : « piu » $(+1)$, « meno » (-1), « piu de meno » $(+i)$ et « meno de meno » $(-i)$; il pose notamment en axiome que « piu » et « piu de meno » ne s'additionnent pas, première apparition de la notion d'indépendance linéaire.

** L'équation étant ramenée à la forme $x^4 = ax^2 + bx + c$, on détermine un nombre z de sorte que le second membre de l'équation

$$(x^2 + z)^2 = (a + 2z)x^2 + bx + (c + z^2)$$

soit un carré parfait, ce qui donne pour z une équation du 3e degré.

*** Viète, admirateur passionné des Anciens, s'abstient systématiquement d'introduire des nombres négatifs dans ses raisonnements ; il n'en est pas moins capable, à l'occasion, d'exprimer dans son langage des relations entre coefficients et racines lorsque certaines de ces dernières sont négatives ; par exemple, si l'équation $x^3+b = ax$ a deux racines positives x_1, x_2 ($a > 0$, $b > 0$), Viète montre que $x_1^2 + x_2^2 + x_1x_2 = a$ et $x_1x_2(x_1 + x_2) = b$ ([*319*], p. 106).

triques » et les courbes « mécaniques » (cf. p. 219 et 242.) En tout cas, cette distinction est parfaitement nette chez J. Gregory qui, en 1667, cherche même à démontrer que l'aire d'un secteur circulaire ne peut être fonction algébrique de la corde et du rayon ([*136* a]; cf. [*155*]). L'expression « transcendant » est de Leibniz, que ces questions de classification ne cessent d'intéresser tout au long de sa carrière, et qui, vers 1682, découvre une démonstration simple du résultat poursuivi par Gregory, en prouvant que sin x ne peut être fonction algébrique de x ([*198* a], t. V, p. 97-98) *. Avec son ami Tschirnhaus, il est d'ailleurs un des seuls mathématiciens de son époque qui s'intéresse encore au problème de la résolution « par radicaux » des équations algébriques. A ses débuts, nous le voyons étudier le « cas irréductible » de l'équation du 3e degré, et se convaincre (d'ailleurs sans preuve suffisante) qu'il est impossible dans ce cas de débarrasser les formules de résolution de quantités imaginaires ([*198* d], p. 547-564). Vers la même époque, il s'attaque aussi sans succès à la résolution par radicaux de l'équation du 5e degré ; et quand, plus tard, Tschirnhaus prétend résoudre le problème en faisant disparaître tous les termes de l'équation sauf les deux extrêmes par une transformation de la forme $y = P(x)$, où P est un polynôme du 4e degré convenablement choisi, Leibniz s'aperçoit aussitôt que les équations qui déterminent les coefficients de $P(x)$ sont de degré > 5, et estime la méthode vouée à l'échec ([*198* d], p. 402-403).

Il semble que ce soient les besoins de la nouvelle Analyse qui aient peu à peu ranimé l'intérêt porté à l'algèbre. L'intégration des fractions rationnelles, effectuée par Leibniz et Johann Bernoulli, et la question des logarithmes imaginaires qui s'y rattache étroitement, donnent l'occasion d'approfondir le calcul sur les nombres imaginaires, et de reprendre la question de la décomposition d'un polynôme en

* La définition que donne Leibniz des « quantités transcendantes » ([*198* a], t. V, p. 228 ; voir aussi *ibid.*, p. 120) semble plutôt s'appliquer aux fonctions qu'aux nombres (en langage moderne, ce qu'il fait revient à définir les éléments transcendants sur le corps obtenu en adjoignant au corps des nombres rationnels les données du problème) ; il est cependant vraisemblable qu'il avait une notion assez claire des nombres transcendants (encore que ces derniers ne paraissent pas avoir été définis de façon précise avant la fin du XVIIIe siècle) ; en tout cas, il observe explicitement qu'une fonction transcendante peut prendre des valeurs rationnelles pour des valeurs rationnelles de la variable, et par suite que sa démonstration de la transcendance de sin x n'est pas suffisante pour prouver que π est irrationnel ([*198* a], t. V, p. 97 et 124-126).

facteurs du premier degré (« théorème fondamental de l'algèbre ») *. Dès le début du XVIIIe siècle, la résolution de l'équation binôme $x^n - 1 = 0$ est ramenée par Cotes et de Moivre à la division du cercle en n parties égales ; pour obtenir des expressions de ses racines « par radicaux », il suffit donc de savoir le faire lorsque n est premier impair, et de Moivre remarque que la substitution $y = x + \frac{1}{x}$ réduit alors le problème à la résolution « par radicaux » d'une équation de degré $(n - 1)/2$. En ce qui concerne le « théorème fondamental », après les échecs répétés de résolution générale « par radicaux » (y compris plusieurs tentatives d'Euler ([*108* a], (1), t. VI, p. 1-19 et 170-196)), on commence à en chercher des démonstrations *a priori*, n'utilisant pas de formules explicites de résolution. Sans entrer dans le détail des méthodes proposées (qui devaient aboutir aux démonstrations de Lagrange et de Gauss ; cf. p. 118 et 200), il convient de noter ici le point de vue duquel le problème est envisagé au milieu du XVIIIe siècle : on admet (sans aucune justification autre qu'un vague sentiment de généralité, provenant sans doute, comme chez A. Girard, de l'existence des relations entre coefficients et racines) qu'une équation de degré n a toujours n racines « idéales », sur lesquelles on peut calculer comme sur des nombres, *sans savoir si ce sont des nombres* (réels ou complexes) ; et ce qu'il s'agit de démontrer, c'est (en se servant au besoin de calculs sur les racines idéales) qu'au moins une de ces racines est un nombre complexe ordinaire **. Sous cette forme défectueuse, on reconnaît là le premier germe de l'idée générale d' « adjonction formelle » qui, malgré les objections de Gauss ([*124* a], t. III, p. 1), devait devenir la base de la théorie moderne des corps commutatifs.

Avec les mémoires fondamentaux de Lagrange ([*191*], t. III, p. 205-421) et de Vandermonde [*315*], l'année 1770 voit s'ouvrir une nouvelle et décisive période dans l'histoire de la théorie des

* On se rend bien compte de l'état rudimentaire où se trouvait encore le calcul sur les nombres complexes à cette époque lorsqu'on voit Leibniz (un des plus exercés pourtant à cette technique, parmi les mathématiciens de son temps) s'exprimer comme s'il n'était pas possible de décomposer $x^4 + 1$ en deux facteurs réels du second degré ([*198* a], t. V, p. 359-360).

** Il est à noter que ce que les mathématiciens du XVIIIe siècle appellent « racines imaginaire » ne sont souvent que les racines « idéales » précédentes, et ils cherchent à démontrer que ces racines sont de la forme $a + b\sqrt{-1}$ (voir par exemple [*191*], t. III, p. 479).

équations algébriques. A l'empirisme des essais plus ou moins heureux de formules de résolution, qui avait jusque-là régné sans partage, va succéder une analyse systématique des problèmes posés et des méthodes susceptibles de les résoudre, analyse qui en soixante ans conduira aux résultats définitifs de Galois. Lagrange et Vandermonde partent tous deux de l'ambiguïté qu'introduisent les déterminations multiples des radicaux dans les formules de résolution des équations de degré $\leqslant 4$; ce fait avait attiré l'attention d'Euler ([*108* a], (1), t. VI, p. 1-19) qui avait montré entre autres comment, dans la formule de del Ferro, on doit associer les déterminations des radicaux qui y figurent de façon à obtenir 3 racines, et non 9.* Lagrange remarque que chacun des radicaux cubiques de la formule de del Ferro peut s'écrire sous la forme $\frac{1}{3}(x_1 + \omega x_2 + \omega^2 x_3)$, où ω est une racine cubique de l'unité, x_1, x_2, x_3 les trois racines de l'équation proposée, prises dans un certain ordre, et il fait l'observation capitale que la fonction $(x_1 + \omega x_2 + \omega^2 x_3)^3$ des trois racines ne peut prendre que *deux* valeurs distinctes pour toute *permutation* des trois racines, ce qui explique *a priori* le succès des méthodes de résolution de cette équation. Une analyse semblable des méthodes de résolution de l'équation du 4e degré l'amène à la fonction $x_1x_2 + x_3x_4$ des quatre racines, qui ne prend que *trois* valeurs distinctes pour toute permutation des racines, et est par suite racine d'une équation du troisième degré à coefficients fonctions rationnelles de ceux de l'équation donnée**; ces faits constituent, dit Lagrange, « *les vrais principes, et, pour ainsi dire, la métaphysique**** *de la résolution des équations du* 3e *et du* 4e *degré* » ([*191*], t. III, p. 357). S'appuyant sur ces exemples, il se propose d'étudier en général, pour une équation de degré n, le nombre ν de valeurs**** que peut prendre une fonction rationnelle V des n racines quand on permute arbitrairement celles-ci ; il inaugure ainsi en réalité (sous cette terminologie

* Voir note * de la p. 96 : on doit avoir $yz = -a/3$.

**Waring fait aussi cette observation dans ses *Meditationes algebraicae*, parues en cette même année 1770, mais il est loin d'en tirer les mêmes conséquences que Lagrange.

***Sous ce mot, qui revient si souvent sous la plume des auteurs du XVIIIe siècle, il est permis de voir une première intuition (encore bien vague) de la conception moderne de *structure*.

****Lagrange fait déjà la distinction entre les diverses *fractions rationnelles* qu'on obtient à partir de V par permutation des indéterminées x_i ($1 \leqslant i \leqslant n$), et les diverses *valeurs* que prennent ces fractions lorsque les x_i sont les racines d'une équation algébrique à coefficients numériques donnés ; mais il subsiste encore dans son exposé un certain flottement à ce sujet, et c'est seulement avec Galois que la distinction deviendra plus nette.

encore étroitement adaptée à la théorie des équations) la théorie des groupes et celle des corps, dont il obtient déjà plusieurs résultats fondamentaux par l'utilisation des mêmes principes que ceux qui sont employés aujourd'hui. Par exemple, il montre que le nombre ν est un diviseur de $n\,!$, par le raisonnement qui sert aujourd'hui à prouver que l'ordre d'un sous-groupe d'un groupe fini divise l'ordre de ce groupe. Plus remarquable encore est le théorème où il montre que, si V_1 et V_2 sont deux fonctions rationnelles des racines telles que V_1 et V_2 restent invariantes par les mêmes permutations, alors chacune d'elles est fonction rationnelle de l'autre et des coefficients de l'équation (cas particulier du théorème de Galois caractérisant une sous-extension d'une extension galoisienne comme corps des invariants de son groupe de Galois) : « *Ce problème* », dit-il, « *me paraît un des plus importants de la théorie des équations, et la Solution générale que nous allons en donner servira à jeter un nouveau jour sur cette partie de l'Algèbre* » ([*191*], t. III, p. 374).

Toutes ces recherches sont naturellement, dans l'esprit de Lagrange, des préliminaires à l'analyse des méthodes possibles de résolution des équations algébriques par réduction successive à des équations de moindre degré, une telle méthode étant liée, comme il le montre, à la formation de fonctions rationnelles des racines prenant moins de n valeurs par permutation des racines. Guidé sans doute par ses résultats sur l'équation du 3e degré, il introduit en général les « résolvantes de Lagrange » $y_k = \sum_{h=1}^{n} \omega_k^h x_h$, où ω_k est une racine n-ème de l'unité ($1 \leqslant k \leqslant n$), montre clairement comment la connaissance de ces n nombres entraîne celle des racines x_k, et recherche en général le degré de l'équation à laquelle satisfont les y_k ; il montre par exemple que, si n est premier, les y_k sont racines d'une équation de degré $n - 1$, dont les coefficients sont fonctions rationnelles d'une racine d'une équation de degré $(n - 2)!$ à coefficients qui s'expriment rationnellement à l'aide des coefficients de l'équation donnée. « *Voilà, si je ne me trompe* », conclut-il, « *les vrais principes de la résolution des équations, et l'analyse la plus propre à y conduire ; tout se réduit, comme on le voit, à une espèce de calcul des combinaisons, par lequel on trouve a priori les résultats auxquels on doit s'attendre* » ([*191*], t. III, p. 403).

Quant au mémoire de Vandermonde, indépendant de celui de Lagrange, il se rencontre en de nombreux points avec ce dernier, notamment en ce qui concerne l'idée de rechercher des fonctions rationnelles des racines prenant aussi peu de valeurs distinctes que possible par les permutations des racines *, et l'étude des « résolvantes de Lagrange » qu'il introduit aussi à cet effet. Son travail est loin d'avoir la clarté et la généralité de celui de Lagrange ; sur un point cependant il va nettement plus loin, en appliquant les mêmes idées à l'équation de la division du cercle $x^n - 1 = 0$ pour n premier impair. Alors que Lagrange se contente de rappeler que cette équation se ramène à une équation de degré $m = (n-1)/2$, à coefficients rationnels, sans chercher à la résoudre lorsque $n \geqslant 11$, Vandermonde affirme que les puissances m-èmes des résolvantes de Lagrange de cette équation sont rationnelles, en raison des relations entre les diverses racines de $x^n - 1 = 0$; mais il se borne à vérifier le bien-fondé de cette assertion pour le cas $n = 11$, sans la justifier de manière générale.

C'est seulement 30 ans plus tard que le résultat annoncé par Vandermonde fut complètement démontré par C. F. Gauss **. Ses résultats décisifs sur l'équation $x^n - 1 = 0$ (n premier impair) s'insèrent dans le programme général de ses mémorables recherches arithmétiques ([*124* a], t. I, p. 413 et suiv.), et illustrent tout spécialement sa maîtrise dans le maniement de ce que nous appelons maintenant la théorie des groupes cycliques. Après avoir démontré que le polynôme $\Phi_n(x) = (x^n - 1)/(x - 1)$ est irréductible pour n premier impair ***, il a l'idée d'écrire ses $n - 1$ racines sous la forme $\zeta^{g^k} = \zeta_k$ $(0 \leqslant k \leqslant n-2)$, où g est racine primitive de la congruence $z^{n-1} \equiv 1 \pmod{n}$ (ce qui, en langage moderne, revient à mettre en évidence le fait que le groupe Γ de l'équation $\Phi_n(x) = 0$ est cyclique). A tout diviseur e de $n - 1$, il fait correspondre les $f = (n-1)/e$ « périodes » $\eta_\nu = \xi_\nu + \xi_{\nu+f} + \xi_{\nu+2f} + \dots + \xi_{\nu+(e-1)f}$ $(1 \leqslant \nu \leqslant f)$ et

* Dans cette recherche (qu'il ne développe en fait que pour l'équation du 5ᵉ degré) apparaît pour la première fois la notion d'*imprimitivité* ([*315*], p. 390-391). On est d'ailleurs naturellement tenté de rapprocher les méthodes de Lagrange et Vandermonde de leurs travaux contemporains sur les déterminants, qui devaient leur rendre familière l'idée de permutation et tout ce qui s'y rattache.

** Gauss ne cite pas Vandermonde dans ses *Disquisitiones*, mais il est vraisemblable qu'il avait lu le mémoire de ce dernier (cf. [*124*a], t. X_2, Abh. 4, p. 58).

*** La notion de polynôme irréductible (à coefficients rationnels) remonte au XVIIᵉ siècle, et Newton et Leibniz avaient déjà donné des procédés permettant (tout au moins théoriquement) de déterminer les facteurs irréductibles d'un polynôme à coefficients rationnels explicités ([*198* a], t. IV, p. 329 et 355) ; mais la démonstration de Gauss est la première démonstration d'irréductibilité s'appliquant à tout un *ensemble* de polynômes de degré arbitrairement grand.

montre en substance que les combinaisons linéaires à coefficients rationnels des η_ν forment un corps, engendré par une quelconque des f périodes η_ν et de degré f sur le corps des nombres rationnels (ce corps correspondant naturellement au sous-groupe de Γ d'ordre e). Nous ne pouvons ici entrer dans le détail de son analyse, et des importantes conséquences arithmétiques qu'elle entraîne ; signalons seulement qu'elle lui donne en particulier le célèbre théorème sur la possibilité de construire « par la règle et le compas » les polygones ayant un nombre de côtés égal à un nombre premier de la forme $2^{2^k}+1$ *. Quant à la résolution par radicaux de l'équation $\Phi_n(x)=0$, elle découle aisément de la théorie des périodes, appliquée à la puissance f-ème d'une résolvante de Lagrange $\sum_{\nu=0}^{f-1}\omega^\nu\eta_\nu$ (où $\omega^f=1$) **.

C'est directement à Lagrange que se rattachent les recherches de son compatriote Ruffini [*265*], contemporaines des *Disquisitiones*; reprenant la question au point où Lagrange l'avait laissée, elles se proposent pour but la démonstration de l'impossibilité de la résolution « par radicaux » de l'équation « générale » *** du 5e degré. La démonstration de Ruffini, prolixe et obscure, reste incomplète bien que remaniée à plusieurs reprises ; mais elle est déjà très voisine de la démonstration (correcte dans son principe) qu'obtiendra plus tard Abel ****. Son principal intérêt réside surtout dans l'introduction du calcul sur les substitutions et des premières notions de théorie

* Gauss affirme explicitement posséder une démonstration du fait que ce cas est le seul où l'on puisse construire par la règle et le compas un polygone ayant un nombre premier impair de côtés ([*124* a], t. I, p. 462); mais cette démonstration ne fut jamais publiée et n'a pas été retrouvée dans ses papiers.

** En réalité, si on veut uniquement prouver que l'équation est résoluble par radicaux, on peut se borner à prendre $e=1$, en raisonnant par récurrence sur n.

*** Les mathématiciens du XIXe siècle entendent par là, en substance, une équation dont les coefficients sont des *indéterminées* sur le corps des rationnels. Mais la notion moderne d'indéterminée ne se dégage guère avant les dernières années du XIXe siècle ; jusque-là, on entend toujours par « polynôme » ou « fraction rationnelle » une *fonction* de variables complexes. Une équation algébrique « générale » est conçue comme une équation dont les coefficients sont des variables complexes indépendantes, et dont les racines sont des « fonctions algébriques » de ces variables — notion à vrai dire totalement dénuée de sens précis si on donne au mot « fonction » son sens actuel. Bien entendu, les raisonnements sur ces « fonctions algébriques » sont en général intrinsèquement corrects, comme on s'en assure en les traduisant dans le langage algébrique moderne.

**** Les articles de Ruffini ont été très soigneusement analysés dans [*43*].

des groupes, que Ruffini développe pour montrer qu'il n'existe pas de fonction des 5 racines de l'équation prenant plus de 2 et moins de 5 valeurs lorsqu'on permute arbitrairement les racines.

Nous avons déjà dit (voir p. 73) comment cette première ébauche de la théorie des groupes de permutations fut développée et systématisée par Cauchy quelques années plus tard. Mais, si les notions nécessaires au développement des idées de Lagrange se clarifiaient ainsi peu à peu en ce qui concerne les substitutions, il fallait encore poser de façon aussi nette les premiers principes de la théorie des corps. C'est ce qui avait manqué à Ruffini, et c'est ce que vont faire Abel et Galois, dans la dernière phase du problème de la résolution des équations algébriques.

Pendant toute sa courte vie, Abel ne cesse d'être préoccupé par ce problème. Presque enfant encore, il avait cru obtenir une formule de résolution par radicaux de l'équation générale du 5e degré. S'étant plus tard aperçu de son erreur, il n'a de cesse qu'il ne soit parvenu à démontrer qu'une telle formule n'existe pas ([*1*], t. I, p. 66). Mais il ne s'en tient pas là. Alors que son émule Jacobi développe la théorie des fonctions elliptiques en analyste, c'est le point de vue algébrique qui domine les travaux d'Abel sur cette question, centrés sur la théorie des équations de la division des fonctions elliptiques ([*1*], t. I, p. 265, 377 et *passim*). Il obtient ainsi de nouveaux types d'équations résolubles par radicaux par une méthode calquée sur celle de Gauss pour les équations de la division du cercle ([*1*], t. I, p. 310 et 358) * ; résultat d'où il s'élève à la conception des équations « abéliennes », dont il démontre, dans un mémoire célèbre, la résolubilité par radicaux ([*1*], t. I, p. 478) ; c'est à cette occasion qu'il définit de façon précise la notion de polynôme irréductible sur un corps donné (le corps engendré par les coefficients de l'équation qu'il étudie) **

* Gauss avait déjà indiqué, dans les *Disquisitiones*, la possibilité de généraliser ses méthodes aux équations de la division de la lemniscate ([*124* a], t. I, p. 413), et développé, dans des notes publiées seulement de nos jours, le cas particulier de la division par 5 ([*124*a], t. X, p. 161-162 et 517). Comme tant d'autres des brèves et énigmatiques indications dont Gauss se plaisait à parsemer ses écrits, la phrase des *Disquisitiones* frappa vivement l'esprit des contemporains ; et nous savons qu'elle ne contribua pas peu à inciter Abel et Jacobi à leurs recherches sur la question.

** La notion même de corps (comme, plus généralement, celle d'ensemble) est à peu près étrangère à la pensée mathématique avant Cantor et Dedekind. Abel et Galois définissent les *éléments* de leur « corps de base » comme étant tous ceux qui peuvent s'exprimer rationnellement en fonction des quantités données, sans songer à considérer explicitement l'ensemble que forment ces éléments.

Enfin, la mort le terrasse en 1829, alors qu'il s'attaque au problème général de la caractérisation de toutes les équations résolubles par radicaux, et vient de communiquer à Crelle et Legendre des résultats déjà tout proches de ceux de Galois ([*1*], t. II, p. 219-243, 269-270 et 279).

C'est à celui-ci qu'était réservé, trois ans plus tard, de couronner l'édifice [*123*]. Comme Abel, mais de façon encore plus nette, il commence par définir (à la terminologie près) l'appartenance d'une quantité à un corps engendré par des quantités données, la notion d'adjonction, et les polynômes irréductibles sur un corps donné. Étant donnée une équation $F(x) = 0$, sans racines multiples, à coefficients dans un corps donné K, il montre successivement qu' « *on peut toujours former une fonction* V *des racines, telle qu'aucune des valeurs que l'on obtient en permutant dans cette fonction les racines de toutes manières, ne soient égales* », que cette fonction « *jouira de la propriété que toutes les racines de l'équation proposée s'exprimeront rationnellement en fonction de* V », et que, V, V′, V″,... étant les racines de l'équation irréductible à laquelle satisfait V, « *si* $a = f(V)$ *est une racine de la proposée*, $f(V')$ *de même sera une racine de la proposée* » ([*123*], p. 47-51); en langage moderne, il prouve donc que V, ainsi que l'un quelconque de ses conjugués sur K, engendre le corps N des racines de F. Il définit alors le groupe Γ de F comme l'ensemble des permutations des racines x_i que l'on obtient en substituant à V, dans l'expression rationnelle de chacune des x_i en fonction de V, un quelconque des conjugués de V ; et il obtient aussitôt la caractérisation fondamentale des éléments de K par la propriété d'être invariants par toute permutation de Γ ([*123*], p. 51). Il prouve ensuite que, si N contient le corps des racines L d'un autre polynôme, le groupe de N sur L est un sous-groupe distingué de Γ (notion qu'il introduit à cette occasion) ([*123*], p. 175). De là il déduit enfin le critère de résolubilité d'une équation par radicaux, au moyen d'un raisonnement dont voici l'essentiel : le corps de base K étant supposé contenir toutes les racines de l'unité, il doit exister par hypothèse une suite croissante $(K_i)_{0 \leqslant i \leqslant m}$ de corps intermédiaires entre K et N, avec $K_0 = K$, $K_m = N$, le corps K_{i+1} s'obtenant par adjonction à K_i de toutes les racines d'une équation binôme $x^{n_i} - a_i = 0$ (avec $a_i \in K_i$). Il existe donc dans Γ une suite décroissante (Γ_i) de sous-groupes tels que $\Gamma_0 = \Gamma$, $\Gamma_m = \{\varepsilon\}$ (élément neutre), Γ_{i+1} étant distingué dans Γ_i et le groupe quotient Γ_i/Γ_{i+1} étant cyclique (cas où on dit que le groupe Γ est *résoluble*). Réciproquement, s'il en est ainsi, l'usage d'une résolvante de Lagrange montre que K_{i+1} s'obtient par adjonction à K_i de toutes les racines d'une équation binôme, et par suite l'équation $F(x) = 0$ est résoluble par radicaux *. L'impossibilité de la résolution par radicaux de l'équation « générale » de degré $n > 4$ est alors une conséquence de ce que le groupe Γ de cette équation, isomorphe au groupe symétrique $\mathfrak{S}_n$, n'est pas résoluble.

A partir du milieu du XIXe siècle, les algébristes, comme nous l'avons déjà marqué (cf. p. 75), élargissent considérablement le champ de leurs investigations, jusque-là à peu près entièrement confinées à l'étude des équations. A la lumière des découvertes de Galois, on s'aperçoit que le problème de la résolution « par radicaux » n'est qu'un cas particulier, assez artificiel, du problème général de la classification des irrationnelles. C'est ce dernier qui, pendant toute la fin du XIXe siècle, va être attaqué de divers côtés, et de nombreux résultats disparates s'accumuleront peu à peu, préparant la voie à la synthèse de Steinitz.

En ce qui concerne tout d'abord les irrationnelles algébriques, un principe fondamental de classification était fourni par la théorie de Galois, ramenant l'étude d'une équation algébrique à celle de son groupe. De fait, c'est surtout la théorie des groupes de permutations, dont nous n'avons pas à parler ici (cf. p. 76), qui, en Algèbre pure, fait l'objet principal des recherches de cette période. Les autres progrès de la théorie des corps algébriques proviennent du développement, à la même époque, de la Théorie des nombres et de la Géométrie algébrique. Ces progrès concernent surtout d'ailleurs le mode d'exposition de la théorie, et sont pour la plupart dus à Dedekind [79], qui introduit les notions de corps et d'anneau **, et (en liaison avec ses recherches sur les systèmes hypercomplexes) développe

* Si K ne contient pas toutes les racines de l'unité, et si E est le corps obtenu en adjoignant à K toutes ces racines, $E \cap N$ est une extension abélienne de K : d'où on déduit aisément (en utilisant la structure des groupes abéliens finis) que, pour que le groupe de N sur K soit résoluble, il faut et il suffit que le groupe de E(N) sur E le soit. Tenant compte du fait que les racines de l'unité sont exprimables « par radicaux », on voit que le critère de Galois est indépendant de toute hypothèse sur le corps de nombres K (et est valable plus généralement pour tout corps de caractéristique 0). En réalité, Galois ne fait aucune hypothèse simplificatrice sur K, et raisonne par récurrence sur l'ordre des radicaux successivement adjoints à K ([*123*], p. 60-61).

** Le mot de « corps » est de Dedekind lui-même; celui d' « anneau » fut introduit par Hilbert (Dedekind appelait les anneaux des « ordres »).

systématiquement l'aspect linéaire de la théorie des extensions ([*79*], t. III, p. 33 et suiv.). C'est lui aussi qui considère le groupe de Galois comme formé d'automorphismes de l'extension considérée, et non plus seulement comme groupe de permutations des racines d'une équation ; et il démontre (pour les corps de nombres) le théorème fondamental d'indépendance linéaire des automorphismes ([*79*], t. III, p. 29) ainsi que l'existence des bases normales d'une extension galoisienne ([*79*], t. II, p. 433). Enfin, il aborde le problème des extensions algébriques de degré infini, et constate que la théorie de Galois ne peut s'y appliquer telle quelle (un sous-groupe quelconque du groupe de Galois n'étant pas toujours identique au groupe de l'extension par rapport à une sous-extension) ; et, par une intuition hardie, il songe déjà à considérer le groupe de Galois comme groupe topologique * — idée qui ne viendra à maturité qu'avec la théorie des extensions galoisiennes de degré infini, développée par Krull en 1928 [*187* d].

Parallèlement à cette évolution se précise la notion d'élément transcendant sur un corps. L'existence des nombres transcendants est démontrée pour la première fois par Liouville en 1844, par un procédé de construction explicite, basé sur la théorie des approximations diophantiennes [*204* c]; Cantor, en 1874, donne une autre démonstration « non constructive » utilisant de simples considérations sur la puissance des ensembles [*47*]; enfin, Hermite démontre en 1873 la transcendance de e, et Lindemann en 1882 celle de π par une méthode analogue à celle d'Hermite, mettant ainsi un point final à l'antique problème de la quadrature du cercle **.

Quant au rôle des nombres transcendants dans les calculs algébriques, Kronecker observe en 1882 que, si x est transcendant sur un corps K, le corps K(x) est isomorphe au corps des fractions rationnelles K(X) ([*186* a], t. II, p. 253). Il fait d'ailleurs de l'adjonction d'indéterminées à un corps la pierre angulaire de son exposé de la théorie des nombres algébriques ([*186* a], t. II, p. 245-387). D'autre part, Dedekind et Weber montrent la même année [*80*] comment les méthodes arithmétiques peuvent servir à fonder la théorie des courbes algébriques. On voit ainsi apparaître dans plusieurs directions des analogies entre l'Arithmétique et la Géométrie

* « *...L'ensemble de ces permutations forme en un certain sens une multiplicité continue, question que nous n'approfondirons pas ici* » ([79], t. II, p. 288).

** On trouvera des démonstrations simples de ces théorèmes par exemple dans [*163* a], t. I, p. 1.

algébrique, qui se révéleront extrêmement fécondes pour l'une et l'autre.

Dans toutes ces recherches, les corps qui interviennent sont formés d'éléments «concrets» au sens des mathématiques classiques — nombres (complexes) ou fonctions de variables complexes *. Mais déjà Kronecker, en 1882, se rend bien compte du fait (obscurément pressenti par Gauss et Galois) que les «indéterminées» ne jouent dans sa théorie que le rôle d'éléments de base d'une algèbre, et non celui de variables au sens de l'Analyse ([*186* a], t. II, p. 339-340); et, en 1887, il développe cette idée, en liaison avec un vaste programme qui ne vise à rien moins qu'à refondre toutes les mathématiques en rejetant tout ce qui ne peut se ramener à des opérations algébriques sur les nombres entiers. C'est à cette occasion que, reprenant une idée de Cauchy ([*56* a], (1), t. X, p. 312 et 351) qui avait défini le corps $\mathbf{C}$ des nombres complexes comme le corps des restes $\mathbf{R}[X]/(X^2 + 1)$, Kronecker montre comment la théorie des nombres algébriques est tout à fait indépendante du « théorème fondamental de l'algèbre » et même de la théorie des nombres réels, tout corps de nombres algébriques (de degré fini) étant isomorphe à un corps de restes $\mathbf{Q}[X]/(f)$ (f polynome irréductible sur $\mathbf{Q}$) ([*186* a], t. III_1, p. 211-240). Ainsi que le remarque quelques années plus tard H. Weber [*327* a], développant une première esquisse de théorie axiomatique des corps, cette méthode de Kronecker s'applique en réalité à tout corps de base K. Weber indique en particulier qu'on peut prendre pour K un corps $\mathbf{Z}/(p)$ (p nombre premier), faisant ainsi rentrer dans la théorie des corps le calcul des congruences « modulo p » ; ce dernier avait pris naissance dans la seconde moitié du XVIIIe siècle, chez Euler, Lagrange, Legendre et Gauss, et on n'avait pas manqué d'observer l'analogie qu'il présentait avec la théorie des équations algébriques ; développant cette analogie, Galois (en vue de recherches sur la théorie des groupes) n'avait pas hésité à introduire des «racines

* Pas plus que leurs prédécesseurs, Kronecker ni Dedekind et Weber ne définissent en réalité la notion de « fonction algébrique » d'une ou plusieurs variables complexes. On ne peut en effet définir correctement une « fonction algébrique » d'une variable complexe (au sens de l'Analyse) qu'une fois définie la surface de Riemann correspondante, et c'est précisément la définition de la surface de Riemann (par des moyens purement algébriques) qui est le but poursuivi par Dedekind et Weber. Ce cercle vicieux apparent disparaît bien entendu quand on définit un corps de « fonctions algébriques » comme une extension algébrique abstraite d'un corps de fractions rationnelles : en fait, c'est uniquement de cette définition que se servent Dedekind et Weber, ce qui légitime pleinement leurs résultats.

idéales » d'une congruence irréductible modulo p *, et en avait indiqué les principales propriétés ([*123*], p. 113-127) **. Lorsqu'on applique la méthode de Kronecker à $\mathbf{Z}/(p)$, on retrouve d'ailleurs (à la terminologie près) la présentation qu'avaient déjà donnée Serret et Dedekind ([*79*], t. I, p. 40) de la théorie de ces « imaginaires de Galois ».

A tous ces exemples de « corps abstraits » viennent encore s'ajouter, au tournant du siècle, des corps d'un type nouveau très différent, les corps de séries formelles introduits par Veronese [*318*], et surtout les corps p-adiques de Hensel [*157* f]. C'est la découverte de ces derniers qui conduisit Steinitz (comme il le dit explicitement) à dégager les notions abstraites communes à toutes ces théories, dans un travail fondamental [*294* a] qui peut être considéré comme ayant donné naissance à la conception actuelle de l'Algèbre. Développant systématiquement les conséquences des axiomes des corps commutatifs, il introduit ainsi les notions de corps premier, d'éléments (algébriques) séparables, de corps parfait, définit le degré de transcendance d'une extension, et démontre enfin l'existence des extensions algébriquement closes d'un corps quelconque.

A une époque récente, la théorie de Steinitz s'est complétée sur quelques points importants. D'une part, les travaux d'Artin ont mis en évidence le caractère linéaire de la théorie de Galois [*7* a]. D'un autre côté, la notion générale de dérivation (calquée sur les propriétés formelles du Calcul différentiel classique) pressentie par Dedekind ([*79*], t. II, p. 412), introduite par Steinitz dans le cas particulier d'un corps de fractions rationnelles ([*294* a], p. 209-212), a été utilisée avec succès dans l'étude (essentielle pour la Géométrie algébrique moderne) des extensions transcendantes, et notamment dans la généralisation à ces dernières de la notion de séparabilité [*330* d].

* Dans un manuscrit datant vraisemblablement de 1799, mais publié seulement après sa mort, Gauss, sans encore introduire de « racines idéales », obtient, sous une forme équivalente, une bonne partie des résultats de Galois ([*124* a], t. II, p. 212-240, en particulier p. 217).

** Galois a pleinement conscience du caractère formel des calculs algébriques, n'hésitant pas, par exemple, à prendre la dérivée du premier membre d'une congruence pour montrer que cette dernière n'a pas de racines « imaginaires » multiples ([*123*], p. 117). Il souligne en particulier que le théorème de l'élément primitif est valable aussi bien pour un corps fini que pour un corps de nombres ([*123*], p. 117), sans en donner d'ailleurs de démonstration.

DIVISIBILITÉ ; CORPS ORDONNÉS

Les opérations arithmétiques élémentaires, et surtout le calcul des fractions, ne peuvent manquer de conduire à de nombreuses constatations empiriques sur la divisibilité des nombres entiers. Mais ni les Babyloniens (pourtant si experts en Algèbre), ni les Égyptiens (malgré leur acrobatique calcul des fractions) ne semblent avoir connu de règles générales gouvernant ces propriétés, et c'est aux Grecs que revient ici l'initiative. Leur œuvre arithmétique, dont on trouve un exposé magistral dans les Livres VII et IX d'Euclide [*107*], ne le cède en rien à leurs plus belles découvertes dans les autres branches des mathématiques. L'existence du p.g.c.d. de deux entiers est démontrée dès le début du Livre VII par le procédé connu sous le nom d'« algorithme d'Euclide » * ; elle sert de base à tous les développements ultérieurs (propriétés des nombres premiers, existence et calcul du p.p.c.m., etc.) ; et le couronnement de l'édifice est formé par les deux remarquables théorèmes démontrant l'existence d'une infinité de nombres premiers (Livre IX, prop. 20) et donnant un procédé de construction de nombres parfaits pairs à partir de certains nombres premiers (ce procédé donne en fait tous les nombres parfaits pairs, comme devait le démontrer Euler). Seule l'existence et l'unicité de la décomposition en facteurs premiers ne sont pas démontrées de façon générale ; toutefois Euclide démontre explicitement que tout entier est divisible par un nombre premier (Livre VII, prop. 31), ainsi que les deux propositions suivantes (Livre IX, prop. 13 et 14) :

* Si a_1 et a_2 sont deux entiers, tels que $a_1 \geqslant a_2$, on définit par récurrence a_n (pour $n \geqslant 3$) comme étant le reste de la division euclidienne de a_{n-2} par a_{n-1} ; si m est le plus petit indice tel que $a_m = 0$, a_{m-1} est le p.g.c.d. de a_1 et a_2. C'est là la transposition dans le domaine des entiers de la méthode de soustractions successives (dite parfois aussi ἀνθυφαίρεσις) pour la recherche de la commune mesure à deux grandeurs. Celle-ci remonte sans doute aux Pythagoriciens, et semble avoir été à la base d'une théorie pré-eudoxienne des nombres irrationnels.

« *Si, à partir de l'unité, des nombres aussi nombreux qu'on veut, sont en progression de rapport constant* [i.e. géométrique], *et que celui après l'unité soit premier, le plus grand ne sera divisible par aucun excepté ceux qui figurent dans la progression* » (autrement dit, une puissance p^n d'un nombre premier ne peut être divisible que par les puissances de p d'exposant $\leqslant n$).

« *Si un nombre est le plus petit qui soit divisible par des nombres premiers* [donnés], *il ne sera divisible par aucun autre nombre premier à l'exception de ceux initialement* [donnés comme] *le divisant* » (autrement dit, un produit de nombres premiers distincts $p_1 \dots p_k$ n'a pas d'autre facteur premier que $p_1, \dots, p_k$).

Il semble donc que si Euclide n'énonce pas le théorème général c'est seulement faute d'une terminologie et d'une notation adéquates pour les puissances quelconques d'un entier *.

Bien qu'une étude attentive rende vraisemblable l'existence, dans le texte d'Euclide, de plusieurs couches successives, dont chacune correspondrait à une étape du développement de l'Arithmétique **, il semble que cette évolution se soit tout entière accomplie entre le début du ve siècle et le milieu du ive, et on ne peut qu'admirer la finesse et la sûreté logique qui s'y manifestent : il faudra attendre deux millénaires pour assister à des progrès comparables en Arithmétique.

Ce sont les problèmes dits « indéterminés » ou « diophantiens » qui sont à la source des développements ultérieurs de la Théorie des nombres. Le terme « d'équations diophantiennes », tel qu'il est utilisé aujourd'hui, n'est pas, historiquement, tout à fait justifié ; on entend généralement par là des équations (ou systèmes d'équations) algébriques à coefficients entiers, dont on ne cherche que les solu-

* A l'appui de cette hypothèse, on peut encore remarquer que la démonstration du théorème sur les nombres parfaits n'est au fond qu'un autre cas particulier du théorème d'unique décomposition en facteurs premiers. D'ailleurs, tous les témoignages concordent pour prouver que dès cette époque la décomposition d'un nombre explicité en facteurs premiers était connue et utilisée couramment ; mais on ne trouve pas de démonstration complète du théorème de décomposition avant celle donnée par Gauss au début des *Disquisitiones* ([*124* a], t. I, p. 15).

** Cf. [*317* d]. Un exemple de résidu d'une version antérieure est fourni par les prop. 21 à 34 du Livre IX, qui traitent des propriétés les plus élémentaires de la divisibilité par 2, et remontent sans doute à une époque où la théorie générale des nombres premiers n'était pas encore développée. On sait d'ailleurs que les catégories du Pair et de l'Impair jouaient un grand rôle dans les spéculations philosophico-mystiques des premiers Pythagoriciens, à qui on est naturellement tenté de faire remonter ce fragment (cf. [*17* b]).

tions en nombres entiers : problème qui est d'ordinaire impossible si les équations sont « déterminees », c'est-à-dire n'ont qu'un nombre fini de solutions (en nombres réels ou complexes), mais qui, au contraire, admet souvent des solutions lorsqu'il y a plus d'inconnues que d'équations. Or, si Diophante semble bien être le premier à avoir considéré des problèmes « indéterminés », il ne cherche qu'exceptionnellement des solutions entières, et se contente le plus souvent d'obtenir *une seule* solution en nombres *rationnels* [*91* a]. C'est là un type de problèmes qu'il peut résoudre le plus souvent par des calculs algébriques où la nature arithmétique des inconnues n'intervient pas * ; aussi la théorie de la divisibilité n'y joue qu'un rôle très effacé (le mot de nombre premier n'est prononcé qu'une seule fois ([*91* a], Livre V, problème 9, t. I, p. 334-335), et la notion de nombres premiers entre eux n'est invoquée qu'à propos du théorème affirmant que le quotient de deux nombres premiers entre eux ne peut être un carré que si chacun d'eux est un carré) **.

L'étude des solutions entières des équations indéterminées ne commence vraiment qu'avec les mathématiciens chinois et hindous du haut Moyen Age. Les premiers semblent avoir été conduits à des spéculations de ce genre par les problèmes pratiques de confection des calendriers (où la détermination des périodes communes à plusieurs cycles de phénomènes astronomiques constitue précisément un problème « diophantien » du premier degré) ; on leur doit en tout cas (sans doute entre le IVe et le VIIe siècle de notre ère) une règle de résolution des congruences linéaires simultanées. Quant aux Hindous, dont la mathématique connaît son plein épanouissement du Ve au

* Si Diophante, dans les problèmes indéterminés, se ramène toujours à des problèmes à une seule inconnue, par un choix numérique des autres inconnues qui rende possible son équation finale, il semble bien que cette méthode soit due surtout à sa notation qui ne lui permettait pas de calculer sur plusieurs inconnues à la fois ; en tout cas. il ne perd pas de vue, au cours du calcul, les substitutions numériques qu'il a faites, et les modifie, le cas échéant, si elles ne conviennent pas, en écrivant une condition de compatibilité pour les variables substituées, et en résolvant ce problème auxiliaire au préalable. En d'autres termes, il manie ces valeurs numériques substituées comme nous le ferions de paramètres, si bien que ce qu'il fait en définitive revient à trouver une représentation paramétrique rationnelle d'une variété algébrique donnée, ou d'une sous-variété de celle-ci (cf. [*153* f]).

** Divers indices témoignent cependant de connaissances arithmétiques plus avancées chez Diophante : il sait par exemple que l'équation $x^2 + y^2 = n$ n'a pas de solutions rationnelles si n est un entier de la forme $4k + 3$ (Livre V, problème 9 et Livre VI, problème 14 ([*91* a], t. I, p. 332-335 et p. 425; cf. aussi [*153* f], p. 105-110)).

XIIIe siècle, non seulement ils savent traiter méthodiquement (par application de l'algorithme d'Euclide) les systèmes d'équations diophantiennes linéaires à un nombre quelconque d'inconnues *, mais ils sont les premiers à aborder et résoudre des problèmes du second degré, dont certains cas particuliers de l' « équation de Fermat » $Nx^2 + 1 = y^2$ ([*78*], vol. II, p. 87-307).

Nous n'avons pas à poursuivre ici l'historique de la théorie des équations diophantiennes de degré > 1, qui, à travers les travaux de Fermat, Euler, Lagrange et Gauss, devait aboutir au XIXe siècle à la théorie des entiers algébriques (cf. p. 120-130). Comme nous l'avons déjà marqué (cf. p. 79), l'étude des systèmes linéaires, qui ne paraît plus présenter de problèmes dignes d'intérêt, est quelque peu négligée pendant cette période : en particulier, on ne cherche pas à formuler de conditions générales de possibilité d'un système quelconque, ni à décrire l'ensemble des solutions. Toutefois, vers le milieu du XIXe siècle, Hermite est conduit à utiliser, en vue de ses recherches de Théorie des nombres, divers lemmes sur les équations diophantiennes linéaires, et notamment une « forme réduite » d'une substitution linéaire à coefficients entiers ([*159*], t. I, p. 164 et 265); enfin, après que Heger eut donné en 1858 la condition de possibilité d'un système dont le rang est égal au nombre d'équations, H.J. Smith, en 1861, définit les facteurs invariants d'une matrice à termes entiers, et obtient le théorème général de réduction d'une telle matrice à la « forme canonique » ([*287*], t. I, p. 367-409).

Mais dans l'intervalle se précisait peu à peu la notion de groupe abélien, à la suite de son introduction par Gauss (cf. p. 82), et de l'importance prise par cette notion dans le développement ultérieur de la Théorie des nombres. Dans l'étude particulièrement approfondie, exposée dans les *Disquisitiones*, du groupe abélien fini des classes de formes quadratiques de discriminant donné, Gauss s'était vite aperçu que certains de ces groupes n'étaient pas cycliques : « *dans ce cas* », dit-il, « *une base* [c'est-à-dire un générateur] *ne peut suffire, il faut en prendre deux ou un plus grand nombre qui, par la multiplication et la composition* **, *puissent produire toutes les classes* » ([*124* a], t. I, p. 374-375). Il n'est pas certain que, par ces mots, Gauss ait voulu décrire

* Les problèmes astronomiques ont été aussi parmi ceux qui ont amené les Hindous à s'occuper de ce genre d'équations (cf. [*78*], t. II, p. 100, 117 et 135).

** Gauss note additivement la loi de composition des classes, par « multiplication » il entend donc le produit d'une classe par un entier.

la décomposition du groupe en produit direct de groupes cycliques ; toutefois, dans le même article des *Disquisitiones*, il démontre qu'il existe un élément du groupe dont l'ordre est le p.p.c.m. des ordres de tous les éléments — en d'autres termes, il obtient l'existence du plus grand facteur invariant du groupe ([*124* a], t. I, p. 373)—; et d'autre part, la notion de produit direct lui était connue, car dans un manuscrit datant de 1801 mais non publié de son vivant, il esquisse une démonstration générale de la décomposition d'un groupe abélien fini en produit direct de p-groupes * ([*124* a], t. II, p. 266). En tout cas, en 1868, Schering, l'éditeur des œuvres de Gauss, inspiré par ces résultats (et notamment par ce manuscrit qu'il venait de retrouver) démontre (toujours pour le groupe des classes de formes quadratiques) le théorème général de décomposition ([*272*], t. I, p. 135-148) par une méthode qui, reprise deux ans plus tard en termes abstraits par Kronecker ([*186* a], t. I, p. 273-282), est essentiellement celle qui est encore utilisée aujourd'hui. Quant aux groupes abéliens sans torsion, nous avons déjà dit (cf. p. 86-87) comment la théorie des fonctions elliptiques et des intégrales abéliennes, développée par Gauss, Abel et Jacobi, amenait peu à peu à prendre conscience de leur structure ; le premier et le plus célèbre exemple de décomposition d'un groupe infini en somme directe de groupes monogènes est donné en 1846 par Dirichlet dans son mémoire sur les unités d'un corps de nombres algébriques ([*92*], t. I, p. 619-644). Mais ce n'est qu'en 1879 que le lien entre la théorie des groupes abéliens de type fini et le théorème de Smith est reconnu et utilisé explicitement par Frobenius et Stickelberger ([*120*], § 10).

Vers la même époque s'achève également la théorie de la similitude des matrices (à coefficients réels ou complexes). La notion de valeur propre d'une substitution linéaire apparaît explicitement dans la théorie des systèmes d'équations différentielles linéaires à coefficients constants, appliquée par Lagrange ([*191*], t. I, p. 520) à la théorie des petits mouvements, par Lagrange ([*191*], t. VI, p. 655-666) et Laplace ([*193*], t. VIII, p. 325-366) aux inégalités « séculaires » des planètes. Elle est implicite dans bien d'autres problèmes abordés aussi vers le milieu du XVIIIe siècle, comme la recherche des axes d'une conique ou d'une quadrique (effectuée d'abord par Euler ([*108* a], (1), t. IX, p. 384)), ou l'étude (développée aussi par Euler ([*108* a], (2),

* Abel démontre aussi en passant cette propriété dans son mémoire sur les équations abéliennes ([*1*], t. I, p. 494-497).

t. III, p. 200-201)) des axes principaux d'inertie d'un corps solide (découverts par De Segner en 1755) ; nous savons aujourd'hui que c'est elle aussi (sous une forme beaucoup plus cachée) qui intervenait dans les débuts de la théorie des équations aux dérivées partielles, et en particulier dans l'équation des cordes vibrantes. Mais (sans parler de ce dernier cas) la parenté entre ces divers problèmes n'est guère reconnue avant Cauchy ([*56* a], (2), t. V, p. 248 et t. IX, p. 174). En outre, comme la plupart font intervenir des matrices symétriques, ce sont les valeurs propres de ces dernières qui sont surtout étudiées au début ; notons ici que dès 1826, Cauchy démontre l'invariance par similitude des valeurs propres de ces matrices, et prouve qu'elles sont réelles pour une matrice symétrique du 3ᵉ ordre ([*56* a], (2), t. V, p. 248), résultat qu'il généralise aux matrices symétriques réelles quelconques trois ans plus tard ([*56* a], (2), t. IX, p. 174) *. La notion générale de projectivité, introduite par Möbius en 1827 ([*223*], t. I, p. 217), amène rapidement au problème de la classification de ces transformations (pour 2 et 3 dimensions tout d'abord), ce qui n'est autre que le problème de la similitude des matrices correspondantes ; mais pendant longtemps cette question n'est traitée que par les méthodes « synthétiques » en honneur au milieu du XIXᵉ siècle, et ses progrès (d'ailleurs assez lents) ne paraissent pas avoir eu d'influence sur la théorie des valeurs propres. Il n'en est pas de même d'un autre problème de géométrie, la classification des faisceaux de coniques ou de quadriques, qui, du point de vue moderne, revient à l'étude des diviseurs élémentaires de la matrice $U + \lambda V$, où U et V sont deux matrices symétriques ; c'est bien dans cet esprit que Sylvester, en 1851, aborde ce problème, examinant avec soin (en vue de trouver des « formes canoniques » du faisceau considéré) ce que deviennent les mineurs de la matrice $U + \lambda V$ quand on y substitue à λ une valeur annulant son déterminant ([*304*], t. I, p. 219-240). L'aspect purement algébrique de la théorie des valeurs propres progresse simultanément ; c'est ainsi que plusieurs auteurs (dont Sylvester lui-même) démontrent vers 1850 que les valeurs propres de U^n sont les

* Un essai de démonstration de ce résultat, pour le cas particulier des inégalités « séculaires » des planètes, avait déjà été fait en 1784 par Laplace ([*193*], t. XI, p. 49-92). En ce qui concerne l'équation du 3ᵉ degré donnant les axes d'une quadrique réelle, Euler avait admis sans démonstration la réalité de ses racines, et une tentative de démonstration de Lagrange, en 1773 ([*191*], t. III, p. 579-616) est insuffisante; ce point fut démontré rigoureusement pour la première fois par Hachette et Poisson, en 1801 [*140*].

puissances n-èmes des valeurs propres de U, tandis qu'en 1858 Cayley, dans le mémoire où il fonde le calcul des matrices ([*58*], t. II, p. 475-496), énonce le « théorème de Hamilton-Cayley » pour une matrice carrée d'ordre quelconque *, en se contentant de le démontrer par calcul direct pour les matrices d'ordre 2 et 3. Enfin, en 1868, Weierstrass, reprenant la méthode de Sylvester, obtient des « formes canoniques » pour un « faisceau » $U + \lambda V$, où, cette fois, U et V sont des matrices carrées non nécessairement symétriques, soumises à la seule condition que $\det(U + \lambda V)$ ne soit pas identiquement nul ; il en déduit la définition des diviseurs élémentaires d'une matrice carrée quelconque (à termes complexes), et prouve qu'ils caractérisent celle-ci à une similitude près ([*329* a], t. II, p. 19-44); ces résultats sont d'ailleurs retrouvés partiellement (et apparemment de façon indépendante) par Jordan deux ans plus tard ** ([*174* a], p. 114-125). Ici encore, c'est Frobenius qui, en 1879, montre qu'on peut déduire simplement le théorème de Weierstrass de la théorie de Smith, étendue aux polynômes ([*119*], t. I, p. 482-544, § 13).

Nous venons de faire allusion à la théorie de la divisibilité des polynômes d'une variable ; la question de la division des polynômes devait naturellement se poser dès le début de l'algèbre, comme opération inverse de la multiplication (cette dernière étant déjà connue de Diophante, tout au moins pour les polynômes de petit degré) ; mais on conçoit qu'il n'était guère possible d'aborder le problème de façon générale avant qu'une notation cohérente se fût imposée pour les diverses puissances de la variable. De fait, on ne trouve guère d'exemple du processus de division « euclidienne » des polynômes, tel que nous le connaissons, avant le milieu du XVIe siècle *** ; et S. Stévin (qui utilise essentiellement la notation des exposants) paraît être le premier qui ait eu l'idée d'en déduire l'extension de l' « algorithme d'Euclide » pour la recherche du p.g.c.d. de deux polynômes ([*295*], t. I, p. 54-56). A cela près, la notion de divisibilité

* Hamilton avait incidemment démontré ce théorème pour les matrices d'ordre 3 quelques années auparavant ([*145* a], p. 566-567).

** Jordan ne mentionne pas l'invariance de la forme canonique qu'il obtient. Il est intéressant d'observer par ailleurs qu'il traite la question, non pour des matrices à termes complexes, mais pour des matrices sur un corps fini. Signalons d'autre part que, dès 1862, Grassmann avait donné une méthode de réduction d'une matrice (à termes complexes) à la forme triangulaire, et mentionné explicitement le lien entre cette réduction et la classification des projectivités ([*134*], t. I_2, p. 249-254).

*** Cf. par exemple [*33*].

était restée propre aux entiers rationnels jusqu'au milieu du XVIIIe siècle. C'est Euler qui, en 1770, ouvre un nouveau chapitre de l'Arithmétique en étendant, non sans témérité, la notion de divisibilité aux entiers d'une extension quadratique : cherchant à déterminer les diviseurs d'un nombre de la forme $x^2 + cy^2$ (x, y, c entiers rationnels), il pose $x + y\sqrt{-c} = (p + q\sqrt{-c})(r + s\sqrt{-c})$ (p, q, r, s entiers rationnels) et en prenant les normes des deux membres, il n'hésite pas à affirmer qu'il obtient ainsi tous les diviseurs de $x^2 + cy^2$ sous la forme $p^2 + cq^2$ ([*108* a], (1), t. I, p. 422). En d'autres termes, Euler raisonne comme si l'anneau $\mathbf{Z}[\sqrt{-c}]$ était principal ; un peu plus loin, il utilise un raisonnement analogue pour appliquer la méthode de « descente infinie » à l'équation $x^3 + y^3 = z^3$ (il se ramène à écrire que $p^2 + 3q^2$ est un cube, ce qu'il fait en posant $p + q\sqrt{-3} = (r + s\sqrt{-3})^3$). Mais dès 1773, Lagrange démontre ([*191*], t. III, p. 695-795) que les diviseurs des nombres de la forme $x^2 + cy^2$ ne sont pas toujours de cette forme, premier exemple de la difficulté fondamentale qui allait se présenter avec bien plus de netteté dans les études, poursuivies par Gauss et ses successeurs, sur la divisibilité dans les corps de racines de l'unité * ; il n'est pas possible, en général, d'étendre directement à ces corps les propriétés essentielles de la divisibilité des entiers rationnels, existence du p.g.c.d. et unicité de la décomposition en facteurs premiers. Ce n'est pas ici le lieu de décrire en détail comment Kummer pour les corps de racines de l'unité [*188* b] **, puis Dedekind et Kronecker pour les corps de nombres algébriques quelconques, parvinrent à surmonter ce formidable obstacle par la création de la théorie des idéaux, un des progrès les plus décisifs de l'algèbre moderne (cf. p. 120-130).

* Gauss semble avoir un moment espéré que l'anneau des entiers dans le corps des racines n-èmes de l'unité soit un anneau principal; dans un manuscrit non publié de son vivant ([*124* a], t. II, p. 387-397), on le voit démontrer l'existence d'un processus de division euclidienne dans le corps des racines cubiques de l'unité, et donner quelques indications sur un processus analogue dans le corps des racines 5-èmes ; il utilise ces résultats pour démontrer par un raisonnement de « descente infinie » plus correct que celui d'Euler l'impossibilité de l'équation $x^3 + y^3 = z^3$ dans le corps des racines cubiques de l'unité, signale qu'on peut étendre la méthode à l'équation $x^5 + y^5 = z^5$, mais s'arrête à l'équation $x^7 + y^7 = z^7$ en constatant qu'il est impossible alors de rejeter *a priori* le cas où x, y, z ne sont pas divisibles par 7.

** Dès son premier travail sur les « nombres idéaux », Kummer signale explicitement la possibilité d'appliquer sa méthode, non seulement aux corps de racines de l'unité, mais aussi aux corps quadratiques, et de retrouver ainsi les résultats de Gauss sur les formes quadratiques binaires ([*188* b], p. 324-325).

Mais Dedekind, toujours curieux des fondements des diverses théories mathématiques, ne se contente pas de ce succès; et, analysant le mécanisme des relations de divisibilité, il pose les bases de la théorie moderne des groupes réticulés, dans un mémoire (sans retentissement sur ses contemporains, et tombé pendant 30 ans dans l'oubli) qui est sans doute un des premiers en date des travaux d'algèbre axiomatique ([*79*], t. II, p. 103-147).

Dès le milieu du XVIIIe siècle, la recherche d'une démonstration du « théorème fondamental de l'algèbre » est à l'ordre du jour (cf. p. 99). Nous n'avons pas à rappeler ici la tentative de d'Alembert, qui inaugurait la série des démonstrations utilisant le calcul infinitésimal (cf. p. 200). Mais, en 1749, Euler aborde le problème d'une tout autre façon ([*108* a], (1), t. VI, p. 78-147) : pour tout polynôme f à coefficients réels, il cherche à démontrer l'existence d'une décomposition $f = f_1 f_2$ en deux polynômes (non constants) à coefficients *réels*, ce qui lui donnerait la démonstration du « théorème fondamental » par récurrence sur le degré de f. Il suffit même, comme il le remarque, de s'arrêter au premier facteur de degré impair, et par conséquent toute la difficulté revient à considérer le cas où le degré n de f est pair. Euler se borne alors à l'étude du cas où les facteurs cherchés sont tous deux de degré $n/2$, et il indique que, par un calcul d'élimination convenablement mené, on peut exprimer les coefficients inconnus de f_1 et f_2 rationnellement en fonction d'une racine d'une équation à coefficients réels dont les termes extrêmes sont *de signes contraires*, et qui par suite a au moins une racine réelle. Mais la démonstration d'Euler n'est qu'une esquisse, où de nombreux points essentiels sont passés sous silence ; et ce n'est qu'en 1772 que Lagrange parvint à résoudre les difficultés soulevées par cette démonstration ([*191*], t. III, p. 479-516) au moyen d'une analyse fort longue et fort minutieuse, où il fait preuve d'une remarquable virtuosité dans l'emploi des méthodes « galoisiennes » (pour ainsi dire) nouvellement créées par lui (cf. p. 100-101).

Toutefois Lagrange, comme Euler et tous ses contemporains, n'hésite pas à raisonner formellement dans un « corps de racines » d'un polynôme (c'est-à-dire, dans son langage, à considérer des « racines imaginaires » de ce polynôme) ; la Mathématique de son époque n'avait fourni aucune justification de ce mode de raisonnement. Aussi Gauss, délibérément hostile, dès ses débuts, au formalisme effréné du XVIIIe siècle, s'élève-t-il avec force, dans sa dissertation, contre cet abus ([*124* a], t. III, p. 3). Mais il n'eût pas été lui-même s'il n'avait senti qu'il ne s'agissait là que d'une présentation extérieurement défectueuse d'un raisonnement intrinsèquement correct. Aussi le voyons-nous, quelques années plus tard ([*124* a], t. III, p. 33; cf. aussi [*124* b]) reprendre une variante plus simple du raisonnement d'Euler, suggérée dès 1759 par de Foncenex (mais que ce dernier n'avait pas su mener à bien), et en déduire une nouvelle démonstration du « théorème fondamental », où il évite soigneusement tout emploi de racines « imaginaires » : ce dernier étant remplacé par d'habiles adjonctions et spécialisations d'indéterminées.

Le rôle de la Topologie dans le « théorème fondamental » se trouvait ainsi ramené à l'unique théorème suivant lequel un polynôme à coefficients réels ne peut changer de signe dans un intervalle sans s'annuler (théorème de Bolzano pour les polynômes). Ce théorème est aussi à la base de tous les critères de séparation des racines réelles d'un polynôme (à coefficients réels), qui constituent un des sujets de prédilection de l'Algèbre pendant le XIXe siècle *. Au cours de ces recherches, on ne pouvait manquer de constater que c'est la structure d'ordre de **R**, bien plus que sa topologie, qui y joue le rôle essentiel ** ; par exemple, le théorème de Bolzano pour les polynômes est encore vrai pour le corps de tous les nombres algébriques réels. Ce mouvement d'idées a trouvé son aboutissement dans la théorie abstraite des corps ordonnés, créée par E. Artin et O. Schreier ([*7* b] et [*8* a et b]); un des plus remarquables résultats en est sans doute la découverte que l'existence d'une relation d'ordre sur un corps est liée à des propriétés purement algébriques de ce corps.

* Sur ces questions, le lecteur pourra par exemple consulter [*284*] ou [*317* a], p. 223-235.

** La tendance à attribuer à la structure d'ordre des nombres réels une place prépondérante se marque aussi dans la définition des nombres réels par le procédé des « coupures » de Dedekind, qui est au fond un procédé applicable à tous les ensembles ordonnés

ALGÈBRE COMMUTATIVE
THÉORIE DES NOMBRES ALGÉBRIQUES

L'algèbre commutative « abstraite » est de création récente, mais son développement ne peut se comprendre qu'en fonction de celui de la théorie des nombres algébriques et de la géométrie algébrique qui lui ont donné naissance.

On a pu conjecturer sans trop d'invraisemblance que la fameuse « démonstration » que prétendait posséder Fermat de l'impossibilité de l'équation $x^p + y^p = z^p$ pour p premier impair et x, y, z entiers $\neq 0$, aurait reposé sur la décomposition

$$(x + y)(x + \zeta y) \ldots (x + \zeta^{p-1}y) = z^p$$

dans l'anneau $\mathbf{Z}[\zeta]$ (où $\zeta \neq 1$ est une racine p-ème de l'unité), et sur un raisonnement de divisibilité dans cet anneau, en le supposant *principal*. On trouve en tout cas un raisonnement analogue ébauché chez Lagrange ([*191*], t. II, p. 531); c'est par des raisonnements de ce genre, avec diverses variantes (notamment des changements de variables destinés à abaisser le degré de l'équation) qu'Euler ([*108* a], t. I, p. 488) * et Gauss ([*124* a], t. II, p. 387) démontrent le théorème de Fermat pour $p = 3$, Gauss (*loc. cit.*) et Dirichlet ([*92*], t. I, p. 42) pour $p = 5$, et Dirichlet l'impossibilité de l'équation $x^{14} + y^{14} = z^{14}$ ([*92*], t. I, p. 190). Enfin, dans ses premières recherches sur la théorie des nombres, Kummer avait cru obtenir de cette façon une démonstration générale, et c'est sans doute cette erreur (qui lui fut signalée par Dirichlet) qui l'amena à ses études sur l'arithmétique des corps cyclotomiques, d'où il devait enfin réussir à déduire une version

* Dans sa démonstration, Euler procède comme si $\mathbf{Z}[\sqrt{-3}]$ était principal, ce qui n'est pas le cas; toutefois, son raisonnement peut être rendu correct par la considération du conducteur de $\mathbf{Z}[\rho]$ (ρ racine cubique de l'unité) sur $\mathbf{Z}[\sqrt{-3}]$ (cf. [*288*], p. 190).

correcte de sa démonstration pour les nombres premiers $p < 100$ [*188* d].

D'un autre côté, le célèbre mémoire de Gauss de 1831 sur les résidus biquadratiques, dont les résultats sont déduits d'une étude détaillée de la divisibilité dans l'anneau $\mathbf{Z}[i]$ des « entiers de Gauss » ([*124* a], t. II, p. 109) montrait clairement l'intérêt que pouvait présenter pour les problèmes classiques de la théorie des nombres l'extension de la notion de divisibilité aux nombres algébriques *; aussi n'est-il pas surprenant qu'entre 1830 et 1850 cette théorie ait fait l'objet de nombreux travaux des mathématiciens allemands, Jacobi, Dirichlet et Eisenstein d'abord, puis, un peu plus tard, Kummer et son élève et ami Kronecker. Nous n'avons pas à parler ici de la théorie des unités, trop particulière à la théorie des nombres, où les progrès sont rapides, Eisenstein obtenant la structure du groupe des unités pour les corps cubiques, Kronecker pour les corps cyclotomiques, peu avant que Dirichlet, en 1846 ([*92*], t. I, p. 640) ne démontre le théorème général, auquel était presque parvenu de son côté Hermite ([*159*], t. I, p. 159). Beaucoup plus difficile apparaissait la question (centrale dans toute la théorie) de la décomposition en facteurs premiers. Depuis que Lagrange avait donné des exemples de nombres de la forme $x^2 + Dy^2$ (x, y, D entiers) ayant des diviseurs qui ne sont pas de la forme $m^2 + Dn^2$ ([*191*], t. II, p. 465), on savait en substance qu'il ne fallait pas s'attendre en général à ce que les anneaux $\mathbf{Z}[\sqrt{-D}]$ fussent principaux, et à la témérité d'Euler avait succédé une grande circonspection ; quand Dirichlet, par exemple, démontre que la relation $p^2 - 5q^2 = r^5$ (p, q, r entiers) équivaut à $p + q\sqrt{5} = (x + y\sqrt{5})^5$ pour x, y entiers, il se borne à signaler en note qu'« *il y a des théorèmes analogues pour beaucoup d'autres nombres premiers* [que 5] » ([*92*], t. I, p. 31). Avec le mémoire de Gauss de 1831 et le travail d'Eisenstein sur les résidus cubiques [*102* a], on avait bien, il est vrai, des études poussées de l'arithmétique dans les anneaux principaux $\mathbf{Z}[i]$ et $\mathbf{Z}[\rho]$ ($\rho = (-1 + i\sqrt{3})/2$, racine cubique de l'unité) en parfaite analogie avec la théorie des entiers rationnels, et sur ces exemples au moins, le lien étroit entre l'arithmétique dans les corps quadratiques et la

* Les recherches de Gauss sur la division de la lemniscate et les fonctions elliptiques liées à cette courbe, non publiées de son vivant, mais datant des environs de 1800, avaient dû l'amener dès cette époque à réfléchir sur les propriétés arithmétiques de l'anneau $\mathbf{Z}[i]$, la division par les nombres de cet anneau jouant un rôle important dans la théorie ; voir ce que dit à ce propos Jacobi ([*171*], t. VI, p. 275) ainsi que les calculs relatifs à ces questions trouvés dans les papiers de Gauss ([*124* a], t. II, p. 411 ; voir aussi [*124* a], t. X_2, p. 33 et suiv.).

théorie des formes quadratiques binaires développée par Gauss était très apparent; mais il manquait pour le cas général un « dictionnaire » qui eût permis de traiter du corps quadratique par une simple traduction de la théorie de Gauss *.

En fait, ce n'est pas pour les corps quadratiques, mais bien pour les corps cyclotomiques (et pour des raisons qui n'apparaîtront nettement que bien plus tard (cf. p. 127)) que l'énigme allait d'abord être résolue. Dès 1837, Kummer, analyste à ses débuts, se tourne vers l'arithmétique des corps cyclotomiques, qui ne va plus cesser de l'occuper de façon presque exclusive pendant 25 ans. Comme ses prédécesseurs, il étudie la divisibilité dans les anneaux $\mathbf{Z}[\zeta]$, où ζ est une racine p-ème de l'unité $\neq 1$ (p premier impair); il s'aperçoit vite que, là aussi, on rencontre des anneaux non principaux, bloquant tout progrès dans l'extension des lois de l'arithmétique [*188* a], et c'est seulement en 1845, au bout de 8 ans d'efforts, qu'apparaît enfin la lumière, grâce à sa définition des « nombres idéaux » [*188* c et d].

Ce que fait Kummer revient exactement, en langage moderne, à définir les *valuations* sur le corps $\mathbf{Q}[\zeta]$: elles sont en correspondance biunivoque avec ses « nombres premiers idéaux », l'« exposant » avec lequel un tel facteur figure dans la « décomposition » d'un nombre $x \in \mathbf{Z}[\zeta]$ n'étant autre que la valeur en x de la valuation correspondante. Comme les conjugués de x appartiennent aussi à $\mathbf{Z}[\zeta]$, et que leur produit $N(x)$ (la « norme » de x **) est un entier rationnel, les « facteurs premiers idéaux » à définir devaient aussi être « facteurs » des nombres premiers rationnels, et pour en donner la définition, on pouvait se borner à dire ce qu'étaient les « diviseurs premiers idéaux » d'un

* Le lecteur trouvera une description précise de cette correspondance entre formes quadratiques et corps quadratiques dans [*288*], p. 205-229.

** La notion de norme d'un nombre algébrique remonte à Lagrange : si α_i ($1 \leqslant i \leqslant n$) sont les racines d'un polynôme de degré n, il considère même la « forme norme » $N(x_0, x_1, \ldots, x_{n-1}) = \prod_{i=1}^{n} (x_0 + \alpha_i x_1 + \ldots + \alpha_i^{n-1} x_{n-1})$ en les variables x_i, qui lui avait sans doute été suggérée par ses recherches sur la résolution des équations et les « résolvantes de Lagrange » ([*191*], t. VII, p. 170). Il est à noter que c'est la propriété multiplicative de la norme qui conduit Lagrange à son identité sur les formes quadratiques binaires, d'où Gauss devait tirer la « composition » de ces formes ([*124* a], t. II, p. 522). D'autre part, lorsque la théorie des nombres algébriques débute aux environs de 1830, c'est très souvent sous forme de résolution d'équations $N(x_0, \ldots, x_{n-1}) = \lambda$ (en particulier avec $\lambda = 1$ pour la recherche des unités) ou d'étude des « formes normes » (dites aussi « formes décomposables ») que sont présentés les problèmes; et même dans des travaux récents, les propriétés de ces équations diophantiennes particulières sont utilisées avec fruit, notamment en théorie des nombres p-adiques (Skolem, Chabauty).

nombre premier $q \in \mathbf{Z}$. Pour $q = p$, Kummer avait déjà prouvé en substance [*188* a] que l'idéal principal $(1 - \zeta)$ était premier et que sa puissance $(p-1)$-ème était l'idéal principal (p); ce cas ne soulevait donc aucun problème nouveau. Pour $q \neq p$, l'idée qui semble avoir guidé Kummer est de remplacer l'équation cyclotomique $\Phi_p(z) = 0$ par la congruence $\Phi_p(u) \equiv 0 \pmod{q}$, autrement dit de décomposer le polynôme cyclotomique $\Phi_p(X)$ *sur le corps* $\mathbf{F}_q$, et d'associer à chaque facteur irréductible de ce polynôme un « facteur premier idéal ». Un cas simple (explicitement cité dans la Note [*188* b] où Kummer annonce ses résultats sans démonstration) est celui où $q \equiv 1 \pmod{p}$; si $q = mp + 1$ et si $\gamma \in \mathbf{F}_q$ est une racine $(q-1)$-ème primitive de 1, on a, dans $\mathbf{F}_q[X]$,

$$\Phi_p(X) = \prod_{k=1}^{p-1} (X - \gamma^{km})$$

puisque $\gamma^{pm} = 1$. Associant alors à chaque facteur $X - \gamma^{km}$ un « facteur premier idéal » $\mathfrak{q}_k$ de q, Kummer dit qu'un élément $x \in \mathbf{Z}[\zeta]$, dont P est le polynôme minimal sur $\mathbf{Q}$, est *divisible par* $\mathfrak{q}_k$ si dans $\mathbf{F}_q$ on a $P(\gamma^{km}) = 0$; en somme, en langage moderne, il écrit l'anneau quotient $\mathbf{Z}[\zeta]/q\mathbf{Z}[\zeta]$ comme composé direct de corps isomorphes à $\mathbf{F}_q$. Pour $q \not\equiv 1 \pmod{p}$, les facteurs irréductibles de $\Phi_p(X)$ dans $\mathbf{F}_q[X]$ ne sont plus du premier degré, et il faudrait donc substituer à X dans P(X) des racines « imaginaires de Galois » des facteurs de Φ_p dans $\mathbf{F}_q[X]$. Kummer évite cette difficulté en passant, comme nous dirions aujourd'hui, dans le *corps de décomposition* K de q : si f est le plus petit entier tel que $q^f \equiv 1 \pmod{p}$, et si l'on pose $p - 1 = ef$, K n'est autre que le sous-corps de $\mathbf{Q}(\zeta)$ formé des invariants du sous-groupe d'ordre f du groupe de Galois (cyclique d'ordre $p-1$) de $\mathbf{Q}(\zeta)$ sur $\mathbf{Q}$; autrement dit c'est l'unique sous-corps de $\mathbf{Q}(\zeta)$ qui soit de degré e sur $\mathbf{Q}$; il était fort bien connu depuis les *Disquisitiones* de Gauss, étant engendré par les « périodes »

$$\eta_k = \zeta_k + \zeta_{k+e} + \zeta_{k+2e} + \dots + \zeta_{k+(f-1)e}$$

$(0 \leqslant k \leqslant e-1,\ \zeta_\nu = \zeta^{g^\nu}$ où g est une racine primitive de la congruence $z^{p-1} \equiv 1 \pmod{p})$, qui en forment une base normale. Si R(X) est le polynôme minimal (unitaire et à coefficients entiers rationnels) d'une quelconque de ces « périodes » η, Kummer, se basant sur les formules de Gauss, prouve que, sur le corps $\mathbf{F}_q$, R(X) se décompose encore en facteurs distincts du premier degré $X - u_j$ $(1 \leqslant j \leqslant e)$, et c'est à chacun des u_j qu'il associe cette fois un « facteur premier idéal » $\mathfrak{q}_j$. Pour définir la « divisibilité par $\mathfrak{q}_j$ », Kummer écrit tout $x \in \mathbf{Z}[\zeta]$ sous la forme $x = \sum_{k=0}^{f-1} \zeta^k y_k$, où chaque $y_k \in \mathrm{K}$ s'écrit lui même d'une façon unique comme polynôme de degré $\leqslant e - 1$ en η, à coefficients entiers rationnels; il dit que x est divisible par $\mathfrak{q}_j$ si et seulement si, lorsqu'on substitue u_j à η dans chacun des y_k, les éléments de $\mathbf{F}_q$ obtenus sont *tous* nuls. Mais il fallait encore définir l'« exposant » de $\mathfrak{q}_j$ dans x. Pour cela, Kummer introduit ce que nous appellerions maintenant une *uniformisante* pour $\mathfrak{q}_j$, c'est-à-dire un élément $\rho_j \in \mathrm{K}$ tel que $\mathrm{N}(\rho_j) \equiv 0 \pmod{q}$, $\mathrm{N}(\rho_j) \not\equiv 0 \pmod{q^2}$, et enfin tel que ρ_j soit divisible par $\mathfrak{q}_j$ (au sens défini ci-dessus) mais par *aucun autre* des facteurs idéaux $\neq \mathfrak{q}_j$ de q. L'existence d'un tel ρ_j avait en substance été prouvée par Kronecker dans sa dissertation l'année précédente ([*186* a], t. I, p. 23); posant alors $\rho'_j = \mathrm{N}(\rho_j)/\rho_j$, Kummer dit que l'exposant de $\mathfrak{q}_j$ dans x est égal à h si l'on a $x\rho_j'^h \equiv 0 \pmod{q^h}$, mais $x\rho_j'^{h+1} \not\equiv 0 \pmod{q^{h+1}}$; il commence bien entendu par prouver que la relation $x\rho'_j \equiv 0 \pmod{q}$ équivaut au fait que x est divisible par $\mathfrak{q}_j$ (au sens antérieur). Une fois ces définitions posées, l'extension à $\mathbf{Z}[\zeta]$ des lois usuelles de divisibilité pour les « nombres idéaux » n'offrait plus de difficulté sérieuse; et dès son premier mémoire [*188* a] Kummer put même, en utilisant la « méthode des tiroirs » de Dirichlet, démontrer que les « classes » de « facteurs idéaux » étaient en nombre *fini**.

Nous ne poursuivrons pas l'histoire des travaux ultérieurs de Kummer sur les corps cyclotomiques, en ce qui concerne la détermination du nombre de classes et l'application à la démonstration du théorème de Fermat dans divers cas. Mentionnons seulement la manière dont, en 1859, il étend sa méthode pour obtenir (au moins partiellement) les « nombres premiers idéaux » dans un « corps kummerien » $\mathbf{Q}(\zeta, \mu)$, où μ est une racine d'un polynôme irréductible $\mathrm{P}(\mathrm{X}) = \mathrm{X}^p - \alpha$, avec $\alpha \in \mathbf{Z}[\zeta]$ [*188* e]. Il est intéressant que Kummer envisage le problème en considérant précisément $\mathbf{Q}(\zeta, \mu)$ comme une extension cyclique *du corps* $\mathbf{Q}(\zeta)$ pris comme « corps de base » ** :

* Il ne fait d'ailleurs en cela que reprendre un raisonnement de Kronecker dans sa dissertation, relatif aux classes de solutions d'équations de la forme $\mathrm{N}(x_0, x_1, \ldots, x_{n-1}) = a$ ([*188* a], t, II, p. 25). D'autre part, Kummer fait plusieurs fois allusion à des résultats qu'aurait obtenus Dirichlet sur des équations de ce type (pour un corps de nombres algébriques quelconque); mais ces résultats n'ont été ni publiés, ni retrouvés dans les papiers de Dirichlet.

** Dans son mémoire sur les formes quadratiques à coefficients dans l'anneau des entiers de Gauss ([*92*], t. I, p. 533-618), Dirichlet avait, à divers endroits, été amené à considérer la norme relative du corps $\mathbf{Q}(\sqrt{D}, i)$ sur son sous-corps quadratique il part d'un « nombre premier idéal » $\mathfrak{q}$ de $\mathbf{Z}[\zeta]$, qu'il suppose ne pas diviser p ni α, et cette fois, il examine (en termes modernes) le polynôme $\bar{\mathrm{P}}(\mathrm{X}) = \mathrm{X}^p - \bar{\alpha}$ dans le *corps résiduel* k de la valuation de $\mathbf{Q}(\zeta)$ correspondant à $\mathfrak{q}$ ($\bar{\alpha}$ étant l'image canonique de α dans k). Comme $\mathbf{Q}(\zeta)$ est le corps des racines p-èmes de l'unité, $\bar{\mathrm{P}}$ est, soit irréductible sur k, soit produit de facteurs du premier degré. Dans le premier cas, Kummer dit que $\mathfrak{q}$ reste premier dans $\mathbf{Z}[\zeta, \mu]$; dans le second, il introduit des éléments w_i $(1 \leqslant i \leqslant p)$ de $\mathbf{Z}[\zeta]$ dont les images dans k sont les racines de $\bar{\mathrm{P}}$, et il associe à chaque indice i un facteur premier idéal $\mathfrak{r}_i$ de $\mathfrak{q}$; posant ensuite $\mathrm{W}_i(\mathrm{X}) = \prod_{j \neq i} (\mathrm{X} - w_j)$, il dit que, pour un polynôme f à coefficients dans $\mathbf{Z}[\zeta]$, $f(\mu)$ contient m fois le facteur idéal $\mathfrak{r}_i$ si l'on a

$$f(w_i)\mathrm{W}_i^m(w_i) \equiv 0 \qquad (\mathrm{mod.}\ \mathfrak{q}^m)$$

mais

$$f(w_i)\mathrm{W}_i^{m+1}(w_i) \not\equiv 0 \qquad (\mathrm{mod.}\ \mathfrak{q}^{m+1}).$$

En somme, il obtient de cette façon les valuations de $\mathbf{Q}(\zeta, \mu)$ *non ramifiées* sur $\mathbf{Q}$, ce qui lui suffit pour les applications qu'il a en vue.

Kummer avait eu la chance de rencontrer, dans l'étude des corps particuliers auxquels ses recherches sur le théorème de Fermat l'avaient conduit d'abord, nombre de circonstances fortuites qui en rendaient l'étude beaucoup plus abordable. L'extension au cas général des résultats de Kummer présentait de redoutables difficultés et allait coûter des années d'efforts.

Avec Kronecker et Dedekind, qui y tiennent les rôles principaux, l'histoire de la théorie des nombres algébriques, pendant les 40 années qui suivent la découverte de Kummer, n'est pas sans rappeler (mais heureusement sans le même caractère d'acrimonie) celle de la rivalité de Newton et de Leibniz 180 ans plus tôt, autour de l'invention du Calcul infinitésimal. Élève et bientôt collègue de Kummer à Berlin, Kronecker (dont la thèse, comme nous l'avons vu, avait servi à Kummer pour un point essentiel de sa théorie) s'intéressait de très près aux « nombres idéaux » dans le dessein de les appliquer à ses propres recherches; et nous admirons son étonnante pénétration lorsque nous le voyons,

$\mathbf{Q}(\sqrt{\mathrm{D}})$. De même, Eisenstein, étudiant les racines 8-èmes de l'unité, considère le corps qu'elles engendrent comme extension quadratique de $\mathbf{Q}(i)$ et utilise la norme relative à ce sous-corps ([*102* b], p. 253). Mais le travail de Kummer est le premier exemple d'étude arithmétique approfondie d'un « corps relatif ».

dès 1853 ([*186* a], t. IV, p. 10), énoncer le théorème général sur la structure des extensions abéliennes de **Q**, et, ce qui est peut-être plus remarquable encore, créer, dans les années qui suivent, la théorie de la multiplication complexe et découvrir le premier germe de la théorie du corps de classes ([*186* a], t. IV, p. 177-183 et 207-217). Une lettre de Kronecker à Dirichlet, en 1857 ([*186* a], t. V, p. 418-421), le montre déjà, à cette époque, en possession d'une généralisation de la théorie de Kummer, ce que confirme d'ailleurs Kummer lui-même dans un de ses propres travaux ([*188* e], p. 57), et Kronecker fera mainte fois allusion à cette théorie dans ses mémoires entre 1860 et 1880 *.

Mais bien qu'à cette époque aucun des mathématiciens de l'école allemande de Théorie des nombres n'ignorât l'existence de ces travaux de Kronecker, ce dernier ne semble avoir communiqué les principes de ses méthodes qu'à un cercle restreint d'amis et d'élèves, et lorsqu'il se décide enfin à les publier, dans son mémoire de 1881 sur le discriminant ([*186* a], t. II, p. 193-236), et surtout dans son grand « Festschrift » de 1882 ([*186* a], t. II, p. 237-387), Dedekind ne peut s'empêche d'exprimer sa surprise ([*79*], t. III, p. 427), ayant imaginé de tout autres procédés d'après les échos qu'il en avait eus ([*79*], t. III, p. 287). Kronecker était d'ailleurs loin de posséder au même degré les remarquables dons d'exposition et de clarté de Dedekind, et il n'est donc pas étonnant que ce soient surtout les méthodes de ce dernier, publiées dès 1871, qui aient formé l'armature de la théorie des nombres algébriques; pour intéressante qu'elle soit, la méthode d'« adjonction d'indéterminées » de Kronecker, en ce qui concerne la Théorie des nombres, n'est plus guère à nos yeux qu'une variante de celle de Dedekind, et c'est surtout dans une autre direction, orientée vers la Géométrie algébrique, que les idées de Kronecker acquièrent toute leur importance pour l'histoire de l'Algèbre commutative, comme nous le verrons plus loin.

Pour des raisons qui ne pouvaient apparaître clairement que beaucoup plus tard, un premier préalable à tout essai de théorie générale était bien entendu la clarification de la notion d'entier algébrique. Celle-ci est acquise vers 1845-50, bien qu'il soit assez difficile de dater son apparition de façon précise; il paraît vraisemblable que c'est l'idée de système stable par addition et multiplication (ou, plus précisément, ce que nous appelons maintenant une **Z**-algèbre de rang fini) qui, plus ou moins consciemment, ait conduit à la définition

* Sur l'évolution de ses idées sur ce sujet, voir la très intéressante introduction de son mémoire de 1881 sur le discriminant ([*186* a], t. II. p. 195).

générale des entiers algébriques : on tombe en effet inévitablement sur cette définition quand on impose à une **Z**-algèbre de la forme $\mathbf{Z}[\theta]$ d'être de rang fini, par analogie avec l'anneau $\mathbf{Z}[\zeta]$ engendré par une racine de l'unité, qui était au centre des préoccupations des arithméticiens de cette époque. Toujours est-il que lorsque, de façon indépendante, Dirichlet ([*92*], t. I, p. 640), Hermite ([*159*], t. I, p. 115 et 146) et Eisenstein ([*102* c], p. 236) introduisent la notion d'entier algébrique, ils n'ont pas l'air de considérer qu'il s'agisse d'une idée nouvelle ni de juger qu'il soit utile d'en faire une étude détaillée; seul Eisenstein démontre en substance (*loc. cit.*) que la somme et le produit de deux entiers algébriques sont des entiers algébriques, sans prétendre d'ailleurs que ce résultat soit original.

Un point beaucoup plus caché était la détermination des anneaux dans lesquels on pouvait espérer généraliser la théorie de Kummer. Ce dernier, dans sa première note [*188* b], n'hésite pas à affirmer qu'il peut retrouver par sa méthode la théorie des formes quadratiques binaires de Gauss en considérant les anneaux $\mathbf{Z}[\sqrt{D}]$ (D entier); il ne développa jamais cette idée, mais il semble bien que ni lui, ni personne avant Dedekind ne se soit aperçu que la décomposition unique en facteurs premiers « idéaux » n'est pas possible dans les anneaux $\mathbf{Z}[\sqrt{D}]$ lorsque $D \equiv 1 \pmod{4}$ (bien que l'exemple des racines cubiques de l'unité montrât que l'anneau $\mathbf{Z}[\rho]$ considéré depuis Gauss est distinct de $\mathbf{Z}[\sqrt{-3}]$) *. Avant Dedekind et Kronecker, les seuls anneaux étudiés sont toujours du type $\mathbf{Z}[\theta]$ ou parfois certains anneaux particuliers du type $\mathbf{Z}[\theta,\theta']$ **. En ce qui concerne Kronecker, il est possible que l'idée de considérer l'anneau de *tous* les entiers d'une extension algébrique lui ait d'abord été suggérée par l'étude des corps de fonctions algébriques, où cet anneau s'introduit de façon naturelle comme l'ensemble des fonctions « finies à distance finie »: il insiste en tout cas dans son mémoire de 1881 sur le discriminant (écrit et annoncé à l'Académie de Berlin dès 1862) sur cette caractérisation des « entiers » dans ces corps ([*186* a], t. II, p. 193-236). Dedekind

* Bien que Kronecker ait dû être amené à étudier l'arithmétique des anneaux $\mathbf{Z}[\sqrt{-D}]$ ($D > 0$) par ses travaux sur la multiplication complexe, il n'a rien publié à ce sujet, et la caractérisation des entiers d'un corps quadratique quelconque $\mathbf{Q}(\sqrt{D})$ est donnée explicitement pour la première fois par Dedekind en 1871 ([*79*], t. I, p. 105-106).

** On a vu plus haut l'exemple de l'anneau $\mathbf{Z}[\zeta, \mu]$ introduit par Kummer [*188* e]. Auparavant, Eisenstein avait été amené à envisager un sous-anneau engendré par deux éléments de l'anneau des entiers dans le corps des racines 21-èmes de l'unité [*102* b].

ne donne pas d'indication quant à l'origine de ses propres idées sur ce point, mais dès ses premières publications sur les corps de nombres en 1871, l'anneau de tous les entiers d'un tel corps joue un rôle capital dans sa théorie; c'est aussi Dedekind qui clarifie le rapport entre un tel anneau et ses sous-anneaux ayant même corps des fractions, par l'introduction de la notion de *conducteur* ([*79*], t. I, p. 105-157).

Mais là n'était pas la seule difficulté. Pour généraliser les idées de Kummer, il fallait d'abord se débarrasser du passage par le corps de décomposition, qui ne pouvait naturellement avoir d'analogue dans le cas d'un corps non abélien. Ce détour paraît d'ailleurs à première vue très surprenant et artificiel, car si l'on part du polynôme irréductible $\Phi_p(X)$ de $\mathbf{Z}[X]$, on se demande pourquoi Kummer ne pousse pas jusqu'au bout les conséquences logiques de ses idées, et ce qui l'empêche de se servir de la théorie des « imaginaires de Galois », bien connue à cette époque. L'obstacle apparaît plus clairement à la lumière d'une tentative malheureuse de généralisation faite dès 1865 par Selling, un élève de Dedekind : étant donné un polynôme irréductible $P \in \mathbf{Z}[X]$, Selling décompose le polynôme correspondant $\overline{P}(X)$ en facteurs irréductibles dans $\mathbf{F}_q[X]$; les racines de ce polynôme appartiennent donc à une extension finie $\mathbf{F}_r$ de $\mathbf{F}_q$; mais Selling, pour définir à la façon de Kummer l'exposant d'un « facteur premier idéal » de q dans un entier du corps des racines de $P(X)$, n'hésite pas à parler *dans le corps* $\mathbf{F}_r$, de congruences modulo une *puissance de q* ([*282*], p. 26); et un peu plus loin, lorsqu'il essaie d'aborder la question de la ramification, il « adjoint » à $\mathbf{F}_r$ des « racines imaginaires » d'une équation de la forme $x^h = q$ ([*282*], p. 34). Il est clair que ces hardiesses (qui se justifieraient en remplaçant le corps fini $\mathbf{F}_q$ par le corps q-adique) ne pouvaient à cette époque aboutir qu'à des non-sens. Heureusement, Dedekind venait en 1857 ([*79*], t. I, p. 40-66), sous le nom de « théorie des congruences supérieures », de reprendre sous une autre forme la théorie des corps finis * : il interprète les éléments de ces derniers comme « restes » des polynômes de $\mathbf{Z}[X]$ suivant un « double module » formé des combinaisons linéaires, à coefficients dans $\mathbf{Z}[X]$, d'un nombre premier p et d'un polynôme unitaire irréductible $P \in \mathbf{Z}[X]$ (ce qui est sans doute pour lui, comme pour Kronecker,

* On sait que certains résultats de cette théorie, publiés d'abord par Galois, avaient été obtenus (dans le langage des congruences) par Gauss vers 1800; après la mort de Gauss, Dedekind s'était chargé de la publication d'une partie de ses œuvres et avait en particulier retrouvé dans les papiers laissés par Gauss le mémoire sur les corps finis ([*124* a], t. II, p. 212-240).

à l'origine de l'idée générale de *module* à laquelle ils vont aboutir indépendamment un peu plus tard). A son propre témoignage ([*79*], t. I, p. 218) il semble que Dedekind ait commencé par attaquer le problème des « facteurs idéaux » de p dans un corps $\mathbf{Q}(\xi)$, où $P \in \mathbf{Z}[X]$ est le polynôme minimal de ξ, de la façon suivante (tout au moins dans le cas « non ramifié », c'est-à-dire lorsque dans $\mathbf{F}_p[X]$ le polynôme $\overline{P}$ correspondant à P n'a pas de racine multiple) : on écrit, dans $\mathbf{Z}[X]$,

$$P = P_1 P_2 \ldots P_h + p.G$$

où les $\overline{P}_i$ sont irréductibles et distincts dans $\mathbf{F}_p[X]$; on peut supposer que G n'est divisible (dans $\mathbf{Z}[X]$) par aucun des P_i, et pour tout i, on pose $W_i = \prod_{j \neq i} P_j$; alors, si $f \in \mathbf{Z}[X]$, on dira que $f(\xi)$ contient k fois le « facteur idéal » $\mathfrak{p}_i$ de p correspondant à P_i si l'on a

$$f W_i^k \equiv 0 \qquad (\text{modd. } p^k, P)$$

et

$$f W_i^{k+1} \not\equiv 0 \qquad (\text{modd. } p^{k+1}, P).$$

La parenté avec la méthode suivie par Kummer pour les « corps kummeriens » est ici manifeste, et l'on peut également, de cette façon, rejoindre aisément la définition initiale de Kummer pour les corps cyclotomiques (voir par exemple le travail de Zolotareff [*343*] qui, d'abord indépendamment de Dedekind, développe ces idées un peu plus tard).

Toutefois, ni Dedekind, ni Kronecker qui paraît avoir aussi fait des essais analogues, ne devaient poursuivre plus avant dans cette voie, arrêtés l'un et l'autre par les difficultés présentées par la ramification ([*79*], t. I, p. 218 et [*186*a], t. II, p. 325) *. Si l'anneau des entiers A du corps de nombres K que l'on considère admet une base (sur $\mathbf{Z}$) formée des puissances d'un même entier θ, il n'est pas difficile de généraliser la méthode précédente pour les nombres premiers ramifiés dans $\mathbf{Z}[\theta]$ (comme l'indique Zolotareff (*loc. cit.*)). Mais il y a des corps K où aucune base de ce type n'existe dans l'anneau A; et Dedekind finit même par découvrir qu'il y a des cas où certains nombres premiers p (les « facteurs extraordinaires du discriminant » du corps K) sont tels que, *quel que soit* $\theta \in A$, l'application de la méthode précédente au polynôme minimal de θ sur $\mathbf{Q}$ conduirait à attribuer à p des facteurs

* Zolotareff tourne la difficulté par un raffinement de sa méthode, qui paraît ne plus guère présenter qu'un intérêt anecdotique [*343*].

idéaux multiples alors qu'en fait p ne se ramifie pas dans A *; il avoue avoir été longtemps arrêté par cette difficulté imprévue, avant de parvenir à la surmonter en créant de toutes pièces la théorie des modules et des idéaux, exposée de façon magistrale (et déjà toute moderne, contrastant avec le style discursif de ses contemporains) dans ce qui est sans doute son chef-d'œuvre, le fameux « XIe supplément » au livre de Dirichlet sur la Théorie des nombres ([*79*], t. III, p. 1-222). Cet ouvrage connaîtra trois versions successives, mais dès la première (publiée comme « X^{e} supplément » à la seconde édition du livre de Dirichlet en 1871) l'essentiel de la méthode est déjà acquis, et presque d'un seul coup la théorie des nombres algébriques passe des ébauches et des tâtonnements antérieurs à une discipline en pleine maturité et déjà en possession de ses outils essentiels : dès le début, l'anneau de tous les entiers d'un corps de nombres est placé au centre de la théorie; Dedekind prouve l'existence d'une base de cet anneau sur $\mathbf{Z}$, et en déduit la définition du discriminant du corps, comme carré du déterminant formé des éléments d'une base de l'anneau des entiers et de leurs conjugués; il ne donne toutefois dans le XIe supplément la caractérisation des nombres premiers ramifiés (comme facteurs premiers du discriminant) que pour les corps quadratiques ([*79*], t. III, p. 202). alors qu'il était en possession du théorème général depuis 1871 **. Le résultat central de l'ouvrage est le théorème d'existence et d'unicité de la décomposition des idéaux en facteurs premiers, pour lequel Dedekind commence par développer une théorie élémentaire des « modules »; en fait, dans le XIe supplément, il réserve ce nom aux sous-$\mathbf{Z}$-modules d'un corps de nombres, mais la conception qu'il s'en forme et les résultats qu'il démontre sont déjà exposés de façon immédiatement applicable aux modules les plus généraux ***; il faut noter entre autres, dès 1871, l'introduction de la notion de « transporteur » qui joue un rôle important (ainsi d'ailleurs que la « condition des chaînes ascendantes ») dans la première démonstration du théorème d'unique factorisation. Dans les deux éditions suivantes,

* Kronecker dit avoir rencontré le même phénomène dans un sous-corps du corps des racines 13èmes de l'unité, qu'il ne précise d'ailleurs pas ([*186* a], t. II, p. 384). L'exemple de facteur extraordinaire du discriminant donné par Dedekind est traité en détail dans [*150* d], p. 333; un peu plus loin, Hasse donne un exemple de corps K où il n'y a pas de facteur extraordinaire du discriminant, mais où il n'existe aucun $\theta \in A$ tel que $A = \mathbf{Z}[\theta]$ ([*150* d], p. 335).

** Il ne publia la démonstration de ce théorème que dans son mémoire de 1882 sur la différente ([*79*], t. I, p. 351-396).

*** Dans son mémoire de 1882 sur les courbes algébriques (en commun avec H. Weber) [*80*], il utilise de la même manière la théorie des modules sur l'anneau $\mathbf{C}[X]$.

Dedekind devait encore donner deux autres démonstrations de ce théorème, qu'il considérait à juste titre comme la pierre angulaire de sa théorie. Il faut noter ici que c'est dans la troisième démonstration qu'interviennent les idéaux fractionnaires (déjà introduits par Kummer dès 1859 pour les corps cyclotomiques) et le fait qu'ils forment un *groupe*; nous reviendrons plus loin sur la seconde démonstration (p. 137).

Tous ces résultats (au langage près) étaient sans doute déjà connus de Kronecker vers 1860 comme cas particuliers de ses conceptions plus générales dont nous parlons plus bas (alors que Dedekind reconnaît n'avoir surmonté les dernières difficultés de sa théorie qu'en 1869-70 ([*79*], t. I, p. 351)) *; en ce qui concerne les corps de nombres, il faut en particulier souligner que, dès cette époque, Kronecker savait que toute la théorie est applicable sans changement essentiel quand on part d'un « corps de base » k qui est lui-même un corps de nombres (autre que $\mathbf{Q}$), point de vue auquel conduisait naturellement la théorie de la multiplication complexe; il avait ainsi reconnu, pour certains corps k, l'existence d'extensions algébriques $K \neq k$ *non ramifiées sur* k ([*186* a], t. II, p. 269) ce qui ne peut pas se produire pour $k = \mathbf{Q}$ (comme il résulte de minorations de Hermite et Minkowski pour le discriminant). Dedekind ne devait jamais développer ce dernier point de vue (bien qu'il en indique la possibilité dans son mémoire de 1882 sur la différente), et le premier exposé systématique de la théorie du « corps relatif » est dû à Hilbert ([*163* a], t. I, p. 63-363).

Enfin, en 1882 ([*79*], t. I, p. 359-396), Dedekind complète la théorie par l'introduction de la *différente*, qui lui donne une nouvelle définition du discriminant et lui permet de préciser les exposants des facteurs premiers idéaux dans la décomposition de ce dernier. C'est aussi vers cette époque qu'il s'intéresse aux particularités présentées par les extensions galoisiennes, introduisant les notions de groupe de décomposition et de groupe d'inertie (dans un mémoire ([*79*], t. II, p. 43-48) qui ne fut publié qu'en 1894), et même (dans des papiers non publiés de son vivant ([*79*], t. II, p. 410-411)) une ébauche des groupes de ramification, que Hilbert (indépendamment de Dedekind) développera un peu plus tard ([*163* a], t. I, p. 13-23 et 63-363).

* Kronecker n'avait toutefois pas réussi à obtenir par ses méthodes la caractérisation complète des idéaux ramifiés dans le cas des corps de nombres. Par contre, il a cette caractérisation pour les corps de fonctions algébriques d'une variable, et prouve en outre que dans ce cas il n'y a pas de « facteur extraordinaire » du discriminant ([*186* a], t. II, p. 193-236).

Ainsi, vers 1895, la théorie des nombres algébriques a terminé la première étape de son développement; les outils forgés au cours de cette période de formation vont lui permettre d'aborder presque aussitôt l'étape suivante, la théorie générale du corps de classes (ou, ce qui revient au même, la théorie des extensions abéliennes des corps de nombres) qui se poursuit jusqu'à nos jours et que nous n'avons pas à décrire ici. Du point de vue de l'Algèbre commutative, on peut dire qu'à la même époque la théorie des anneaux de Dedekind est pratiquement achevée, mises à part leur caractérisation axiomatique, ainsi que la structure des modules de type fini sur ces anneaux (qui, pour le cas des corps de nombres, sera seulement élucidée en substance par Steinitz en 1912 [*294* b]) *.

Les progrès ultérieurs de l'Algèbre commutative vont surtout provenir de problèmes assez différents, issus de la Géométrie algébrique (qui d'ailleurs influencera de façon directe la Théorie des nombres, même avant les développements « abstraits » de l'époque contemporaine).

Nous n'avons pas ici à faire l'histoire détaillée de la Géométrie algébrique, qui, jusqu'à la mort de Riemann, ne touche guère notre sujet. Qu'il suffise de rappeler qu'elle avait surtout pour but l'étude des courbes algébriques dans le plan projectif complexe, abordée le plus souvent par les méthodes de la géométrie projective (avec ou sans usage de coordonnées). Parallèlement s'était développée, avec Abel, Jacobi, Weierstrass et Riemann, la théorie des « fonctions algébriques » d'une variable complexe et de leurs intégrales; on était évidemment conscient du lien entre cette théorie et la géométrie des courbes algébriques planes, et on savait à l'occasion « appliquer l'Analyse à la Géométrie »; mais les méthodes utilisées pour l'étude des fonctions algébriques étaient surtout de nature « transcendante », même avant Riemann **; ce caractère s'accentue encore dans les travaux de ce

* Un début d'étude des modules sur un anneau d'entiers algébriques avait déjà été amorcé par Dedekind ([*79*], t. II, p. 59-85).

** Il faut noter toutefois que Weierstrass, dans ses recherches sur les fonctions abéliennes (qui remontent à 1857 mais ne furent exposées dans ses cours que vers 1865 et publiées seulement dans ses Œuvres complètes ([*329* a], t. IV)), donne au contraire de Riemann, une définition purement algébrique du genre d'une courbe comme le plus petit entier p tel qu'il y ait des fonctions rationnelles sur la courbe ayant des pôles en $p + 1$ points arbitraires donnés. Il est intéressant de signaler que, cherchant à obtenir des éléments qui lui tiennent lieu de fonctions n'ayant qu'un seul pôle sur la courbe, Weierstrass, avant d'utiliser finalement à cet effet des fonctions transcendantes, avait, au témoignage de Kronecker ([*186* a], t. II, p. 197), incité ce dernier à étendre aux fonctions algébriques d'une variable les dernier, avec l'introduction des « surfaces de Riemann » et des fonctions analytiques quelconques définies sur une telle surface. Presque aussitôt après la mort de Riemann, Roch, et surtout Clebsch, reconnurent la possibilité de tirer des profonds résultats obtenus par les méthodes transcendantes de Riemann de nombreuses et frappantes applications à la géométrie projective des courbes, ce qui devait naturellement inciter les géomètres contemporains à donner de ces résultats des démonstrations purement « géométriques »; ce programme, incomplètement suivi par Clebsch et Gordan, fut accompli par Brill et M. Noether quelques années plus tard [*37*], à l'aide de l'étude des systèmes de points variables sur une courbe donnée et des courbes auxiliaires (les « adjointes ») passant par de tels systèmes de points. Mais même pour les contemporains, les méthodes transcendantes de Riemann (et notamment son usage de notions topologiques et du « principe de Dirichlet ») paraissaient reposer sur des fondements incertains; et bien que Brill et Noether soient plutôt plus soigneux que la plupart des géomètres « synthétiques » contemporains (voir plus loin p. 136), leurs raisonnements géométrico-analytiques ne sont pas à l'abri de tout reproche. C'est essentiellement pour donner à la théorie des courbes algébriques planes une base solide que Dedekind et Weber publient en 1882 leur grand mémoire sur ce sujet [*80*] : « *Les recherches publiées ci-dessous* », disent-ils, « *ont pour but de poser les fondements de la théorie des fonctions algébriques d'une variable, une des créations principales de Riemann, d'une façon à la fois simple, rigoureuse et entièrement générale. Dans les recherches antérieures sur ce sujet, on fait en général des hypothèses restrictives sur les singularités des fonctions considérées, et les prétendus cas d'exception sont, ou bien mentionnés en passant comme des cas limites, ou bien entièrement négligés. De même, on admet certains théorèmes fondamentaux sur la continuité ou l'analyticité, dont l'« évidence » s'appuie sur des intuitions géométriques de nature variée* » ([*80*], p. 181)*. L'idée essentielle de leur travail est de calquer

résultats qu'il venait à cette époque d'obtenir sur les corps de nombres (les « facteurs premiers idéaux » jouant effectivement le rôle désiré par Weierstrass).

* On sait que, malgré les efforts de Dedekind, Weber et Kronecker, le relâchement dans la conception de ce qui constituait une démonstration correcte, déjà sensible dans l'école allemande de Géométrie des années 1870-1880, ne devait que s'aggraver de plus en plus dans les travaux des géomètres français et surtout italiens des deux générations suivantes, qui, à la suite des géomètres allemands, et en développant leurs méthodes, s'attaquent à la théorie des surfaces algébriques : « scandale » mainte fois dénoncé (surtout à partir de 1920) par les algébristes, mais que n'étaient pas sans justifier en une certaine mesure les brillants succès obtenus par ces métho-

la théorie des fonctions algébriques d'une variable sur la théorie des nombres algébriques telle que venait de la développer Dedekind; pour ce faire, ils doivent d'abord se placer au point de vue « affine » (au contraire de leurs contemporains, qui considéraient invariablement les courbes algébriques comme plongées dans l'espace projectif complexe) : ils partent donc d'une extension algébrique finie K du corps **C**(X) des fractions rationnelles, et de l'anneau A des « fonctions algébriques entières » dans K, i.e. des éléments de ce corps entiers sur l'anneau **C**[X] des polynômes; leur résultat fondamental, qu'ils obtiennent sans utiliser aucune considération topologique*, est que A est un anneau de Dedekind, auquel s'appliquent *mutatis mutandis* (et même, comme le remarquent Dedekind et Weber sans en voir encore clairement la raison ([79], t. I, p. 268), d'une façon plus simple) tous les résultats du « XIe supplément ». Cela fait, ils prouvent que leurs théorèmes sont en fait birationnellement invariants (autrement dit, ne dépendent que du corps K) et en particulier ne dépendent pas du choix de la « droite à l'infini » fait au départ. Ce qui est sans doute encore plus intéressant pour nous, c'est que, voulant définir les points de la « surface de Riemann » correspondant à K (et en particulier les « points à l'infini », qui ne pouvaient correspondre à des idéaux de A), ils sont amenés à introduire la notion de *place* du corps K : ils se trouvent devant la situation que retrouvera Gelfand en 1940 pour fonder la théorie des algèbres normées, savoir un ensemble K d'éléments qui ne sont pas donnés à l'avance comme fonctions, mais que pourtant on veut pouvoir considérer comme telles; et, pour obtenir l'ensemble de définition de ces fonctions hypothétiques, ils ont pour la première fois l'idée (que reprendra Gelfand, et qui est devenue banale à force d'être utilisée à tout propos dans la mathématique moderne) d'associer à un point x d'un ensemble E et à un ensemble $\mathcal{F}$ d'applications de E dans un ensemble G l'application $f \mapsto f(x)$ de $\mathcal{F}$ dans G, autrement dit de considérer, dans l'expression $f(x)$, *f comme variable et x comme fixe*, au rebours de la tradition classique. Enfin, ils n'ont pas de peine, à partir de la notion de place, à définir les « diviseurs positifs » (« Polygone » dans leur terminologie)

des « non rigoureuses », constrastant avec le fait que, jusque vers 1940, les successeurs orthodoxes de Dedekind s'étaient révélés incapables de formuler avec assez de souplesse et de puissance les notions algébriques qui eussent permis de donner de ces résultats des démonstrations correctes.

* Ils soulignent que, grâce à ce fait, tous leurs résultats resteraient valables en remplaçant le corps **C** par le corps de tous les nombres algébriques ([79], t. I, p. 240).

qui raffinent la notion d'idéal de A et correspondent aux « systèmes de points » de Brill et Noether; mais, bien qu'ils écrivent les diviseurs principaux et les diviseurs de différentielles comme « quotients » de diviseurs positifs, ils ne donnent pas la définition générale des *diviseurs*, et c'est seulement en 1902 que Hensel et Landsberg introduiront, par analogie avec les idéaux fractionnaires, cette notion qui embarrassera toujours les tenants des méthodes purement « géométriques » (obligés malgré eux de les définir sous le nom de « systèmes virtuels », mais gênés de ne pouvoir leur donner une interprétation « concrète »).

La même année 1882 voit aussi paraître le grand mémoire de Kronecker attendu depuis plus de 20 ans ([*186* a], t. II, p. 237-387). Beaucoup plus ambitieux que le travail de Dedekind-Weber, il est malheureusement aussi beaucoup plus vague et plus obscur. Son thème central est (en langage moderne) l'étude des idéaux d'une algèbre finie intègre sur un des anneaux de polynômes $\mathbf{C}[X_1, \ldots, X_n]$ ou $\mathbf{Z}[X_1, \ldots, X_n]$; Kronecker se limite *a priori* à ceux de ces idéaux qui sont de type fini (le fait qu'ils le sont *tous* devait seulement être prouvé (pour les idéaux de $\mathbf{C}[X_1, \ldots, X_n]$) quelques années plus tard par Hilbert au cours de ses travaux sur les invariants ([*163* a], t. II, p. 199-257)). En ce qui concerne $\mathbf{C}[X_1, \ldots, X_n]$ ou $\mathbf{Z}[X_1, \ldots, X_n]$ on était naturellement amené à associer à tout idéal de l'un de ces anneaux la « variété algébrique » formée par les zéros communs à tous les éléments de l'idéal; et les études de géométrie en dimensions 2 et 3 faites au cours du XIXe siècle devaient conduire intuitivement à l'idée que toute variété est réunion de variétés « irréductibles » en nombre fini dont les « dimensions » ne sont pas nécessairement les mêmes. Il semble que la démonstration de ce fait soit le but que se propose Kronecker, bien qu'il ne le dise explicitement nulle part, et qu'on ne puisse trouver dans son mémoire aucune définition de « variété irréductible » ni de « dimension ». En fait, il se borne à indiquer sommairement comment une méthode générale d'élimination * donne, à partir d'un système de générateurs de l'idéal considéré,

* Par un changement linéaire de coordonnées, on peut supposer que les générateurs F_i $(1 \leqslant i \leqslant r)$ de l'idéal sont des polynômes où le terme de plus haut degré en X_1 est de la forme $c_i X_1^{m_i}$, où c_i est une constante $\neq 0$. On peut aussi supposer que les F_i n'ont aucun facteur commun. On considère alors pour $2r$ indéterminées u_i, v_i $(1 \leqslant i \leqslant r)$ les polynômes $\sum_{i=1}^{r} u_i F_i$ et $\sum_{i=1}^{r} v_i F_i$, en tant que *polynômes en* X_1; on forme leur résultant de Sylvester, qui est un polynôme en les u_i et v_i, à coefficients

un nombre fini de variétés algébriques, pour chacune desquelles, dans un système de coordonnées convenable, un certain nombre de coordonnées sont arbitraires et les autres en sont des « fonctions algébriques »*. Mais, si c'est vraiment la décomposition en variétés irréductibles que vise Kronecker, force est de reconnaître qu'il n'y arrive que dans le cas élémentaire d'un idéal *principal*, où il prouve en substance, en étendant un lemme classique de Gauss sur **Z**[X] ([*124* a], t. I, p. 34), que les anneaux **C**[$X_1, \ldots, X_n$] et **Z**[$X_1, \ldots, X_n$] sont factoriels; et, dans le cas général, on peut même se demander si Kronecker était à ce moment en possession de la notion d'idéal premier (ce qu'il appelle « Primmodulsystem » est un idéal *indécomposable en produit* de deux autres ([*186* a], t. II, p. 336); cela est d'autant plus étonnant que la définition donnée depuis 1871 par Dedekind était parfaitement générale). Un peu plus tard, Kronecker devait d'ailleurs corriger cette inadvertance.

convenablement appliquée, conduit bien à la décomposition d'une variété algébrique en ses composantes irréductibles : c'est ce qui est clairement établi par E. Lasker au début de son grand mémoire de 1905 sur les idéaux de polynômes [*194*]; il définit correctement la notion de variété irréductible (dans $\mathbf{C}^n$) comme une variété algébrique V telle qu'un produit de deux polynômes ne puisse s'annuler dans toute la variété V que si l'un d'eux s'y annule, et il a aussi une définition de la dimension indépendante des axes choisis. Dans les intéressantes considérations historiques qu'il insère dans ce travail, Lasker indique d'autre part qu'il se rattache, non seulement à la tendance purement algébrique de Kronecker et Dedekind, mais aussi aux problèmes soulevés par les méthodes géométriques de l'école de Clebsch et M. Noether, et notamment au fameux théorème démontré par ce dernier en 1873 [*239*]. Il s'agit essentiellement, comme nous dirions aujourd'hui, de la détermination de l'idéal $\mathfrak{a}$ des polynômes de **C**[$X_1, \ldots, X_n$] qui s'annulent aux points d'un ensemble donné M dans $\mathbf{C}^n$; le plus souvent, M était la « variété algébrique » des zéros communs à des polynômes f_i en nombre fini, et pendant longtemps il semble que l'on ait admis (bien entendu sans justification) que, tout au moins pour $n = 2$ ou $n = 3$, l'idéal $\mathfrak{a}$ était tout bonnement

dans **C**[$X_2, \ldots, X_n$] (resp. **Z**[$X_2, \ldots, X_n$]); en annulant ces coefficients, on obtient un système d'équations dont les solutions $(x_2, \ldots, x_n)$ sont exactement les projections des solutions $(x_1, \ldots, x_n)$ du système d'équations $F_i(x_1, x_2, \ldots, x_n) = 0$ $(1 \leqslant i \leqslant r)$. On peut alors poursuivre l'application de la méthode par récurrence sur n.

* C'est ce nombre de coordonnées arbitraires qu'il appelle la *dimension* (« Stufe »).

engendré par les f_i *; M. Noether avait montré que déjà pour $n = 2$ et pour deux polynômes f_1, f_2, cela est généralement inexact, et il avait donné des conditions suffisantes pour que $\mathfrak{a}$ soit engendré par f_1 et f_2. Dix ans plus tard, Netto prouve que, sans hypothèse sur f_1 et f_2, une *puissance* de $\mathfrak{a}$ est en tout cas contenue dans l'idéal engendré par f_1 et f_2 [*231*], théorème que généralise Hilbert en 1893 dans son célèbre « théorème des zéros » ([*163* a], t. II, p. 287-344). C'est sans doute inspiré par ce résultat que Lasker, dans son mémoire, introduit la notion générale d'idéal *primaire* ** dans les anneaux $\mathbf{C}[X_1, \ldots, X_n]$ et $\mathbf{Z}[X_1, \ldots, X_n]$ (après avoir donné dans ces anneaux la définition des idéaux premiers, en transcrivant la définition de Dedekind), et démontre *** l'existence d'une décomposition primaire pour tout idéal dans ces anneaux ****. Il ne semble pas s'être soucié des questions d'*unicité* dans cette décomposition; c'est Macaulay qui, un peu plus tard [*211*] introduit la distinction entre idéaux primaires « immergés »

* Voir les remarques de M. Noether au début de son mémoire [*239*]. Il est intéressant de noter à ce propos que, selon Lasker, Cayley, vers 1860, aurait conjecturé que pour toute courbe gauche algébrique dans $\mathbf{C}^3$, il y avait un nombre fini de polynômes engendrant l'idéal des polynômes de $\mathbf{C}[X, Y, Z]$ qui s'annulent sur la courbe (autrement dit, un cas particulier du th. de finitude de Hilbert ([*163* a], t. II, p. 199-257)).

** Des exemples d'idéaux primaires non puissances d'idéaux premiers avaient été rencontrés par Dedekind dans les « ordres », i.e. les anneaux de nombres algébriques ayant un corps de nombres donné comme corps des fractions ([*79*], t. III, p. 306). Kronecker donne aussi comme exemple d'idéal « indécomposable » en produit de deux autres non triviaux, l'idéal de $\mathbf{Z}[X]$ engendré par p^2 et $X^2 + p$, où p est un nombre premier (idéal qui est primaire pour l'idéal premier engendré par X et p ([*186* a], t. II, p. 341)).

*** Lasker procède par récurrence sur la dimension maxima h des composantes irréductibles de la variété V des zéros de l'idéal considéré $\mathfrak{a}$. En termes modernes, il considère d'abord les idéaux premiers $\mathfrak{p}_i$ ($1 \leqslant i \leqslant r$) contenant $\mathfrak{a}$, qui correspondent aux composantes irréductibles de dimension maxima h de V. A chaque $\mathfrak{p}_i$, il associe le saturé $\mathfrak{q}_i$ de $\mathfrak{a}$ relativement à $\mathfrak{p}_i$; il considère ensuite le transporteur $\mathfrak{b}_i = \mathfrak{a} : \mathfrak{q}_i$ de $\mathfrak{q}_i$ dans $\mathfrak{a}$, prend dans $\sum_i \mathfrak{b}_i$ un élément c n'appartenant à aucun des $\mathfrak{p}_i$ et montre d'une part que $\mathfrak{a}$ est intersection des $\mathfrak{q}_i$ et de $\mathfrak{a} + (c) = \mathfrak{a}'$, et d'autre part que la variété V' des zéros de $\mathfrak{a}'$ n'a que des composantes irréductibles de dimension $\leqslant h - 1$, ce qui lui permet de conclure par récurrence.

**** Il est intéressant de remarquer que la seconde démonstration de Dedekind pour le théorème d'unique décomposition procède en établissant d'abord l'existence d'une décomposition primaire réduite unique; et dans un passage non publié dans le XIe supplément, Dedekind observe explicitement que cette partie de la démonstration vaut non seulement pour l'anneau A de tous les entiers d'un corps de nombres K, mais aussi pour tous les « ordres » de K ([*79*], t. III, p. 303). C'est seulement ensuite, après avoir prouvé explicitement que A est « complètement intégralement clos » (à la terminologie près) qu'il démontre en utilisant ce fait, que les idéaux primaires de la décomposition précédente sont en fait des puissances d'idéaux premiers ([*79*], t. III, p. 307).

et « non immergés » et montre que les seconds sont déterminés de façon unique, mais non les premiers. Il est enfin à noter que Lasker étend aussi ses résultats à l'anneau des *séries entières convergentes* au voisinage d'un point, en s'appuyant sur le « théorème de préparation » de Weierstrass. Cette partie de son mémoire est sans doute le premier endroit où cet anneau ait été considéré d'un point de vue purement algébrique, et les méthodes que développe à cette occasion Lasker devaient fortement influencer Krull lorsqu'en 1938 il créera la théorie générale des anneaux locaux (cf. [*187* h], p. 204 et *passim*).

Le mouvement d'idées qui aboutira à l'Algèbre commutative moderne commence à prendre forme aux environs de 1910. Si la notion générale de corps est acquise dès le début du XXᵉ siècle, par contre le premier travail où soit définie la notion générale d'anneau est sans doute celui de Fraenkel en 1914 [*113* a]. A cette époque, on avait déjà comme exemples d'anneaux, non seulement les anneaux intègres de la Théorie des nombres et de la Géométrie algébrique, mais aussi les anneaux de séries (formelles ou convergentes), et enfin les algèbres (commutatives ou non) sur un corps de base. Toutefois, tant pour la théorie des anneaux que pour celle des corps, le rôle catalyseur semble avoir été joué par la théorie des *nombres p-adiques* de Hensel, que Fraenkel aussi bien que Steinitz [*294* a] mentionnent tout spécialement comme point de départ de leurs recherches.

La première publication de Hensel sur ce sujet remonte à 1897; il y part de l'analogie mise en lumière par Dedekind et Weber entre les points d'une surface de Riemann d'un corps de fonctions algébriques K et les idéaux premiers d'un corps de nombres k; il se propose de transporter en Théorie des nombres les « développements de Puiseux » (classiques depuis le milieu du XIXᵉ siècle) qui, au voisinage d'un point quelconque de la surface de Riemann de K, permettent d'exprimer tout élément $x \in \mathrm{K}$ sous forme d'une série convergente de puissances de l'« uniformisante » au point considéré (séries n'ayant qu'un nombre fini de termes à exposants négatifs). Hensel montre de même que si $\mathfrak{p}$ est un idéal premier de k au-dessus d'un nombre premier p, on peut associer à tout $x \in k$ une « série p-adique » de la forme $\sum_i \alpha_i p^i$ (ou $\sum_i \alpha_i p^{i/e}$ lorsque $\mathfrak{p}$ est ramifié au-dessus de p) les α_i étant pris dans un système de représentants donné du corps de restes de l'idéal $\mathfrak{p}$; mais sa grande originalité est d'avoir eu l'idée de considérer de tels « développements » même lorsqu'ils ne correspondent à *aucun élément* de k, par analogie avec les développements en série entière des fonctions transcendantes sur une surface de Riemann [*157* a].

Pendant toute la suite de sa carrière, Hensel va s'attacher à polir et perfectionner peu à peu son nouveau calcul; et si sa démarche peut nous paraître hésitante ou pesante, il ne faut pas oublier qu'au début tout au moins il ne dispose encore d'aucun des outils topologiques ou algébriques de la mathématique actuelle qui lui auraient facilité sa tâche. Dans ses premières publications il ne parle guère d'ailleurs de notions topologiques, et en somme pour lui l'anneau des entiers $\mathfrak{p}$-adiques ($\mathfrak{p}$ idéal premier de l'anneau des entiers A d'un corps de nombres k), c'est, en termes modernes, la limite projective des anneaux $A/\mathfrak{p}^n$ pour n croissant indéfiniment, au sens purement algébrique; et pour établir les propriétés de cet anneau et de son corps des fractions, il doit à chaque pas utiliser plus ou moins péniblement des raisonnements *ad hoc* (par exemple pour prouver que les nombres $\mathfrak{p}$-adiques forment un anneau intègre). L'idée d'introduire dans un corps $\mathfrak{p}$-adique des notions topologiques n'apparaît guère chez Hensel avant 1905 [*157* d]; et c'est seulement en 1907, après avoir entièrement écrit le livre où il réexpose suivant ses idées la théorie des nombres algébriques [*157* f] qu'il arrive à la définition et aux propriétés essentielles des valeurs absolues $\mathfrak{p}$-adiques [*157* e], à partir desquelles il pourra développer, en la calquant sur la théorie de Cauchy, toute une « analyse $\mathfrak{p}$-adique » qu'il saura appliquer avec fruit en Théorie des nombres (notamment avec l'utilisation de l'exponentielle et du logarithme $\mathfrak{p}$-adiques), et dont l'importance n'a cessé de croître depuis.

Hensel avait fort bien vu, dès le début, les simplifications qu'apportait sa théorie aux exposés classiques, en permettant de « localiser » les problèmes et de se placer dans un corps où non seulement les propriétés de divisibilité sont triviales, mais encore où, grâce au lemme fondamental qu'il dégagea dès 1902 [*157* c], l'étude des polynômes dont le polynôme « réduit » mod. p est sans racine multiple se ramène à l'étude des polynômes sur un corps fini. Il avait donné dès 1897 [*157* b] des exemples frappants de ces simplifications, notamment dans les questions relatives au discriminant (en particulier, une courte démonstration du critère donné par lui quelques années auparavant pour l'existence des « diviseurs extraordinaires »). Mais pendant longtemps il semble que les nombres p-adiques aient inspiré aux mathématiciens contemporains une grande méfiance; attitude courante sans doute vis-à-vis d'idées trop « abstraites », mais que l'enthousiasme un peu excessif de leur auteur (si fréquent en mathématiques parmi les zélateurs de théories nouvelles) n'était pas sans justifier en partie. Non content en effet d'appliquer sa théorie avec fruit aux nombres algébriques, Hensel, impressionné comme tous ses contemporains par les démonstrations de transcendance de e et π, et peut-être abusé par le qualificatif « transcendant » appliqué à la fois aux nombres et aux fonctions, en était arrivé à penser qu'il existait un lien entre ses nombres p-adiques et les nombres réels transcendants, et il avait cru un moment obtenir ainsi une démonstration simple de la transcendance de e et même de e^e ([*157* d], p. 556) *.

Peu après 1910, la situation change, avec la montée de la génération suivante, influencée par les idées de Fréchet et de F. Riesz sur la topologie, par celles de Steinitz sur l'algèbre, et dès l'abord conquise à l'« abstraction »; elle va savoir rendre assimilables et mettre à leur vraie place les travaux de Hensel. Dès 1913, Kürschak [*190*] définit de façon générale la notion de valeur absolue, reconnaît l'importance des valeurs absolues ultramétriques (dont la valeur absolue p-adique donnait l'exemple), prouve (en calquant la démonstration sur le cas des nombres réels) l'existence du complété d'un corps par rapport à une valeur absolue, et surtout démontre de façon générale la possibilité du prolongement d'une valeur absolue à une extension algébrique quelconque du corps donné. Mais il n'avait pas vu que le caractère ultramétrique d'une valeur absolue se décelait déjà dans le corps premier; ce point fut établi par Ostrowski, à qui l'on doit aussi la détermination de toutes les valeurs absolues sur le corps **Q**, et le théorème fondamental caractérisant les corps munis d'une valeur absolue non ultramétrique comme sous-corps de **C** [*242*]. Dans les années qui vont de 1920 à 1935, la théorie s'achèvera par une étude plus détaillée des valeurs absolues non nécessairement discrètes, comprenant entre autres l'examen des diverses circonstances qui se produisent quand on passe à une extension algébrique ou transcendante (Ostrowski, Deuring, F. K. Schmidt); d'autre part, en 1931, Krull introduit et étudie la notion générale de valuation [*187* f] qui sera fort utilisée dans les années qui suivent par Zariski et

* Cette recherche à tout prix d'un étroit parallélisme entre séries p-adiques et séries de Taylor pousse aussi Hensel à se poser d'étranges problèmes : il prouve par exemple que tout entier p-adique peut s'écrire sous forme d'une série $\sum_{k=0}^{\infty} a_k p^k$ où les a_k sont des nombres rationnels choisis de sorte que la série converge non seulement dans $\mathbf{Q}_p$, mais aussi *dans* **R** (sans doute par souvenir des séries de Taylor qui convergent en plusieurs places à la fois?) [*157* e et f].

son école de Géométrie algébrique*. Il nous faut aussi mentionner ici, bien que cela sorte de notre cadre, les études plus profondes sur la structure des corps valués complets et anneaux locaux complets, qui datent de la même époque (Hasse-Schmidt, Witt, Teichmüller, I. Cohen).

Le travail de Fraenkel mentionné plus haut (p. 138) ne traitait qu'un type d'anneau très particulier (les anneaux artiniens n'ayant qu'un seul idéal premier, qui est en outre supposé principal). Si l'on excepte l'ouvrage de Steinitz sur les corps [*294* a], les premiers travaux importants dans l'étude des anneaux commutatifs généraux sont les deux grands mémoires de E. Noether sur la théorie des idéaux : celui de 1921 [*236* a], consacré à la décomposition primaire, qui reprend sur le plan le plus général et complète sur bien des points les résultats de Lasker et Macaulay; et celui de 1927 caractérisant axiomatiquement les anneaux de Dedekind [*236* b]. De même que Steinitz l'avait montré pour les corps, on voit dans ces mémoires comment un petit nombre d'idées abstraites, comme la notion d'idéal irréductible, les conditions de chaînes et l'idée d'anneau intégralement clos (les deux dernières, comme nous l'avons vu, déjà mises en évidence par Dedekind) peuvent à elles seules conduire à des résultats généraux qui semblaient inextricablement liés à des résultats de pur calcul dans les cas où on les connaissait auparavant.

Avec ces mémoires de E. Noether, joints aux travaux légèrement postérieurs d'Artin-van der Waerden sur les idéaux divisoriels ([*317* a], t. II, p. 105-109) et de Krull reliant ces idéaux aux valuations essentielles [*187* f] s'achève ainsi la longue étude de la décomposition des idéaux commencée un siècle auparavant**, en même temps que s'inaugure l'Algèbre commutative moderne.

Les innombrables recherches ultérieures d'Algèbre commutative se groupent le plus aisément suivant quelques grandes tendances directrices :

A) *Anneaux locaux et topologies.* Bien que contenue en germe

* Un exemple de valuation de hauteur 2 avait déjà été incidemment introduit par H. Jung [*175*] en 1925.

** A la suite de la définition des idéaux divisoriels, d'assez nombreuses recherches (Prüfer, Krull, Lorenzen, etc.) ont été entreprises sur les idéaux qui sont *stables* par d'autres opérations $\mathfrak{a} \mapsto \mathfrak{a}'$ vérifiant des conditions axiomatiques analogues aux propriétés de l'opération $\mathfrak{a} \mapsto A : (A : \mathfrak{a})$ qui donne naissance aux idéaux divisoriels; les résultats obtenus dans cette voie n'ont pas trouvé d'application jusqu'ici en Géométrie algébrique ou en Théorie des nombres.

dans tous les travaux antérieurs de Théorie des nombres et de Géométrie algébrique, l'idée générale de localisation se dégage fort lentement. La notion générale d'anneau de fractions n'est définie qu'en 1926 par H. Grell, un élève de E. Noether, et seulement pour les anneaux intègres [*137*]; son extension aux anneaux plus généraux ne sera donnée qu'en 1944 par C. Chevalley pour les anneaux noethériens et en 1948 par Uzkov dans le cas général. Jusqu'en 1940 environ, Krull et son école sont pratiquement seuls à utiliser dans des raisonnements généraux la considération des anneaux locaux $A_{\mathfrak{p}}$ d'un anneau intègre A; ces anneaux ne commenceront à apparaître explicitement en Géométrie algébrique qu'avec les travaux de Chevalley et Zariski à partir de 1940*.

L'étude générale des anneaux locaux eux-mêmes ne commence qu'en 1938 avec le grand mémoire de Krull [*187* h]. Les résultats les plus importants de ce travail concernent la théorie de la dimension et les anneaux réguliers, dont nous n'avons pas à parler ici; mais c'est là aussi qu'apparaît pour la première fois le complété d'un anneau local noethérien quelconque, ainsi qu'une forme encore imparfaite de l'anneau gradué associé à un anneau local**; ce dernier ne sera défini que vers 1948 par P. Samuel [*270*] et indépendamment dans les recherches de Topologie algébrique de Leray et H. Cartan. Krull, dans le travail précité, n'utilise guère le langage topologique; mais dès 1928 [*187* e], il avait prouvé que, dans un anneau noethérien A, l'intersection des puissances d'un même idéal $\mathfrak{a}$ est l'ensemble des $x \in A$ tels que $x(1 - a) = 0$ pour un $a \in \mathfrak{a}$; on déduit aisément de là que pour tout idéal $\mathfrak{m}$ de A, la topologie $\mathfrak{m}$-adique sur A induit sur un idéal $\mathfrak{a}$ la topologie $\mathfrak{m}$-adique de $\mathfrak{a}$; dans son mémoire de 1938, Krull complète ce résultat en prouvant que dans un anneau local noethérien, tout idéal est fermé. Ces théorèmes furent peu après étendus par Chevalley aux anneaux semi-locaux noethériens, puis par Zariski aux anneaux qui portent son nom [*340* b]; c'est aussi à Chevalley que remonte

* Dans les travaux de Hensel et de ses élèves sur la Théorie des nombres, les anneaux locaux $A_{\mathfrak{p}}$ sont systématiquement négligés au profit de leurs complétés, sans doute en raison de la possibilité d'appliquer le lemme de Hensel à ces derniers.

** Si $\mathfrak{m}$ est l'idéal maximal de l'anneau local noethérien A considéré, $(\alpha_i)_{1 \leqslant i \leqslant r}$ un système minimal de générateurs de $\mathfrak{m}$, Krull définit pour tout $x \neq 0$ dans A les « formes initiales » de x de la façon suivante : si j est le plus grand entier tel que $x \in \mathfrak{m}^j$, les formes initiales de x sont tous les polynômes homogènes de degré j, $P(X_1, \ldots, X_r)$, à coefficients dans le corps résiduel $k = A/\mathfrak{m}$, tels que $x \equiv P(\alpha_1, \ldots, \alpha_r) \pmod{\mathfrak{m}^{j+1}}$. A tout idéal $\mathfrak{a}$ de A il fait correspondre l'idéal gradué de $k[X_1, \ldots, X_r]$ engendré par les formes initiales de tous les éléments de $\mathfrak{a}$ (« Leitideal »); ces deux notions lui tiennent lieu de l'anneau gradué associé.

l'introduction de la « compacité linéaire » dans les anneaux topologiques, ainsi que la détermination de la structure des anneaux semi-locaux complets [*62* c].

B) *Passage du local au global.* Depuis Weierstrass, on a pris l'habitude d'associer une fonction analytique d'une variable (et en particulier une fonction algébrique) à l'ensemble de ses « développements » en tous les points de la surface de Riemann où elle est définie. Dans l'introduction de son livre sur la Théorie des nombres ([*157* f], p. V), Hensel associe de même à tout élément d'un corps k de nombres algébriques l'ensemble des éléments qui lui correspondent dans les *complétés* de k pour *toutes* les valeurs absolues* sur k. On peut dire que c'est ce point de vue qui, en Algèbre commutative moderne, a remplacé la formule de décomposition d'un idéal en produits d'idéaux premiers (prolongeant en un certain sens le point de vue initial de Kummer). La remarque de Hensel revient implicitement à plonger k dans le *produit* de tous ses complétés; c'est ce que fait explicitement Chevalley en 1936 avec sa théorie des « idèles » [*62* b], qui perfectionne des idées antérieures analogues de Prüfer et von Neumann (ces derniers se bornaient à plonger k dans le produit de ses complétés p-adiques)**. Bien que cela sorte quelque peu de notre cadre, il importe de mentionner ici que, grâce à une topologie appropriée sur le groupe des idèles, on peut ainsi appliquer à la Théorie des nombres toute la technique des groupes localement compacts (y compris la mesure de Haar) de façon très efficace.

Dans un ordre d'idées plus général, le théorème de Krull [*187* f], caractérisant un anneau intégralement clos comme intersection d'anneaux de valuation (ce qui revient encore à plonger l'anneau considéré dans un produit d'anneaux de valuation) facilite souvent l'étude de ces anneaux, bien que la méthode ne soit vraiment maniable que pour les valuations essentielles des anneaux de Krull. On trouve d'ailleurs fréquemment chez Krull [*187* i] des exemples (assez élémentaires) de la méthode du « passage du local au global »

* Hensel prend, comme valeurs absolues non ultramétriques sur un corps K de degré n sur $\mathbf{Q}$, les fonctions $x \mapsto |x^{(i)}|$ (où les $x^{(i)}$ pour $1 \leq i \leq n$ sont les conjugués de x) couramment utilisées depuis Dirichlet; Ostrowski montra un peu plus tard que ces fonctions sont essentiellement les seules valeurs absolues non ultramétriques sur K.

** En raison de cette remarque de Hensel, on a pris l'habitude d'appeler (par abus de langage) « places à l'infini » d'un corps de nombres K les valeurs absolues non ultramétriques de K, par analogie avec le processus par lequel Dedekind et Weber définissent les « points à l'infini » de la surface de Riemann d'une courbe affine (cf. p. 134).

consistant à démontrer une propriété d'un anneau intègre A en se ramenant à la vérifier pour les « localisés » $A_{\mathfrak{p}}$ de A en tous ses idéaux premiers*; plus récemment, Serre s'est aperçu que cette méthode est valable pour les anneaux commutatifs quelconques A, qu'elle s'applique aussi aux A-modules et à leurs homomorphismes et qu'il suffit même souvent de « localiser » en les idéaux maximaux de A : point de vue qui se rattache étroitement aux idées sur les « spectres » et sur les faisceaux définis sur ces spectres (voir plus bas, p. 147).

C) *Entiers et clôture intégrale.* Nous avons vu que la notion d'entier algébrique, d'abord introduite pour les corps de nombres, avait déjà été étendue par Kronecker et Dedekind aux corps de fonctions algébriques, bien que dans ce cas elle pût paraître assez artificielle (ne correspondant pas à une notion projective). Le mémoire de E. Noether de 1927, suivi par les travaux de Krull à partir de 1931, devaient montrer l'intérêt que présentent ces notions pour les anneaux les plus généraux**. C'est à Krull en particulier que l'on doit les théorèmes de relèvement des idéaux premiers dans les algèbres entières [*187* g], ainsi que l'extension de la théorie des groupes de décomposition et d'inertie de Dedekind-Hilbert [*187* f]. Quant à E. Noether, on lui doit la formulation générale du lemme de normalisation*** (d'où découle entre autres le théorème des zéros de Hilbert) ainsi que le premier critère général (transcription des raisonnements classiques de Kronecker et Dedekind) permettant d'affirmer que la clôture intégrale d'un anneau intègre est *finie* sur cet anneau.

Enfin, il faut signaler ici qu'une des raisons de l'importance moderne de la notion d'anneau intégralement clos est due aux études

*Quand on parle du « passage du local au global », on fait souvent allusion à des questions beaucoup plus difficiles, liées à la théorie du corps de classes, et dont les exemples les plus connus sont ceux traités dans les mémoires de Hasse [*150* a et b] sur les formes quadratiques sur un corps de nombres algébriques k; il y montre entre autres que pour qu'une équation $f(x_1, \ldots, x_n) = a$ ait une solution dans k" (f forme quadratique, $a \in k$), il faut et il suffit qu'elle ait une solution dans chacun des complétés de k. Au témoignage de Hasse, l'idée de ce type de théorèmes lui aurait été suggérée par son maître Hensel [*150* c]. L'extension de ce « principe de Hasse » à d'autres groupes que le groupe orthogonal est l'un des objectifs de la théorie moderne des « adélisés » des groupes algébriques.

** Krull et E. Noether se limitent aux anneaux intègres, mais l'extension de leurs méthodes au cas général n'est pas difficile; le mémoire le plus intéressant à cet égard est celui où I. Cohen et Seidenberg étendent les théorèmes de Krull, en indiquant exactement leurs limites de validité [*66*]. Il convient de noter que E. Noether avait explicitement mentionné la possibilité de telles généralisations dans son mémoire de 1927 ([*236* b], p. 30).

*** Un cas particulier avait déjà été énoncé par Hilbert en 1893 ([*163* a], t. II, p. 290).

de Zariski sur les variétés algébriques; il a découvert en effet que les variétés « normales » (c'est-à-dire celles dont les anneaux locaux sont intégralement clos) se distinguent par des propriétés particulièrement agréables, notamment le fait qu'elles n'ont pas de « singularité de codimension 1 »; et l'on s'est aperçu ensuite que des phénomènes analogues ont lieu pour les « espaces analytiques ». Aussi la « normalisation » (c'est-à-dire l'opération qui, pour les anneaux locaux d'une variété, consiste à prendre leurs clôtures intégrales) est-elle devenue un outil puissant dans l'arsenal de la Géométrie algébrique moderne.

D) *L'étude des modules et l'influence de l'Algèbre homologique.* Une des caractéristiques marquantes de l'œuvre de E. Noether et W. Krull en Algèbre est la tendance à la « linéarisation », prolongeant la direction analogue imprimée à la théorie des corps par Dedekind et Steinitz; en d'autres termes, c'est comme *modules* que sont avant tout considérés les idéaux, et on est donc amené à leur appliquer toutes les constructions de l'Algèbre linéaire (quotient, produit, et plus récemment produit tensoriel et formation de modules d'homomorphismes) donnant en général des modules qui ne sont plus des idéaux. On s'aperçoit ainsi rapidement que dans beaucoup de questions (qu'il s'agisse d'ailleurs d'anneaux commutatifs ou non commutatifs), on n'a pas intérêt à se borner à l'étude des idéaux d'un anneau A, mais qu'il faut au contraire énoncer plus généralement les théorèmes pour des A-modules (éventuellement soumis à certaines conditions de finitude).

L'intervention de l'Algèbre homologique n'a fait que renforcer la tendance précédente, puisque cette branche de l'Algèbre s'occupe essentiellement de questions de nature *linéaire*. Nous n'avons pas ici à en retracer l'histoire; mais il est intéressant de signaler que plusieurs des notions fondamentales de l'Algèbre homologique (telles que celle de module projectif et celle du foncteur Tor) ont pris naissance à l'occasion d'une étude serrée du comportement des modules sur un anneau de Dedekind relativement au produit tensoriel, étude entreprise par H. Cartan en 1948.

Inversement, on pouvait prévoir que les nouvelles classes de modules introduites de façon naturelle par l'Algèbre homologique comme « annulateurs universels » des foncteurs Ext (modules projectifs et modules injectifs) et des foncteurs Tor (modules plats) jetteraient une lumière nouvelle sur l'Algèbre commutative. Il se trouve que ce sont surtout les modules projectifs et plus encore les modules plats qui se sont révélés utiles : l'importance de ces derniers tient avant tout à la remarque, faite d'abord par Serre [*283* b], que localisation et complétion introduisent naturellement des modules plats, « expliquant » ainsi de façon beaucoup plus satisfaisante les propriétés déjà connues de ces deux opérations et rendant beaucoup plus aisée leur utilisation. Il convient de mentionner d'ailleurs que les applications de l'Algèbre homologique sont loin de se limiter là, et qu'elle joue un rôle de plus en plus profond dans la Géométrie algébrique.

E) *La notion de spectre*. La dernière en date des notions nouvelles de l'Algèbre commutative a une histoire complexe. Le théorème spectral de Hilbert introduisait des ensembles ordonnés de projecteurs orthogonaux d'un espace hilbertien, formant une « algèbre booléienne » (ou mieux un *réseau booléien*)*, en correspondance biunivoque avec un réseau booléien de classes de parties mesurables (pour une mesure convenable) de $\mathbf{R}$. Ce sont sans doute ses travaux antérieurs sur les opérateurs dans les espaces hilbertiens qui, vers 1935, amènent M. H. Stone à étudier de façon générale les réseaux booléiens, et notamment à en chercher des « représentations » par des parties d'un ensemble (ou des classes de parties pour une certaine relation d'équivalence). Il observe qu'un réseau booléien devient un *anneau commutatif* (d'un type très spécial d'ailleurs), lorsqu'on y définit la multiplication par $xy = \inf(x,y)$ et l'addition par $x + y = \sup(\inf(x,y'), \inf(x',y))$. Dans le cas particulier où l'on part du réseau booléien $\mathfrak{P}(X)$ de toutes les parties d'un ensemble *fini* X, on voit aussitôt que les éléments de X sont en correspondance biunivoque naturelle avec les *idéaux maximaux* de l'anneau « booléien » correspondant; et Stone obtient précisément son théorème général de représentation d'un réseau booléien l'ensemble des idéaux maximaux qui le contiennent [*301* a].

D'autre part, on connaissait, comme exemple classique de réseau booléien, l'ensemble des parties à la fois ouvertes et fermées d'un espace topologique. Dans un second travail [*301* b], Stone montra qu'en fait *tout* réseau booléien est aussi isomorphe à un réseau booléien de cette nature. Il fallait naturellement pour cela définir une *topologie* sur l'ensemble des idéaux maximaux d'un anneau « booléien »; ce qui se fait très simplement en prenant pour ensembles

* Un *réseau booléien* est un ensemble ordonné réticulé E, ayant un plus petit élément α et un plus grand élément ω, où chacune des lois sup et inf est *distributive* par rapport à l'autre et où, pour tout $a \in E$, il existe un $a' \in E$ et un seul tel que $\inf(a, a') = \alpha$ et $\sup(a, a') = \omega$.

fermés, pour chaque idéal $\mathfrak{a}$, l'ensemble des idéaux maximaux contenant $\mathfrak{a}$.

Nous n'avons pas à parler ici de l'influence de ces idées en Analyse fonctionnelle, où elles jouèrent un rôle important dans la naissance de la théorie des algèbres normées développée par I. Gelfand et son école. Mais en 1945, Jacobson observe [*172* c] que le procédé de définition d'une topologie, imaginé par Stone, peut en fait s'appliquer à *tout* anneau A (commutatif ou non) pourvu que l'on prenne comme ensemble d'idéaux non pas l'ensemble des idéaux maximaux, mais l'ensemble des idéaux « primitifs » bilatères (i.e. les idéaux bilatères $\mathfrak{b}$ tels que $A/\mathfrak{b}$ soit un anneau primitif); pour un anneau commutatif, on retrouve bien entendu les idéaux maximaux. De son côté, Zariski, en 1944 [*340* a], utilise une méthode analogue pour définir une topologie sur l'ensemble des *places* d'un corps de fonctions algébriques. Toutefois, ces topologies restaient pour la plupart des algébristes de simples curiosités, en raison du fait qu'elles sont d'ordinaire non séparées, et qu'on éprouvait une répugnance assez compréhensible à travailler sur des objets aussi insolites. Cette méfiance ne fut dissipée que lorsque A. Weil montra, en 1952, que toute variété algébrique peut être munie de façon naturelle d'une topologie du type précédent et que cette topologie permet de définir, en parfaite analogie avec le cas des variétés différentielles ou analytiques, la notion d'*espace fibré* [*330* e]; peu après, Serre eut l'idée d'étendre à ces variétés ainsi topologisées la théorie des *faisceaux cohérents*, grâce à laquelle la topologie rend dans le cas des variétés « abstraites » les mêmes services que la topologie usuelle lorsque le corps de base est **C**, notamment en ce qui concerne l'application des méthodes de la Topologie algébrique [*283* a et b].

Dès lors il était naturel d'utiliser ce langage géométrique dans toute l'Algèbre commutative. On s'est rapidement aperçu que la considération des idéaux maximaux est d'ordinaire insuffisante pour obtenir des énoncés commodes*, et que la notion adéquate est celle de l'ensemble des idéaux *premiers* de l'anneau, topologisé de la même manière. Avec l'introduction de la notion de spectre, on dispose

* L'inconvénient de se borner au « spectre maximal » provient de ce que, si $\varphi : A \to B$ est un homomorphisme d'anneaux et $\mathfrak{n}$ un idéal maximal de B, $\overset{-1}{\varphi}(\mathfrak{n})$ n'est pas nécessairement un idéal maximal de A, alors que pour tout idéal premier $\mathfrak{p}$ de B, $\overset{-1}{\varphi}(\mathfrak{p})$ est un idéal premier de A. On ne peut donc en général associer à φ de façon naturelle une application de l'ensemble des idéaux maximaux de B dans l'ensemble des idéaux maximaux de A.

maintenant d'un dictionnaire permettant d'exprimer tout théorème d'Algèbre commutative dans un langage géométrique très proche de celui de la Géométrie algébrique de l'époque Weil-Zariski; ce qui d'ailleurs a amené aussitôt à élargir considérablement le cadre de cette dernière, de sorte que l'Algèbre commutative n'en est plus guère de ce point de vue, que la partie la plus élémentaire [*138* a].

ALGÈBRE NON COMMUTATIVE

Nous avons vu (p. 85) que les premières algèbres non commutatives font leur apparition en 1843-44, dans les travaux de Hamilton [*145* a] et de Grassmann ([*134*], t. I_2). Hamilton, en introduisant les quaternions, a déjà une conception fort claire des algèbres quelconques de rang fini sur le corps des nombres réels ([*145* a], Préface, p. (26)-(31))*. En développant sa théorie, il a un peu plus tard l'idée de considérer ce qu'il appelle des « biquaternions », c'est-à-dire l'algèbre sur le corps des nombres complexes ayant même table de multiplication que le corps des quaternions ; et il observe à cette occasion que cette extension a pour effet de provoquer l'apparition de diviseurs de zéro ([*145* a], p. 650). Le point de vue de Grassmann est quelque peu différent, et pendant longtemps son « algèbre extérieure » restera assez à l'écart de la théorie des algèbres **, mais sous son langage qui manque encore de précision, on ne peut manquer de reconnaître la première idée d'une algèbre (de dimension finie ou non, sur le corps des nombres réels) définie par un système de générateurs et de relations ([*134*], t. II_1, p. 199-217).

* Le concept d'isomorphie de deux algèbres n'est pas mentionné par Hamilton ; mais dès cette époque les mathématiciens de l'école anglaise, et notamment de Morgan et Cayley, savent bien qu'un changement de base ne modifie pas substantiellement l'algèbre étudiée (voir par exemple le travail de Cayley sur les algèbres de rang 2 ([*58*], t. I, p. 128-130)).

** Peut-être faut-il en voir la raison dans le fait qu'en dehors de la multiplication « extérieure », Grassmann introduit aussi entre les multivecteurs ce qu'il appelle les multiplications « régressive » et « intérieure » (qui lui tiennent lieu de tout ce qui touche à la dualité). Il est en tout cas assez remarquable que, vers 1900 encore, dans l'article Study-Cartan de l'Encyclopédie ([*52* a], t. II_1, p. 107-246), l'algèbre extérieure ne soit pas rangée parmi les algèbres associatives, mais reçoive un traitement séparé, et qu'il ne soit pas signalé que l'un des types d'algèbres de rang 4 (le type VIII de la p. 180) n'est autre que l'algèbre extérieure sur un espace de dimension 2.

De nouveaux exemples d'algèbres s'introduisent dans les années 1850-1860, de façon plus ou moins explicite : si Cayley, développant la théorie des matrices ([*58*], t. II, p. 475-496), ne considère pas encore les matrices carrées comme formant une algèbre (point de vue qui ne sera clairement exprimé que par les Peirce vers 1870 [*248* c]), du moins note-t-il déjà, à cette occasion, l'existence d'un système de matrices d'ordre 2 vérifiant la table de multiplication des quaternions, remarque que l'on peut considérer comme le premier exemple de représentation linéaire d'une algèbre *. D'autre part, dans le mémoire où il définit la notion abstraite de groupe fini, il donne aussi en passant la définition de l'algèbre d'un tel groupe, sans d'ailleurs rien tirer de cette définition ([*58*], t. II, p. 129).

Il n'y a aucun autre progrès notable à signaler avant 1870 ; mais à ce moment commencent les recherches sur la structure générale des algèbres de dimension finie (sur les corps réel ou complexe). C'est B. Peirce qui fait les premiers pas dans cette voie ; il introduit les notions d'élément nilpotent, d'élément idempotent, démontre qu'une algèbre (avec ou sans élément unité) dont un élément au moins n'est pas nilpotent possède un idempotent $\neq 0$, écrit la célèbre décomposition

$$x = exe + (xe - exe) + (ex - exe) + (x - xe - ex + exe)$$

(e idempotent, x élément quelconque), et a l'idée (encore un peu imprécise) d'une décomposition d'un idempotent en somme d'idempotents « primitifs » deux à deux orthogonaux [*247*]. En outre, selon Clifford ([*65*], p. 274)**, c'est à B. Peirce qu'il faut attribuer la notion de produit tensoriel de deux algèbres, que Clifford lui-même applique implicitement à une généralisation des « biquaternions » de

* A vrai dire, Cayley ne démontre pas cette existence, n'écrit pas explicitement les matrices en question, et ne paraît pas avoir remarqué à ce moment-là que certaines sont nécessairement imaginaires (dans tout ce mémoire, il n'est jamais précisé si les « quantities » qui interviennent dans les matrices sont réelles ou complexes ; il intervient toutefois incidemment un nombre complexe à la p. 494). On penserait qu'il n'y a plus qu'un pas à faire pour identifier les « biquaternions » de Hamilton aux matrices complexes d'ordre 2 ; en fait, ce résultat ne sera explicitement énoncé que par les Peirce en 1870 ([*247*], p. 132). L'idée générale de représentation régulière d'une algèbre est introduite par C. S. Peirce vers 1879 [*248* c]; elle avait été pressentie par Laguerre dès 1876 ([*192*], t. I, p. 235).

** B. Peirce rencontra Clifford à Londres en 1871, et l'un et l'autre font plusieurs fois allusion à leurs conversations, dont l'une eut sans doute lieu à une séance de la London Mathematical Society, où Peirce avait présenté ses résultats.

Hamilton ([*65*], p. 181-200), et explicitement à l'étude des algèbres qui portent son nom, quelques années plus tard ([*65*], p. 397-401 et 266-276). Ces nouvelles notions sont utilisées par B. Peirce pour la classification des algèbres de petite dimension (sur le corps des nombres complexes), problème auquel s'attaquent aussi, aux environs de 1880, d'autres mathématiciens de l'école anglo-américaine, Cayley et Sylvester en tête. On s'aperçoit ainsi rapidement de la grande variété des structures possibles, et c'est sans doute ce fait qui, dans la période suivante, va orienter les recherches vers l'obtention de classes d'algèbres à propriétés plus particulières.

Sur le continent, où l'évolution des idées est assez différente, de telles recherches apparaissent dès avant 1880. En 1878, Frobenius prouve que les quaternions constituent le seul exemple de corps non commutatif (de dimension finie) sur le corps des nombres réels ([*119*], t. I, p. 343-405) — résultat publié indépendamment deux ans plus tard par C. S. Peirce [*248* d]. Dès 1861, Weierstrass, précisant une remarque de Gauss, avait, dans ses cours, caractérisé les algèbres commutatives sans élément nilpotent * sur **R** ou **C** comme composées directes de corps (isomorphes à **R** ou **C**) ; Dedekind était de son côté arrivé aux mêmes conclusions vers 1870, en liaison avec sa conception « hypercomplexe » de la théorie des corps commutatifs ; leurs démonstrations sont publiées en 1884-85 ([*329* a], t. II, p. 311-332 et [*79*], t. II, p. 1-19). C'est en 1884 aussi que H. Poincaré, dans une courte note fort elliptique ([*251* a], t. V, p. 77-79), attire l'attention sur la possibilité de considérer les équations $z_i = \varphi_i(x_1, \ldots, x_n, y_1, \ldots, y_n)$ qui expriment la loi multiplicative $(\Sigma_i x_i e_i)(\Sigma_i y_i e_i) = \Sigma_i z_i e_i$ dans une algèbre, comme définissant (localement, bien entendu) un groupe de Lie. Cette remarque semble avoir fait grande impression sur Lie et ses disciples (Study, Scheffers, F. Schur et un peu plus tard Molien et E. Cartan), occupés précisément à cette époque à développer la théorie des groupes « continus », et notamment les problèmes de classification (voir en particulier [*271*], p. 387); pendant la période 1885-1905, elle conduit les mathématiciens de cette école à appliquer à l'étude de la structure des algèbres des méthodes de même nature que celles utilisées par eux dans l'étude des groupes et algèbres de Lie.

* En fait, Weierstrass impose à ses algèbres une condition plus stricte, à savoir que l'équation

$$a_o + a_1 x + \ldots + a_n x^n = 0$$

(où les a_i et l'inconnue x sont dans l'algèbre) ne peut avoir une infinité de racines que si les a_i sont tous multiples d'un même diviseur de zéro.

Ces méthodes reposent avant tout sur la considération du polynôme caractéristique d'un élément de l'algèbre relativement à sa représentation régulière (polynôme déjà rencontré dans les travaux de Weierstrass et Dedekind cités plus haut), et sur la décomposition de ce polynôme en facteurs irréductibles ; décomposition où, comme Frobenius le découvrira un peu plus tard, se reflète la décomposition de la représentation régulière en composantes irréductibles.

Au cours des recherches de l'école de Lie sur les algèbres se dégagent peu à peu les notions « intrinsèques » de la théorie. La notion de radical apparaît dans un cas particulier (celui où le quotient par le radical est composé direct de corps) chez G. Scheffers en 1891 [*271*], plus clairement chez Molien [*224* a] et Cartan ([*52* a], t. II_1, p. 7-105), qui étudient le cas général (le mot même de « radical » est de Frobenius ([*119*], t. III, p. 284-329)). Study et Scheffers [*271*] mettent en relief le concept d'algèbre composée directe de plusieurs autres (déjà entrevu par B. Peirce ([*247*], p. 221)). Enfin s'introduisent avec Molien [*224* a] les algèbres quotients d'une algèbre, notion essentiellement équivalente à celle d'idéal bilatère (définie pour la première fois par Cartan ([*52* a], t. II_1, p. 7-105)) ou d'homomorphisme (nom dû aussi à Frobenius); l'analogie avec les groupes est très nette ici, et un peu plus tard, en 1904, Epsteen et Wedderburn considèreront des suites de composition d'idéaux bilatères et leur étendront le théorème de Jordan-Hölder. Les résultats les plus importants de cette période sont ceux de T. Molien [*224* a] : guidé par la notion de groupe simple, il définit les algèbres simples (sur **C**) et démontre que ce sont les algèbres de matrices, puis prouve que la structure d'une algèbre quelconque de rang fini sur **C** se ramène essentiellement au cas (déjà étudié par Scheffers) où le quotient par le radical est une somme directe de corps. Ces résultats sont peu après retrouvés et établis de façon plus rigoureuse et plus claire par E. Cartan ([*52* a], t. II_1, p. 7-105), qui introduit à cette occasion la notion d'algèbre semi-simple, et met en évidence des invariants numériques (les « entiers de Cartan ») attachés à une algèbre quelconque sur le corps **C** — amenant ainsi la théorie de ces algèbres à un point au-delà duquel on n'a plus guère progressé depuis *; enfin il étend les résultats de Molien et les siens propres aux algèbres sur **R**.

Aux environs de 1900 se développe le mouvement d'idées qui

* Les difficultés essentielles proviennent de l'étude du radical, pour la structure duquel on n'a jusqu'ici trouvé aucun principe satisfaisant de classification.

mène à l'abandon de toute restriction sur le corps des scalaires dans tout ce qui touche à l'algèbre linéaire ; il faut en particulier signaler l'impulsion vigoureuse donnée à l'étude des corps finis par l'école américaine, autour de E. H. Moore et L. E. Dickson ; le résultat le plus marquant de ces recherches est le théorème de Wedderburn [*328* a] prouvant que tout corps fini est commutatif. En 1907, Wedderburn reprend les résultats de Cartan et les étend à un corps de base quelconque [*328* b]; ce faisant, il abandonne complètement les méthodes de ses devanciers (qui deviennent inapplicables dès que le corps de base n'est plus algébriquement clos ou ordonné maximal), et revient, en la perfectionnant, à la technique des idempotents de B. Peirce, qui lui permet de mettre sous forme définitive le théorème sur la structure des algèbres semi-simples, dont l'étude est ramenée à celle des corps non commutatifs. En outre, le problème de l'extension du corps des scalaires se pose naturellement dans la perspective où il se place, et il prouve que toute algèbre semi-simple reste semi-simple après une extension séparable du corps de base *, et devient composée directe d'algèbres centrales de matrices si cette extension est prise assez grande ([*328* b], p. 102)**. Un peu plus tard, Dickson, pour $n = 3$ [*88* a] et Wedderburn lui-même pour n quelconque [*328* c] donnent les premiers exemples de corps non commutatifs de rang n^2 sur leur centre ***, inaugurant ainsi dans un cas particulier la théorie des « produits croisés » et des « systèmes de facteurs » que devaient développer plus tard R. Brauer [*34* a] et E. Noether [*236* c]. Enfin, en

* Au moment où écrivait Wedderburn, la notion d'extension séparable n'avait pas encore été définie ; mais il utilise implicitement l'hypothèse que, si un polynôme irréductible f sur le corps de base a une racine x dans une extension de ce corps, on a nécessairement $f'(x) \neq 0$ ([*328* b], p. 103). C'est seulement en 1929 que E. Noether signala les phénomènes liés à l'inséparabilité de l'extension du corps des scalaires [*236* c].

Mentionnons ici un autre résultat lié aux questions de séparabilité (et maintenant rattaché à l'Algèbre homologique), la décomposition d'une algèbre en somme directe (mais non composée directe !) de son radical et d'une sous-algèbre semi-simple. Ce résultat (qui avait été démontré par Molien lorsque le corps des scalaires est **C** et par Cartan pour les algèbres sur **R**) est énoncé sous sa forme générale par Wedderburn, qui ne le démontre en fait que lorsque le quotient de l'algèbre par son radical est simple ([*328* b], p. 105-109) en utilisant d'ailleurs sur les polynômes irréductibles la même hypothèse que ci-dessus.

** Les recherches arithmétiques sur les représentations linéaires des groupes, qui commencent à la même époque, amènent aussi à considérer la notion équivalente de corps neutralisant d'une représentation [*279* d].

*** Notons que dans les « *Grundlagen der Geometrie* », Hilbert avait donné un exemple de corps non commutatif de rang infini sur son centre ([*163* c], p. 107-109).

1921, Wedderburn démontre un cas particulier du théorème de commutation [*328* d].

Entre temps, de 1896 à 1910, s'était développée, entre les mains de Frobenius, Burnside et I. Schur, une théorie voisine de celle des algèbres, la théorie de la représentation linéaire des groupes (limitée au début aux représentations de groupes finis). Elle tire son origine de remarques de Dedekind : celui-ci (avant même la publication de son travail sur les algèbres) avait, vers 1880, rencontré au cours de ses recherches sur les bases normales d'extensions galoisiennes, le « Gruppendeterminant » $\det(x_{st^{-1}})$, où $(x_s)_{s \in G}$ est une suite d'indéterminées dont l'ensemble d'indices est un groupe fini G (en d'autres termes, la norme de l'élément générique de l'algèbre du groupe G relativement à sa représentation régulière) ; et il avait observé que lorsque G est abélien, ce polynôme se décompose en facteurs linéaires (ce qui généralisait une identité démontrée longtemps auparavant pour les déterminants « circulants », qui correspondent aux groupes cycliques G). Au cours de sa très intéressante correspondance avec Frobenius ([*79*], t. II, p. 414-442), Dedekind, en 1896, attire son attention sur cette propriété, son lien avec la théorie des caractères des groupes abéliens [*327* c] et quelques résultats analogues sur des groupes non commutatifs particuliers, qu'il avait obtenus en 1886. Quelques mois plus tard, Frobenius résolvait complètement le problème de la décomposition du « Gruppendeterminant » en facteurs irréductibles ([*119*], t. III, p. 38-77), grâce à sa brillante généralisation de la notion de caractère ([*119*], t. III, p. 1-37), dont nous n'avons pas à parler ici. Mais il nous faut noter que dans le développement ultérieur de cette théorie *, Frobenius reste toujours conscient de sa parenté avec la théorie des algèbres (sur laquelle Dedekind n'avait cessé d'ailleurs d'insister dans ses lettres); et, après avoir introduit pour les groupes les notions de représentation irréductible et de représentation complètement réductible ([*119*], t. III, p. 82-103), et montré que la représentation régulière contient toutes les représentations irréductibles, c'est par des méthodes analogues qu'il proposait, en 1903, de reprendre la théorie de Molien-Cartan ([*119*], t. III, p. 284-329). Chez Burnside [*44* a] et I. Schur [*279* c], l'aspect « hypercomplexe » de la théorie n'intervient pas explicitement; mais c'est chez eux que se font jour les propriétés fondamentales des repré-

* Une partie des résultats de Frobenius avait été obtenue indépendamment par T. Molien en 1897 [*224* b].

sentations irréductibles, lemme de Schur et théorème de Burnside. Enfin, il faut noter pour notre objet que c'est dans cette théorie qu'apparaissent pour la première fois deux cas particuliers du théorème de commutation : dans la thèse de I. Schur [*279* a] qui relie (précisément par la commutation dans l'anneau des endomorphismes d'un espace tensoriel) les représentations du groupe linéaire et celles du groupe symétrique, et dans son travail de 1905 [*279* c], où il montre que les matrices permutables à toutes les matrices d'une représentation irréductible sur le corps **C** sont des multiples scalaires de I (résultat qui découle aussi du théorème de Burnside).

théories : ce fut l'œuvre de l'école allemande autour de E. Noether et E. Artin, dans la période 1921-1933 qui voit la création de l'algèbre moderne. Déjà, en 1903, dans un mémoire sur l'intégration algébrique des équations différentielles linéaires ([*251* a], t. III, p. 140-149), H. Poincaré avait défini, dans une algèbre, les idéaux à gauche et à droite et la notion d'idéal minimal ; il avait aussi remarqué que dans une algèbre semi-simple, tout idéal à gauche est somme directe de ses intersections avec les composants simples, et que dans l'algèbre des matrices d'ordre n, les idéaux minimaux sont de dimension n ; mais son travail passa inaperçu des algébristes *. En 1907, Wedderburn définit à nouveau les idéaux à gauche et à droite d'une algèbre et en démontre quelques propriétés (notamment que le radical est le plus grand idéal à gauche nilpotent ([*328* b], p. 113-114)). Mais il faut attendre 1927 pour que ces notions soient utilisées de façon essentielle dans la théorie des algèbres **. Mettant sous forme générale des procédés de démonstration apparus antérieurement çà et là ***, W. Krull en 1925 [*187* a] et E. Noether en 1926 [*236* b] introduisent et utilisent systématiquement les conditions maximale et

* Notons aussi que, dans ce mémoire, Poincaré observe que l'ensemble des opérateurs, dans l'algèbre d'un groupe, qui annulent un vecteur d'un espace de représentation linéaire du groupe, forment un idéal à gauche ; il signale que cette remarque pourrait être appliquée à la théorie des représentations linéaires ([*251* a], t. III, p. 149), mais ne développa jamais cette idée.

** Il est intéressant de remarquer que, dans l'intervalle, la notion d'idéal à gauche ou à droite apparaît, non dans l'étude des algèbres, mais dans un travail de E. Noether et W. Schmeidler [*238*], consacré aux anneaux d'opérateurs différentiels.

*** La condition maximale (sous forme de « condition de chaîne ascendante ») remonte à Dedekind, qui l'introduit explicitement ([*79*], t. III, p. 90) dans l'étude des idéaux d'un corps de nombres algébriques; un des premiers exemples de raisonnement de « chaîne descendante » est sans doute celui qu'on trouve dans le mémoire de Wedderburn de 1907 ([*328* b], p. 90) à propos d'idéaux bilatères.

minimale ; le premier s'en sert pour étendre aux groupes abéliens à opérateurs (qu'il définit à cette occasion) le théorème de Remak sur la décomposition d'un groupe fini en produit direct de groupes indécomposables, tandis que la seconde fait intervenir ces conditions dans la caractérisation des anneaux de Dedekind. En 1927, E. Artin [*7* c], appliquant la même idée aux anneaux non commutatifs, montre comment, par une étude systématique des idéaux minimaux, on peut étendre les théorèmes de Wedderburn à tous les anneaux dont les idéaux à gauche satisfont à la fois aux conditions maximale et minimale *.

D'autre part, Krull, en 1926 [*187* b], fait le lien entre la notion de groupe abélien à opérateurs et celle de représentation linéaire des groupes ; point de vue généralisé aux algèbres et développé en détail par E. Noether dans un travail fondamental de 1929 [*236* c] qui, par l'importance des idées introduites et la lucidité de l'exposé, mérite de figurer à côté du mémoire de Steinitz sur les corps commutatifs comme un des piliers de l'algèbre linéaire moderne **.

Enfin, dans une série de travaux qui débutent en 1927 ([*237*], [*34* a], [*236* d]), E. Noether et R. Brauer (auxquels se joignent à partir de 1929-31 A. Albert et H. Hasse) reprennent l'étude des corps gauches au point où l'avaient laissée Wedderburn et Dickson. Si la partie la plus importante de leurs résultats consiste en une étude approfondie du groupe de Brauer (en particulier sur les corps de nombres algébriques) et dépasse donc le cadre de cette note, signalons en tout cas que c'est au cours de ces travaux que se précisent les théorèmes de commutation, ainsi que la notion de corps neutralisant d'une algèbre simple et ses relations avec les sous-corps commutatifs maximaux ; enfin, en 1927, Skolem caractérise les automorphismes des anneaux

* En 1929, E. Noether montrait que pour les anneaux sans radical, ces théorèmes s'appliquent en supposant seulement vérifiée la condition minimale ([*236* c], p. 663); C. Hopkins prouva en 1939 que cette condition à elle seule entraîne que le radical est nilpotent [*167*].

** C'est là qu'on trouve entre autres pour la première fois sous leur forme générale les notions d'homomorphisme de groupe à opérateurs, d'anneau opposé, de bimodule, ainsi que les fameux « théorèmes d'isomorphie » (qui figurent déjà pour les groupes commutatifs dans [*236* b]). Des cas particuliers ou corollaires de ces derniers étaient bien entendu intervenus longtemps auparavant, par exemple (pour le second théorème d'isomorphie) chez Hölder à propos des groupes finis [*165*], chez Dedekind à propos des groupes abéliens ([*79*], t. III, p. 76-77), chez Wedderburn à propos d'idéaux bilatères ([*328* b], p. 82-83); quant au premier théorème d'isomorphie, il est par exemple énoncé explicitement par de Séguier en 1904 ([*86*], p. 65).

simples [*286* b], théorème retrouvé quelques années plus tard par E. Noether [*236* c] et R. Brauer [*34* a].

Ainsi, en 1934, la théorie élémentaire des anneaux simples et semi-simples est à peu près arrivée à son aspect définitif (pour un exposé d'ensemble de l'état de la théorie à cette époque, voir [*87*]); depuis lors, elle s'est développée dans deux directions différentes, que nous nous bornerons à mentionner brièvement. D'une part, la théorie des « systèmes de facteurs » de R. Brauer et E. Noether a récemment reçu une impulsion nouvelle ,à la suite de son incorporation dans l'Algèbre homologique moderne *. D'autre part, on a beaucoup cherché, avec plus ou moins de succès, à étendre — tout au moins en partie — les résultats de la théorie classique aux anneaux sans condition minimale ** ou aux anneaux sans élément unité. Mais jusqu'ici ces extensions n'ont guère eu de répercussions dans les autres branches des mathématiques ; pour plus de détails sur ces travaux, nous renvoyons à l'exposé récent de N. Jacobson [*172* b].

* Nous n'avons pas à faire ici l'histoire de cette théorie et de ses relations avec la notion d'extension d'un groupe par un autre ; mais il convient de noter que les premiers « systèmes de facteurs » font précisément leur apparition à propos d'un problème d'extension de groupes, dans le mémoire de 1904 où I. Schur fonde la théorie des « représentations projectives » des groupes [*279* b].

** Dès 1928, Krull avait étendu aux modules semi-simples quelconques les théorèmes généraux sur les modules semi-simples de longueur finie ([*187* c], p. 63-66).

FORMES QUADRATIQUES ; GÉOMÉTRIE ÉLÉMENTAIRE

La théorie des formes quadratiques, sous son aspect moderne, ne remonte guère au-delà de la seconde moitié du XVIIIe siècle, et, comme nous le verrons, elle s'est développée surtout pour répondre aux besoins de l'Arithmétique, de l'Analyse et de la Mécanique. Mais les notions fondamentales de cette théorie ont en réalité fait leur apparition dès les débuts de la géométrie « euclidienne », dont elles forment l'armature. Pour cette raison, on ne peut en retracer l'histoire sans parler, au moins de façon sommaire, du développement de la « géométrie élémentaire » depuis l'antiquité. Bien entendu, nous ne pourrons nous attacher qu'à l'évolution de quelques idées générales, et le lecteur ne doit pas s'attendre à trouver ici de renseignements précis sur l'histoire de tel ou tel théorème particulier, au sujet desquels il nous suffira de renvoyer aux ouvrages historiques ou didactiques spécialisés *. Il va de soi aussi, lorsque nous parlons ci-dessous des diverses interprétations possibles d'un même théorème dans divers langages algébriques ou géométriques, que nous n'entendons nullement dire que ces « traductions » aient été de tout temps aussi familières qu'aujourd'hui ; bien au contraire, c'est le principal but de cette Note que de faire voir comment, très graduellement, les mathématiciens ont pris conscience de ces parentés entre questions d'aspect souvent très différent ; nous aurons aussi à montrer comment, ce faisant, ils ont été amenés à mettre quelque cohérence dans l'amas des théorèmes de géométrie légués par les anciens, et finalement à essayer de délimiter exactement ce qu'il fallait entendre par « géométrie ».

Si l'on met à part la découverte, par les Babyloniens, de la formule de résolution de l'équation du second degré ([*232*], p. 183-189)

* Voir ([*311*], t. IV à VI), ainsi que [*185*] et [*106*], t. III.

c'est donc sous leur déguisement géométrique qu'il faut noter la naissance des principaux concepts de la théorie des formes quadratiques. Celles-ci se présentent d'abord comme carrés de distances (dans le plan ou l'espace à trois dimensions) et la notion d'« orthogonalité » correspondante s'introduit au moyen de l'angle droit, défini par Euclide comme moitié de l'angle plat (*Eléments*, Livre I, Déf. 10) ; les notions de distance et d'angle droit étant reliées par le théorème de Pythagore, clé de voûte de l'édifice euclidien *. L'idée d'angle paraît s'être introduite très tôt dans la mathématique grecque (qui l'a sans doute reçue des Babyloniens, rompus à l'usage des angles par leur longue expérience astronomique). On sait qu'à l'époque classique, seuls les angles inférieurs à 2 droits sont définis (la « définition » d'Euclide est d'ailleurs aussi vague et inutilisable que celle qu'il donne pour la droite ou le plan) ; la notion d'orientation n'est pas dégagée, bien qu'Euclide utilise (sans axiome ni définition) le fait qu'une droite partage le plan en deux régions, qu'il distingue soigneusement lorsque cela est nécessaire **. A ce stade, l'idée du groupe des rotations planes ne se fait donc jour que d'une manière très imparfaite, par l'addition (introduite, elle aussi, sans explication par Euclide) des angles non orientés de demi-droites, qui est seulement

* La plupart des civilisations antiques (Égypte, Babylonie, Inde, Chine) semblent être parvenues indépendamment à des énoncés couvrant au moins certains cas particuliers du « théorème de Pythagore », et les Hindous ont même eu l'idée de principes de démonstration de ce théorème, tout à fait distincts de ceux qu'on trouve chez Euclide (qui en donne deux démonstrations, l'une par construction de figures auxiliaires, l'autre utilisant la théorie des proportions) (cf. [*311*], t. IV, p. 135-144).

** La notion d'angle orienté, avec ses diverses variantes (angle de droites, angle de demi-droites) n'est apparue que très tardivement. En géométrie analytique, Euler ([*108* a], (1), t. IX, p. 217-239 et 305-307) introduit les coordonnées polaires, et la conception moderne d'un angle (mesuré en radians) prenant des valeurs arbitraires (positives ou négatives). L. Carnot [*51*] inaugure la tendance qui opposera, pendant tout le XIXe siècle, géométrie « synthétique » à géométrie analytique ; cherchant à développer la première aussi indépendamment que possible, il est conduit, pour éviter les « cas de figure » des géomètres anciens, à introduire systématiquement les grandeurs orientées, longueurs et angles ; malheureusement, son ouvrage est considérablement compliqué par son parti pris de ne pas utiliser les nombres négatifs (qu'il tenait pour contradictoires !) et de les remplacer par un système peu maniable de « correspondance de signes » entre diverses figures. Il faut attendre Möbius ([*223*], t. II, p. 1-54) pour que le concept d'angle orienté s'introduise dans les raisonnements de géométrie synthétique; toutefois, de même que ses successeurs jusqu'à une époque toute récente, il ne sait introduire l'orientation que par un appel direct à l'intuition spatiale (règle dite « du bonhomme d'Ampère »); ce n'est qu'avec le développement de la géométrie n-dimensionnelle et de la topologie algébrique qu'on est enfin parvenu à une définition rigoureuse d'un « espace orienté ».

définie, en principe, lorsque la somme est au plus égale à deux droits *. Quant à la trigonométrie, elle est dédaignée des géomètres, et abandonnée aux arpenteurs et aux astronomes ; ce sont ces derniers (Aristarque, Hipparque, Ptolémée surtout [*255*]) qui établissent les relations fondamentales entre côtés et angles d'un triangle rectangle (plan ou sphérique) et dressent les premières tables (il s'agit de tables donnant la *corde* de l'arc découpé par un angle $\theta < \pi$ sur un cercle de rayon r, autrement dit le nombre $2r \sin \frac{\theta}{2}$; l'introduction du sinus, d'un maniement plus commode, est due aux mathématiciens hindous du Moyen âge) ; dans le calcul de ces tables, la formule d'addition des arcs, inconnue à cette époque, est remplacée par l'emploi équivalent du théorème de Ptolémée (remontant peut-être à Hipparque) sur les quadrilatères inscrits à un cercle. Il faut noter aussi qu'Euclide et Héron donnent des propositions équivalentes à la formule

$$a^2 = b^2 + c^2 - 2bc \cos A$$

entre côtés et angles d'un triangle plan quelconque ; mais on ne peut guère y voir une première apparition de la notion de forme bilinéaire associée à une forme métrique, faute de l'idée d'un calcul vectoriel qui n'émergera qu'au XIXe siècle.

Les déplacements (ou mouvements, la distinction entre les deux notions n'étant pas claire dans l'antiquité — ni même beaucoup plus tard) sont connus d'Euclide ; mais, pour des raisons que nous ignorons, il semble éprouver une nette répugnance à en faire usage (par exemple dans les « cas d'égalité des triangles », où on a l'impression qu'il n'emploie la notion de déplacement que faute d'avoir su formuler un axiome approprié ([*153* e], t. I, p. 225-227 et 249)); toutefois, c'est à la notion de déplacement (rotation autour d'un axe) qu'il a recours pour la définition des cônes de révolution et des sphères (*Eléments*, Livre XI, déf. 14 et 18), ainsi qu'Archimède pour celle des quadriques de révolution. Mais l'idée générale de transfor-

* On trouve cependant chez Euclide au moins deux passages où il parle d'angles dont la « somme » peut excéder 2 droits, savoir les inégalités satisfaites par les faces d'un trièdre (*Eléments*, Livre XI, prop. 20 et 21) (sans parler du « raisonnement » concernant la « mesure » des angles, qui est sans doute une interpolation (cf. p. 204)) ; dans ces deux passages, Euclide paraît donc être entraîné par l'intuition au-delà de ce qu'autorisent ses propres définitions. Ses successeurs sont encore bien moins scrupuleux, et Proclus, par exemple (Ve siècle ap. J.-C.) n'hésite pas à énoncer le « théorème » général donnant la somme des angles d'un polygone convexe ([*153* e], t. I, p. 322).

mation, appliquée à tout l'espace, est à peu près étrangère à la pensée mathématique avant la fin du XVIIIe siècle * ; et avant le XVIIe siècle, on ne trouve pas trace non plus de la notion de composition des mouvements, ni à plus forte raison de composition des déplacements. Cela ne veut pas dire, bien entendu, que les Grecs n'aient pas été particulièrement sensibles aux « régularités » et « symétries » des figures, que nous rattachons maintenant à la notion de groupe des déplacements ; leur théorie des polygones réguliers et plus encore celle des polyèdres réguliers — un des chapitres les plus remarquables de toute leur mathématique — est là pour prouver le contraire **.

Enfin, la dernière des contributions essentielles de la mathématique grecque, dans le domaine qui nous concerne, est la théorie des coniques (en ce qui concerne les quadriques, les Grecs ne connaissent que certaines quadriques de révolution, et n'en poussent pas très loin l'étude, la sphère exceptée). Il est intéressant de noter ici que, bien que les Grecs n'aient jamais eu l'idée du principe fondamental de la géométrie analytique (essentiellement faute d'une algèbre maniable), ils utilisaient couramment, pour l'étude de « figures » particulières, les « ordonnées » par rapport à deux (ou même plus de deux) axes dans le plan (en rapport étroit avec la figure, ce qui est un des points fondamentaux où leur méthode diffère de celle de Fermat et Descartes, dont les axes sont fixés indépendamment de la figure considérée). En particulier, les premiers exemples de coniques (autres que le cercle) qui s'introduisent à propos du problème de la duplication du cube, sont les courbes données par les équations $y^2 = ax$, $y = bx^2$, $xy = c$ (Ménechme, élève d'Eudoxe, milieu du IVe siècle) *** ; et c'est l'équation des coniques (d'ordinaire par rap-

* On ne peut guère citer comme exemples d'une telle notion que les « projections » des cartographes et des dessinateurs; la projection stéréographique est connue de Ptolémée (et au XVIe siècle on sait qu'elle conserve les angles), et la projection centrale joue un rôle de premier plan dans l'œuvre de Desargues [*84*]; mais il s'agit là de correspondance entre l'espace tout entier (ou une surface) et un plan. Une des propriétés de l'inversion, que nous exprimons aujourd'hui en disant que le transformé d'un cercle est un cercle ou une droite, est connue en substance de Viète, et utilisée par lui dans des problèmes de construction de cercles ; mais ni lui, ni Fermat qui étend ses constructions aux sphères, n'ont l'idée d'introduire l'inversion comme une transformation du plan ou de l'espace.

** Voir là-dessus [*291*], où on trouvera aussi d'intéressantes remarques sur les rapports entre la théorie des groupes de déplacements et les divers types d'ornements imaginés par les civilisations de l'Antiquité et du Moyen Age.

*** Il semble que l'idée de considérer ces courbes comme sections planes de cônes à base circulaire (due aussi à Ménechme) soit *postérieure* à leur définition au moyen des équations précédentes (cf. [*153* b], p. XVII-XXX).

port à deux axes obliques formés d'un diamètre et de la tangente en un de ses points de rencontre avec la courbe) qui est le plus souvent utilisée dans l'étude des problèmes relatifs à ces courbes (alors que les propriétés « focales » ne jouent qu'un rôle très effacé, contrairement à ce que pourraient faire croire des traditions scolaires ne remontant qu'au XIXe siècle). De cette vaste théorie, il nous faut surtout retenir ici la notion de diamètres conjugués (déjà connue d'Archimède), et la propriété qui sert à présent de définition à la polaire d'un point, donnée par Apollonius [*153* b] lorsque le point est extérieur à la conique (la polaire étant donc pour lui la droite joignant les points de contact des tangentes issues de ce point) ; de notre point de vue, ce sont deux exemples d' « orthogonalité » par rapport à une forme quadratique distincte de la forme métrique, mais bien entendu le lien entre ces notions et la notion classique de perpendiculaires ne pouvait absolument pas être conçu à cette époque.

Il n'y a guère d'autre progrès à signaler avant Descartes et Fermat ; mais dès les débuts de la géométrie analytique, la théorie algébrique des formes quadratiques commence à se dégager de sa gangue géométrique : Fermat sait qu'une équation du second degré dans le plan représente une conique ([*109*], t. I, p. 100-102; trad. française, t. III, p. 84-101) et ébauche des idées analogues sur les quadriques ([*109*], t. I, p. 111-117 ; trad. française, t. III, p. 102-108). Avec le développement de la géométrie analytique à 2 et 3 dimensions au cours du XVIIIe siècle apparaissent (surtout à propos des coniques et des quadriques) deux des problèmes centraux de la théorie : la réduction d'une forme quadratique à une somme de carrés et la recherche de ses « axes » par rapport à la forme métrique. Pour les coniques, ces deux problèmes sont trop élémentaires pour susciter d'importants progrès algébriques ; pour un nombre quelconque de variables, le premier est résolu par Lagrange en 1759, à propos des maxima de fonctions de plusieurs variables ([*191*], t. I, p. 3-20). Mais ce problème est presque aussitôt éclipsé par celui de la recherche des axes, avant même que l'on n'eût formulé l'invariance du rang * ; quant à

* Traitant d'un problème indépendant, par sa nature, du choix des axes de coordonnées, Lagrange ne pouvait manquer d'observer que son procédé présentait beaucoup d'arbitraire, mais il manque encore des notions permettant de préciser cette idée : « *Au reste* », dit-il, « *pour ne pas se méprendre dans ces recherches, il faut remarquer que les transformées* [en somme de carrés] *pourraient bien venir différentes de celles que nous avons données ; mais, en examinant la chose de plus près, on trouvera infailliblement que, quelles qu'elles soient, elles pourront toujours se réduire à celles-ci, ou au moins y être comprises* [?] » (*loc. cit.*, p. 8).

la loi d'inertie, elle n'est découverte qu'autour de 1850 par Jacobi ([*171*], t. III, p. 593-598), qui la démontre par le même raisonnement qu'à présent, et Sylvester ([*304*], t. I, p. 378-381) qui se borne à l'énoncer comme quasi-évidente *.

Le problème de la réduction d'une quadrique à ses axes présente déjà des difficultés algébriques sensiblement plus grandes que le problème analogue pour les coniques ; et Euler, qui est le premier à l'aborder, n'est pas en état de prouver la réalité des valeurs propres, qu'il admet après une ébauche de justification sans valeur probante ([*108* a], (1), t. IX, p. 379-392)**. Si ce point est correctement établi vers 1800 [*140*], il faut attendre Cauchy pour démontrer le théorème correspondant pour les formes à un nombre n quelconque de variables ([*56* a], (2), t. IX, p. 174-195). C'est aussi Cauchy qui, vers la même époque, démontre que l'équation caractéristique donnant les valeurs propres est invariante par tout changement d'axes rectangulaires ([*56* a], (2), t. V, p. 252)*** ; mais pour $n = 2$ ou $n = 3$, cette invariance était intuitivement « évidente » en raison de l'interprétation géométrique des valeurs propres au moyen des axes de la conique ou de la quadrique correspondante. D'ailleurs, au cours des recherches à ce sujet, les fonctions symétriques élémentaires des valeurs propres s'étaient aussi présentées de façon naturelle (avec diverses interprétations géométriques, en relation notamment avec les théorèmes d'Apollonius sur les diamètres conjugués), et en particulier le discriminant, qui (connu de longue date pour $n = 2$ en liaison avec la théorie de l'équation du second degré) apparaît pour la première fois pour $n = 3$ chez Euler ([*108* a], (1), t. IX, p. 382); ce dernier le rencontre à propos de la classification des quadriques (en exprimant la condition pour qu'une quadrique n'ait pas de point à l'infini) et n'en men-

* Gauss était parvenu de son côté à ce résultat, et le démontrait dans ses cours sur la méthode des moindres carrés, au témoignage de Riemann, qui suivit ces cours en 1846-47 ([*259* b], p. 59).

** Il est plus heureux dans la détermination des axes principaux d'inertie d'un solide : ayant ramené le problème à une équation du troisième degré, il observe qu'une telle équation a au moins une racine réelle, donc qu'il y a au moins un axe d'inertie; prenant cet axe comme axe de coordonnées, il est ensuite ramené au problème plan, de solution facile ([*108* a], (2), t. III, p. 200-202).

*** Il faut noter que, jusque vers 1930, on n'entend jamais par « forme quadratique », qu'un polynôme homogène du second degré par rapport aux coordonnées prises relativement à un système d'axes donné. Il semble que ce soit seulement la théorie de l'espace de Hilbert qui ait conduit à une conception « intrinsèque » des formes quadratiques, même dans les espaces de dimension finie.

tionne pas l'invariance vis-à-vis des changements d'axes rectangulaires. Mais un peu plus tard, avec les débuts de la théorie arithmétique des formes quadratiques à coefficients entiers, Lagrange note (pour $n = 2$) un cas particulier d'invariance du discriminant par changement de variables linéaire mais non orthogonal ([*191*], t. III, p. 699), et Gauss établit, pour $n = 3$, la « covariance » du discriminant pour toute transformation linéaire ([*124* a], t. I, p. 301-302) *. Une fois démontrée, par Cauchy et Binet, la formule générale de multiplication des déterminants, l'extension de la formule de Gauss à un nombre quelconque de variables était immédiate ; c'est elle qui, vers 1845, va donner la première impulsion à la théorie générale des invariants.

Aux deux notions qui, chez les Grecs, tenaient lieu de la théorie des déplacements — celle de mouvement et celle de « symétrie » d'une figure — vient s'en ajouter une troisième aux XVIIe et XVIIIe siècles avec le problème du changement d'axes rectangulaires, qui est substantiellement équivalent à cette théorie. Euler consacre plusieurs travaux à cette question, s'attachant surtout à obtenir des représentations paramétriques maniables pour les formules du changement d'axes. On sait quel usage la Mécanique devait faire des trois angles qu'il introduit à cet effet pour $n = 3$ ([*108* a], (1), t. IX, p. 371-378). Mais il ne se borne pas là, envisage en 1770 le problème général des transformations orthogonales pour n quelconque, remarque qu'on parvient ici au but en introduisant $n(n-1)/2$ angles comme paramètres, et enfin, pour $n = 3$ et $n = 4$, donne pour les rotations des représentations *rationnelles* (en fonction, respectivement, de 4 paramètres homogènes et de 8 paramètres homogènes liés par une relation), qui ne sont autres que celles obtenues plus tard au moyen de la théorie des quaternions, et dont il n'indique pas l'origine ([*108* a], (1), t. VI, p. 287-315) **.

D'autre part, Euler indique aussi comment traduire analytique-

* C'est aussi à propos de ces recherches que Gauss définit l'inverse d'une forme quadratique ([*124* a], t. I, p. 301) et obtient la condition de positivité d'une telle forme faisant intervenir une suite de mineurs principaux du discriminant (*ibid.*, p. 305-307).

** Euler ne donne d'ailleurs pas la formule de composition des rotations exprimée à l'aide de ces paramètres ; pour $n = 3$, on ne la trouve pas avant une note de Gauss (non publiée de son vivant ([*124* a], t. VIII, p. 357-362)) et un travail d'Olinde Rodrigues de 1840, qui retrouve la représentation paramétrique d'Euler, à peu près tombée dans l'oubli à cette époque.

ment la recherche des « symétries » des figures planes, et c'est à ce propos qu'il est amené à démontrer, en substance, qu'un déplacement plan est une rotation, ou une translation, ou une translation suivie d'une symétrie ([*108* a], (1), t. IX, p. 197-199). L'essor de la Mécanique à cette époque mène d'ailleurs à l'étude générale des déplacements ; mais tout d'abord il n'est question que des déplacements « infiniment petits » tangents aux mouvements continus : ce sont apparemment les seuls qui interviennent dans les recherches de Torricelli, Roberval et Descartes sur la composition des mouvements et le centre instantané de rotation pour les mouvements plans (cf. p. 219). Ce dernier est défini de façon générale par Johann Bernoulli ; d'Alembert en 1749, Euler l'année suivante, étendent cette notion en démontrant l'existence d'un axe instantané de rotation pour les mouvements laissant un point fixe. Le théorème analogue pour les déplacements finis n'est énoncé qu'en 1775 par Euler [*108* b], dans un mémoire où il découvre en même temps que le déterminant d'une rotation est égal à 1 ; l'année suivante, il démontre l'existence d'un point fixe pour les similitudes planes ([*108* a], (1), t. XXVI, p. 276-285). Mais il faudra attendre les travaux de Chasles, à partir de 1830 [*60* a], pour avoir enfin une théorie cohérente des déplacements finis et infiniment petits.

Nous arrivons ainsi à ce qu'on peut appeler l'âge d'or de la géométrie, qui s'insère *grosso modo* entre les dates de publication de la *Géométrie descriptive* de Monge (1795) [*225*] et du « programme d'Erlangen » de F. Klein (1872) ([*182*], t. I, p. 460-497). Les progrès essentiels que nous devons à ce brusque renouveau de la géométrie sont les suivants :

A) La notion d'élément à l'infini (point, droite ou plan), introduite par Desargues au XVIIe siècle [*84*], mais qui ne se manifeste guère au XVIIIe siècle que comme abus de langage, est réhabilitée et systématiquement utilisée par Poncelet [*252*] qui fait ainsi de l'espace projectif le cadre général de tous les phénomènes géométriques.

B) En même temps, avec Monge, et surtout Poncelet, s'effectue le passage à la géométrie projective *complexe*. La notion de point imaginaire, sporadiquement utilisée au cours du XVIIIe siècle, est ici exploitée (concurremment avec celle de point à l'infini) pour donner des énoncés indépendants des « cas de figure » de la géométrie affine réelle. Si tout d'abord les justifications apportées à l'appui de ces innovations restent fort embarrassées (surtout de la part des tenants de l'école de géométrie « synthétique », où l'emploi des coordonnées en arrive à être regardé comme une souillure), on ne saurait manquer de reconnaître là, sous le nom de « principe des relations contingentes » chez Monge, ou de « principe de continuité » chez Poncelet, le premier germe de l'idée de « spécialisation » de la géométrie algébrique moderne *.

Un des premiers résultats découlant de ces conceptions est la remarque que, dans l'espace projectif complexe, toutes les coniques (resp. quadriques) non dégénérées sont de même nature ; ce qui amène Poncelet à la découverte des éléments « isotropes » : « *Des cercles placés arbitrairement sur un plan* », dit-il, « *ne sont donc pas tout à fait indépendants entre eux, comme on pourrait le croire au premier abord, ils ont idéalement deux points imaginaires communs à l'infini* » ([*252*], t. I, p. 48). Plus loin, il introduit de même l' « ombilicale », conique imaginaire à l'infini commune à toutes les sphères ([*252*], t. I, p. 370); et s'il ne parle pas particulièrement des génératrices isotropes de la sphère, du moins souligne-t-il explicitement l'existence de génératrices rectilignes, réelles ou imaginaires, pour toutes les quadriques (*ibid.*, p. 371) ** ; notions dont ses continuateurs (notamment Plücker et Chasles), plus encore que lui-même, font grand usage, en particulier dans l'étude des propriétés « focales » des coniques et des quadriques.

C) Les notions de *transformation ponctuelle* et de composition des transformations sont, elles aussi, formulées de façon générale et introduites systématiquement comme moyens de démonstration. En dehors des déplacements et des projections, on ne connaissait jusque-là que quelques transformations particulières : certaines transformations projectives planes, du type $x' = a/x$, $y' = y/x$, utilisées par La Hire et Newton, l'« affinité » $x' = ax$, $y' = by$ de Clairaut et Euler ([*108* a], (1), t. IX, chap. XVIII), et enfin quelques transformations quadratiques particulières, chez Newton encore, Maclaurin et Braikenridge. Monge, dans sa *Géométrie descriptive*, montre tout l'usage qu'on peut tirer des projections planes dans

* Ces « principes » se justifient bien entendu (comme l'avait déjà remarqué Cauchy) par application du principe de prolongement des identités algébriques, en raison du fait que les géomètres « synthétiques » ne considèrent jamais que des propriétés qui se traduisent analytiquement en identités de cette nature.

** La première mention des génératrices rectilignes des quadriques semble due à Wren (1669), qui remarque que l'hyperboloïde de révolution à une nappe peut être engendré par la rotation d'une droite autour d'un axe non dans le même plan ; mais leur étude fut seulement développée par Monge et son école.

la géométrie à 3 dimensions. Chez Poncelet, un des procédés systématiques de démonstration, employé à satiété, consiste à ramener par projection les propriétés des coniques à celles du cercle (méthode déjà appliquée à l'occasion par Desargues et Pascal) ; et pour pouvoir passer de même d'une quadrique à une sphère, il invente le premier exemple de transformation projective dans l'espace, l'« homologie » ([*252*], t. I, p. 357); enfin c'est lui aussi qui introduit les premiers exemples de transformations birationnelles d'une courbe en elle-même. En 1827, Möbius ([*223*], t. I, p. 217) (et indépendamment Chasles en 1830 ([*60* b], p. 695)), définissent les transformations linéaires projectives les plus générales ; à la même époque apparaissent l'inversion et d'autres types de transformations quadratiques, dont l'étude va inaugurer la théorie des transformations birationnelles, qui se développera dans la seconde moitié du XIXe siècle.

D) La notion de *dualité* apparaît en pleine lumière et se trouve consciemment rattachée à la théorie des formes bilinéaires. La théorie des pôles et polaires par rapport aux coniques, qui, depuis Apollonius, n'avait fait quelque progrès que chez Desargues et La Hire, est étendue aux quadriques par Monge, qui, ainsi que ses élèves, aperçoit la possibilité de transformer par ce moyen des théorèmes connus en résultats nouveaux *. Mais c'est encore à Poncelet que revient le mérite d'avoir érigé ces remarques en méthode générale dans sa théorie des transformations « par polaires réciproques », et d'en avoir fait un outil de découverte particulièrement efficace. Un peu plus tard, notamment avec Gergonne, Plücker, Möbius et Chasles, la notion générale de dualité se dégage du lien avec les formes quadratiques, encore trop étroit chez Poncelet. En particulier, Möbius, en examinant les diverses possibilités de dualité dans l'espace à 3 dimensions (définie par une forme bilinéaire), découvre en 1833 la dualité par rapport à une forme bilinéaire alternée ([*223*], t. I, p. 489-515) **, surtout étudiée, au XIXe siècle, sous forme de la théorie des « complexes linéaires » et développée en relation avec la « géométrie des droites » et les « coordonnées plückeriennes » introduites par Cayley, Grassmann et Plücker aux environs de 1860.

E) Dès les débuts de la géométrie projective, l'étude intensive des propriétés de la géométrie classique dans leurs rapports avec

* Le plus connu est le théorème de Brianchon (1810), transformé du théorème de Pascal par dualité.

** En 1828, Giorgini avait déjà rencontré la polarité par rapport à une forme alternée, à propos d'un problème de Statique [*128*].

l'espace projectif avait rapidement amené à les diviser en « propriétés projectives » et « propriétés métriques » ; et il n'est sans doute pas exagéré de voir dans cette séparation une des plus nettes manifestations, à cette époque, de ce qui devait devenir la notion moderne de structure. Mais Poncelet, qui introduit le premier cette distinction et cette terminologie, a déjà conscience de ce qui relie ces deux types de propriétés ; et, abordant dans son *Traité* les problèmes concernant les angles, dont les propriétés « *ne semblent pas faire partie de celles que nous avons appelées projectives..., elles découlent néanmoins d'une manière si simple* », dit-il, « *des principes qui font la base* [de cet ouvrage]..., *que je ne crois pas qu'aucune autre théorie géométrique puisse y conduire d'une manière à la fois plus directe et plus simple. On n'en sera nullement étonné, si l'on considère que les propriétés projectives des figures sont nécessairement les plus générales de celles qui peuvent leur appartenir ; en sorte qu'elles doivent comprendre, comme simples corollaires, toutes les autres propriétés ou relations particulières de l'étendue* » ([*252*], t. I, p. 248). A vrai dire, après cette déclaration, on est un peu surpris de le voir aborder les questions d'angles de façon très détournée, en les rattachant aux propriétés focales des coniques, au lieu de faire intervenir directement les points cycliques ; et en fait, ce n'est que 30 ans plus tard que Laguerre (encore élève à l'École Polytechnique) donna l'expression d'un angle de droites à l'aide du birapport de ces droites et des droites isotropes de même origine ([*192*], t. II, p. 13). Enfin, avec Cayley ([*58*], t. II, p. 561-592) s'exprime clairement l'idée fondamentale que les propriétés « métriques » d'une figure plane ne sont autres que les propriétés « projectives » de la figure augmentée des points cycliques — jalon décisif vers le « programme d'Erlangen ».

F) La *géométrie non-euclidienne hyperbolique*, qui voit le jour aux environs de 1830, reste d'abord un peu à l'écart du mouvement dont nous retraçons les grandes lignes. Issue de préoccupations d'ordre essentiellement logique touchant les fondements de la géométrie classique, cette nouvelle géométrie est présentée par ses inventeurs * sous la même forme axiomatique et « synthétique » que la géométrie d'Euclide, et sans lien avec la géométrie projective (dont

* On sait que Gauss, dès 1816, s'était convaincu de l'impossibilité de démontrer le postulat d'Euclide, et de la possibilité logique de développer une géométrie où ce postulat ne serait pas vérifié. Mais il ne publia pas ses résultats sur cette question, et ceux-ci furent retrouvés indépendamment par Lobatschevsky en 1829 et Bolyai en 1832. Pour plus de détails, voir [*105* a et b].

l'introduction suivant le modèle classique paraissait même exclue *a priori*, puisque la notion de parallèle unique disparaît dans cette géométrie) ; c'est sans doute pour cela qu'elle n'attire guère, pendant longtemps, l'intérêt des écoles française, allemande et anglaise de géométrie projective. Aussi, lorsque Cayley, dans le mémoire fondamental cité plus haut ([*58*], t. II, p. 561-592) a l'idée de remplacer les points cycliques (considérés comme conique « dégénérée tangentiellement ») par une conique quelconque (qu'il nomme « absolu »), il ne songe nullement à relier cette idée à la géométrie de Lobatschevsky-Bolyai, bien qu'il indique comment sa conception conduit à de nouvelles expressions pour la « distance » de deux points, et qu'il mentionne ses liens avec la géométrie sphérique. La situation change vers 1870, lorsque les géométries non-euclidiennes, à la suite de la diffusion des œuvres de Lobatschevsky, et de la publication des œuvres de Gauss et de la leçon inaugurale de Riemann, sont venues au premier plan de l'actualité mathématique. Suivant la voie tracée par Riemann, Beltrami, sans connaître le travail de Cayley, retrouve en 1868 les expressions de la distance données par ce dernier, mais dans un tout autre contexte, en considérant l'intérieur d'un cercle comme une image d'une surface à courbure constante, dans laquelle les géodésiques sont représentées par des droites [*18* a]; c'est Klein, qui deux ans plus tard, fait (indépendamment de Beltrami) la synthèse de ces divers points de vue, qu'il complète par la découverte de l'espace non euclidien elliptique ([*182*], t. I, p. 254-305) *.

G) Dans la seconde moitié de l'époque que nous considérons ici, s'instaure une période de réflexion critique, au cours de laquelle les partisans de la géométrie « synthétique », non contents d'avoir banni les coordonnées de leurs démonstrations, prétendent se passer des nombres réels jusque dans les axiomes de la géométrie. Le principal représentant de cette école est von Staudt, qui parvint essentiellement à réaliser ce tour de force [*325*], très admiré de son temps et même bien avant dans le XXe siècle ; et si aujourd'hui on n'attribue plus la même importance aux idées de cet ordre, dont les possibilités d'application fructueuse se sont révélées assez minces, il faut cependant reconnaître que les efforts de von Staudt et de ses disciples ont contribué à éclaircir les idées sur le rôle des « scalaires » réels ou

* L'exemple de la géométrie sphérique avait fait croire pendant quelques temps que, dans un espace à courbure constante positive, il existe toujours des couples de points par lesquels passe plus d'une géodésique.

complexes dans la géométrie classique, et à introduire par là même la conception moderne des géométries sur un corps de base arbitraire.

Vers 1860, la géométrie « synthétique » est à son apogée, mais la fin de son règne approche à grands pas. Restée lourde et disgracieuse pendant tout le XVIIIe siècle, la géométrie analytique, entre les mains des Lamé, Bobillier, Cauchy, Plücker et Möbius, acquiert enfin l'élégance et la concision qui vont lui permettre de lutter à armes égales avec sa rivale. Surtout, à partir de 1850 environ, les idées de groupe et d'invariant, formulées enfin de façon précise, envahissent peu à peu la scène, et on s'aperçoit que les théorèmes de géométrie classique ne sont pas autre chose que l'expression de relations identiques entre invariants ou covariants du groupe des similitudes *, de même que ceux de géométrie projective expriment les identités (ou « syzygies ») entre covariants du groupe projectif. C'est la thèse qui est magistralement exposée par F. Klein dans le célèbre « programme d'Erlangen » ([*182*], t. I, p. 460-497), où il préconise l'abandon des controverses stériles entre la tendance « synthétique » et la tendance « analytique » ; si, dit-il, l'accusation portée contre cette dernière de donner un rôle privilégié à un système d'axes arbitraires « *n'était que trop souvent justifiée en ce qui concerne la façon défectueuse dont on se servait autrefois de la méthode des coordonnées, elle s'effondre lorsqu'il s'agit d'une application rationnelle de cette méthode... Le domaine de l'intuition spatiale n'est pas interdit à la méthode analytique...* », et il souligne que « *l'on ne doit pas sous-estimer l'avantage qu'un formalisme bien adapté apporte aux recherches ultérieures, en ce qu'il devance pour ainsi dire la pensée* » (*loc. cit.*, p. 488-490).

On aboutit ainsi à une classification rationnelle et « structurale » des théorèmes de « géométrie » suivant le groupe dont ils relèvent : groupe linéaire pour la géométrie projective, groupe orthogonal pour les questions métriques, groupe symplectique pour la géométrie du « complexe linéaire ». Mais sous cette impitoyable clarté, la géométrie classique — exceptions faites de la géométrie algébrique et

* Par exemple, les premiers membres des équations des trois hauteurs d'un triangle sont des covariants des trois sommets du triangle pour le groupe des similitudes, et le théorème affirmant que ces trois hauteurs ont un point commun équivaut à dire que les trois covariants en question sont linéairement dépendants.

de la géométrie différentielle *, désormais constituées en sciences autonomes — se fane brusquement et perd tout son éclat. Déjà la généralisation des méthodes fondées sur l'usage des transformations avait rendu quelque peu mécanique la formation de nouveaux théorèmes : « *Aujourd'hui* », dit Chasles en 1837 dans son *Aperçu historique*, « *chacun peut se présenter, prendre une vérité quelconque connue, et la soumettre aux divers principes généraux de transformation ; il en retirera d'autres vérités, différentes ou plus générales ; et celles-ci seront susceptibles de pareilles opérations ; de sorte qu'on pourra multiplier, presque à l'infini, le nombre des vérités nouvelles déduites de la première... Peut donc qui voudra, dans l'état actuel de la science, généraliser et créer en Géométrie ; le génie n'est plus indispensable pour ajouter une pierre à l'édifice* » ([*60* b], p. 268-269). Mais la situation devient bien plus nette avec les progrès de la théorie des invariants, qui parvient enfin (tout au moins pour les groupes « classiques ») à formuler des méthodes générales permettant en principe d'écrire *tous* les covariants algébriques et *toutes* leurs « syzygies » de façon purement automatique ; victoire qui, du même coup, marque la mort, comme champ de recherches, de la théorie classique des invariants elle-même, et de la géométrie « élémentaire » **, qui en est devenue pratiquement un simple dictionnaire. Sans doute, rien ne permet de prévoir *a priori*, parmi l'infinité de « théorèmes » que l'on peut ainsi dérouler à volonté, quels seront ceux dont l'énoncé, dans un langage géométrique approprié, aura une simplicité et une élégance comparables aux résultats classiques, et il reste là un domaine restreint où continuent à s'exercer avec bonheur de nombreux amateurs (géométrie du triangle, du tétraèdre, des courbes et surfaces algébriques de bas degré, etc.) Mais pour le mathématicien professionnel, la

* Nous n'avons pas ici à faire l'histoire de ces deux disciplines ni à examiner en détail l'influence du « programme d'Erlangen » sur leur développement ultérieur. Mentionnons seulement que la géométrie algébrique, après plus de 100 ans de recherches, est plus activement étudiée que jamais ; quant à la géométrie différentielle, après une brillante floraison avec Lie, Darboux et leurs disciples, elle semblait menacée de la même sclérose que la géométrie élémentaire classique, lorsque les travaux contemporains (prenant surtout leur origine dans les idées de E. Cartan) sur les espaces fibrés et les problèmes « globaux » sont venus lui redonner toute sa vitalité.

** Ce mot est pris ici au sens de Klein, précisé p. 170; certains mathématiciens lui donnent un sens beaucoup plus vaste, englobant toutes les questions mathématiques qui peuvent se poser à propos du plan ou de l'espace à trois dimensions, y compris de difficiles problèmes touchant à la théorie des ensembles convexes, à la topologie et à la théorie de la mesure. Bien entendu, il n'est pas question de ces problèmes ici.

mine est tarie, puisqu'il n'y a plus là de problèmes de structure, susceptibles de retentir sur d'autres parties des mathématiques ; et ce chapitre de la théorie des groupes et des invariants peut être considéré comme clos jusqu'à nouvel ordre *.

Ainsi, après le programme d'Erlangen, les géométries euclidienne et non euclidiennes, du point de vue purement algébrique, sont devenues de simples langages, plus ou moins commodes, pour exprimer les résultats de la théorie des formes bilinéaires, dont les progrès vont de pair avec ceux de la théorie des invariants **. Tout ce qui concerne la notion de *rang* d'une forme bilinéaire et les rapports entre ces formes et les transformations linéaires est définitivement éclairci par les travaux de Frobenius ([*119*], t. I, p 343-405). C'est aussi à Frobenius qu'est due l'expression canonique d'une forme alternée sur un $\mathbf{Z}$-module libre ([*119*], t. I, p. 482-544); toutefois, les déterminants symétriques gauches étaient déjà apparus chez Pfaff, au début du siècle, à propos de la réduction des formes différentielles à une forme normale; Jacobi, qui, en 1827, reprend ce problème ([*171*], t. IV, p. 17-29), sait qu'un déterminant symétrique gauche d'ordre impair est nul, et c'est lui qui forme l'expression du pfaffien et montre que c'est un facteur du déterminant symétrique gauche d'ordre pair; mais il n'avait pas aperçu que ce dernier est le carré du pfaffien, et ce point ne fut établi que par Cayley en 1849 ([*58*], t. I, p. 410-413). La notion de forme bilinéaire symétrique associée à une forme quadratique est le cas le plus élémentaire du processus de « polarisation », un des outils fondamentaux de la théorie des invariants. Sous le nom de « produit scalaire », cette notion connaîtra une fortune immense, d'abord avec les vulgarisateurs du « calcul vectoriel », puis, à partir du XXe siècle, grâce à la généralisation insoupçonnée qu'en apporte la théorie de l'espace de Hilbert (voir p. 265). C'est aussi cette dernière théorie qui mettra en lumière la notion d'adjoint d'un opérateur (qui auparavant ne s'était guère manifestée que dans la théorie des équations différentielles linéaires, et, en calcul tensoriel, par la valse des indices co- et contravariants sous la baguette du tenseur métrique) ; c'est elle

* Bien entendu, cette inéluctable déchéance de la géométrie (euclidienne ou projective), qui semble évidente à nos yeux, est pendant longtemps restée inaperçue des contemporains, et jusque vers 1900, cette discipline a continué à faire figure de branche importante des mathématiques, ainsi qu'en témoigne par exemple la place qu'elle occupe dans l'*Enzyklopädie* ; jusqu'à ces dernières années, elle occupait encore cette place dans l'enseignement des Universités.

** En particulier, l'intérêt qui s'attache à la géométrie non-euclidienne provient, non de cet aspect algébrique banal, mais bien de ses relations avec la géométrie différentielle et la théorie des fonctions de variables complexes.

enfin qui donnera tout son relief à la notion de forme hermitienne, introduite d'abord par Hermite en 1853 à propos de recherches arithmétiques ([*159*], t. I, p. 237), mais restée un peu en marge des grands courants mathématiques jusque vers 1925 et les applications des espaces hilbertiens complexes aux théories quantiques.

L'étude du groupe orthogonal et du groupe des similitudes — clairement conçus et traités comme tels depuis le milieu du XIXe siècle, et devenus le cœur de la théorie des formes quadratiques — ainsi que des autres groupes « classiques » (groupe linéaire, groupe symplectique et groupe unitaire), prend d'autre part une importance de plus en plus grande. Nous ne pouvons que mentionner ici le rôle essentiel joué par ces groupes, dans la théorie des groupes de Lie et la géométrie différentielle d'une part, la théorie arithmétique des formes quadratiques (voir par exemple [*285*] et [*100*]) de l'autre *; à cette circonstance, ainsi qu'à l'extension du concept de dualité aux questions les plus diverses, est dû le fait qu'il n'est plus guère de théorie mathématique moderne où les formes bilinéaires n'interviennent d'une façon ou d'une autre. Nous devons en tout cas noter que c'est l'étude du groupe des rotations (à trois dimensions) qui conduisit Hamilton à la découverte des quaternions [*145* a]; cette découverte est généralisée par W. Clifford qui, en 1876, introduit les algèbres qui portent son nom, et prouve que ce sont des produits tensoriels d'algèbres de quaternions, ou d'algèbres de quaternions et d'une extension quadratique ([*65*], p. 266-276). Retrouvées quatre ans plus tard par Lipschitz [*205* b], qui les utilise pour donner une représentation paramétrique des transformations orthogonales à n variables (généralisant celles que Cayley avait obtenues pour $n = 3$ ([*58*], t. I, p. 123-126) et $n = 4$ (t. II, p. 202-215) par la théorie des quaternions), ces algèbres, et la notion de « spineur » qui en dérive ([*52* b] et [*62* a]), devaient aussi connaître une grande vogue à l'époque moderne en vertu de leur utilisation dans les théories quantiques.

Il nous reste enfin à dire un mot de l'évolution des idées qui a conduit à l'abandon à peu près total de toute restriction sur l'anneau des scalaires dans la théorie des formes sesquilinéaires — tendance commune à toute l'algèbre moderne, mais qui s'est peut-être manifestée ici plus tôt qu'ailleurs. Nous avons déjà signalé l'introduction fruc-

* Sans parler des théories quantiques, où les représentations linéaires des groupes orthogonaux ou unitaires sont fort utilisées, ni de la théorie de la relativité, qui attira l'attention sur le « groupe de Lorentz » (groupe orthogonal pour une forme de signature (3, 1)).

tueuse de la géométrie sur le corps des nombres complexes (qui d'ailleurs, pendant tout le XIXe siècle, n'allait pas sans une confusion perpétuelle et parfois périlleuse entre cette géométrie et la géométrie réelle) ; la clarté ici provient surtout des études axiomatiques de la fin du XIXe siècle sur les fondements de la géométrie [*163* c]. Au cours de ces recherches, Hilbert et ses émules, notamment, en examinant les relations entre les divers axiomes, furent amenés à construire des contre-exemples appropriés, où le « corps de base » (commutatif ou non) possédait des propriétés plus ou moins pathologiques, et ils accoutumèrent ainsi les mathématiciens à des « géométries » d'un type tout nouveau. Du point de vue analytique, Galois avait déjà considéré des transformations linéaires où coefficients et variables prenaient leurs valeurs dans un corps premier fini ([*123*], p. 145); en développant ces idées, Jordan [*174* a] est amené de façon naturelle à envisager les groupes classiques sur ces corps, groupes dont l'intervention se manifeste dans des domaines variés des mathématiques. Dickson, vers 1900, étendit les recherches de Jordan à tous les corps finis, et plus récemment, on s'est aperçu qu'une grande partie de la théorie de Jordan-Dickson s'étend au cas d'un « corps de base » absolument quelconque ; ceci est dû essentiellement aux propriétés générales des vecteurs isotropes et au théorème de Witt, qui, triviaux dans les cas classiques, n'ont été établis pour un corps de base arbitraire qu'en 1936 [*337* a] *.

Mais en poussant ainsi vers une « abstraction » toujours plus grande l'étude des formes sesquilinéaires, il s'est avéré extrêmement suggestif de conserver telle quelle la terminologie qui, dans le cas des espaces à 2 et 3 dimensions, provenait de la géométrie classique, et de l'étendre au cas n-dimensionnel et même aux espaces de dimension infinie. Dépassée en tant que science autonome et vivante, la géométrie classique s'est ainsi transfigurée en un langage universel de la mathématique contemporaine, d'une souplesse et d'une commodité incomparables.

* Pour plus de détails sur ces questions, voir [*90* b].

ESPACES TOPOLOGIQUES

Les notions de limite et de continuité remontent à l'antiquité ; on ne saurait en faire une histoire complète sans étudier systématiquement de ce point de vue, non seulement les mathématiciens, mais aussi les philosophes grecs et en particulier Aristote, ni non plus sans poursuivre l'évolution de ces idées à travers les mathématiques de la Renaissance et les débuts du Calcul différentiel et intégral. Une telle étude, qu'il serait certes intéressant d'entreprendre, dépasserait de beaucoup le cadre de cette note.

C'est Riemann qui doit être considéré comme le créateur de la topologie, comme de tant d'autres branches de la mathématique moderne : c'est lui en effet qui, le premier, chercha à dégager la notion d'espace topologique, conçut l'idée d'une théorie autonome de ces espaces, définit des invariants (les « nombres de Betti ») qui devaient jouer le plus grand rôle dans le développement ultérieur de la topologie, et en donna les premières applications à l'analyse (périodes des intégrales abéliennes). Mais le mouvement d'idées de la première moitié du XIXe siècle n'avait pas été sans préparer la voie à Riemann de plus d'une manière. En effet, le désir d'asseoir les mathématiques sur une base solide, qui a été cause de tant de recherches importantes durant tout le XIXe siècle et jusqu'à nos jours, avait conduit à définir correctement la notion de série convergente et de suite de nombres tendant vers une limite (Cauchy, Abel) et celle de fonction continue (Bolzano, Cauchy). D'autre part, la représentation géométrique (par des points du plan) des nombres complexes, ou, comme on avait dit jusque-là, « imaginaires » (qualifiés parfois aussi, au XVIIIe siècle, de nombres « impossibles »), représentation due à Argand et Gauss (voir p. 201), était devenue familière à la plupart des mathématiciens : elle constituait un progrès du même ordre que de nos jours l'adoption du langage géométrique dans l'étude de l'espace de Hilbert, et contenait en germe la possibilité d'une représentation géométrique de tout objet susceptible de variation continue ; Gauss, qui par ailleurs était naturellement amené à de telles conceptions par ses recherches sur les fondements de la géométrie, sur la géométrie non-euclidienne, sur les surfaces courbes, semble avoir eu déjà cette possibilité en vue, car il se sert des mots de « grandeur deux fois étendue » en définissant (indépendamment d'Argand et des mathématiciens français) la représentation géométrique des imaginaires ([*124* a], t. II, p. 101-103 et p. 175-178).

Ce sont d'une part ses recherches sur les fonctions algébriques et leurs intégrales, d'autre part ses réflexions (largement inspirées par l'étude des travaux de Gauss) sur les fondements de la géométrie, qui amenèrent Riemann à formuler un programme d'études qui est celui même de la topologie moderne, et à donner à ce programme un commencement de réalisation. Voici par exemple comment il s'exprime dans sa Théorie des fonctions abéliennes ([*259* a], p. 91) :

« *Dans l'étude des fonctions qui s'obtiennent par l'intégration de différentielles exactes, quelques théorèmes d'analysis situs sont presque indispensables. Sous ce nom, qui a été employé par Leibniz, quoique peut-être avec un sens quelque peu différent, il est permis de désigner la partie de la théorie des grandeurs continues qui étudie ces grandeurs, non pas comme indépendantes de leur position et mesurables les unes au moyen des autres, mais en faisant abstraction de toute idée de mesure et étudiant seulement leurs rapports de position et d'inclusion. Je me réserve de traiter cet objet plus tard, d'une manière complètement indépendante de toute mesure...* ».

Et dans sa célèbre Leçon inaugurale « Sur les hypothèses qui servent de fondement à la géométrie » ([*259* a], p. 272) :

« ...*La notion générale de grandeur plusieurs fois étendue* *, *qui contient celle de grandeur spatiale comme cas particulier, est restée complètement inexplorée...* (p. 272) ».

« ...*La notion de grandeur suppose un élément susceptible de différentes déterminations. Suivant qu'on peut ou non passer d'une détermination à une autre par transitions continues, ces déterminations forment une multiplicité continue (dont elles s'appelleront les points) ou une multiplicté discrète* (p. 273) ».

« ...*La mesure consiste en une superposition des grandeurs à comparer ; pour mesurer, il faut donc un moyen d'amener une grandeur sur*

* Riemann entend par là, comme la suite le montre, une partie d'un espace topologique à un nombre quelconque de dimensions.

une autre. En l'absence d'un tel moyen, on ne peut comparer deux grandeurs que si l'une est une partie de l'autre... Les études qu'on peut alors faire à leur sujet forment une partie de la théorie des grandeurs, indépendante de la mesure, et où les grandeurs ne sont pas considérées comme ayant une existence indépendante de leur position, ni comme exprimables au moyen d'une unité de mesure, mais comme des parties d'une multiplicité. De telles études sont devenues une nécessité dans plusieurs parties des mathématiques, en particulier pour la théorie des fonctions analytiques multiformes... (p. 274)».

« ...*La détermination de la position dans une multiplicité donnée est ainsi ramenée, chaque fois que cela est possible, à des déterminations numériques en nombre fini. Il y a, il est vrai, des multiplicités, dans lesquelles la détermination de la position exige, non pas un nombre fini, mais une suite infinie ou bien une multiplicité continue de déterminations de grandeurs. De telles multiplicités sont formées par exemple par les déterminations possibles d'une fonction dans un domaine donné, les positions d'une figure dans l'espace, etc.* » (p. 276).

On remarquera, dans cette dernière phrase, la première idée d'une étude des espaces fonctionnels ; déjà dans la Dissertation de Riemann, d'ailleurs, la même idée se trouve exprimée « *L'ensemble de ces fonctions* », dit-il à propos du problème de minimum connu sous le nom de principe de Dirichlet, « *forme un domaine connexe, fermé en soi* » ([*259* a], p. 30), ce qui, sous une forme imparfaite, est néanmoins le germe de la démonstration que Hilbert devait donner plus tard du principe de Dirichlet, et même de la plupart des applications des espaces fonctionnels au calcul des variations.

Comme nous avons dit, Riemann donna un commencement d'exécution à ce programme grandiose, en définissant les « nombres de Betti », d'abord d'une surface ([*259* a], pp. 92-93)), puis (*ibid.*, pp. 479-482; cf. aussi [*259* c]) d'une multiplicité à un nombre quelconque de dimensions, et en appliquant cette définition à la théorie des intégrales ; résultats qui inauguraient la Topologie algébrique, branche des mathématiques dont le développement n'a cessé de s'accélérer depuis le début du XXe siècle, et ne saurait être retracé ici.

Quant à la théorie générale des espaces topologiques, telle qu'elle avait été entrevue par Riemann, il fallait, pour qu'elle se développât, que la théorie des nombres réels, des ensembles de nombres, des ensembles de points sur la droite, dans le plan et dans l'espace, fût d'abord étudiée plus systématiquement qu'elle ne l'était du temps de Riemann : cette étude était liée, d'autre part, aux recherches (à demi philosophiques chez Bolzano, essentiellement mathématiques chez Dedekind) sur la nature du nombre irrationnel, ainsi qu'aux progrès de la théorie des fonctions de variable réelle (à laquelle Riemann lui-même apporta une importante contribution par sa définition de l'intégrale et sa théorie des séries trigonométriques, et qui fit l'objet, entre autres, de travaux de du Bois-Reymond, Dini, Weierstrass) ; elle fut l'œuvre de la seconde moitié du XIXe siècle et tout particulièrement de Cantor, qui le premier définit (tout d'abord sur la droite, puis dans l'espace euclidien à *n* dimensions) les notions de point d'accumulation, d'ensemble fermé, parfait, et obtint les résultats essentiels sur la structure de ces ensembles sur la droite (cf. p. 194) : on consultera là-dessus, non seulement les Œuvres de Cantor [*47*], mais aussi sa très intéressante correspondance avec Dedekind [*48*], où l'on trouvera nettement exprimée aussi l'idée du nombre de dimensions considéré comme invariant topologique.

Les progrès ultérieurs de la théorie sont exposés par exemple, sous forme mi-historique, mi-systématique, dans le livre de Schoenflies [*275* a] : de beaucoup le plus important fut le théorème de Borel-Lebesgue (démontré d'abord par Borel pour un intervalle fermé sur la droite et une famille dénombrable d'intervalles ouverts le recouvrant).

Les idées de Cantor avaient d'abord rencontré une assez vive opposition (cf. p. 43). Du moins sa théorie des ensembles de points sur la droite et dans le plan fut-elle bientôt utilisée et largement répandue par les écoles françaises et allemandes de théorie des fonctions (Jordan, Poincaré, Klein, Mittag-Leffler, puis Hadamard, Borel, Baire, Lebesgue, etc.) : les premiers volumes de la collection Borel, en particulier, contiennent chacun un exposé élémentaire de cette théorie (v. p. ex. [*32* a]). A mesure que ces idées se répandaient, on commençait de divers côtés à songer à leur application possible aux ensembles, non plus de points, mais de courbes ou de fonctions : idée qui se fait jour, par exemple, dès 1884, dans le titre « Sur les courbes limites d'une variété de courbes » d'un mémoire d'Ascoli [*10*], et qui s'exprime dans une communication d'Hadamard au congrès des mathématiciens de Zurich en 1896 [*141*]; elle est étroitement liée aussi à l'introduction des « fonctions de ligne » par Volterra en 1887, et à la création du «calcul fonctionnel», ou théorie des fonctions dont l'argument est une fonction (là-dessus, on pourra consulter l'ouvrage de Volterra sur l'Analyse fonctionnelle [*322* b]). D'autre part, dans le célèbre mémoire ([*163* a], t. III, p. 10-37) où Hilbert, reprenant sur ce point les idées de Riemann, démontrait l'existence du minimum dans le principe de Dirichlet et inaugurait la « méthode directe » du calcul des variations, on voyait apparaître nettement l'intérêt qu'il y a considérer des ensembles de fonctions où soit valable le principe de Bolzano-Weierstrass, c'est-à-dire où toute suite contienne une suite partielle convergente ; de tels ensembles devaient bientôt en effet jouer un rôle important, non seulement en calcul des variations, mais dans la théorie des fonctions de variable réelle (Ascoli, Arzelà) et dans celle des fonctions de variable complexe (Vitali, Carathéodory, Montel). Enfin l'étude des équations fonctionnelles, et tout particulièrement la résolution par Fredholm du type d'équation qui porte son nom [*116*], habituait à considérer une fonction comme un argument, et un ensemble de fonctions comme l'analogue d'un ensemble de points, à propos duquel il était tout aussi naturel d'employer un langage géométrique qu'à propos des points d'un espace euclidien à *n* dimensions (espace qui, lui aussi, échappe à l'« intuition », et, pour cette raison, est resté longtemps un objet de méfiance pour beaucoup de mathématiciens). En particulier, les mémorables travaux de Hilbert sur les équations intégrales [*163* b] aboutissaient à la définition et à l'étude géométrique de l'espace de Hilbert par Erhard Schmidt [*274* b], en analogie complète avec la géométrie euclidienne (voir p. 266).

Cependant, la notion de théorie axiomatique avait pris une importance de plus en plus grande, grâce surtout à de nombreux travaux sur les fondements de la géométrie, parmi lesquels ceux de Hilbert [*163* c] exercèrent une influence particulièrement décisive; au cours de ces travaux mêmes, Hilbert avait été amené à poser justement, dès 1902 ([*163* c], p. 180), une première définition axiomatique de la « multiplicité deux fois étendue » au sens de Riemann, définition qui constituait, disait-il, « le fondement d'un traitement axiomatique rigoureux de l'analysis situs », et utilisait déjà les voisinages (en un sens restreint par les exigences du problème auquel se limitait alors Hilbert).

Les premières tentatives pour dégager ce qu'il y a de commun aux propriétés des ensembles de points et de fonctions (sans intervention d'une notion de « distance »), furent faites par Fréchet [*115* a] et F. Riesz [*260* b]; mais le premier, partant de la notion de limite dénombrable, ne réussit pas à construire, pour les espaces non métrisables, un système d'axiomes commode et fécond ; du moins reconnut-il la parenté entre le principe de Bolzano-Weierstrass et le théorème de Borel-Lebesgue ; c'est à ce propos qu'il introduisit le mot de « compact », bien que dans un sens quelque peu différent de celui qu'on lui donne aujourd'hui. Quant à F. Riesz, qui partait de la notion de point d'accumulation (ou plutôt, ce qui revient au même, d'ensemble « dérivé »), sa théorie était encore incomplète, et resta d'ailleurs à l'état d'ébauche.

Avec Hausdorff ([*152* a], chap. 7-8-9) commence la topologie générale telle qu'on l'entend aujourd'hui. Reprenant la notion de voisinage, il sut choisir, parmi les axiomes de Hilbert sur les voisinages dans le plan, ceux qui pouvaient donner à sa théorie à la fois toute la précision et toute la généralité désirables. Le chapitre où il en développe les conséquences est resté un modèle de théorie axiomatique, abstraite mais d'avance adaptée aux applications. Ce fut là, tout naturellement, le point de départ des recherches ultérieures sur la topologie générale, et principalement des travaux de l'école de Moscou, orientés en grande partie vers le problème de métrisation (cf. p. 206) : nous devons en retenir surtout ici la définition, par Alexandroff et Urysohn, des espaces compacts (sous le nom d'« espaces bicompacts »), puis la démonstration par Tychonoff [*313*] de la compacité des produits d'espaces compacts. Enfin l'introduction des filtres par H. Cartan [*53*], tout en apportant un instrument très précieux en vue de toute sorte d'applications (où il se substitue avantageusement à la notion de « convergence à la Moore-Smith [*227*] »), est venue, grâce au théorème des ultrafiltres, achever d'éclaircir et de simplifier la théorie.

ESPACES UNIFORMES

Les principales notions et propositions relatives aux espaces uniformes se sont dégagées peu à peu de la théorie des variables réelles, et n'ont fait l'objet d'une étude systématique qu'à date récente. Cauchy, cherchant à fonder rigoureusement la théorie des séries (cf. p. 192), y prit comme point de départ un principe qu'il semble avoir considéré comme évident, d'après lequel une condition nécessaire et suffisante pour la convergence d'une suite (a_n) est que $|a_{n+p}-a_n|$ soit aussi petit qu'on veut dès que n est assez grand (v. p. ex. ([*56* a], (2), t. VII, p. 267)). Avec Bolzano [*27* c], il fut sans doute l'un des premiers à énoncer ce principe explicitement, et à en reconnaître l'importance : d'où le nom de « suite de Cauchy » donné aux suites de nombre réels qui satisfont à la condition dont il s'agit, et, par extension, aux suites (x_n) de points dans un espace métrique telles que la distance de x_{n+p} à x_n soit aussi petite qu'on veut dès que n est assez grand ; de là enfin le nom de « filtre de Cauchy » donné à la généralisation des suites de Cauchy dans les espaces uniformes.

Lorsque par la suite on ne se contenta plus de la notion intuitive de nombre réel, et qu'on chercha, afin de donner à l'Analyse un fondement solide, à définir les nombres réels à partir des nombres rationnels, ce fut précisément le principe de Cauchy qui fournit la plus féconde des définitions proposées dans la deuxième moitié du XIXe siècle; c'est la définition de Cantor ([*47*], p, 93-96) (développée aussi, entre autres, d'après les idées de Cantor, par Heine [*154* b], et, indépendamment, par Méray), d'après laquelle on fait correspondre un nombre réel à toute suite de Cauchy (« suite fondamentale » dans la terminologie de Cantor) de nombres rationnels ; un même nombre réel correspondra à deux suites de Cauchy de nombres rationnels (a_n) et (b_n) si $|a_n-b_n|$ tend vers 0, et dans ce cas seulement. L'idée essentielle est ici que, d'un certain point de vue, l'ensemble **Q** des nombres rationnels est « incomplet », et que l'ensemble des nombres réels est l'ensemble « complet » qu'on déduit de **Q** en le « complétant ».

D'autre part, Heine, dans des travaux largement inspirés par les idées de Weierstrass et de Cantor, définit le premier la continuité uniforme pour les fonctions numériques d'une ou plusieurs variables réelles [*154* a], et démontra que toute fonction numérique, continue sur un intervalle fermé borné de **R**, y est uniformément continue [*154* b] : c'est le « théorème de Heine ». Ce résultat est lié à la compacité d'un intervalle fermé borné dans R (« théorème de Borel-Lebesgue », cf. p. 178), et la démonstration donnée par Heine de son théorème peut aussi servir, avec quelques modifications, à démontrer le théorème de Borel-Lebesgue (ce qui a paru à quelques auteurs une raison suffisante pour donner à celui-ci le nom de « théorème de Heine-Borel »).

L'extension de ces idées à des espaces plus généraux se fit lorsqu'on étudia, d'abord sur des cas particuliers, puis en général, les espaces métriques, où une distance (fonction numérique des couples de points, satisfaisant à certains axiomes) est donnée et définit à la fois une topologie et une structure uniforme. Fréchet, qui le premier posa la définition générale de ces espaces, reconnut l'importance du principe de Cauchy [*115* a], et introduisit aussi pour les espaces métriques, la notion d'espace précompact (ou « totalement borné » [*115* a et b]). Hausdorff, qui, dans sa «Mengenlehre» [*152* a et b] développa beaucoup la théorie des espaces métriques, reconnut en particulier qu'on peut appliquer à ces espaces la construction de Cantor dont il a été question plus haut, et déduire ainsi, de tout espace métrique non « complet » (c'est-à-dire où le principe de Cauchy n'est pas valable), un espace métrique « complet ».

Les espaces métriques sont des « espaces uniformes » de nature particulière ; les espaces uniformes n'ont été définis d'une manière générale que récemment, par A. Weil [*330* b]. Auparavant on ne savait utiliser les notions et les résultats relatifs à la « structure uniforme » que lorsqu'il s'agissait d'espaces métriques : ce qui explique le rôle important joué dans beaucoup de travaux modernes sur la topologie, par les espaces métriques ou métrisables (et en particulier par les espaces compacts métrisables) dans des questions où la distance n'est d'aucune utilité véritable. Une fois posée la définition des espaces uniformes, il n'y a aucune difficulté (surtout lorsqu'on dispose aussi de la notion de filtre) à étendre à ces espaces presque toute la théorie des espaces métriques, telle qu'elle est exposée par exemple par Hausdorff (et à étendre de même, par exemple, à tous les espaces compacts, les résultats exposés pour les espaces compacts métriques dans la Topologie d'Alexandroff-Hopf [*4*]). En particulier, le théorème de complétion des espaces uniformes n'est que la transposition, sans aucune modification essentielle, de la construction de Cantor pour les nombres réels.

NOMBRES RÉELS

Toute mesure de grandeur implique une notion confuse de nombre réel. Du point de vue mathématique, on doit faire remonter les origines de la théorie des nombres réels à la formation progressive, dans la science babylonienne, d'un système de numération capable (en principe) de noter des valeurs aussi approchées qu'on veut de tout nombre réel [*232*]. La possession d'un tel système, et la confiance dans le calcul numérique qui ne peut manquer d'en résulter, aboutissent inévitablement, en effet, à une notion « naïve » de nombre réel, qui n'est guère différente de celle qu'on retrouve aujourd'hui (liée au système de numération décimal) dans l'enseignement élémentaire ou chez les physiciens et ingénieurs ; cette notion ne se laisse pas définir avec exactitude, mais on peut l'exprimer en disant qu'un nombre est considéré comme défini par la possibilité d'en obtenir des valeurs approchées et d'introduire celles-ci dans le calcul : ce qui, d'ailleurs, implique nécessairement un certain degré de confusion entre les mesures de grandeurs données dans l'expérience, qui ne sont naturellement pas susceptibles d'approximation indéfinie, et des « nombres » tels que $\sqrt{2}$ (en supposant qu'on possède un algorithme pour l'approximation indéfinie de celui-ci).

Un pareil point de vue « pragmatiste » reparaît donc dans toutes les écoles mathématiques où l'habileté calculatrice l'emporte sur le souci de la rigueur et les préoccupations théoriques. Ce sont ces dernières, au contraire, qui dominent dans la mathématique grecque : aussi lui doit-on la première théorie rigoureuse et cohérente des rapports de grandeurs, c'est-à-dire, essentiellement, des nombres réels ; elle est l'aboutissement d'une série de découvertes sur les proportions et en particulier sur les rapports incommensurables, dont il est difficile d'exagérer l'importance dans l'histoire de la pensée grecque, mais dont, en l'absence de textes précis, nous ne pouvons qu'à peine discerner les grandes lignes. La mathématique grecque à ses débuts est inséparablement liée à des spéculations, partie scientifiques, partie philosophiques et mystiques, sur les proportions, les similitudes et les rapports, en particulier les « rapport simples » (exprimables par des fractions à petits numérateur et dénominateur) ; et ce fut l'une des tendances caractéristiques de l'école pythagoricienne de prétendre tout expliquer par le nombre entier et les rapports d'entiers. Mais ce fut l'école pythagoricienne, justement, qui découvrit l'incommensurabilité du côté du carré avec sa diagonale (l'irrationalité de $\sqrt{2}$) : premier exemple, sans doute, d'une démonstration d'impossibilité en mathématique ; le seul fait de se poser une telle question implique la distinction nette entre un rapport et ses valeurs approchées, et suffit à indiquer l'immense fossé qui sépare les mathématiciens grecs de leurs devanciers *.

Nous sommes mal renseignés sur le mouvement d'idées qui accompagna et suivit cette importante découverte **. Nous nous bornerons à indiquer sommairement les idées principales qui sont à la base de la théorie des rapports des grandeurs, théorie qui, édifiée par le grand mathématicien Eudoxe (contemporain et ami de Platon), fut définitivement adoptée par la mathématique grecque classique, et nous est connue par les Éléments d'Euclide [*107*], où elle se trouve magistralement exposée (dans le Livre V de ces Éléments) :

1) Le mot et l'idée de *nombre* sont strictement réservés aux entiers naturels > 1 (1 est la monade et non un nombre à proprement parler), à l'exclusion, non seulement de nos nombres irrationnels, mais même de ce que nous nommons nombres rationnels, ceux-ci étant, pour les mathématiciens grecs de l'époque classique, des rapports de nombres. Il y a là beaucoup plus qu'une simple question de

* La découverte de l'irrationalité de $\sqrt{2}$, est attribuée par les uns à Pythagore lui-même, sans autorité suffisante semble-t-il ; par les autres, à quelque pythagoricien du ve siècle ; on s'accorde, sur le témoignage de Platon dans son *Théétète*, à attribuer à Théodore de Cyrène la démonstration de l'irrationalité de $\sqrt{3}$, $\sqrt{5}$, « *et ainsi de suite jusqu'à* $\sqrt{17}$ », à la suite de quoi Théétète aurait, soit obtenu une démonstration générale pour $\sqrt{N}$ (N = entier non carré parfait), soit en tout cas (si, comme il se peut, la démonstration de Théodore était générale dans son principe) procédé à une classification de certains types d'irrationnelles. On ne sait pas si ces premières démonstrations d'irrationalité procédaient par voie arithmétique ou géométrique : v. là-dessus [*148*], chap. IV; cf. aussi [*153* a], [*321*] et [*151*].

** On consultera en particulier là-dessus [*153* a], [*309* b et c], et en outre les ouvrages cités dans la note précédente, ainsi que [*317* c].

terminologie, le mot de nombre étant lié pour les Grecs (et pour les modernes jusqu'à une époque récente) à l'idée de *système à double loi de composition* (addition et multiplication) : les rapports d'entiers sont conçus par les mathématiciens grecs classiques comme des opérateurs, définis sur l'ensemble des entiers ou sur une partie de cet ensemble (le rapport de p à q est l'opérateur qui, à N, fait correspondre, *si* N *est multiple de* q, l'entier $p.(N/q)$), et formant un groupe multiplicatif, mais non un système à double loi de composition. En ceci, les mathématiciens grecs se séparaient volontairement des « logisticiens » ou calculateurs professionnels, qui n'avaient, comme leurs prédécesseurs égyptiens ou babyloniens, aucun scrupule à traiter comme des nombres les fractions ou les sommes d'un entier et d'une fraction. Il semble d'ailleurs qu'ils se soient imposé cette restriction de l'idée de nombre pour des motifs plus philosophiques que mathématiques, et à la suite des réflexions des premiers penseurs grecs sur l'un et le multiple, l'unité ne pouvant (dans ce système de pensée) se partager sans perdre par là même son caractère d'unité *.

2) La théorie des grandeurs est fondée axiomatiquement, et à la fois pour toute espèce de grandeurs (on trouve des allusions à des théories antérieures qui, à ce qu'il semble, traitaient séparément des longueurs, des aires, des volumes, des temps, etc.). Les grandeurs d'une même espèce sont caractérisées par le fait d'être susceptibles de comparaison (c'est-à-dire qu'on suppose définie l'égalité, qui est à proprement parler une équivalence, et les relations $>$ et $<$), d'être ajoutées et retranchées ($A + B$ est défini, et $A - B$ si $A > B$), et satisfont à l'axiome dit « d'Archimède » ; celui-ci est clairement conçu, dès le début, comme clef de voûte de l'édifice (il est en effet indispensable à toute caractérisation axiomatique des nombres réels) ; c'est par un pur accident qu'on lui a attribué le nom d'Archimède, et celui-ci insiste, dans l'introduction de sa « Quadrature de la Parabole » ([*5* b], t. II, p. 265), sur le fait que cet axiome a été employé par ses prédécesseurs, qu'il joue un rôle essentiel dans les travaux d'Eudoxe, et que ses conséquences ne sont pas moins assurées que les

* Platon ([*250*], livre VII, 525e) se moque des calculateurs « *qui changent l'unité pour de la menue monnaie* » et nous dit que, là où ceux-ci divisent, les savants multiplient : ce qui veut dire que, par exemple, pour le mathématicien, l'égalité de deux rapports a/b et c/d se constate, non en divisant a par b et c par d, ce qui conduit en général à un calcul de fractions (c'est ainsi qu'auraient opéré aussi les Égyptiens ou les Babyloniens), mais en vérifiant que $a.d = b.c$; et autres faits semblables.

déterminations d'aires et de volumes faites sans son secours *.

Il est facile de voir que, de ce fondement axiomatique, découle nécessairement la théorie des nombres réels. On notera que, pour Eudoxe, les grandeurs d'une espèce donnée forment un système à *une* loi de composition interne (l'addition), mais que ce système possède une loi de composition *externe* avec pour opérateurs les *rapports de grandeurs*, ceux-ci étant conçus comme formant un *groupe multiplicatif* abélien. A et A′ étant des grandeurs de même espèce, et de même B et B′, les *rapports* de A et A′ et de B à B′ sont *définis* comme égaux si, quels que soient les entiers m et m', $mA < m'A'$ entraîne $mB < m'B'$ et $mA > m'A'$ entraîne $mB > m'B'$; on définit par des moyens analogues les inégalités entre rapports. Que ces rapports forment un *domaine d'opérateurs* pour toute espèce de grandeur équivaut à l'axiome (non explicité mais plusieurs fois utilisé dans la rédaction d'Euclide) de l'existence de la quatrième proportionnelle : un rapport A/A′ étant donné et B′ étant donné, il existe un B, de même espèce que B′, tel que B/B′ = A/A′. Ainsi l'idée géniale d'Eudoxe permettait d'identifier entre eux les domaines d'opérateurs définis par toute espèce de grandeur ** ; d'une manière analogue, on peut identifier l'ensemble des rapports d'entiers (voir plus haut) avec une *partie* de l'ensemble des rapports de grandeurs, à savoir avec l'ensemble des rapports rationnels (rapports de grandeurs commensurables) ; cependant, du fait que ces rapports, en tant qu'opérateurs sur les entiers, sont (en général) définis seulement sur une partie de l'ensemble des entiers, il restait nécessaire d'en développer la théorie séparément (Livre VII d'Euclide).

Le domaine d'opérateurs universel ainsi construit était donc pour les mathématiciens grecs l'équivalent de ce qu'est pour nous l'ensemble des nombres réels ; il est clair d'ailleurs qu'avec l'*addition* des grandeurs et la *multiplication* des rapports de grandeurs, ils possédaient l'équivalent de ce qu'est pour nous le *corps* des nombreux réels, bien

* Allusion manifeste à des polémiques qui ne nous ont pas été conservées : on croirait un moderne parlant de l'axiome de Zermelo.

** Elle permet ainsi de faire en toute rigueur ce que faisaient couramment les premiers mathématiciens grecs lorsqu'ils considéraient comme démontré un théorème sur les proportions dès que celui-ci était démontré pour tout rapport rationnel. Il semble qu'avant Eudoxe on ait tenté de construire une théorie qui aurait atteint les mêmes objets en définissant le rapport A/A′ de deux grandeurs par ce que nous appellerions en langage moderne les termes de la fraction continuée qui l'exprime ; sur ces essais, auxquels conduisait naturellement l'algorithme dit « d'Euclide » pour la recherche d'une commune mesure de A et A′ si elle existe (ou pour la détermination du p.g.c.d.), cf. [*17* a].

que sous une forme beaucoup moins maniable *. On peut, d'autre part, se demander s'ils avaient conçu ces ensembles (ensemble des grandeurs d'une espèce donnée, ou ensemble des rapports de grandeurs) comme *complets* à notre sens ; on ne voit pas bien, autrement, pourquoi ils auraient admis (sans même éprouver le besoin d'en faire un axiome) l'existence de la quatrième proportionnelle ; de plus, certains textes paraissent se référer à des idées de ce genre ; enfin, ils admettaient certainement comme évident qu'une courbe, susceptible d'être décrite d'un mouvement continu, ne peut passer d'un côté à l'autre d'une droite sans couper celle-ci, principe qu'ils ont utilisé par exemple dans leurs recherches sur la duplication du cube (construction de $\sqrt[3]{2}$ par des intersections de courbes) et qui est essentiellement équivalent à la propriété dont il s'agit ; cependant, les textes que nous possédons ne nous permettent pas de connaître avec une entière précision leurs idées sur ce point.

Tel est donc l'état de la théorie des nombres réels à l'époque classique de la mathématique grecque. Pour admirable que fût la construction d'Eudoxe, et ne laissant rien à désirer du point de vue de la rigueur et de la cohérence, il faut avouer qu'elle manquait de souplesse, et était peu favorable au développement du calcul numérique et surtout du calcul algébrique. De plus, sa nécessité logique ne pouvait apparaître qu'à des esprits épris de rigueur et exercés à l'abstraction ; il est donc naturel qu'au déclin des mathématiques grecques, on voie reparaître peu à peu le point de vue « naïf » qui s'était conservé à travers la tradition des logisticiens ; c'est lui qui domine par exemple chez Diophante [*91* a], véritable continuateur de cette tradition bien plutôt que de la science grecque officielle ; celui-ci, tout en reproduisant pour la forme la définition euclidienne du nombre, entend en réalité par le mot « nombre », l'inconnue de problèmes algébriques dont la solution est, soit un entier, soit un nombre fractionnaire,

* Si peu maniable que les mathématiciens grecs, pour traduire dans leur langage la science algébrique des Babyloniens, s'étaient trouvés obligés d'utiliser systématiquement un moyen d'un tout autre ordre, à savoir la correspondance entre deux *longueurs* et l'*aire* du rectangle construit sur ces deux longueurs pour côtés : ce qui n'est pas une loi de composition à proprement parler, et ne permet pas d'écrire commodément les relations algébriques d'un degré plus élevé que le second.

On notera d'autre part que, dans tout cet exposé, nous faisons abstraction de la question des nombres négatifs (voir p. 70).

soit même une irrationnelle *. Bien que ce changement d'attitude, au sujet du nombre, soit lié à l'un des progrès les plus importants de l'histoire des mathématiques, à savoir le développement de l'Algèbre (voir p. 69), il ne constitue bien entendu pas un progrès en lui-même, mais plutôt un recul.

Il ne nous est pas possible de suivre ici les vicissitudes de l'idée de nombre à travers les mathématiques hindoue, arabe et occidentale jusqu'à la fin du Moyen âge : c'est la notion « naïve » de nombre qui y domine ; et, bien que les Éléments d'Euclide servissent de base à l'enseignement des mathématiques durant cette période, il est vraisemblable que la doctrine d'Eudoxe resta généralement incomprise parce que la nécessité n'en apparaissait plus. Les « rapports » d'Euclide étaient le plus souvent qualifiés de « nombres » ; on leur appliquait les règles du calcul des entiers, obtenant ainsi des résultats exacts, sans chercher à analyser à fond les raisons du succès de ces méthodes.

Nous voyons cependant déjà R. Bombelli, au milieu du XVIe siècle, exposer sur ce sujet, dans son Algèbre [*28* b] **, un point de vue qui (à condition de supposer acquis les résultats du livre V d'Euclide) est essentiellement correct ; ayant reconnu qu'une fois choisie l'unité de longueur il y a correspondance biunivoque entre les longueurs et les rapports de grandeurs, il définit *sur les longueurs* les diverses opérations algébriques (en supposant fixée l'unité, bien entendu), et, représentant les nombres par les longueurs, obtient la définition géométrique du corps des nombres réels (point de vue dont on fait le plus souvent revenir le mérite à Descartes), et donne ainsi à son Algèbre une base géométrique solide ***.

Mais l'Algèbre de Bombelli, encore que singulièrement avancée pour son époque, n'allait pas au delà de l'extraction des radicaux et de la résolution par radicaux des équations du 2e, 3e et 4e degrés ; bien entendu la possibilité de l'extraction des radicaux est admise

* « *Le « nombre » se trouve non rationnel* », Diophante, livre IV, problème IX. Sur ce retour à la notion naïve de nombre, cf. aussi Eutocius, dans son Commentaire sur Archimède ([*5* b], t. III, pp. 120-126).

** Il s'agit ici du livre IV de cette Algèbre, qui demeura inédit jusqu'à nos jours ; il importe peu, pour l'objet de l'exposé ci-dessus, que les idées de Bombelli sur ce sujet aient été ou non connues de ses contemporains.

*** Nous n'entrons pas ici dans l'histoire de l'emploi des nombres négatifs, qui est du ressort de l'Algèbre. Notons pourtant que Bombelli, en ce même lieu, donne avec une parfaite clarté la définition, purement formelle (telle qu'on pourrait la trouver dans une Algèbre moderne), non seulement des quantités négatives, mais aussi des nombres complexes.

par lui sans discussion. Simon Stévin [*295*], lui aussi, adopte un point de vue analogue au sujet du nombre, qui est pour lui ce qui note une mesure de grandeur, et qu'il considère comme essentiellement « continu » (sans qu'il précise le sens qu'il donne à ce mot) ; s'il distingue les « nombres géométriques » des « nombres arithmétiques », c'est seulement d'après l'accident de leur mode de définition, sans qu'il y ait là pour lui une différence de nature ; voici d'ailleurs son dernier mot sur ce sujet : « *Nous concluons doncques qu'il n'y a aucuns nombres absurds, irrationels, irreguliers, inexplicables ou sourds ; mais qu'il y a en eux telle excellence, et concordance, que nous avons matiere de mediter nuict et jour en leur admirable parfection* » ([*295*], p. 10). D'autre part, ayant le premier constitué en méthode de calcul l'outil des fractions décimales, et proposé pour celles-ci une notation déjà voisine de la nôtre, il conçut clairement que ces fractions fournissent un algorithme d'approximation indéfinie de tout nombre réel, comme il ressort de son *Appendice algebraique* de 1594 « *contenant regle generale de toutes Equations* » (brochure dont l'unique exemplaire connu fut brûlé à Louvain en 1914; mais v. [*295*], p. 88). Une telle équation étant mise sous la forme $P(x) = Q(x)$ (où P est un polynôme de degré supérieur à celui du polynôme Q, et $P(0) < Q(0)$), on substitue à x les nombres 10, 100, 1 000,. . . jusqu'à trouver $P(x) > Q(x)$, ce qui, dit-il, détermine le nombre de chiffres de la racine ; puis (si par exemple la racine se trouve avoir deux chiffres) on substitue 10, 20,... ce qui détermine le chiffre des dizaines ; puis de même pour le chiffre suivant, puis pour les chiffres décimaux successifs : « *Et procedant ainsi infiniment* », dit-il, « *l'on approche infiniment plus pres au requis* » ([*295*], p. 88). Comme on voit, Stévin a eu (le premier sans doute) l'idée nette du théorème de Bolzano et a reconnu dans ce théorème l'outil essentiel pour la résolution systématique des équations numériques ; on reconnaît là, en même temps, une conception intuitive si claire du continu numérique, qu'il restait peu de chose à faire pour la préciser définitivement.

Cependant, dans les deux siècles qui suivirent, l'établissement définitif de méthodes correctes se trouva deux fois retardé par le développement de deux théories dont nous n'avons pas à faire l'histoire ici : le calcul infinitésimal, et la théorie des séries. A travers les discussions qu'elles soulèvent, on reconnaît, comme à toutes les époques de l'histoire des mathématiques, le perpétuel balancement entre les chercheurs occupés d'aller de l'avant, au prix de quelque insécurité, persuadés qu'il sera toujours temps plus tard de consolider le terrain conquis, et les esprits critiques, qui (sans nécessairement le céder en rien aux premiers pour les facultés intuitives et les talents d'inventeur) ne croient pas perdre leur peine en consacrant quelque effort à l'expression précise et à la justification rigoureuse de leurs conceptions. Au XVIIe siècle, l'objet principal du débat est la notion d'infiniment petit, qui, justifiée *a posteriori* par les résultats auxquels elle permettait d'atteindre, paraissait en opposition ouverte avec l'axiome d'Archimède ; et nous voyons les esprits les plus éclairés de cette époque finir par adopter un point de vue peu différent de celui de Bombelli, et qui s'en distingue surtout par l'attention plus grande apportée aux méthodes rigoureuses des anciens ; Isaac Barrow (le maître de Newton, et qui lui-même prit une part importante à la création du calcul infinitésimal) en donne un brillant exposé dans ses *Leçons de Mathématique* professées à Cambridge en 1664-65-66 [*16* a et b]; reconnaissant la nécessité, pour retrouver au sujet du nombre la proverbiale « certitude géométrique », de retourner à la théorie d'Eudoxe, il présente longuement, et fort judicieusement, la défense de celle-ci (qui, à son témoignage, paraissait inintelligible à beaucoup de ses contemporains) contre ceux qui la taxaient d'obscurité ou même d'absurdité. D'autre part, définissant les nombres comme des symboles qui dénotent des rapports de grandeurs, et susceptibles de se combiner entre eux par les opérations de l'arithmétique, il obtient le corps des nombres réels, en des termes repris après lui par Newton dans son *Arithmétique* et auxquels ses successeurs jusqu'à Dedekind et Cantor ne devaient rien changer.

Mais c'est vers cette époque que s'introduisit la méthode des développements en série, qui bientôt, entre les mains d'algébristes impénitents, prend un caractère exclusivement formel et détourne l'attention des mathématiciens des questions de convergence que soulève le sain emploi des séries dans le domaine des nombres réels. Newton, principal créateur de la méthode, était encore conscient de la nécessité de considérer ces questions : et, s'il ne les avait pas suffisamment élucidées, il avait reconnu du moins que les séries de puissances qu'il introduisait convergeaient « le plus souvent » au moins aussi bien qu'une série géométrique (dont la convergence était déjà connue des anciens) pour de petites valeurs de la variable ([*233* a], t. I, p. 3-26) ; vers la même époque, Leibniz avait observé qu'une série alternée, à termes décroissants en valeur absolue et tendant vers 0, est convergente ; au siècle suivant, d'Alembert, en 1768, exprime des doutes sur l'emploi des séries non convergentes. Mais l'autorité des

Bernoulli et surtout d'Euler fait que de tels doutes sont exceptionnels à cette époque.

Il est clair que des mathématiciens qui auraient eu l'habitude de faire servir les séries au calcul numérique n'auraient jamais négligé ainsi la notion de convergence ; et ce n'est pas un hasard que le premier qui, en ce domaine comme en beaucoup d'autres, ait amené le retour aux méthodes correctes, ait été un mathématicien qui, dès sa prime jeunesse, avait eu l'amour du calcul numérique : C. F. Gauss, qui, presque enfant, avait pratiqué l'algorithme de la moyenne arithmético-géométrique *, ne pouvait manquer de se former de la limite une notion claire ; et nous le voyons, dans un fragment qui date de 1800 (mais fut publié seulement à notre époque) ([*124* a], t. X_1, p. 390), définir avec précision, d'une part la borne supérieure et la borne inférieure, d'autre part la limite supérieure et la limite inférieure d'une suite de nombres réels ; l'existence des premières (pour une suite bornée) paraissant admise comme évidente, et les dernières étant correctement définies comme limites, pour n tendant vers $+\infty$, de $\sup\limits_{p\geqslant 0} u_{n+p}$, $\inf\limits_{p\geqslant 0} u_{n+p}$. Gauss, d'autre part, donne aussi, dans son mémoire de 1812 sur la série hypergéométrique ([*124* a], t. III, p. 139) le premier modèle d'une discussion de convergence conduite, comme il dit, « *en toute rigueur, et faite pour satisfaire ceux dont les préférences vont aux méthodes rigoureuses des géomètres anciens* » : il est vrai que cette discussion, constituant un point secondaire dans le mémoire, ne remonte pas aux premiers principes de la théorie des séries ; c'est Cauchy qui établit ceux-ci le premier, dans son *Cours d'Analyse* de 1821 ([*56* a], (2), t. III), d'une manière en tout point correcte, à partir du critère de Cauchy clairement énoncé, et admis comme évident ; comme, sur la définition du nombre, il s'en tient au point de vue de Barrow et de Newton, on peut donc dire que pour lui les nombres réels sont définis par les axiomes des grandeurs et le critère de Cauchy : ce qui suffit en effet à les définir.

C'est au même moment qu'est définitivement éclairci un autre aspect important de la théorie des nombres réels. Comme nous l'avons dit, on avait toujours admis comme géométriquement évi-

* x_0, y_0 étant donnés et > 0, soient $x_{n+1} = (x_n + y_n)/2$, $y_{n+1} = \sqrt{x_n y_n}$; pour n tendant vers $+\infty$, x_n et y_n tendent (très rapidement) vers une limite commune, dite moyenne arithmético-géométrique de x_0 et y_0 ; cette fonction est intimement liée aux fonctions elliptiques et forma le point de départ des importants travaux de Gauss sur ce sujet.

dent que deux courbes continues ne peuvent se traverser sans se rencontrer ; principe qui (convenablement précisé) équivaudrait, lui aussi, à la propriété de la droite d'être un espace complet. Ce principe est encore à la base de la démonstration « rigoureuse » donnée par Gauss en 1799 du théorème de d'Alembert, d'après lequel tout polynôme à coefficients réels admet une racine réelle ou complexe ([*124* a], t. III, p. 1); la démonstration du même théorème, donnée par Gauss en 1815 ([*124* a], t. III, p. 31), s'appuie, de même qu'un essai antérieur de Lagrange, sur le principe, analogue mais plus simple, d'après lequel un polynôme ne peut changer de signe sans s'annuler (principe que nous avons vu utiliser déjà par Stévin). En 1817, Bolzano donne, à partir du critère de Cauchy, une démonstration complète de ce dernier principe, qu'il obtient comme cas particulier du théorème analogue pour les fonctions numériques continues d'une variable numérique [*27* c]. Énonçant clairement (avant Cauchy) le « critère de Cauchy », il cherche à le justifier par un raisonnement qui, en l'absence de toute définition arithmétique du nombre réel, n'était et ne pouvait être qu'un cercle vicieux ; mais, ce point une fois admis, son travail est entièrement correct et fort remarquable, comme contenant, non seulement la définition moderne d'une fonction continue (donnée ici pour la première fois), avec la démonstration de la continuité des polynômes, mais même la démonstration d'existence de la borne inférieure d'un ensemble borné *quelconque* de nombre réels (il ne parle pas d'ensembles, mais, ce qui revient au même, de propriétés de nombres réels). D'autre part, Cauchy, dans son *Cours d'Analyse* ([*56* a], (2), t. III), définissant, lui aussi, les fonctions continues d'une ou plusieurs variables numériques, démontre également qu'une fonction continue d'une variable ne peut changer de signe sans s'annuler, et ce par le raisonnement même de Simon Stévin, qui devient naturellement correct, une fois définie la continuité, dès qu'on se sert du critère de Cauchy (ou bien dès qu'on admet, comme Cauchy le fait à cet endroit, le principe équivalent dit des « intervalles emboîtés », dont la convergence des fractions décimales indéfinies n'est bien entendu qu'un cas particulier).

Une fois parvenus à ce point, il ne restait aux mathématiciens qu'à préciser et développer les résultats acquis, en corrigeant quelques erreurs et comblant quelques lacunes. Cauchy, par exemple, avait cru un moment qu'une série convergente, à termes fonctions continues d'une variable, a pour somme une fonction continue : la rectification de ce point par Abel, au cours de ses importants travaux sur les séries

([*1*], t. I, p. 219 ; cf. aussi t. II, p. 257, et *passim*), aboutit finalement à l'élucidation par Weierstrass, dans ses cours (inédits, mais qui eurent une influence considérable), de la notion de convergence uniforme (voir p. 257). D'autre part, Cauchy avait, sans justification suffisante, admis l'existence du minimum d'une fonction continue dans l'une des démonstrations données par lui de l'existence des racines d'un polynôme ; c'est encore Weierstrass qui apporta la clarté sur les questions de ce genre en démontrant dans ses cours l'existence du minimum pour les fonctions de variables numériques, définies dans des intervalles fermés bornés ; c'est à la suite de sa critique de l'application injustifiée de ce théorème à des ensembles de fonctions (dont le « principe de Dirichlet » est l'exemple le plus connu) que commence le mouvement d'idées qui aboutit (voir p. 179) à la définition générale des espaces compacts et à l'énoncé moderne du théorème.

En même temps, Weierstrass, dans ses cours, avait reconnu l'intérêt logique qu'il y a à dégager entièrement l'idée de nombre réel de la théorie des grandeurs : utiliser celle-ci, en effet, revient à définir axiomatiquement l'ensemble des points de la droite (donc en définitive l'ensemble des nombres réels) et admettre l'existence d'un tel ensemble ; bien que cette manière de faire soit essentiellement correcte, il est évidemment préférable de partir seulement des nombres rationnels, et d'en déduire les nombres réels par complétion *. C'est ce que firent, par des méthodes diverses, et indépendamment les uns des autres, Weierstrass, Dedekind, Méray et Cantor ; tandis que le procédé dit des « coupures », proposé par Dedekind ([*79*], t. II, p. 315-334) se rapprochait beaucoup des définitions d'Eudoxe, les autres méthodes proposées se rapprochent de la méthode utilisée depuis Hausdorff pour compléter un espace métrique. C'est à ce moment aussi que Cantor commence à développer la théorie des ensembles de nombres réels, dont Dedekind avait conçu la première idée [*48*], obtenant ainsi les principaux résultats élémentaires sur la

* En effet, on ramène ainsi la question de l'existence, c'est-à-dire, en langage moderne, la non-contradiction de la théorie des nombres réels, à la question analogue pour les nombres rationnels, *à condition toutefois qu'on suppose acquise la théorie des ensembles abstraits* (puisque la complétion suppose la notion de partie générique d'un ensemble infini) ; autrement dit, on ramène tout à cette dernière théorie, puisqu'on en peut tirer la théorie des nombres rationnels. Au contraire, si l'on ne suppose pas qu'on dispose de la Théorie des ensembles, il est impossible de ramener la non-contradiction de la théorie des nombres réels à celle de l'arithmétique, et il devient à nouveau nécessaire d'en donner une caractérisation axiomatique indépendante.

topologie de la droite, la structure des ensembles ouverts, des ensembles fermés, les notions d'ensemble dérivé, d'ensemble parfait totalement discontinu, etc.

Avec Cantor, la théorie des nombres réels a pris, à peu de chose près, sa forme définitive ; indiquons brièvement dans quels sens elle a été prolongée. En dehors des travaux de topologie générale (voir p. 179), et des applications à l'Intégration (voir p. 278), il s'agit surtout des recherches sur la structure et la classification des ensembles de points sur la droite et des fonctions numériques de variables réelles; elles ont leur origine dans les travaux de Borel [*32* a], orientés surtout vers la théorie de la mesure, mais qui aboutissent entre autres à la définition des « ensembles boréliens » : ce sont les ensembles appartenant à la plus petite famille de parties de $\mathbf{R}$, comprenant les intervalles, et fermée par rapport à la réunion et à l'intersection *dénombrables* et à l'opération $\complement$. A ces ensembles sont intimement liées les fonctions dites « de Baire », c'est-à-dire celles qui peuvent être obtenues à partir des fonctions continues par l'opération de limite de suite, répétée « transfiniment » ; elles furent définies par Baire au cours d'importants travaux où il abandonne entièrement le point de vue de la mesure pour aborder systématiquement l'aspect qualitatif et « topologique » de ces questions [*11* a] : c'est à cette occasion qu'il définit et étudie le premier les fonctions semi-continues, et qu'en vue de caractériser les fonctions limites de fonctions continues, il introduit l'importante notion d'ensemble maigre (ensemble « de première catégorie » dans la terminologie de Baire) (voir p. 206). Quant aux nombreux travaux qui ont suivi ceux de Baire, et qui sont dus principalement aux écoles russe et surtout polonaise, nous ne pouvons ici qu'en signaler l'existence (voir p. 206).

EXPONENTIELLES ET LOGARITHMES

L'histoire de la théorie du groupe multiplicatif $\mathbf{R}_+^*$ des nombres réels > 0 est étroitement liée à celle du développement de la notion des *puissances* d'un nombre > 0, et des notations employées pour les désigner. La conception de la « progression géométrique » formée par les puissances successives d'un même nombre remonte aux Égyptiens et aux Babyloniens ; elle était familière aux mathématiciens grecs, et on trouve déjà chez Euclide (*Eléments*, Livre IX, prop. 11) un énoncé général équivalent à la règle $a^m a^n = a^{m+n}$ pour des exposants entiers > 0. Au Moyen Age, le mathématicien français N. Oresme (XIVe siècle) retrouve cette règle ; c'est aussi chez lui qu'apparaît pour la première fois la notion d'exposant fractionnaire > 0, avec une notation déjà voisine de la nôtre et des règles de calcul (énoncées de façon générale) les concernant (par exemple les deux règles que nous écrivons maintenant $(ab)^{1/n} = a^{1/n}b^{1/n}$, $(a^m)^{p/q} = (a^{mp})^{1/q}$ [*74*]. Mais les idées d'Oresme étaient trop en avance sur la Mathématique de son époque pour exercer une influence sur ses contemporains, et son traité sombra rapidement dans l'oubli. Un siècle plus tard, N. Chuquet énonce de nouveau la règle d'Euclide ; il introduit en outre une notation exponentielle pour les puissances des inconnues de ses équations, et n'hésite pas à faire usage de l'exposant 0 et d'exposants entiers < 0 *. Cette fois (et bien que l'ouvrage de Chuquet soit resté manuscrit et ne paraisse pas avoir été très répandu), l'idée de l'isomorphie entre la « progression arithmétique » des exposants, et la « progression géométrique » des puissances, ne sera plus perdue de vue ; étendue aux exposants négatifs et aux exposants fractionnaires par Stifel ([*298*], fol. 35 et 249-250), elle aboutit enfin à la

* Chuquet écrit par exemple 12^1, 12^2, 12^3, etc., pour $12\,x$, $12\,x^2$, $12\,x^3$, etc., 12^0 pour le nombre 12, et $12^{2\bar{m}}$ pour $12\,x^{-2}$ ([*64*], p. 737-738).

définition des logarithmes et à la construction des premières tables, entreprise indépendamment par l'Écossais J. Neper, en 1614-1620, et le Suisse J. Bürgi (dont l'ouvrage ne parut qu'en 1620, bien que sa conception remontât aux premières années du XVIIe siècle). Chez Bürgi, la continuité de l'isomorphisme établi entre $\mathbf{R}$ et $\mathbf{R}_{+}^{*}$ est implicitement supposée par l'emploi de l'interpolation dans le maniement des tables ; elle est au contraire explicitement formulée dans la définition de Neper (aussi explicitement du moins que le permettait la conception assez vague qu'on se faisait de la continuité à cette époque) *.

Nous n'avons pas à insister ici sur les services rendus par les logarithmes dans le Calcul numérique ; du point de vue théorique, leur importance date surtout des débuts du Calcul infinitésimal, avec la découverte des développements en série de $\log(1 + x)$ et de e^{x}, et des propriétés différentielles de ces fonctions (voir p. 213-214). En ce qui concerne la définition des exponentielles et des logarithmes, on se borna, jusqu'au milieu du XIXe siècle, à admettre intuitivement la possibilité de prolonger par continuité à l'ensemble des nombres réels la fonction a^{x} définie pour tout x rationnel ; et ce n'est qu'une fois la notion de nombre réel définitivement précisée et déduite de celle de nombre rationnel, qu'on songea à donner une justification rigoureuse de ce prolongement.

* Neper considère deux points M, N mobiles simultanément sur deux droites, le mouvement de M étant uniforme, celui de N tel que la vitesse de N soit proportionnelle à son abscisse ; l'abscisse de M est alors par définition le logarithme de celle de N ([*230* a], p. 3).

ESPACES A N DIMENSIONS

Nous avons eu déjà l'occasion de dire comment le développement de la Géométrie analytique du plan et de l'espace conduisit les mathématiciens à introduire la notion d'espace à n dimensions, qui leur fournissait un langage géométrique extrêmement commode pour exprimer de façon concise et simple les théorèmes d'algèbre concernant des équations à un nombre quelconque de variables, et notamment tous les résultats généraux de l'Algèbre linéaire (voir p. 84). Mais si, vers le milieu du XIXe siècle, ce langage était devenu courant chez de nombreux géomètres, il restait purement conventionnel, et l'absence d'une représentation « intuitive » des espaces à plus de trois dimensions semblait interdire dans ces derniers les raisonnements « par continuité » qu'on se permettait dans le plan ou dans l'espace en se fondant exclusivement sur l'« intuition ». C'est Riemann qui le premier, dans ses recherches sur l'*Analysis situs* et sur les fondements de la Géométrie, s'enhardit à raisonner de la sorte par analogie avec le cas de l'espace à trois dimensions (voir p. 176) * ; à sa suite, de nombreux mathématiciens se mirent à utiliser, avec un grand succès, des raisonnements de cette nature, notamment dans la théorie des fonctions algébriques de plusieurs variables complexes. Mais le contrôle de l'intuition spatiale étant alors très limité, on pouvait à bon droit rester sceptique quant à la valeur démonstrative de pareilles considérations, et ne les admettre qu'à titre purement heuristique, en tant qu'elles rendaient très plausible l'exactitude de certains théorèmes. C'est ainsi que H. Poincaré, dans son mémoire de 1887 sur les résidus des intégrales doubles de fonctions de deux variables complexes, évite autant qu'il le peut tout recours à l'intuition dans

* Voir aussi les travaux de L. Schläfli ([*273*], t. I, p. 169-387), datant de la même époque, mais qui ne furent publiés qu'au XXe siècle.

l'espace à quatre dimensions : « *Comme cette langue hypergéométrique répugne encore à beaucoup de bons esprits* », dit-il, « *je n'en ferai qu'un usage peu fréquent* » ; les « artifices » qu'il emploie à cette fin lui permettent de se ramener à des raisonnements topologiques dans l'espace à trois dimensions, où il n'hésite plus alors à faire appel à l'intuition ([*251* a], t. III p., 443 et suiv.).

Par ailleurs, les découvertes de Cantor, et notamment le célèbre théorème établissant que $\mathbf{R}$ et $\mathbf{R}^n$ sont équipotents (qui semblait mettre en cause la notion même de dimension)*, montraient qu'il était indispensable, pour asseoir sur une base solide les raisonnements de Géométrie et de Topologie, de les libérer entièrement de tout recours à l'intuition. Nous avons déjà dit (cf. voir p. 175) que ce besoin est à l'origine de la conception moderne de la Topologie générale ; mais avant même la création de cette dernière, on avait commencé à étudier de façon rigoureuse la topologie des espaces numériques et de leurs généralisations les plus immédiates (les « variétés à n dimensions ») par des méthodes relevant surtout de la branche de la Topologie dite « Topologie combinatoire » ou mieux « Topologie algébrique », dont nous ne pouvons parler ici.

* Il est intéressant de noter que, dès qu'il avait eu connaissance de ce résultat, Dedekind avait compris la raison de son apparence si paradoxale, et signalé à Cantor que l'on devait pouvoir démontrer l'impossibilité d'une correspondance *biunivoque et bicontinue* entre $\mathbf{R}^m$ et $\mathbf{R}^n$ pour $m \neq n$ ([*48*], p. 37-38).

NOMBRES COMPLEXES. MESURE DES ANGLES

Nous ne reprendrons pas ici l'exposé complet du développement historique de la théorie des nombres complexes ou de celle des quaternions, ces théories étant essentiellement du ressort de l'Algèbre (voir p. 96 et 84) ; mais nous dirons quelques mots de la représentation géométrique des imaginaires, qui à beaucoup d'égards constitue un progrès décisif dans l'histoire des Mathématiques.

C'est à C. F. Gauss que revient sans conteste la première conception claire de la correspondance biunivoque entre nombres complexes et points du plan *, et surtout le mérite d'avoir su le premier appliquer cette idée à la théorie des nombres complexes, et d'avoir entrevu nettement tout le parti qu'allaient en tirer les analystes du XIXe siècle. Au cours des XVIIe et XVIIIe siècles, les mathématiciens étaient peu à peu parvenus à la conviction que les nombres imaginaires, qui permettaient la résolution des équations du 2e degré, permettaient aussi de résoudre les équations algébriques de degré quelconque. De nombreux essais de démonstration de ce théorème avaient été publiés au cours du XVIIIe siècle ; mais, sans même parler de ceux qui ne reposaient que sur un cercle vicieux, il n'en était aucun qui ne prêtât flanc à de sérieuses objections. Gauss, après un examen détaillé de ces tentatives et une critique serrée de leurs lacunes, se propose, dans sa Dissertation inaugurale (écrite en 1797, parue en 1799), de donner enfin une démonstration rigoureuse ; reprenant une idée émise en passant par d'Alembert (dans la démonstration publiée par ce dernier

* Le premier qui ait eu l'idée d'une semblable correspondance est sans doute Wallis, dans son Traité d'Algèbre publié en 1685 ; mais ses idées sur ce point restèrent confuses, et n'exercèrent pas d'influence sur les contemporains.

en 1746 *, il remarque que les points (a, b) du plan tels que $a + ib$ soit racine du polynome $P(x + iy) = X(x, y) + iY(x, y)$, sont les intersections des courbes $X = 0$ et $Y = 0$; par une étude qualitative de ces courbes, il montre alors qu'un arc continu de l'une d'elles joint des points de deux régions distinctes limitées par l'autre, et en conclut que les courbes se rencontrent ([*124* a], t. III, p. 3; voir aussi [*124* b]) : démonstration qui, par sa clarté et son originalité, constitue un progrès considérable sur les tentatives antérieures, et est sans doute un des premiers exemples d'un raisonnement de pure Topologie appliqué à un problème d'Algèbre **.

Dans sa Dissertation, Gauss ne définit pas explicitement la correspondance entre points du plan et nombres imaginaires ; à l'égard de ces derniers, et des questions d' « existence » qu'ils soulevaient depuis deux siècles, il adopte même une position assez réservée, présentant intentionnellement tous ses raisonnements sous une forme où n'entrent que des quantités réelles. Mais la marche des idées de sa démonstration serait entièrement inintelligible si elle ne présupposait une identification pleinement consciente des points du plan et des nombres complexes ; et ses recherches contemporaines sur la théorie des nombres et les fonctions elliptiques, où interviennent aussi les nombres complexes, ne font que renforcer cette hypothèse. A quel point la conception géométrique des imaginaires lui était devenue familière, et à quels résultats elle pouvait conduire entre ses mains, c'est ce que montrent clairement les notes (publiées seulement de nos jours) où il applique les nombres complexes à la résolution de problèmes de Géométrie élémentaire ([*124* a], t. IV, p. 396 et t. VIII, p. 307). Plus explicite encore est la lettre à Bessel de 1811 ([*124* a], t. VIII, p. 90-91), où il esquisse l'essentiel de la théorie de l'intégration des fonctions de variable complexe : « *De même* », dit-il, « *qu'on*

* Cette démonstration (où d'Alembert ne tire d'ailleurs aucun parti de la remarque qui sert de point de départ à Gauss) est la première en date qui ne se réduise pas à une grossière pétition de principes. Gauss, qui en critique justement les points faibles, ne laisse pas cependant de reconnaître la valeur de l'idée fondamentale de d'Alembert : « *le véritable nerf de la démonstration* », dit-il, « *ne me semble pas affecté par toutes ces objections* » ([*124* a], t. III, p. 11); un peu plus loin, il esquisse une méthode pour rendre rigoureux le raisonnement de d'Alembert ; c'est déjà, à peu de choses près, le raisonnement de Cauchy dans une de ses démonstrations du même théorème.

** Gauss a publié en tout quatre démonstrations du « théorème de d'Alembert-Gauss » ; la dernière est une variante de la première, et, comme celle-ci, fait appel aux propriétés topologiques intuitives du plan ; mais la seconde et la troisième reposent sur des principes tout à fait différents (voir p. 118).

peut se représenter tout le domaine des quantités réelles au moyen d'une ligne droite indéfinie, de même on peut se figurer (« sinnlich machen ») *le domaine* complet *de* toutes *les quantités, les réelles et les imaginaires, au moyen d'un plan indéfini, où chaque point, déterminé par son abscisse a et son ordonnée b, représente en même temps la quantité a + ib. Le passage continu d'une valeur de x à une autre se fait par conséquent suivant une ligne, et peut donc s'effectuer d'une infinité de manières...* »

Mais ce n'est qu'en 1831 que Gauss (à propos de l'introduction des « nombres de Gauss » $a + ib$, où a et b sont entiers) exposa publiquement ses idées sur ce point d'une manière aussi nette ([*124* a], t. II, *Theoria Residuorum Biquadraticorum, Commentatio secunda*, art. 38, p. 109, et *Anzeige*, p. 174 et suiv.). Dans l'intervalle, l'idée de la représentation géométrique des imaginaires avait été retrouvée indépendamment par deux modestes chercheurs, tous deux mathématiciens amateurs, plus ou moins autodidactes, et dont ce fut la seule contribution à la science, tous deux aussi sans grand contact avec les milieux scientifiques de leur temps. De ce fait, leurs travaux risquaient fort de passer totalement inaperçus ; c'est précisément ce qui se produisit pour le premier en date, le Danois C. Wessel, dont l'opuscule, paru en 1798, très clairement conçu et rédigé, ne fut tiré de l'oubli qu'un siècle plus tard ; et la même mésaventure faillit arriver au second, le Suisse J. Argand, qui ne dut qu'à un hasard de voir, en 1813, exhumer l'ouvrage qu'il avait publié sept ans auparavant *. Cet ouvrage provoqua une active discussion dans les *Annales de Gergonne*, et la question fit l'objet, en France et en Angleterre, de plusieurs publications (dues à des auteurs assez obscurs) entre 1820 et 1830 ; mais il manquait l'autorité d'un grand nom pour mettre fin à ces controverses et rallier les mathématiciens au nouveau point de vue ; et il fallut attendre jusque vers le milieu du siècle pour que la représentation géométrique des imaginaires fût enfin universellement adoptée, à la suite des publications de Gauss (citées plus haut) en Allemagne, des travaux de Hamilton et Cayley sur les systèmes hypercomplexes, en Angleterre, et enfin, en France, de l'adhésion de

* A l'opposé de Gauss, Wessel et Argand sont plus préoccupés de *justifier* les calculs sur les nombres complexes, que de faire servir à de nouvelles recherches la représentation géométrique qu'ils proposent ; Wessel n'en indique aucune application, et la seule qu'en donne Argand est une démonstration du théorème de d'Alembert-Gauss, qui n'est guère qu'une variante de la démonstration de d'Alembert, et prête aux mêmes objections.

Cauchy *, quelques années seulement avant que Riemann, par une extension géniale, vînt encore élargir le rôle de la Géométrie dans la théorie des fonctions analytiques, et créer du même coup la Topologie.

La mesure des angles, par les arcs qu'ils découpent sur un cercle, est aussi ancienne que la notion d'angle elle-même, et est déjà connue des Babyloniens, dont nous avons conservé l'unité d'angle, le degré ; il n'est d'ailleurs question chez eux que de mesures d'angles comprises entre 0 et 360°, ce qui leur suffisait, puisque les angles leur servaient avant tout à repérer les positions d'objets célestes en des points déterminés de leurs trajectoires apparentes, et à en dresser des tables pour servir à des fins scientifiques ou astrologiques.

Chez les géomètres grecs de l'époque classique, la définition de l'angle (*Eucl. El.*, I, déf. 8 et 9) est encore plus restreinte, puisqu'elle ne s'applique qu'aux angles inférieurs à deux droits ; et comme d'autre part leur théorie des rapports et de la mesure reposait sur la comparaison de multiples arbitrairement grands des grandeurs mesurées, les angles ne pouvaient être pour eux une grandeur mesurable, bien qu'on trouve naturellement chez eux les notions d'angles égaux, d'angles plus grands ou plus petits l'un que l'autre, et de la somme de deux angles quand cette somme ne dépasse pas deux droits. De même que l'addition des fractions, la mesure des angles a donc dû être à leurs yeux un procédé empirique sans valeur scientifique. Ce point de vue est bien illustré par l'admirable mémoire d'Archimède sur les spirales ([*5* b], t. II, p. 1-12), où, faute de pouvoir définir celles-ci par la proportionnalité du rayon vecteur à l'angle, il en donne une définition cinématique (déf. 1, p. 44 ; cf. l'énoncé de la prop. 12, p. 46) d'où il réussit à tirer, comme le montre la suite de son ouvrage, tout ce que la notion générale de mesure des angles lui aurait donné s'il l'eût possédée. Quant aux astronomes grecs, ils semblent, sur ce point comme sur bien d'autres, s'être contentés de suivre leurs prédécesseurs babyloniens.

Ici aussi, comme dans l'évolution du concept de nombre réel (cf. p. 188), le relâchement de l'esprit de rigueur, au cours de la décadence de la science grecque, amène le retour au point de vue « naïf », qui à certains égards, se rapproche plus du nôtre que la rigide concep-

* Dans ses premiers travaux sur les intégrales de fonctions de variables complexes (entre 1814 et 1826), Cauchy considère les nombres complexes comme des expressions « symboliques » et ne les identifie pas aux points du plan ; ce qui ne l'empêche pas d'associer constamment au nombre $x + iy$ le point (x, y) et d'utiliser librement le langage de la Géométrie à ce propos.

tion euclidienne. C'est ainsi qu'un interpolateur mal avisé insère dans Euclide la fameuse proposition (*Eucl. El.*, VI, 33) : « Les angles sont proportionnels aux arcs qu'ils découpent sur un cercle » *, et un scholiaste anonyme qui commente la « démonstration » de cette proposition n'hésite pas à introduire, sans aucune justification bien entendu, des arcs égaux à des multiples arbitrairement grands d'une circonférence, et les angles correspondant à ces arcs ([*107*], t. V, p. 357). Mais Viète même, au XVIe siècle, tout en paraissant toucher à notre conception moderne de l'angle lorsqu'il découvre que l'équation $\sin nx = \sin \alpha$ possède plusieurs racines, n'obtient que les racines qui correspondent à des angles inférieurs à 2 droits ([*319*], p. 305-313). C'est seulement au XVIIe siècle que ce point de vue est dépassé d'une manière définitive ; et, après que la découverte par Newton des développements en série de $\sin x$ et $\cos x$ eut fourni des expressions de ces fonctions, valables pour toutes les valeurs de la variable, on trouve enfin chez Euler, à propos de logarithmes des nombres « imaginaires », la conception précise de la notion de mesure d'un angle quelconque ([*108* a], (1), t. XVII, p. 220).

Bien entendu, la définition classique de la mesure d'un angle par la longueur d'un arc de cercle est non seulement intuitive, mais essentiellement correcte ; toutefois, elle exige, pour être rendue rigoureuse, la notion de longueur d'une courbe, c'est-à-dire le Calcul intégral. Du point de vue des structures qui entrent en jeu, c'est là un procédé très détourné, et il est possible de ne pas utiliser d'autres moyens que ceux de la théorie des groupes topologiques ; l'exponentielle réelle et l'exponentielle complexe apparaissent ainsi comme découlant d'une même source, le théorème caractérisant les « groupes à un paramètre ».

* Qu'il s'agisse bien d'une interpolation, c'est ce que met hors de doute l'absurdité de la démonstration, maladroitement calquée sur les paradigmes classiques de la méthode d'Eudoxe ; il est visible d'ailleurs que ce résultat n'a rien à faire à la fin du Livre VI. Il est piquant de voir Théon, au IVe siècle de notre ère, se faire naïvement un mérite d'avoir greffé, sur cette interpolation, une autre où il prétend prouver que « les aires des secteurs d'un cercle sont proportionnelles à leurs angles au centre » ([*107*], t. V, p. 24), et cela six siècles après la détermination par Archimède de l'aire des secteurs de spirales.

ESPACES MÉTRIQUES

Comme nous l'avons dit (voir p. 182), la notion d'espace métrique fut introduite en 1906 par M. Fréchet, et développée quelques années plus tard par F. Hausdorff dans sa « Mengenlehre ». Elle acquit une grande importance après 1920, d'une part à la suite des travaux fondamentaux de S. Banach et de son école sur les espaces normés et leurs applications à l'Analyse fonctionnelle (voir p. 271-272), de l'autre en raison de l'intérêt que présente la notion de valeur absolue en Arithmétique et en Géométrie algébrique (où notamment la complétion par rapport à une valeur absolue se montre très féconde).

De la période 1920-1930 datent toute une série d'études entreprises par l'école de Moscou sur les propriétés de la topologie d'un espace métrique, travaux qui visaient en particulier à obtenir des conditions nécessaires et suffisantes pour qu'une topologie donnée soit métrisable. C'est ce mouvement d'idées qui fit apparaître l'intérêt de la notion d'espace normal, définie en 1923 par Tietze, mais dont le rôle important ne fut reconnu qu'à la suite des travaux d'Urysohn [*314*] sur le prolongement des fonctions continues numériques. En dehors du cas trivial des fonctions d'une variable réelle, le problème de l'extension à tout l'espace d'une fonction continue numérique définie dans un ensemble fermé, avait été traité pour la première fois (pour le cas du plan) par H. Lebesgue [*196* d]; avant le résultat définitif d'Urysohn, il avait été résolu pour les espaces métriques par H. Tietze [*307*]. L'extension de ce problème au cas des fonctions à valeurs dans un espace topologique quelconque a pris dans ces dernières années une importance considérable en Topologie algébrique. Les travaux récents ont en outre mis en évidence que, dans ce genre de questions, la notion d'espace normal est peu maniable, parce qu'elle offre encore trop de possibilités de « pathologie » ; on doit le plus souvent lui substituer la notion plus restrictive d'espace paracompact, introduite en 1944 par J. Dieudonné [*90* a]; dans cette théorie, le résultat le plus remarquable est le théorème, dû à A. H. Stone [*300*], selon lequel tout espace métrisable est paracompact *.

Nous avons déjà signalé (voir p. 195) les importants travaux de la fin du XIXe siècle et du début du XXe siècle (E. Borel, Baire, Lebesgue, Osgood, W. H. Young) sur la classification des ensembles de points dans les espaces $\mathbf{R}^n$, et sur la classification et la caractérisation des fonctions numériques obtenues en itérant, à partir des fonctions continues, le processus de passage à la limite (pour des suites de fonctions). On s'aperçut rapidement que les espaces métriques fournissaient un cadre naturel pour les recherches de cette nature, dont le développement après 1910 est surtout dû aux écoles russe et polonaise. Ce sont ces écoles qui ont entre autres mis en lumière le rôle fondamental joué en Analyse moderne par la notion d'ensemble maigre, et par le théorème sur l'intersection dénombrable d'ensembles ouverts partout denses dans un espace métrique complet, démontré d'abord (indépendamment) par Osgood [*240*] pour la droite numérique et par Baire [*11* b] pour les espaces $\mathbf{R}^n$.

D'autre part, en 1917, Souslin [*289*], corrigeant une erreur de Lebesgue, montrait que l'image continue d'un ensemble borélien n'est pas nécessairement borélienne, ce qui le conduisit à la définition et à l'étude de la catégorie plus vaste d'ensembles, appelés depuis « analytiques » ou « sousliniens » ; après la mort prématurée de Souslin cette étude fut surtout poursuivie par N. Lusin (dont les idées avaient inspiré le travail de Souslin) et par les mathématiciens polonais (voir [*209*] et [*189* b]). L'importance actuelle de ces ensembles tient surtout à leurs applications à la théorie de l'intégration (où, grâce à leurs propriétés spéciales, ils permettent des constructions qui seraient impossibles sur des ensembles mesurables quelconques), et à la théorie moderne du potentiel, où le théorème fondamental sur la capacitabilité des ensembles sousliniens, démontré tout récemment par G. Choquet [*63*], s'est déjà révélé riche en applications variées.

* Ce théorème a permis de donner au problème de métrisation une solution plus satisfaisante que les critères obtenus vers 1930 par l'école russo-polonaise (« critère de Nagata-Smirnov »). Mais il faut noter que jusqu'ici ces critères n'ont guère reçu d'applications ; comme si souvent dans l'histoire des mathématiques, il semble que le problème de métrisation ait eu moins d'importance par sa solution que par les notions nouvelles dont il aura amené le développement.

CALCUL INFINITÉSIMAL

En 1604, à l'apogée de sa carrière scientifique, Galilée croit démontrer que, dans un mouvement rectiligne où la vitesse croît proportionnellement au chemin parcouru, la loi du mouvement sera bien celle ($x = ct^2$) qu'il a découverte dans la chute des graves ([*122* b], t. X, p. 115-116). Entre 1695 et 1700, il n'est pas un volume des *Acta Eruditorum* mensuellement publiés à Leipzig, où ne paraissent des mémoires de Leibniz, des frères Bernoulli, du marquis de l'Hôpital, traitant, à peu de chose près avec les notations dont nous nous servons encore, des problèmes les plus variés du calcul différentiel, du calcul intégral, du calcul des variations. C'est donc presque exactement dans l'intervalle d'un siècle qu'a été forgé le calcul infinitésimal, ou, comme ont fini par dire les Anglais, le Calcul par excellence (« calculus ») ; et près de trois siècles d'usage constant n'ont pas encore complètement émoussé cet instrument incomparable.

Les Grecs n'ont rien possédé ni imaginé de semblable. S'ils ont connu sans doute, ne fût-ce que pour s'en refuser l'emploi, un calcul algébrique, celui des Babyloniens, dont une partie de leur Géométrie n'est peut-être qu'une transcription, c'est strictement dans le domaine de l'invention géométrique que s'inscrit leur création mathématique peut-être la plus géniale, leur méthode pour traiter des problèmes qui pour nous relèvent du calcul intégral. Eudoxe, traitant du volume du cône et de la pyramide, en avait donné les premiers modèles, qu'Euclide nous a plus ou moins fidèlement transmis ([*107*], livre XII, prop. 7 et 10). Mais surtout, c'est à ces problèmes qu'est consacrée presque toute l'œuvre d'Archimède [*5* b et c]; et, par une fortune singulière, nous sommes à même de lire encore dans leur texte original, dans le sonore dialecte dorien où il les avait si soigneusement rédigés, la plupart de ses écrits, et jusqu'à celui, retrouvé récemment, où il expose les procédés « heuristiques » par lesquels il a été conduit à quelques-uns de ses plus beaux résultats ([*5* b], t. II, p. 425-507). Car c'est là une des faiblesses de l' « exhaustion » d'Eudoxe : méthode de démonstration irréprochable (certains postulats étant admis), ce n'est pas une méthode de découverte ; son application repose nécessairement sur la connaissance préalable du résultat à démontrer ; aussi, dit Archimède, « *des résultats dont Eudoxe a trouvé le premier la démonstration, au sujet du cône et de la pyramide..., une part non petite revient à Démocrite, qui fut le premier à les énoncer sans démonstration* » (*loc. cit.*, p. 430). Cette circonstance rend particulièrement difficile l'analyse détaillée de l'œuvre d'Archimède, analyse qui, à vrai dire, ne semble avoir été entreprise par aucun historien moderne ; car de ce fait nous ignorons jusqu'à quel point il a pris conscience des liens de parenté qui unissent les divers problèmes dont il traite (liens que nous exprimerions en disant que la même intégrale revient en maints endroits, sous des aspects géométriques variés), et quelle importance il a pu leur attribuer. Par exemple, considérons les problèmes suivants, le premier résolu par Eudoxe, les autres par Archimède : le volume de la pyramide, l'aire du segment de parabole, le centre de gravité du triangle, et l'aire de la spirale dite d'Archimède ($\rho = c\omega$ en coordonnées polaires) ; ils dépendent tous de l'intégrale $\int x^2 dx$, et, sans s'écarter en rien de l'esprit de la méthode d'exhaustion, on peut tous les ramener au calcul de « sommes de Riemann » de la forme $\sum_n an^2$. C'est ainsi en effet qu'Archimède traite de la spirale ([*5* b], t. II, p. 1-121), au moyen d'un lemme qui revient à écrire

$$N^3 < 3\sum_{n=1}^{N} n^2 = N^3 + N^2 + \sum_{n=1}^{N} n < (N+1)^3.$$

Quant au centre de gravité du triangle, il démontre (par exhaustion, au moyen d'une décomposition en tranches parallèles) qu'il se trouve sur chacune des médianes, donc à leur point de concours ([*5* b], t. II, p. 261-315). Pour la parabole, il donne trois procédés : l'un, heuristique, destiné seulement à « *donner quelque vraisemblance au résultat* », ramène le problème au centre de gravité du triangle, par un raisonnement de statique au cours duquel il n'hésite pas à considérer le segment de parabole comme la somme d'une infinité de segments de droite parallèles à l'axe ([5 b], t. II, p. 435-439); une autre méthode repose sur un principe analogue, mais est rédigée en toute rigueur par exhaustion ([5 b], t. II, p. 261-315); une dernière démonstration, extraordinairement ingénieuse mais de moindre portée, donne l'aire cherchée comme somme d'une série géométrique au moyen des propriétés particulières de la parabole. Rien n'indique une relation entre ces problèmes et le volume de la pyramide ; il est même spécifié ([5 b], t. II, p. 8) que les problèmes relatifs à la spirale n'ont « rien de commun » avec certains autres relatifs à la sphère et au paraboloïde de révolution, dont Archimède a eu l'occasion de parler dans la même introduction et parmi lesquels il s'en trouve un (le volume du paraboloïde) qui revient à l'intégrale $\int x dx$.

Comme on le voit sur ces exemples, et sauf emploi d'artifices particuliers, le principe de l'exhaustion est le suivant : par une décomposition en « sommes de Riemann », on obtient des bornes supérieure et inférieure pour la quantité étudiée, bornes qu'on compare directement à l'expression annoncée pour cette quantité, ou bien aux bornes correspondantes pour un problème analogue déjà résolu. La comparaison (qui, faute de pouvoir employer les nombres négatifs, se fait nécessairement en deux parties) est introduite par les paroles sacramentelles : « sinon, en effet, elle serait, ou plus grande, ou plus petite ; supposons, s'il se peut, qu'elle soit plus grande, etc. ; supposons, s'il se peut, qu'elle soit plus petite, etc. », d'où le nom de méthode « apagogique » ou « par réduction à l'absurde » (« ἀπαγωγὴ εἰς ἀδύνατον ») que lui donnent les savants du XVIIe siècle. C'est sous une forme analogue qu'est rédigée la détermination de la tangente à la spirale par Archimède ([5 b], t. II, p. 62-76), résultat isolé, et le seul que nous ayons à citer comme source antique du « calcul différentiel » en dehors de la détermination relativement facile des tangentes aux coniques, et quelques problèmes de maxima et minima. Si en effet, en ce qui concerne l' « intégration », un champ de recherches immense était offert aux mathématiciens grecs, non seulement par la théorie des aires et des volumes, mais encore par la statique et l'hydrostatique, ils n'ont guère eu, faute d'une cinématique, l'occasion d'aborder sérieusement la différentiation. Il est vrai qu'Archimède donne une définition cinématique de sa spirale ; et, faute de savoir comment il a pu être conduit à la connaissance de sa tangente, on a le droit de se demander s'il n'a pas eu quelque idée de la composition des mouvements. Mais en ce cas n'aurait-il pas appliqué une méthode si puissante à d'autres problèmes du même genre ? Il est plus vraisemblable qu'il a dû se servir de quelque procédé heuristique de passage à la limite que les résultats connus de lui sur les coniques pouvaient lui suggérer ; ceux-ci, bien entendu, sont de nature essentiellement plus simple, puisqu'on peut construire les points d'intersection d'une droite et d'une conique, et par conséquent déterminer la condition de coïncidence de ces points. Quant à la définition de la tangente, celle-ci est conçue comme une droite qui, au voisinage d'un certain point de la courbe, laisse la courbe tout entière d'un même côté ; l'existence en est admise, et il est admis aussi que toute courbe se compose d'arcs convexes ; dans ces conditions, pour démontrer qu'une droite est tangente à une courbe, il faut démontrer certaines inégalités, ce qui est fait bien entendu avec la plus complète précision.

Du point de vue de la rigueur, les méthodes d'Archimède ne laissent rien à désirer ; et, au XVIIe siècle, encore, lorsque les mathématiciens les plus scrupuleux veulent mettre entièrement hors de doute un résultat jugé particulièrement délicat, c'est une démonstration « apagogique » qu'ils en donnent ([*109*], t. I, p. 211-254; trad. française, t. III, p. 181-215 et [*244*], t. VIII, p. 249-282). Quant à leur fécondité, l'œuvre d'Archimède en est un suffisant témoignage. Mais pour qu'on ait le droit de voir là un « calcul intégral », il faudrait y mettre en évidence, à travers la multiplicité des apparences géométriques, quelque ébauche de classification des problèmes suivant la nature de l' « intégrale » sous-jacente. Au XVIIe siècle, nous allons le voir, la recherche d'une telle classification devient peu à peu l'un des principaux soucis des géomètres ; si l'on n'en trouve pas trace chez Archimède, n'est-ce pas un signe que de telles spéculations lui seraient apparues comme exagérément « abstraites », et qu'il s'est volontairement, au contraire, en chaque occasion, tenu le plus près possible des propriétés spécifiques de la figure dont il poursuivait l'étude ? Et ne devons-nous pas conclure que cette œuvre admirable, d'où le calcul intégral, de l'aveu de ses créateurs, est tout entier sorti, est en quelque façon à l'opposé du calcul intégral ?

Ce n'est pas impunément, par ailleurs, qu'on peut, en mathématique, laisser se creuser un fossé entre découverte et démonstration. Aux époques favorables, le mathématicien, sans manquer à la rigueur, n'a qu'à mettre par écrit ses idées presque telles qu'il les conçoit ; parfois encore il peut espérer faire en sorte qu'il en soit ainsi, au prix d'un changement heureux dans le langage et les notations admises.

Mais souvent aussi il doit se résigner à choisir entre des méthodes d'exposition incorrectes et peut-être fécondes, et des méthodes correctes mais qui ne lui permettent plus d'exprimer sa pensée qu'en la déformant et au prix d'un fatigant effort. L'une ni l'autre voie n'est exempte de dangers. Les Grecs ont suivi la seconde, et c'est peut-être là, plus encore que dans l'effet stérilisant de la conquête romaine, qu'il faut chercher la raison du surprenant arrêt de leur mathématique presque aussitôt après sa plus brillante floraison. Il a été suggéré, sans invraisemblance, que l'enseignement oral des successeurs d'Archimède et d'Apollonius a pu contenir maint résultat nouveau sans qu'ils aient cru devoir s'infliger l'extraordinaire effort requis pour une publication conforme aux canons reçus. Ce ne sont plus de tels scrupules en tout cas qui arrêtent les mathématiciens du XVIIe siècle, lorsque, devant les problèmes nouveaux qui se posent en foule, ils cherchent dans l'étude assidue des écrits d'Archimède les moyens de le dépasser.

Tandis que les grands classiques de la littérature et de la philosophie grecque ont tous été imprimés en Italie, par Alde Manuce et ses émules, et presque tous avant 1520, c'est en 1544 seulement, et chez Hervagius à Bâle, que paraît l'édition princeps d'Archimède, grecque et latine [*5* a], sans qu'aucune publication antérieure en latin soit venue la préparer ; et, loin que les mathématiciens de cette époque (absorbés qu'ils étaient par leurs recherches algébriques) en aient ressenti aussitôt l'influence, il faut attendre Galilée et Képler, tous deux astronomes et physiciens bien plus que mathématiciens, pour que cette influence devienne manifeste. A partir de ce moment, et sans cesse jusque vers 1670, il n'est pas de nom, dans les écrits des fondateurs du Calcul infinitésimal, qui revienne plus souvent que celui d'Archimède. Plusieurs le traduisent et le commentent ; tous, de Fermat à Barrow, le citent à l'envi ; tous déclarent y trouver à la fois un modèle et une source d'inspiration.

Il est vrai que ces déclarations, nous allons le voir, ne doivent pas toutes être prises tout à fait à la lettre ; là se trouve l'une des difficultés qui s'opposent à une juste interprétation de ces écrits. L'historien doit tenir compte aussi de l'organisation du monde scientifique de cette époque, fort défectueuse encore au début du XVIIe siècle, tandis que vers la fin du même siècle, par la création des sociétés savantes et des périodiques scientifiques, par la consolidation et le développement des universités, elle finit par ressembler fort à ce que nous connaissons aujourd'hui. Dépourvus de tout périodique jusqu'en 1665, les mathématiciens n'avaient le choix, pour faire connaître leurs travaux, qu'entre la voie épistolaire, et l'impression d'un livre, le plus souvent à leurs propres frais, ou à ceux d'un mécène s'il s'en trouvait. Les éditeurs et imprimeurs capables de travaux de cette sorte étaient rares, parfois peu sûrs. Après les longs délais et les tracas sans nombre qu'impliquait une publication de ce genre, l'auteur avait le plus souvent à faire face à des controverses interminables, provoquées par des adversaires qui n'étaient pas toujours de bonne foi, et poursuivies parfois sur un ton d'aigreur surprenant : car, dans l'incertitude générale où l'on se trouvait au sujet des principes mêmes du calcul infinitésimal, il n'était pas difficile à chacun de trouver des points faibles, ou du moins obscurs et contestables, dans les raisonnements de ses rivaux. On comprend que dans ces conditions beaucoup de savants épris de tranquillité se soient contentés de communiquer à quelques amis choisis leurs méthodes et leurs résultats. Certains, et surtout certains amateurs de science, tels Mersenne à Paris et plus tard Collins à Londres, entretenaient une vaste correspondance en tous pays, dont ils communiquaient des extraits de part et d'autre, non sans qu'à ces extraits ne se mêlassent des sottises de leur propre cru. Possesseurs de « méthodes » que, faute de notions et de définitions générales, ils ne pouvaient rédiger sous forme de théorèmes ni même formuler avec quelque précision, les mathématiciens en étaient réduits à en faire l'essai sur des foules de cas particuliers, et croyaient ne pouvoir mieux faire, pour en mesurer la puissance, que de lancer des défis à leur confrères, accompagnés parfois de la publication de leurs propres résultats en langage chiffré. La jeunesse studieuse voyageait, et plus peut-être qu'aujourd'hui ; et les idées de tel savant se répandaient parfois mieux par l'effet des voyages de tel de ses élèves que par ses propres publications, mais non sans qu'il y eût là une autre cause encore de malentendus. Enfin, les mêmes problèmes se posant nécessairement à une foule de mathématiciens, dont beaucoup fort distingués, qui n'avaient qu'une connaissance imparfaite des résultats les uns des autres, les réclamations de priorité ne pouvaient manquer de s'élever sans cesse, et il n'était pas rare que s'y joignissent des accusations de plagiat.

• C'est donc dans les lettres et papiers privés des savants de ce temps, presque autant ou même plus que dans leurs publications proprement dites, que l'historien a à chercher ses documents. Mais, tandis que ceux d'Huygens par exemple nous ont été conservés et ont fait l'objet d'une publication exemplaire [*169* b], ceux de Leibniz n'ont été publiés encore que d'une manière fragmentaire, et beaucoup d'autres sont perdus sans remède. Du moins les recherches les plus récentes, fondées sur l'analyse des manuscrits, ont-elles mis en évidence, d'une manière qui semble irréfutable, un point que des querelles partisanes avaient quelque peu obscurci : c'est que, chaque fois que l'un des grands mathématiciens de cette époque a porté témoignage sur ses propres travaux, sur l'évolution de sa pensée, sur les influences qu'il a subies et celles qu'il n'a pas subies, il l'a fait d'une manière honnête et sincère, et en toute bonne foi *; ces témoignages précieux, dont nous possédons un assez grand nombre, peuvent donc être utilisés en toute confiance, et l'historien n'a pas à se transformer à leur égard en juge d'instruction. Au reste, la plupart des questions de priorité qu'on a soulevées sont tout à fait dépourvues de sens. Il est vrai que Leibniz, lorsqu'il adopta la notation *dx* pour la « différentielle », ignorait que Newton, depuis une dizaine d'années, se servait de $\dot{x}$ pour la « fluxion » : mais qu'importerait qu'il l'eût su ? Pour prendre un exemple plus instructif, quel est l'auteur du théorème $\log x = \int \frac{dx}{x}$, et quelle en est la date ? La formule, telle que nous venons de l'écrire, est de Leibniz puisque l'un et l'autre membre sont écrits dans sa notation. Leibniz lui-même, et Wallis, l'attribuent à Grégoire de Saint-Vincent. Ce dernier, dans son *Opus Geometricum* [*135*] (paru en 1647, mais rédigé, dit-il, longtemps auparavant), démontre seulement l'équivalent de ce qui suit : si $f(a, b)$ désigne l'aire du segment hyperbolique $a \leqslant x \leqslant b$, $0 \leqslant y \leqslant A/x$, la relation $b'/a' = (b/a)^n$ entraîne $f(a', b') = n \, . f(a, b)$; à quoi son élève et commentateur Sarasa ajoute presque aussitôt [*269*] la remarque que les aires $f(a, b)$ peuvent donc « tenir lieu de logarithmes ». S'il n'en dit pas plus, et si Grégoire lui-même n'en avait rien dit, n'est-ce pas parce que, pour la plupart des mathématiciens de cette époque, les logarithmes étaient des « aides au calcul » sans droit de cité en mathématique ? Il est vrai que Torricelli, dans une lettre de 1644 [*208*], parle de ses recherches sur une courbe que nous noterions $y = ae^{-cx}$, $x \geqslant 0$, en ajoutant que là où Neper (que d'ailleurs il couvre d'éloges) « *ne poursuivait que la pratique arithmétique* », lui-même « *en tirait une spéculation de géométrie* » ;

* Ceci s'applique par exemple à Torricelli (voir [*244*], t. VIII, p. 181-194) et à Leibniz [*217*]. Ce n'est pas à dire, bien entendu, qu'un mathématicien ne puisse se faire des illusions sur l'originalité de ses idées; mais ce ne sont pas les plus grands qui sont le plus enclins à se tromper à cet égard.

et il a laissé sur cette courbe un manuscrit évidemment préparé pour la publication, mais resté inédit jusqu'en 1900 ([*310*], t. I, p. 335-347). Descartes d'ailleurs avait rencontré la même courbe dès 1639 à propos du « problème de Debeaune » et l'avait décrite sans parler de logarithmes ([*85* a], t. II, p. 514-517). Quoi qu'il en soit, J. Gregory, en 1667, donne, sans citer qui que ce soit ([*136* a], reproduit dans [*169* a], p. 407-462), une règle pour calculer les aires des segments hyperboliques au moyen des logarithmes (décimaux) : ce qui implique à la fois la connaissance théorique du lien entre la quadrature de l'hyperbole et les logarithmes, et la connaissance numérique du lien entre logarithmes « naturels » et « décimaux ». Est-ce à ce dernier point seulement que s'applique la revendication de Huygens, qui conteste aussitôt la nouveauté du résultat de Gregory ([*169* b], t. VI, p. 228-230) ? C'est ce qui n'est pas plus clair pour nous que pour les contemporains ; ceux-ci en tout cas ont eu l'impression nette que l'existence d'un lien entre logarithmes et quadrature de l'hyperbole était chose connue depuis longtemps, sans qu'ils pussent là-dessus se référer qu'à des allusions épistolaires ou bien au livre de Grégoire de Saint-Vincent. En 1668, lorsque Brouncker donne (avec une démonstration de convergence soignée, par comparaison avec une série géométrique) des séries pour log 2 et log (5/4) ([*38*]: reproduit dans [*218*], t. I, p. 213-218), il les présente comme expressions des segments d'hyperbole correspondants, et ajoute que les valeurs numériques qu'il obtient sont « dans le même rapport que les logarithmes » de 2 et de 5/4. Mais la même année, avec Mercator ([*220*], reproduit dans [*218*], t. I, p. 167-196) (ou plus exactement avec l'exposé donné aussitôt par Wallis du travail de Mercator ([*326* b], reproduit dans [*218*], t. I, p. 219-226), le langage change : puisque les segments d'hyperbole sont proportionnels à des logarithmes, et qu'il est bien connu que les logarithmes ne sont définis par leurs propriétés caractéristiques qu'à un facteur constant près, rien n'empêche de considérer les segments d'hyperbole comme des logarithmes, qualifiés de « naturels » (par opposition aux logarithmes « artificiels » ou « décimaux »), ou hyperboliques ; ce dernier pas franchi (à quoi contribue la série pour $\log(1+x)$, donnée par Mercator), le théorème $\log x = \int \frac{dx}{x}$ est obtenu, à la notation près, ou plutôt il est devenu définition. Que conclure, sinon que c'est par transitions presque insensibles que s'en est faite la découverte, et qu'une dispute de priorité sur ce sujet ressemblerait fort à une querelle entre le violon et le trombone sur le moment exact où tel motif apparaît dans une symphonie ? Et à vrai dire, tandis qu'à la même époque d'autres créations mathématiques, l'arithmétique de Fermat, la dynamique de Newton, portent un cachet fortement individuel, c'est bien au déroulement graduel et inévitable d'une symphonie, où le « Zeitgeist », à la fois compositeur et chef d'orchestre, tiendrait le bâton, que fait songer le développement du calcul infinitésimal au XVIIe siècle : chacun y exécute sa partie avec son timbre propre, mais nul n'est maître des thèmes qu'il fait entendre, thèmes qu'un contrepoint savant a presque inextricablement enchevêtrés. C'est donc sous forme d'une analyse thématique que l'histoire en doit être écrite ; nous nous contenterons ici d'une esquisse sommaire, et qui ne saurait prétendre à une exactitude minutieuse *. Voici en tout cas les principaux thèmes qu'un examen superficiel fait apparaître :

A) Le thème de la *rigueur mathématique*, contrastant avec celui des *infiniments petits*, *indivisibles* ou *différentielles*. On a vu que tous deux tiennent une place importante chez Archimède, le premier dans toute son œuvre, le second dans le seul traité de la Méthode, que le XVIIe siècle n'a pas connu, de sorte que, s'il a été transmis et non réinventé, il n'a pu l'être que par la tradition philosophique. Le principe des infiniment petits apparaît d'ailleurs sous deux formes distinctes suivant qu'il s'agit de « différentiation » ou d'« intégration ». Quant à celle-ci, soit d'abord à calculer une aire plane : on la divisera en une infinité de tranches parallèles infiniment petites, au moyen d'une infinité de parallèles équidistantes ; et chacune de ces tranches est un rectangle (bien qu'aucune des tranches finies qu'on obtiendrait au moyen de deux parallèles à distance finie ne soit un rectangle). De même, un solide de révolution sera décomposé en une infinité de cylindres de même hauteur infiniment petite, par des plans perpendiculaires à l'axe ** ; des façons de parler analogues pourront

* Dans ce qui suit, l'attribution d'un résultat à tel auteur, à telle date, indique seulement que ce résultat lui était connu à cette date (ce qui a été le plus souvent possible vérifié sur les textes originaux) ; nous n'entendons pas affirmer absolument que cet auteur n'en ait pas eu connaissance plus tôt, ou qu'il ne l'ait pas reçu d'autrui ; encore bien moins voulons-nous dire que le même résultat n'a pu être obtenu indépendamment par d'autres, soit plus tôt, soit plus tard.

** V. p. ex. l'exposé de Pascal, dans la « lettre à M. de Carcavy » ([*244*], t. VIII, p. 334-384). On notera que, grâce au prestige d'une langue incomparable, Pascal arrive à créer l'illusion de la parfaite clarté, au point que l'un de ses éditeurs modernes s'extasie sur « la minutie et la précision dans l'exactitude de la démonstration »!

être employées lorsqu'il s'agit de décomposer une aire en triangles par des droites concourantes, ou de raisonner sur la longueur d'un arc de courbe comme s'il s'agissait d'un polygone à une infinité de côtés, etc. Il est certain que les rares mathématiciens qui possédaient à fond le maniement des méthodes d'Archimède, tels Fermat, Pascal, Huygens, Barrow, ne pouvaient, dans chaque cas particulier, trouver aucune difficulté à remplacer l'emploi de ce langage par des démonstrations rigoureuses ; aussi font-ils fréquemment remarquer que ce langage n'est là que pour abréger. « *Il serait aisé* », dit Fermat, « *de donner des démonstrations à la manière d'Archimède... ; ce dont il suffira d'avoir averti une fois pour toutes afin d'éviter des répétitions continuelles...* » ([*109*], t. I, p. 257); de même Pascal : « *ainsi l'une de ces méthodes ne diffère de l'autre qu'en la manière de parler* » ([*244*], t. VIII, p. 352) *; et Barrow, avec sa concision narquoise : « *longior discursus apagogicus adhiberi possit, sed quorsum?* » (on pourrait allonger par un discours apagogique, mais à quoi bon?) ([*16* b], p. 251). Fermat se garde même bien, semble-t-il, d'avancer quoi que ce soit qu'il ne puisse justifier ainsi, et se condamne par là à n'énoncer aucun résultat général que par allusion ou sous forme de « méthode » ; Barrow, pourtant si soigneux, est quelque peu moins scrupuleux. Quant à la plupart de leurs contemporains, on peut dire à tout le moins que la rigueur n'est pas leur principal souci, et que le nom d'Archimède n'est le plus souvent qu'un pavillon destiné à couvrir une marchandise de grand prix sans doute, mais dont Archimède n'eût certes pas assumé la responsabilité. A plus forte raison en est-il ainsi lorsqu'il s'agit de différentiation. Si la courbe, lorsqu'il s'agit de sa rectification, est assimilée à un polygone à une infinité de côtés, c'est ici un arc « infiniment petit » de la courbe qui est assimilé à un segment de droite « infiniment petit », soit la corde, soit un segment de la tangente dont l'existence est admise ; ou bien encore c'est un intervalle de temps « infiniment petit » qu'on considère, durant lequel (tant qu'il ne s'agit que de vitesse) le mouvement « est » uniforme ; plus hardi encore, Descartes, voulant déterminer la tangente à la cycloïde qui ne se prête pas à sa règle générale, assimile des courbes roulant l'une sur l'autre à des polygones, pour en déduire que « dans l'infiniment petit » le mouvement peut être assimilé à une rotation autour du point de contact ([*85* a], t. II, p. 307-

* Mais, dans la Lettre à Monsieur A.D.D.S. : « *...sans m'arrêter, ni aux méthodes des mouvements, ni à celles des indivisibles, mais en suivant celles des anciens, afin que la chose put être désormais ferme et sans dispute* » ([*244*], t. VIII, p. 256).

338). Ici, encore, un Fermat, qui fait reposer sur de telles considérations infinitésimales ses règles pour les tangentes et pour les maxima et minima, est en état de les justifier dans chaque cas particulier ([*109*], t. I, p. 133-179; trad. française, t. III, p. 121-156); cf. aussi ([*109*], t. II, *passim*, en particulier p. 154-162, et *Supplément aux Œuvres* p. 72-86) ; Barrow donne pour une grande partie de ses théorèmes des démonstrations précises, à la manière des anciens, à partir d'hypothèses simples de monotonie et de convexité. Mais le moment n'était déjà plus à verser le vin nouveau dans de vieilles outres. Dans tout cela, nous le savons aujourd'hui, c'est la notion de limite qui s'élaborait ; et, si l'on peut extraire de Pascal, de Newton, d'autres encore, des énoncés qui semblent bien proches de nos définitions modernes, il n'est que de les replacer dans leur contexte pour apercevoir les obstacles invincibles qui s'opposaient à un exposé rigoureux. Lorsqu'à partir du XVIIIe siècle des mathématiciens épris de clarté voulurent mettre quelque ordre dans l'amas confus de leurs richesses, de telles indications, rencontrées dans les écrits de leurs prédécesseurs, leur ont été précieuses ; quand d'Alembert par exemple explique qu'il n'y a rien d'autre dans la différentiation que la notion de limite, et définit celle-ci avec précision [*75* b], on peut croire qu'il a été guidé par les considérations de Newton sur les « premières et dernières raisons de quantités évanouissantes » [*233* b]. Mais, tant qu'il ne s'agit que du XVIIe siècle, il faut bien constater que la voie n'est ouverte à l'analyse moderne que lorsque Newton et Leibniz, tournant le dos au passé, acceptent de chercher provisoirement la justification des nouvelles méthodes, non dans des démonstrations rigoureuses, mais dans la fécondité et la cohérence des résultats.

B) La *cinématique*. Déjà Archimède, on l'a vu, donnait une définition cinématique de sa spirale ; et au Moyen-Age se développe (mais sauf preuve du contraire, sans considérations infinitésimales) une théorie rudimentaire de la variation des grandeurs en fonction du temps, et de leur représentation graphique, dont on doit peut-être faire remonter l'origine à l'astronomie babylonienne. Mais il est de la plus grande importance pour la mathématique du XVIIe siècle que, dès l'abord, les problèmes de différentiation se soient présentés, non seulement à propos de tangentes, mais à propos de vitesses. Galilée pourtant ([*122* a et b]), recherchant la loi des vitesses dans la chute des graves (après avoir obtenu la loi des espaces $x = at^2$, par l'expérience du plan incliné), ne procède pas par différentiation :

il fait diverses hypothèses sur la vitesse, d'abord $v = \frac{dx}{dt} = cx$ ([*122* b], t. VIII, p. 203), puis plus tard $v = ct$ (*id.*, p. 208), et cherche à retrouver la loi des espaces en raisonnant, d'une manière assez obscure, sur le graphe de la vitesse en fonction du temps ; Descartes (en 1618) raisonne de même, sur la loi $v = ct$, mais en vrai mathématicien et avec autant de clarté que le comporte le langage des indivisibles * ([*85* a], t. X, p. 75-78); chez tous deux, le graphe de la vitesse (en l'espèce une droite) joue le principal rôle, et il y a lieu de se demander jusqu'à quel point ils ont eu conscience de la proportionnalité entre les espaces parcourus et les aires comprises entre l'axe des temps et la courbe des vitesses ; mais il est difficile de rien affirmer sur ce point, bien que le langage de Descartes semble inpliquer la connaissance du fait en question (que certains historiens veulent faire remonter au Moyen Age [*335*]), tandis que Galilée n'y fait pas d'allusion nette. Barrow l'énonce explicitement en 1670 ([*16* b], p. 171); peut-être n'était-ce plus à cette époque une nouveauté pour personne, et Barrow ne la donne pas pour telle ; mais, pas plus pour ce résultat que pour aucun autre, il ne convient de vouloir marquer une date avec trop de précision. Quant à l'hypothèse $v = cx$, envisagée aussi par Galilée, il se contente (*loc. cit*) de démontrer qu'elle est insoutenable (ou, en langage moderne, que l'équation $\frac{dx}{dt} = cx$ n'a pas de solution $\neq 0$ qui s'annule pour $t = 0$), par un raisonnement obscur que Fermat plus tard ([*109*], t. II, p. 267-276) prend la peine de développer (et qui revient à peu près à dire que, $2x$ étant solution en même temps que x, $x \neq 0$ serait contraire à l'unicité physiquement évidente de la solution). Mais c'est cette même loi $\frac{dx}{dt} = cx$ qui, en 1614, sert à Neper à introduire ses logarithmes, dont il donne une définition cinématique [*230* a], qui, dans notre notation, s'écrirait comme suit : si, sur deux droites, deux mobiles se déplacent suivant les lois $\frac{dx}{dt} = a$,

* Descartes ajoute même un intéressant raisonnement géométrique par lequel il déduit la loi $x = at^3$ de l'hypothèse $\frac{dv}{dt} = ct$. En revanche, il est piquant, dix ans plus tard, de le voir s'embrouiller dans ses notes, et recopier à l'usage de Mersenne un raisonnement inexact sur la même question, où le graphe de la vitesse en fonction du temps est confondu avec le graphe en fonction de l'espace parcouru ([*85* a], t. I, p. 71).

$\frac{dy}{dt} = -ay/r$, $x_0 = 0$, $y_0 = r$, alors on dit que x est le « logarithme » de y (en notation moderne, on a $x = r \log (r/y)$). On a vu que la courbe solution de $\frac{dy}{dx} = \frac{c}{x}$ apparaît en 1639 chez Descartes, qui la décrit cinématiquement ([*85* a], t. II, p. 514-517); il est vrai qu'il qualifiait assez dédaigneusement de « mécaniques » toutes les courbes non algébriques, et prétendait les exclure de la géométrie ; mais heureusement ce tabou, contre lequel Leibniz, beaucoup plus tard, croit encore devoir protester vigoureusement, n'a pas été observé par les contemporains, ni par Descartes lui-même. La cycloïde, la spirale logarithmique apparaissent et sont étudiées avec ardeur, et leur étude aide puissamment à la compénétration des méthodes géométrique et cinématique. Le principe de composition des mouvements, et plus précisément de composition des vitesses, était à la base de la théorie du mouvement des projectiles exposée par Galilée dans le chef-d'œuvre de sa vieillesse, les *Discorsi* de 1638 ([*122* b], t. VIII, p. 268-313) théorie qui contient donc implicitement une nouvelle détermination de la tangente à la parabole ; si Galilée n'en fait pas expressément la remarque, Torricelli au contraire ([*310*], t. III, p. 103-159) insiste sur ce point, et fonde sur le même principe une méthode générale de détermination des tangentes pour les courbes susceptibles d'une définition cinématique. Il est vrai qu'il avait été devancé en cela, de plusieurs années, par Roberval ([*263*], p. 3-67) qui dit avoir été conduit à cette méthode par l'étude de la cycloïde ; ce même problème de la tangente à la cycloïde donne d'ailleurs à Fermat l'occasion de démontrer la puissance de sa méthode de différentiation ([*109*], t. I, p. 162-165), tandis que Descartes, incapable d'y appliquer sa méthode algébrique, invente pour la circonstance le centre instantané de rotation ([*85* a], t. II, p. 307-338).

Mais, à mesure que le calcul infinitésimal se développe, la cinématique cesse d'être une science à part. On s'aperçoit de plus en plus qu'en dépit de Descartes, les courbes et fonctions algébriques n'ont, du point de vue « local » qui est celui du calcul infinitésimal, rien qui les distingue d'autres beaucoup plus générales ; les fonctions et courbes à définition cinématique sont des fonctions et courbes comme les autres, accessibles aux mêmes méthodes ; et la variable « temps » n'est plus qu'un paramètre, dont l'aspect temporel est pure affaire de langage. Ainsi chez Huygens, même lorsqu'il s'agit de mécanique, c'est la géométrie qui domine ([*169* b], t. XVIII); et Leibniz ne donne au temps dans son calcul aucun rôle privilégié. Au contraire Barrow imagina de faire, de la variation simultanée de diverses grandeurs en fonction d'une variable indépendante universelle conçue comme un « temps », le fondement d'un calcul infinitésimal à tendance géométrique. Cette idée, qui a dû lui venir lorsqu'il cherchait à retrouver la méthode de composition des mouvements dont il ne connaissait l'existence que par ouï-dire, est exposée en détail, en termes fort clairs et fort généraux, dans les trois premières de ses *Lectiones Geometricae* [*16* b]; il y démontre par exemple avec soin que, si un point mobile a pour projections, sur deux axes rectangulaires AY, AZ, des points mobiles dont l'un se meut avec une vitesse constante a et l'autre avec une vitesse v qui croît avec le temps, la trajectoire a une tangente de pente égale à v/a, et est concave vers la direction des Z croissants. Dans la suite des *Lectiones*, il poursuit ces idées fort loin, et, bien qu'il mette une sorte de coquetterie à les rédiger presque de bout en bout sous une forme aussi géométrique et aussi peu algébrique que possible, il est permis de voir là, avec Jakob Bernoulli ([*19* a], t. I, p. 431 et 453), l'équivalent d'une bonne partie du calcul infinitésimal de Newton et Leibniz. Les mêmes idées exactement servent de point de départ à Newton ([*233* a], t. I, p. 201-244 et [*233* b]) : ses « fluentes » sont les diverses grandeurs, fonctions d'un « temps » qui n'est qu'un paramètre universel et les « fluxions » en sont les dérivées par rapport au « temps » ; la possibilité que s'accorde Newton de changer au besoin de paramètre est présente également dans la méthode de Barrow, quoiqu'utilisée par celui-ci avec moins de souplesse *. Le langage des fluxions, adopté par Newton et imposé par son autorité aux mathématiciens anglais du siècle suivant,

* La question des rapports de Barrow et de Newton est controversée; voir [*241*] et [*233* d]. Dans une lettre de 1663 (cf. [*262*], vol. II, p. 32-33), Barrow parle de ses réflexions déjà anciennes sur la composition des mouvements, qui l'ont amené à un théorème très général sur les tangentes (si c'est celui des *Lect. Geom.*, Lect. X ([*16* b], p. 247), il est si général en effet qu'il comprend comme cas particulier tout ce qui avait été fait jusque-là sur ce sujet). D'autre part Newton a pu être l'élève de Barrow en 1664 et 1665, mais dit avoir obtenu indépendamment sa règle pour déduire, d'une relation entre « fluentes », une relation entre leurs « fluxions ». Il est possible que Newton ait pris dans l'enseignement de Barrow l'idée générale de grandeurs variant en fonction du temps, et de leurs vitesses de variation, notions que ses réflexions sur la dynamique (auxquelles Barrow a dû rester tout à fait étranger) ont bientôt contribué à préciser.

représente ainsi le dernier aboutissement, pour la période qui nous occupe, des méthodes cinématiques dont le rôle véritable était déjà terminé.

C) La *Géométrie algébrique.* C'est là un thème parasite, étranger à notre sujet, qui s'introduit du fait que Descartes, par esprit de système, prétendit faire des courbes algébriques l'objet exclusif de la géométrie ([*85* a], t. VI, p. 390); aussi est-ce une méthode de géométrie algébrique, et non comme Fermat une méthode de calcul différentiel, qu'il donne pour la détermination des tangentes. Les résultats légués par les anciens sur l'intersection d'une droite et d'une conique, les réflexions de Descartes lui-même sur l'intersection de deux coniques et les problèmes qui s'y ramènent, devaient tout naturellement le conduire à l'idée de prendre pour critère de contact la coïncidence de deux intersections : nous savons aujourd'hui qu'en géométrie algébrique c'est là le critère correct, et d'une si grande généralité qu'il est indépendant du concept de limite et de la nature du « corps de base ». Descartes l'applique d'abord d'une manière peu commode, en cherchant à faire coïncider en un point donné deux intersections de la courbe étudiée et d'un cercle ayant son centre sur Ox ([*85* a], t. VI, p. 413-424); ses disciples, van Schooten, Hudde, substituent au cercle une droite, et obtiennent sous la forme $-F'_x/F'_y$ la pente de la tangente à la courbe $F(x,y) = 0$, les « polynômes dérivés » F'_x, F'_y étant définis par leur règle formelle de formation ([*198* d], t. I, p. 147-344 et [*85* b], p. 234-237); de Sluse arrive aussi à ce résultat vers la même époque ([*198* d], p. 232-234). Bien entendu les distinctions tranchées que nous marquons ici, et qui seules donnent un sens à la controverse entre Descartes et Fermat, ne pouvaient en aucune façon exister dans l'esprit des mathématiciens du XVIIe siècle : nous ne les avons mentionnées que pour éclairer un des plus curieux épisodes de l'histoire qui nous occupe, et pour constater presque aussitôt après la complète éclipse des méthodes algébriques, provisoirement absorbées par les méthodes différentielles.

D) *Classification des problèmes.* Ce thème, nous l'avons vu, semble absent de l'œuvre d'Archimède, à qui il est assez indifférent de résoudre un problème directement ou de le ramener à un problème déjà traité. Au XVIIe siècle, les problèmes de différentiation apparaissent d'abord sous trois aspects distincts : vitesses, tangentes, maxima et minima. Quant à ces derniers, Képler [*179* a et b] fait l'observation (qu'on trouve déjà chez Oresme ([*335*], p. 141) et qui n'avait pas échappé même aux astronomes babyloniens) que la variation d'une fonction est particulièrement lente au voisinage d'un maximum. Fermat, dès avant 1630 ([*109*], t. II, p. 71 et p. 113-179), inaugure à propos de tels problèmes sa méthode infinitésimale, qui en langage moderne revient en somme à rechercher les deux premiers termes (le terme constant et le terme du premier ordre) du développement de Taylor, et d'écrire qu'en un extremum le second s'annule ; il part de là pour étendre sa méthode à la détermination des tangentes, et l'applique même à la recherche des points d'inflexion. Si on tient compte de ce qui a été dit plus haut à propos de cinématique, on voit que l'unification des trois types de problèmes relatifs à la dérivée première a été réalisée d'assez bonne heure. Quant aux problèmes relatifs à la dérivée seconde, ils n'apparaissent que fort tard, et surtout avec les travaux de Huygens sur la développée d'une courbe (publiés en 1673 dans son *Horologium Oscillatorium* ([*169* b], t. XVIII)) ; à ce moment, Newton, avec ses fluxions, était déjà en possession de tous les moyens analytiques nécessaires pour résoudre de tels problèmes ; et, malgré tout le talent géométrique qu'y dépense Huygens (et dont plus tard la géométrie différentielle à ses débuts devait profiter), ils n'ont guère servi à autre chose, pour la période qui nous occupe, qu'à permettre à la nouvelle analyse de constater la puissance de ses moyens.

Pour l'intégration, elle était apparue aux Grecs comme calcul d'aires, de volumes, de moments, comme calcul de la longueur du cercle et d'aires de segments sphériques ; à quoi le XVIIe siècle ajoute la rectification des courbes, le calcul de l'aire des surfaces de révolution, et (avec les travaux de Huygens sur le pendule composé ([*169* b], t. XVIII)) le calcul des moments d'inertie. Il s'agissait d'abord de reconnaître le lien entre tous ces problèmes. Pour les aires et les volumes, ce premier et immense pas en avant est fait par Cavalieri, dans sa Géométrie des indivisibles [*57* a]. Il y énonce, et prétend démontrer, à peu près le principe suivant : si deux aires planes sont telles que toute parallèle à une direction donnée les coupe suivant des segments dont les longueurs sont dans un rapport constant, alors ces aires sont dans le même rapport ; un principe analogue est posé pour les volumes coupés par les plans parallèles à un plan fixe suivant des aires dont les mesures soient dans un rapport constant. Il est vraisemblable que ces principes ont été suggérés à Cavalieri par des théorèmes tels que celui d'Euclide (ou plutôt d'Eudoxe) sur le rapport des volumes des pyramides de même hauteur, et qu'avant de les poser d'une manière générale, il en a d'abord vérifié la validité sur un grand nombre d'exemples pris dans Archimède. Il les « justifie » par l'emploi d'un langage, sur la légitimité duquel on le voit interroger Galilée dans une lettre de 1621, alors qu'en 1622 déjà il l'emploie sans hésitation ([*122* b], t. XIII, p. 81 et 86) et dont voici l'essentiel. Soient par exemple deux aires, l'une $0 \leqslant x \leqslant a$, $0 \leqslant y \leqslant f(x)$, l'autre $0 \leqslant x \leqslant a$, $0 \leqslant y \leqslant g(x)$; les sommes d'ordonnées $\sum_{k=0}^{n-1} f(ka/n)$, $\sum_{k=0}^{n-1} g(ka/n)$ sont l'une à l'autre dans un rapport qui, pour n assez grand, est aussi voisin qu'on veut du rapport des deux aires, et il ne serait même pas difficile de le démontrer par exhaustion pour f et g monotones ; Cavalieri passe à la limite, fait $n = \infty$, et parle de « la somme de toutes les ordonnées » de la première courbe, qui est à la somme analogue pour la deuxième courbe dans un rapport rigoureusement égal au rapport des aires ; de même pour les volumes ; et ce langage est ensuite universellement adopté, même par les auteurs, comme Fermat, qui ont le plus nettement conscience des faits précis qu'il recouvre. Il est vrai que par la suite beaucoup de mathématiciens, tels Roberval ([*263*], p. 3-67) et Pascal ([*244*], t. VIII, p. 334-384), préfèrent voir, dans ces ordonnées de la courbe dont on fait la « somme », non des segments de droite comme Cavalieri, mais des rectangles de même hauteur infiniment petite, ce qui n'est pas un grand progrès du point de vue de la rigueur (quoi qu'en dise Roberval), mais empêche peut-être l'imagination de dérailler trop facilement. En tout cas, et comme il ne s'agit que de rapports, l'expression « la somme de toutes les ordonnées » de la courbe $y = f(x)$, ou en abrégé « toutes les ordonnées » de la courbe, est en définitive, comme il apparaît bien par exemple dans les écrits de Pascal, l'équivalent exact du $\int y dx$ leibnizien.

Du langage adopté par Cavalieri, les principes énoncés plus haut s'ensuivent inévitablement, et entraînent aussitôt des conséquences que nous allons énoncer en notation moderne, étant entendu que $\int f dx$ y signifiera seulement l'aire comprise entre Ox et la courbe $y = f(x)$. Tout d'abord, toute aire plane, coupée par chaque droite $x =$ constante suivant des segments dont la somme des longueurs est $f(x)$, est égale à $\int fdx$; et il en est de même de tout volume coupé par chaque plan $x =$ constante suivant une aire de mesure $f(x)$. De plus, $\int fdx$ dépend linéairement de f ; on a $\int (f+g)\,dx = \int fdx + \int gdx$, $\int cfdx = c\int fdx$. En particulier, tous les problèmes d'aires et de volumes sont ramenés aux quadratures, c'est-à-dire à des calculs d'aires de la forme $\int fdx$; et, ce qui est peut-être encore plus nouveau et important, on doit considérer comme équivalents deux problèmes dépendant de la même quadrature, et on a le moyen dans chaque cas de décider s'il en est ainsi. Les mathématiciens grecs n'ont jamais atteint (ou peut-être n'ont jamais consenti à atteindre) un tel degré d' « abstraction ». Ainsi ([*57* a], p. 133) Cavalieri « démontre » sans aucune peine que deux volumes semblables sont entre eux dans un rapport égal au cube du rapport de similitude, alors qu'Archimède n'énonce cette conclusion, pour les quadriques de révolution et leurs segments, qu'au terme de sa théorie de ces solides ([*5* b], t. I, p. 258). Mais pour en arriver là il a fallu jeter la rigueur archimédienne par-dessus bord.

On avait donc là le moyen de classifier les problèmes, provisoirement du moins, suivant le degré de difficulté réel ou apparent que présentaient les quadratures dont ils relevaient. C'est à quoi l'algèbre de l'époque a servi de modèle : car en algèbre aussi, et dans les problèmes algébriques qui se posent en géométrie, alors que les Grecs ne s'étaient intéressés qu'aux solutions, les algébristes du XVIe et du XVIIe siècle ont commencé à porter principalement leur attention sur la classification des problèmes suivant la nature des moyens qui peuvent servir à les résoudre, préludant ainsi à la théorie moderne des extensions algébriques ; et ils n'avaient pas seulement procédé à une première classification des problèmes suivant le degré de l'équation dont ils dépendent, mais ils s'étaient déjà posé de difficiles questions de possibilité : possibilité de résoudre toute équation par radicaux (à laquelle certains ne croyaient plus), etc. ; ils s'étaient préoccupés aussi de ramener à une forme géométrique type tous les problèmes d'un degré donné. De même en Calcul intégral, les principes de Cavalieri le mettent à même de reconnaître aussitôt que beaucoup des problèmes résolus par Archimède se ramènent à des quadratures $\int x^n dx$ pour $n = 1, 2, 3$; et il imagine une ingénieuse méthode pour effectuer cette quadrature pour autant de valeurs de n qu'on veut (la méthode revient à observer qu'on a $\int_0^{2a} x^n dx = c_n a^{n+1}$ par homogénéité, et à écrire

$$\int_0^{2a} x^n dx = \int_{-a}^{a} (a + x)^n dx = \int_0^{a} [(a + x)^n + (a - x)^n] dx,$$

d'où, en développant, une relation de récurrence pour les c_n) ([*57* a], p. 159 et [*57* b], p. 269-273). Mais déjà Fermat était parvenu beaucoup plus loin, en démontrant d'abord (avant 1636) que $\int_0^{a} x^n dx = \frac{a^{n+1}}{n+1}$ pour n entier positif ([*109*], t. II, p. 83), au moyen d'une formule pour les sommes de puissances des N premiers entiers (procédé imité de la quadrature de la spirale par Archimède), puis en étendant la même formule à tout n rationnel $\neq -1$ ([*109*], t. I, p. 195-198); de ce dernier résultat (communiqué à Cavalieri en 1644) il ne rédige une démonstration que fort tard, à la suite de la lecture des écrits de Pascal sur l'intégration * ([*109*], t. I, p. 255-288; trad. française, t. III, p. 216-240).

Ces résultats, joints à des considérations géométriques qui tiennent lieu du changement de variables et de l'intégration par parties, permettent déjà de résoudre un grand nombre de problèmes qui se ramènent aux quadratures élémentaires. Au delà, on rencontre d'abord la quadrature du cercle et celle de l'hyperbole : comme c'est surtout d'« intégrales indéfinies » qu'il s'agit à cette époque, la solution de ces problèmes, en termes modernes, est fournie respectivement par les fonctions circulaires réciproques et par le logarithme ; celles-là étaient données géométriquement, et nous avons vu comment

* Il est remarquable que Fermat, si scrupuleux, utilise l'additivité de l'intégrale, sans un mot pour la justifier, dans les applications qu'il donne de ses résultats généraux : se base-t-il sur la monotonie par morceaux, implicitement admise, des fonctions qu'il étudie, moyennant laquelle il n'est pas difficile en effet de justifier l'additivité par exhaustion ? ou bien est-il déjà, en dépit de lui-même, entraîné par le langage dont il se sert ?

celui-ci s'est peu à peu introduit en analyse. Ces quadratures font l'objet de nombreux travaux, de Grégoire de Saint-Vincent [*135*], Huygens ([*169* b], t. XI, p. 271-337 et t. XII, p. 91-180), Wallis ([*326* a], t. I, p. 355-478), Gregory [*136* a]; le premier croit effectuer la quadrature du cercle, le dernier croit démontrer la transcendance de π ; chez les uns et les autres se développent des procédés d'approximation indéfinie des fonctions circulaires et logarithmiques, les uns de tendance théorique, d'autres orientés vers le calcul numérique, qui vont aboutir bientôt, avec Newton ([*233* a], t. I, p. 3-26 et 29-199) Mercator ([*220*], reproduit dans [*218*], t. I, p. 167-196), J. Gregory [*136* d], puis Leibniz [*198* d], à des méthodes générales de développement en série. En tout cas, la conviction se fait jour peu à peu de l'« impossibilité » des quadratures en question, c'est-à-dire du caractère non algébrique des fonctions qu'elles définissent ; et en même temps, on s'accoutume à considérer qu'un problème est résolu pour autant que sa nature le comporte, lorsqu'il a été ramené à l'une de ces quadratures « impossibles ». C'est le cas par exemple des problèmes sur la cycloïde, résolus par les fonctions circulaires, et de la rectification de la parabole, ramenée à la quadrature de l'hyperbole.

Les problèmes de rectification, dont nous venons de citer deux des plus fameux, ont eu une importance particulière, comme formant une transition géométrique naturelle entre la différentiation, qu'ils présupposent, et l'intégration dont ils relèvent ; on peut leur associer les problèmes sur l'aire des surfaces de révolution. Les anciens n'avaient traité que le cas du cercle et de la sphère. Au XVIIe siècle, ces questions n'apparaissent que fort tard ; il semble que la difficulté, insurmontable pour l'époque, de la rectification de l'ellipse (considérée comme la courbe la plus simple après le cercle) ait découragé les efforts. Les méthodes cinématiques donnent quelque accès à ces problèmes, ce qui permet à Roberval ([*263*], p. 363-399) et Torricelli ([*310*], t. III, p. 103-159), entre 1640 et 1645, d'obtenir des résultats sur l'arc des spirales; mais c'est seulement dans les années qui précèdent 1660 qu'ils passent à l'ordre du jour; la cycloïde est rectifiée par Wren en 1658 ([*326* a], t. I, p. 533-541); peu après la courbe $y^3 = ax^2$ l'est par divers auteurs ([*326* a], t. I, p. 551-553; [*85* b], t. I, p. 517-520; [*109*], t. I, p. 211-255; trad. franç., t. III, p. 181-215), et plusieurs auteurs aussi ([*109*], t. I, p. 199; [*169* b], t. II, p. 334) ramènent la rectification de la parabole à la quadrature de l'hyperbole (c'est-à-dire à une fonction algébrico-logarithmique). Ce dernier exemple est le plus important, car c'est un cas particulier du principe général d'après lequel la rectification d'une courbe $y = f(x)$ n'est pas autre chose que la quadrature de $y = \sqrt{1 + (f'(x))^2}$; et c'est bien de ce principe que Heurat la déduit. Il n'est pas moins intéressant de suivre les tâtonnements de Fermat vieillissant, dans son travail sur la courbe $y^3 = ax^2$ ([*109*], t. I, p. 211-255; trad. franç., t. III, p. 181-215) ; à la courbe $y = f(x)$ d'arc $s = g(x)$, il associe la courbe $y = g(x)$, et détermine la tangente à celle-ci à partir de la tangente à la première (en langage moderne, il démontre que leurs pentes $f'(x)$, $g'(x)$ sont liées par la relation $(g'(x))^2 = 1 + (f'(x))^2$) ; on se croit tout près de Barrow, et il n'y aurait qu'à combiner ce résultat avec celui de Heurat (ce que fait à peu près Gregory en 1668 ([*136* d], p. 488-491)) pour obtenir la relation entre tangentes et quadratures ; mais Fermat énonce seulement que si, pour deux courbes rapportées chacune à un système d'axes rectangulaires, les tangentes aux points de même abscisse ont toujours même pente, les courbes sont égales, ou autrement dit que la connaissance de $f'(x)$ détermine $f(x)$ (à une constante près) ; et il ne justifie cette assertion que par un raisonnement obscur sans aucune valeur probante.

Moins de dix ans plus tard, les *Lectiones Geometricae* de Barrow [*16* b] avaient paru. Dès le début (Lect. I), il pose en principe que, dans un mouvement rectiligne, les espaces sont proportionnels aux aires $\int_0^t v\,dt$ comprises entre l'axe des temps et la courbe des vitesses. On croirait qu'il va déduire de là, et de sa méthode cinématique déjà citée sur la détermination des tangentes, le lien entre la dérivée conçue comme pente de la tangente, et l'intégrale conçue comme aire ; mais il n'en est rien, et il démontre plus loin, d'une manière purement géométrique ([*16* b], Lect. X, § 11, p. 243) que, si deux courbes $y = f(x)$, $Y = F(x)$ sont telles que les ordonnées Y soient proportionnelles aux aires $\int_a^x y\,dx$, c'est-à-dire si $c.F(x) = \int_a^x f(x)dx$, alors la tangente à $Y = F(x)$ coupe Ox au point d'abscisse $x - T$ déterminée par $y/Y = c/T$; la démonstration est d'ailleurs parfaitement précise, à partir de l'hypothèse explicite que $f(x)$ est monotone, et il est dit que le sens de variation de $f(x)$ détermine le sens de la concavité de $Y = F(x)$. Mais on notera que ce théorème se perd quelque peu parmi une foule d'autres, dont beaucoup fort intéressants ; le lecteur non prévenu est tenté de n'y voir qu'un moyen de résoudre par quadrature le problème $Y/T = f(x)/c$, c'est-à-dire un certain problème de détermination d'une courbe à partir de données sur sa tangente (ou, comme nous dirions, une équation différentielle d'un genre particulier) ; et cela d'autant plus que les applications qu'en donne Barrow concernent avant tout des problèmes du même genre (c'est-à-dire des équations différentielles intégrables par « séparation des variables »). Le langage géométrique que s'impose Barrow est ici cause que le lien entre différentiation et intégration, si clair tant qu'il s'agissait de cinématique, est quelque peu obscurci.

D'autre part, diverses méthodes avaient pris forme, pour ramener les problèmes d'intégration les uns aux autres, et les « résoudre » ou bien les réduire à des problèmes « impossibles » déjà classés. Sous sa forme géométrique la plus simple, l'intégration par parties consiste à écrire l'aire comprise entre Ox, Oy, et un arc de courbe monotone $y = f(x)$ joignant un point $(a, 0)$ de Ox à un point $(0, b)$ de Oy comme $\int_0^a y dx = \int_0^b x dy$; et elle est fréquemment utilisée d'une manière implicite. Chez Pascal ([*244*], t. IX, p. 17-18) apparaît la généralisation suivante, déjà beaucoup plus cachée : $f(x)$ étant comme ci-dessus, soit $g(x)$ une fonction $\geqslant 0$, et soit $G(x) = \int_0^x g(x) dx$; alors on a $\int_0^a y g(x) dx = \int_0^b G(x) dy$, ce qu'il démontre ingénieusement en évaluant de deux manières le volume du solide $0 \leqslant x \leqslant a$, $0 \leqslant y \leqslant f(x)$, $0 \leqslant z \leqslant g(x)$; le cas particulier $g(x) = x^n$, $G(x) = \dfrac{x^{n+1}}{n+1}$ joue un rôle important, à la fois chez Pascal (*loc. cit.*, p. 19-21) et chez Fermat ([*109*], t. I, p. 271); ce dernier (dont le travail porte le titre significatif de « *Transmutation et émendation des équations des courbes, et ses applications variées à la comparaison des espaces curvilignes entre eux et avec les espaces rectilignes...* ») ne le démontre pas, sans doute parce qu'il juge inutile de répéter ce que Pascal venait de publier. Ces théorèmes de « transmutation », où nous verrions une combinaison d'intégration par parties et de changement de variables, tiennent lieu en quelque mesure de celui-ci, qui ne s'introduit que fort tard ; il est en effet contraire au mode de pensée, encore trop géométrique et trop peu analytique, de l'époque, de se permettre l'usage de variables autres que celles qu'impose la figure, c'est-à-dire l'une ou l'autre des coordonnées (ou parfois des coordonnées polaires), puis l'arc de la courbe. C'est ainsi que nous trouvons chez Pascal ([*244*], t. IX, p. 60-76) des résultats qui, en notation moderne, s'écrivent, en posant $x = \cos t$, $y = \sin t$, et pour des fonctions $f(x)$ particulières :

$$\int_0^1 f(x)dx = \int_0^{\frac{\pi}{2}} f(x)ydt,$$

et, chez J. Gregory ([*136* d], p. 489), pour une courbe $y = f(x)$ et son arc s, $\int yds = \int zdx$, avec $z = y\sqrt{1 + y'^2}$. C'est seulement en 1669 que nous voyons Barrow en possession du théorème général de changement de variables ([*16* b], p. 298-299); son énoncé, géométrique comme toujours, revient à ce qui suit : soient x et y reliés par une relation monotone, et soit p la pente du graphe de cette relation au point (x, y) ; alors, si les fonctions $f(x)$, $g(y)$ sont telles qu'on ait $f(x)/g(y) = p$ pour tout couple de valeurs (x, y) correspondantes, les aires $\int f(x)dx$, $\int g(y)dy$, prises entre limites correspondantes, sont égales ; et réciproquement, si ces aires sont toujours égales (f et g étant implicitement supposées de signe constant), on a $p = f(x)/g(y)$; la réciproque sert naturellement à appliquer le théorème à la résolution d'équations différentielles (par « séparation des variables »). Mais le théorème n'est inséré par Barrow que dans un appendice (Lect. XII, app. III, theor. IV), où, en faisant observer que beaucoup de ses résultats précédents n'en sont que des cas particuliers, il s'excuse de l'avoir découvert trop tard pour en faire plus d'usage.

Donc, vers 1670, la situation est la suivante. On sait traiter, par des procédés uniformes, les problèmes qui relèvent de la dérivée première, et Huygens a abordé des questions géométriques qui relèvent de la dérivée seconde. On sait ramener tous les problèmes d'intégration aux quadratures ; on est en possession de techniques variées, d'aspect géométrique, pour ramener des quadratures les unes aux autres, dans des cas mal classifiés, et on s'est habitué, de ce point de vue, au maniement des fonctions circulaires et logarithmique ; on a pris conscience du lien entre différentiation et intégration ; on a commencé à aborder la « méthode inverse des tangentes », nom donné à cette époque aux problèmes qui se ramènent aux équations différentielles du premier ordre. La découverte sensationnelle de la série

$\log(1+x) = -\sum_{1}^{\infty} (-x)^n/n$ par Mercator vient d'ouvrir des perspectives toutes nouvelles sur l'application des séries, et principalement des séries de puissances, aux problèmes dits « impossibles ». En revanche les rangs des mathématiciens se sont singulièrement éclaircis : Barrow a quitté la chaire du professeur pour celle du prédicateur ; Huygens mis à part (qui a presque toute son œuvre mathématique derrière lui, ayant obtenu déjà tous les principaux résultats de l'*Horologium Oscillatorium* qu'il se dispose à rédiger définitivement), ne sont actifs que Newton à Cambridge, et J. Gregory isolé à Aberdeen, auxquels Leibniz s'adjoindra bientôt avec une ardeur de néophyte. Tous trois, Newton à partir de 1665 déjà, J. Gregory à partir de la publication de Mercator en 1668, Leibniz à partir de 1673 environ, se consacrent principalement au sujet d'actualité, l'étude des séries de puissances. Mais, du point de vue de la classification des problèmes, le principal effet des nouvelles méthodes semble être d'oblitérer entre eux toute distinction ; et en effet Newton, plus analyste qu'algébriste, n'hésite pas à annoncer à Leibniz en 1676 ([*198* d], p. 224) qu'il sait résoudre toutes les équations différentielles *, à quoi Leibniz répond ([*198* d], p. 248-249) qu'il s'agit au contraire d'obtenir la solution en termes finis chaque fois qu'il se peut « en supposant les quadratures », et aussi de savoir si toute quadrature peut se ramener à celles du cercle et de l'hyperbole comme cela a été constaté dans la plupart des cas déjà étudiés ; il rappelle à ce propos que Gregory croyait (avec raison, nous le savons aujourd'hui) la rectification de l'ellipse et de l'hyperbole irréductibles aux quadratures du cercle et de l'hyperbole ; et Leibniz demande jusqu'à quel point la méthode des séries, telle que Newton l'emploie, peut donner la réponse à ces

* Au cours de cet échange de lettres, qui ne se fait pas directement entre les intéressés mais officiellement par l'intermédiaire du secrétaire de la Royal Society, Newton « prend date » en énonçant sa méthode comme suit : *5accdae 10effh 12i... rrrssssstuu*, anagramme où se trouve renfermée la méthode de résolution par une série de puissances à coefficients indéterminés ([*198* d], p. 224).

questions. Newton, de son côté ([*198* d], p. 209-211), se déclare en possession de critères, qu'il n'indique pas, pour décider, apparemment par l'examen des séries, de la « possibilité » de certaines quadratures (en termes finis), et donne en exemple une série (fort intéressante) pour l'intégrale $\int x^{\alpha}(1+x)^{\beta}dx$.

On voit l'immense progrès réalisé en moins de dix ans : les questions de classification se posent déjà dans ces lettres en termes tout modernes ; si l'une de celles que soulève Leibniz a été résolue au XIXe siècle par la théorie des intégrales abéliennes, l'autre, sur la possibilité de ramener aux quadratures une équation différentielle donnée, est encore ouverte malgré d'importants travaux récents. S'il en est ainsi, c'est que déjà Newton et Leibniz, chacun pour son propre compte, ont réduit à un algorithme les opérations fondamentales du calcul infinitésimal ; il suffit d'écrire, dans les notations dont se sert l'un ou l'autre, un problème de quadrature ou d'équation différentielle, pour que sa structure algébrique apparaisse aussitôt, dégagée de sa gangue géométrique ; les méthodes de « transmutation » aussi s'écrivent en termes analytiques simples ; les problèmes de classification se posent de façon précise. Mathématiquement parlant, le XVIIe siècle a pris fin.

E) *Interpolation* et *calcul des différences*. Ce thème (dont nous ne séparons pas l'étude des *coefficients du binôme*) apparaît de bonne heure et se continue à travers tout le siècle, pour des raisons à la fois théoriques et pratiques. L'une des grandes tâches de l'époque est en effet le calcul des tables trigonométriques, logarithmiques, nautiques, rendues nécessaires par les rapides progrès de la géographie, de la navigation, de l'astronomie théorique et pratique, de la physique, de la mécanique céleste ; et beaucoup de mathématiciens les plus éminents, de Képler à Huygens et Newton, y participent, soit directement, soit par la recherche théorique des procédés d'approximation les plus efficaces.

L'un des premiers problèmes, dans l'usage et même la confection des tables, est celui de l'interpolation ; et, à mesure que s'accroît la précision des calculs, on s'aperçoit au XVIIe siècle que l'antique procédé de l'interpolation linéaire perd sa validité dès que les différences premières (différences entre les valeurs successives figurant dans la table) cessent d'être sensiblement constantes ; aussi voit-on Briggs par exemple ([*36*], chap. 13) faire usage de différences d'ordres supérieur, et même d'ordre assez élevé, dans le calcul des logarithmes. Plus tard, nous voyons Newton ([*233* a], t. I, p. 271-282 et [*233* b],, livre III, lemme 5; voir aussi [*114*]) et J. Gregory ([*136* d], p. 119-120), chacun de son côté, poursuivre parallèlement des recherches sur l'interpolation et sur les séries de puissances ; l'un et l'autre aboutit, par des méthodes d'ailleurs différentes, d'une part à la formule d'interpolation par polynômes, dite « de Newton », et de l'autre à la série du binôme ([*136* d], p. 131; [*198* d], p. 180) et aux principaux développements en séries de puissances de l'analyse classique ([*136* d]; [*233* a], t. I, p. 3-26 et 271-282 et [*198* d], p. 179-192 et 203-225) ; il n'est guère douteux que ces deux ordres de recherches n'aient réagi l'un sur l'autre, et n'aient été intimement liés aussi dans l'esprit de Newton à la découverte des principes du calcul infinitésimal. Chez Gregory comme chez Newton se fait jour un grand souci de la pratique numérique, de la construction et de l'usage des tables, du calcul numérique des séries et des intégrales ; en particulier, bien qu'on ne trouve chez eux aucune démonstration soignée de convergence, dans le genre de celle de Lord Brouncker citée plus haut, tous deux font constamment mention de la convergence de leurs séries du point de vue pratique de leur aptitude au calcul. C'est ainsi encore que nous voyons Newton, en réponse à une question posée par Collins pour des fins pratiques ([*262*], t. II, p. 309-310), appliquer au calcul approché de $\sum_{p=1}^{N} \frac{1}{n+p}$, pour de grandes valeurs de N, un cas particulier de la méthode de sommation dite d'Euler-Maclaurin.

On rencontre aussi de bonne heure le calcul des valeurs d'une fonction à partir de leurs différences, employé comme procédé pratique d'intégration, et même, peut-on dire, d'intégration d'équation différentielle. Ainsi Wright, en 1599, ayant à résoudre en vue de tables nautiques un problème que nous noterions $\frac{dx}{dt} = \sec t = \frac{1}{\cos t}$, procède par addition des valeurs de sec t, par intervalles successifs d'une seconde d'arc ([*338*]; cf [*230* b], p. 97), obtenant naturellement à peu de chose près une table des valeurs de $\log \operatorname{tg}\left(\frac{\pi}{4}+\frac{t}{2}\right)$; et cette coïncidence, observée dès le calcul des premières tables de log tg t, demeura inexpliquée jusqu'à l'intégration de sec t par Gregory en 1668 ([*136* c] et [*136* d], p. 7 et 463).

Mais ces questions ont aussi un aspect purement théorique et même arithmétique. Convenons de noter par $\Delta^r x_n$ les suites de différences successives d'une suite $(x_n)_{n \in \mathbf{N}}$, définies par récurrence au moyen de $\Delta x_n = x_{n+1} - x_n$, $\Delta^r x_n = \Delta(\Delta^{r-1} x_n)$, et de noter par S^r l'opération inverse de Δ et ses itérées, en posant donc $y_n = Sx_n$ si $y_0 = 0$, $\Delta y_n = x_n$, et $S^r x_n = S(S^{r-1} x_n)$; on a

$$S^r x_n = \sum_{p=0}^{n-r} \binom{n-p-1}{r-1} x_p ;$$

en particulier, si $x_n = 1$ pour tout n, on a $Sx_n = n$, les suites $S^2 x_n$ et $S^3 x_n$ sont celles des nombres « triangulaires » et « pyramidaux » étudiés déjà par les arithméticiens grecs, et on a en général

$$S^r x_n = \binom{n}{r} \text{ pour } n \geqslant r \text{ (et } S^r x_n = 0 \text{ pour } n < r) ;$$

ces suites s'étaient introduites, de ce point de vue, en tout cas dès le XVIe siècle ; elles apparaissent d'elles-mêmes aussi dans les problèmes combinatoires, qui, soit par eux-mêmes, soit à propos de probabilités, ont joué un assez grand rôle dans les mathématiques du XVIIe siècle, par exemple chez Fermat et Pascal, puis chez Leibniz. Elles se présentent aussi dans l'expression de la somme des m-èmes puissances des N premiers entiers, dont le calcul, comme nous l'avons vu, est à la base de l'intégration de $\int x^m dx$ pour m entier, par la première méthode de Fermat ([*109*], t. II, p. 83). C'est ainsi que procède aussi Wallis en 1655 dans son *Arithmetica Infinitorum* ([*326* a], t. I, p. 355-478), sans connaître les travaux (non publiés) de Fermat, et sans connaître non plus, dit-il, la méthode des indivisibles autrement que par la lecture de Torricelli ; il est vrai que Wallis, pressé d'aboutir, ne s'attarde pas à une recherche minutieuse : une fois le résultat atteint pour les premières valeurs entières de m, il le pose vrai « par induction » pour tout m entier, passe correctement de là à $m = 1/n$ pour n entier, puis, par une « induction » encore plus sommaire que la première, à m rationnel quelconque. Mais ce qui fait l'intérêt et l'originalité de son travail, c'est qu'il s'élève progressivement de là à l'étude de l'intégrale « eulérienne » $\mathrm{I}(m, n) = \int_0^1 (1 - x^{\frac{1}{m}})^n dx$ (dont la valeur, pour m et $n > 0$, est $\Gamma(m+1)\Gamma(n+1)/\Gamma(m+n+1)$) et autres semblables, dresse, pour m et n entiers, le tableau des valeurs de $1/\mathrm{I}(m, n)$ qui n'est autre que celui des entiers $\binom{m+n}{n}$, et, par des méthodes presque identiques à celles qu'on emploie aujourd'hui pour exposer la théorie de la fonction Γ, aboutit au produit infini pour $\mathrm{I}\left(\frac{1}{2}, \frac{1}{2}\right) = \frac{\pi}{4} = \left(\Gamma\left(\frac{3}{2}\right)\right)^2$; il n'est pas difficile d'ailleurs de rendre sa méthode correcte au moyen d'intégrations par parties et de changements de variables très simples, et de la considération de $\mathrm{I}(m,n)$ pour toutes les valeurs réelles de m et n, ce à quoi il ne pouvait guère songer, mais que l'analyse newtonienne allait bientôt rendre possible. C'est en tout cas l' « interpolation » effectuée par Wallis des entiers $\binom{m+n}{n}$ à des valeurs non entières de m (plus précisément aux valeurs de la forme $n = p/2$, avec p entier impair) qui sert de point de départ à Newton débutant ([*198* d], p. 204-206), l'amenant, d'abord par l'étude du cas particulier $(1 - x^2)^{p/2}$, à la série du binôme, puis de là à l'introduction de x^a (ainsi noté) pour tout a réel, et à la différentiation de x^a au moyen de la série du binôme ; tout cela sans grand effort pour obtenir des démonstrations ni même des définitions rigoureuses ; de plus, innovation remarquable, c'est de la connaissance de la dérivée de x^a qu'il déduit $\int x^a dx$ pour $a \neq -1$ ([*233* a], t. I, p. 3-26 et [*198* d], p. 225). Du reste, et bien qu'il ait été bientôt en possession de méthodes beaucoup plus générales de développement en série de puissances, telles la méthode dite du polygone de Newton (pour les fonctions algébriques) ([*198* d], p. 221) et celle des coefficients indéterminés, il revient maintes fois par la suite, avec une sorte de prédilection, à la série du binôme et à ses généralisations ; et c'est de là, par exemple, qu'il semble avoir tiré le développement de $\int x^\alpha(1+x)^\beta dx$ dont il a été question plus haut ([*198* d], p. 209).

L'évolution des idées sur le continent, cependant, est fort différente, et beaucoup plus abstraite. Pascal s'était rencontré avec Fermat dans l'étude des coefficients du binôme (dont il forme ce qu'il nomme le « triangle arithmétique ») et leur emploi en calcul des probabilités et en calcul des différences ; lorsqu'il aborde l'intégration, il y introduit les mêmes idées. Comme ses prédécesseurs, quand il emploie le langage des indivisibles, il conçoit l'intégrale $F(x) = \int_0^x f(x)dx$ comme valeur du rapport de la « somme de toutes les ordonnées de la courbe »

$$S\left(f\left(\frac{n}{N}\right)\right) = \sum_{0 \leq p < Nx} f\left(\frac{p}{N}\right),$$

à l' « unité » $N = \sum_{0 \leq p < N} 1$ pour $N = \infty$ ([*244*], t. VIII, p. 352-355) (ou, lorsqu'il abandonne ce langage pour le langage correct par exhaustion, comme limite de ce rapport pour N augmentant indéfiniment). Mais, ayant en vue des problèmes de moments, il observe que, lorsqu'il s'agit de masses discrètes y_i réparties à intervalles équidistants, le calcul de la masse totale revient à l'opération Sy_n définie plus haut, et le calcul du moment à l'opération S^2y_n ; et, par analogie, il itère l'opération $\int$ pour former ce qu'il nomme les « sommes triangulaires des ordonnées », donc, dans notre langage, les limites des sommes $N^{-2}S^2\left(f\left(\frac{n}{N}\right)\right)$, c'est-à-dire les intégrales $F_2(x) = \int_0^x F(x)dx$; une nouvelle itération lui donne les « sommes pyramidales » $F_3(x) = \int_0^x F_2(x)dx$, limites de $N^{-3}S^3\left(f\left(\frac{n}{N}\right)\right)$; le contexte marque d'ailleurs suffisamment que, s'il s'arrête là, ce n'est pas par défaut de généralité dans sa pensée ni dans son langage, mais seulement parce qu'il ne compte se servir que de celles-là, dont l'emploi systématique est à la base d'une bonne partie de ses résultats, et dont il démontre aussitôt les propriétés que nous écririons

$$F_2(x) = \int_0^x (x-u)f(u)du, \quad F_3(x) = \frac{1}{2}\int_0^x (x-u)^2 f(u)du$$

([*244*], t. VIII, p. 361-367); tout cela sans écrire une seule formule, mais dans un langage si transparent et si précis qu'on peut immédiatement le transcrire en formules comme il vient d'être fait. Chez Pascal comme chez ses prédécesseurs, mais d'une manière beaucoup plus nette et systématique, le choix de la variable indépendante (qui est toujours l'une des coordonnées, ou bien l'arc sur la courbe) est implicite dans la convention qui fixe les points de subdivision équidistants (bien qu'« infiniment voisins ») de l'intervalle d'intégration ; ces points, suivant le cas, sont, soit sur Ox, soit sur Oy, soit sur l'arc de courbe, et Pascal prend soin de ne jamais laisser subsister aucune ambiguïté à ce sujet ([*244*], t. VIII, p. 368-369). Lorsqu'il a à changer de variable, il le fait au moyen d'un principe qui revient à dire que l'aire $\int f(x)dx$ peut s'écrire $S(f(x_i)\Delta x_i)$ pour toute subdivision de l'intervalle d'intégration en intervalles « infiniment petits » Δx_i, égaux ou non ([*244*], t. IX, p. 61-68).

Comme on voit, on est déjà tout près de Leibniz ; et c'est, peut-on dire, un hasard heureux que celui-ci, lorsqu'il voulut s'initier aux mathématiques modernes, ait rencontré Huygens, qui lui mit aussitôt les écrits de Pascal entre les mains ([*198* d], p. 407-408); il y était particulièrement préparé par ses réflexions sur l'analyse combinatoire, et nous savons qu'il en fit une étude approfondie, qui se reflète dans son œuvre. En 1675, nous le voyons transcrire le théorème de Pascal ci-dessus, sous la forme omn$(x\omega) = x$. omn ω — omn(omn ω), où omn ω est une abréviation pour l'intégrale de ω prise de 0 à x, à laquelle Leibniz, quelques jours plus tard, substitue $\int \omega$ (initiale de « summa omnium ω ») en même temps qu'il introduit d pour la « différence » infiniment petite, ou, comme il dira bientôt, la différentielle ([*198* d], p. 147-167). Concevant ces « différences » comme des grandeurs comparables entre elles mais non aux grandeurs finies, il prend d'ailleurs le plus souvent, explicitement ou non, la différentielle dx

de la variable indépendante x comme unité, $dx = 1$ $\left(\text{ce qui revient à identifier la différentielle } dy \text{ avec la dérivée } \frac{dy}{dx}\right)$, et au début l'omet de sa notation de l'intégrale, qui apparaît donc comme $\int y$ plutôt que comme $\int ydx$; mais il ne tarde guère à introduire celle-ci, et s'y tient systématiquement une fois qu'il en aperçoit le caractère invariant par rapport au choix de la variable indépendante, qui dispense d'avoir ce choix constamment présent à l'esprit * ; et il ne marque pas peu de satisfaction, lorsqu'il revient à l'étude de Barrow qu'il avait jusque-là négligé, en constatant que le théorème général de changement de variable, dont Barrow faisait si grand cas, découle immédiatement de sa propre notation ([*198* d], p. 412). En tout ceci du reste, il se tient très près du calcul des différences, dont son calcul différentiel se déduit par un passage à la limite que bien entendu il serait fort en peine de justifier rigoureusement ; et par la suite il insiste volontiers sur le fait que ses principes s'appliquent indifféremment à l'un et à l'autre. Il cite expressément Pascal, par exemple, lorsque dans sa correspondance avec Johann Bernoulli ([*198* a], t. III, p. 156), se référant à ses premières recherches, il donne une formule de calcul des différences qui est un cas particulier de celle de Newton, et en déduit par « passage à la limite » la formule $y = \sum_{1}^{\infty} (-1)^n \frac{d^n y}{dx^n} \cdot \frac{x^n}{n!}$ (où y est une fonction s'annulant pour $x = 0$, et les $\frac{d^n y}{dx^n}$ sont ses dérivées pour la valeur x de la variable), formule équivalente à une semblable que vient de lui communiquer Bernoulli ([*198* a], t. III, p. 150 et [*20* a], t. I, p. 125-128), et que celui-ci démontre par intégrations par parties successives. Cette formule, comme on voit, est très voi-

* *« J'avertis qu'on prenne garde de ne pas omettre dx... faute fréquemment commise, et qui empêche d'aller de l'avant, du fait qu'on ôte par là à ces indivisibles, comme ici dx, leur généralité... de laquelle naissent d'innombrables transfigurations et équipollences de figures. »* ([*198* a], t. V, p. 233).

sine de la série de Taylor ; et c'est le raisonnement même de Leibniz, par passage à la limite à partir du calcul des différences, que Taylor retrouve en 1715 pour obtenir « sa » série [*305*] *, sans d'ailleurs faire de celle-ci grand usage.

F) On aura déjà aperçu, implicite dans l'évolution décrite plus haut, *l'algébrisation* progressive de l'analyse infinitésimale, c'est-à-dire sa réduction à un *calcul opérationnel* muni d'un système de notations uniforme de caractère algébrique. Comme Leibniz l'a maintes fois indiqué avec une parfaite netteté ([*198* a], t. V, p. 230-233), il s'agissait de faire pour la nouvelle analyse ce que Viète avait fait pour la théorie des équations, et Descartes pour la géométrie. Pour en comprendre la nécessité, il n'est que de lire quelques pages de Barrow ; à aucun moment on ne peut se passer d'avoir sous les yeux une figure parfois compliquée, décrite au préalable avec un soin minutieux ; il ne faut pas moins de 180 figures pour les 100 pages (Lect. V-XII) qui forment l'essentiel de l'ouvrage.

Il ne pouvait guère être question d'algébrisation, il est vrai, avant que quelque unité ne fût apparue à travers la multiplicité des apparences géométriques. Cependant Grégoire de St. Vincent [*135*] déjà introduit (sous le nom de « *ductus plani in planum* ») une sorte de loi de composition qui revient à l'emploi systématique d'intégrales $\int_a^b f(x)g(x)dx$ considérées comme volumes de solides $a \leqslant x \leqslant b$, $0 \leqslant y \leqslant f(x)$, $0 \leqslant z \leqslant g(x)$; mais il est loin d'en tirer les conséquences que plus tard Pascal déduit, comme on a vu, de l'étude du même solide. Wallis en 1655, et Pascal en 1658, se forgent, chacun à son usage, des langages de caractère algébrique, dans lesquels, sans écrire aucune formule, ils rédigent des énoncés qu'on peut immédiatement transcrire en formules de calcul intégral dès qu'on en a compris le mécanisme. Le langage de Pascal est particulièrement clair et précis ; et, si l'on ne comprend pas pourquoi il s'est refusé l'usage des

* Pour le calcul des différences, Taylor pouvait naturellement s'appuyer sur les résultats de Newton, contenus dans un lemme fameux des *Principia* ([*233* b], Livre III, lemme 5) et publiés plus amplement en 1711 ([*233* a], t. I, p. 271-282). Quant à l'idée de passer à la limite, elle semble typiquement leibnizienne ; et l'on aurait peine à croire à l'originalité de Taylor sur ce point si on ne connaissait de tout temps maints exemples de disciples ignorants de tout hormis des écrits de leur maître et patron. Taylor ne cite ni Leibniz ni Bernoulli ; mais la controverse Newton-Leibniz faisait rage, Taylor était secrétaire de la Royal Society et Sir Isaac en était le tout-puissant président.

notations algébriques, non seulement de Descartes, mais même de Viète, on ne peut qu'admirer le tour de force qu'il accomplit, et dont sa maîtrise de la langue l'a seule rendu capable.

Mais qu'on laisse passer quelques années, et tout change de face. Newton le premier conçoit l'idée de remplacer toutes les opérations, de caractère géométrique, de l'analyse infinitésimale contemporaine, par une opération analytique unique, la différentiation, et par la résolution du problème inverse ; opération que bien entendu la méthode des séries de puissances lui permettait d'exécuter avec une extrême facilité. Empruntant son langage, nous l'avons vu, à la fiction d'un paramètre « temporel » universel, il qualifie de « fluentes » les quantités variables en fonction de ce paramètre, et de « fluxions » leurs dérivées. Il ne paraît pas avoir attaché une importance particulière aux notations, et ses séides plus tard vantent même comme un avantage l'absence d'une notation systématique ; il prend néanmoins de bonne heure, pour son usage personnel, l'habitude de noter la fluxion par un point, donc $\frac{dx}{dt}$ par $\dot{x}$, $\frac{d^2x}{dt^2}$ par $\ddot{x}$, etc. Quant à l'intégration, il semble bien que Newton, tout comme Barrow, ne l'ait jamais envisagé que comme problème (trouver la fluente connaissant la fluxion, donc résoudre $\dot{x} = f(t)$), et non comme opération ; aussi n'a-t-il pas de nom pour l'intégrale, ni, semble-t-il, de notation habituelle (sauf quelquefois un carré, $\boxed{f(t)}$ ou $\square f(t)$ pour $\int f(t)dt$). Est-ce parce qu'il répugne à donner un nom et un signe à un être qui n'est pas défini d'une manière unique, mais seulement à une constante additive près ? Faute d'un texte, on ne peut que poser la question.

Autant Newton est empirique, concret, circonspect en ses plus grandes hardiesses, autant Leibniz est systématique, généralisateur, novateur aventureux et parfois téméraire. Dès sa jeunesse, il eut en tête l'idée d'une « caractéristique » ou langue symbolique universelle, qui devait être à l'ensemble de la pensée humaine ce que la notation algébrique est à l'algèbre, où tout nom ou signe eût été la clef de toutes les qualités de la chose signifiée, et qu'on n'eût pu employer correctement sans du même coup raisonner correctement (voir p. 16). Il est aisé de traiter un tel projet de chimérique ; ce n'est pas un hasard pourtant que son auteur ait été l'homme même qui devait bientôt reconnaître et isoler les concepts fondamentaux du calcul infinitésimal, et douer celui-ci de notations à peu près définitives. Nous avons déjà assisté plus haut à la naissance de celles-ci, et observé le soin avec lequel Leibniz, qui semble conscient de sa mission, les modifie progressivement jusqu'à leur assurer la simplicité et surtout l'invariance qu'il recherche ([*198* a], t. V, p. 220-226 et 226-233). Ce qu'il importe de marquer ici, c'est, dès qu'il les introduit (sans rien connaître encore des idées de Newton), la claire conception de $\int$ et de d, de l'intégrale et de la différentielle, comme opérateurs inverses l'un de l'autre. Il est vrai qu'en procédant ainsi il ne peut éviter l'ambiguïté inhérente à l'intégrale indéfinie, qui est le point faible de son système, sur lequel il glisse adroitement, de même que ses successeurs. Mais ce qui frappe, dès la première apparition des nouveaux symboles, c'est de voir Leibniz occupé aussitôt à en formuler les règles d'emploi, se demander si $d(xy) = dxdy$ ([*198* d], p. 165-166), et se répondre à lui-même par la négative, pour en venir progressivement à la règle correcte ([*198* a], t. V, p. 220-226), qu'il devait plus tard généraliser par sa fameuse formule pour $d^n(xy)$ ([*198* a], t. III, p. 175). Bien entendu, au moment où Leibniz tâtonne ainsi, Newton sait depuis dix ans déjà que $z = xy$ entraîne $\dot{z} = \dot{x}y + x\dot{y}$; mais il ne prend jamais la peine de le dire, n'y voyant qu'un cas particulier, indigne d'être nommé, de sa règle pour différentier une relation $F(x, y, z) = 0$ entre fluentes. Au contraire, le principal souci de Leibniz n'est pas de faire servir ses méthodes à la résolution de tels problèmes concrets, ni non plus de les déduire de principes rigoureux et inattaquables, mais avant tout de mettre sur pied un algorithme reposant sur le maniement formel de quelques règles simples. C'est dans cet esprit qu'il améliore la notation algébrique par l'emploi des parenthèses, qu'il adopte progressivement $\log x$ ou lx pour le logarithme *, et qu'il insiste sur le « calcul exponentiel », c'est-à-dire la considération systématique d'exponentielles, a^x, x^x, x^y, où l'exposant est une variable. Surtout, tandis que Newton n'introduit les fluxions d'ordre supérieur que strictement dans la mesure où elles sont nécessaires dans chaque cas concret, Leibniz s'oriente de bonne heure vers la création d'un « calcul opérationnel » par l'itération de d et de $\int$; prenant peu à peu

* Mais il n'a pas de signe pour les fonctions trigonométriques, ni (faute d'un symbole pour e) pour le « nombre dont le logarithme est x ».

claire conscience de l'analogie entre la multiplication des nombres et la composition des opérateurs de son calcul, il adopte, par une hardiesse heureuse, la notation par exposants pour écrire les itérés de d, écrivant donc d^n pour le *n-ème* itéré ([*198* d], p. 595 et 601 *, et [*198* a], t. V, p. 221 et 378) et même d^{-1}, d^{-n} pour $\int$ et ses itérés ([*198* a], t. III, p. 167); et il cherche même à donner un sens à d^α pour α réel quelconque ([*198* a], t. II, p. 301-302, et t. III, p. 228).

Ce n'est pas à dire que Leibniz ne s'intéresse aussi aux applications de son calcul, sachant bien (comme Huygens le lui répète souvent ([*198* d], p. 599)) qu'elles en sont la pierre de touche; mais il manque de patience pour les approfondir, et y cherche surtout l'occasion de formuler de nouvelles règles générales. C'est ainsi qu'en 1686 ([*198* a], t. VII, p. 326-329) il traite de la courbure des courbes, et du cercle osculateur, pour aboutir en 1692 ([*198* a], t. VII, p. 331-337) aux principes généraux sur le contact des courbes planes **; en 1692 ([*198* a], t. V, p. 266-269) et 1694 ([*198* a], t. V, p. 301-306) il pose les bases de la théorie des enveloppes; concurremment avec Johann Bernoulli, il effectue en 1702 et 1703 l'intégration des fractions rationnelles par décomposition en éléments simples, mais d'abord d'une manière formelle et sans bien se rendre compte des circonstances qui accompagnent la présence de facteurs linéaires complexes au dénominateur ([*198* a], t. V, p. 350-366). C'est ainsi encore qu'un jour d'août 1697, méditant en voiture sur des questions de calcul des variations, il a l'idée de la règle de différentiation par rapport à un paramètre sous le signe $\int$, et, enthousiasmé, la mande

* « *...c'est à peu pres comme si, au lieu des racines et puissances, on vouloit toujours substituer des lettres, et au lieu de xx, ou x^3, prendre m, ou n, après avoir déclaré que ce doivent estre les puissances de la grandeur x. Jugés, Mons., combien cela embarasseroit. Il en est de mesme de dx ou de ddx, et les differences ne sont pas moins des affections des grandeurs indeterminées dans leurs lieux, que les puissances sont des affections d'une grandeur prise à part. Il me semble donc qu'il est plus naturel de les designer en sorte qu'elles fassent connoistre immediatement la grandeur dont elles sont les affections.* »

** Il commet d'abord là-dessus une erreur singulière, croyant que le « cercle qui baise » (le cercle osculateur) a au point de contact quatre points communs avec la courbe; et il ne se rend qu'avec peine, par la suite, aux objections des frères Bernoulli à ce sujet ([*198* a], t. III, p. 187-188, 201-202 et 207).

aussitôt à Bernoulli ([*198* a], t. III, p. 449-454). Mais lorsqu'il en est là, les principes fondamentaux de son calcul sont acquis depuis longtemps, et l'usage a commencé à s'en répandre : l'algébrisation de l'analyse infinitésimale est un fait accompli.

G) La notion de *fonction* s'introduit et se précise d'une foule de manières au cours du XVIIe siècle. Toute cinématique repose sur une idée intuitive, et en quelque sorte expérimentale, de quantités variables avec le temps, c'est-à-dire de fonctions du temps, et nous avons vu déjà comment on aboutit ainsi à la fonction d'un paramètre, telle qu'elle apparaît chez Barrow, et,sous le nom de fluente, chez Newton. La notion de « courbe quelconque » apparaît souvent, mais est rarement précisée ; il se peut que souvent elle ait été conçue sous forme cinématique ou en tout cas expérimentale, et sans qu'on jugeât nécessaire qu'une courbe soit susceptible d'une caractérisation géométrique ou analytique pour pouvoir servir d'objet aux raisonnements ; il en est ainsi, en particulier (pour des raisons que nous sommes mieux à même de comprendre aujourd'hui) lorsqu'il s'agit d'intégration, par exemple chez Cavalieri, Pascal et Barrow ; ce dernier, raisonnant sur la courbe définie par $x = ct$, $y = f(t)$, avec l'hypothèse que $\frac{dy}{dt}$ soit croissante, dit même expressément qu' « *il n'importe en rien* » que $\frac{dy}{dt}$ croisse « *régulièrement suivant une loi quelconque, ou bien irrégulièrement* » ([*16* b], p. 191) c'est-à-dire, comme nous dirions, soit susceptible ou non d'une définition analytique. Malheureusement cette idée claire et féconde, qui devait, convenablement précisée, reparaître au XIXe siècle, ne pouvait alors lutter contre la confusion créée par Descartes, lorsque celui-ci avait, en premier lieu, banni de la « géométrie » toutes les courbes non susceptibles d'une définition analytique précise, et en second lieu restreint aux seules opérations algébriques les procédés de formation admissibles dans une telle définition. Il est vrai que, sur ce dernier point, il n'est pas suivi par la majorité de ses contemporains ; peu à peu, et souvent par des détours fort subtils, diverses opérations transcendantes, le logarithme, l'exponentielle, les fonctions trigonométriques, les quadratures, la résolution d'équations différentielles, le passage à la limite, la sommation des séries, acquièrent droit de cité, sans qu'il soit facile sur chaque point de marquer le moment précis où se fait le pas en avant ; et d'ailleurs le premier pas en avant est souvent suivi d'un pas en arrière. Pour le logarithme, par exemple, on doit considérer comme des étapes importantes l'apparition de la courbe logarithmique ($y = a^x$ ou $y = \log x$ suivant le choix des axes), de la spirale logarithmique, la quadrature de l'hyperbole, le développement en série de $\log(1 + x)$, et même l'adoption du symbole $\log x$ ou lx. En ce qui concerne les fonctions trigonométriques, et bien qu'en un certain sens elles remontent à l'antiquité, il est intéressant d'observer que la sinusoïde n'apparaît pas d'abord comme définie par une équation $y = \sin x$, mais bien, chez Roberval ([*263*], p. 63-65), comme « compagne de la roulette » (en l'espèce, il s'agit de la courbe

$$y = R\left(1 - \cos\frac{x}{R}\right)\Big),$$

c'est-à-dire comme courbe auxiliaire dont la définition est déduite de celle de la cycloïde. Pour rencontrer la notion générale d'expression analytique, il faut en venir à J. Gregory, qui la définit en 1667 ([*169* a], p. 413), comme une quantité qui s'obtient à partir d'autres quantités par une succession d'opérations algébriques « *ou de toute autre opération imaginable* » ; et il essaie de préciser cette notion dans sa préface ([*169* a], p. 408-409), en expliquant la nécessité d'adjoindre aux cinq opérations de l'algèbre * une sixième opération, qui en définitive n'est autre que le passage à la limite. Mais ces intéressantes réflexions sont bientôt oubliées, submergées par le torrent des développements en série découverts par Gregory lui-même, Newton, et d'autres ; et le prodigieux succès de cette dernière méthode crée une confusion durable entre fonctions susceptibles de définition analytique, et fonctions développables en série de puissances.

Quant à Leibniz, il semble s'en tenir au point de vue cartésien, élargi par l'adjonction explicite des quadratures, et par l'adjonction implicite des autres opérations familières à l'analyse de son époque, sommation de séries de puissances, résolution d'équations différentielles. De même Johann Bernoulli, lorsqu'il veut considérer une fonction arbitraire de x, l'introduit comme « *une quantité formée d'une manière quelconque à partir de x et de constantes* » ([*198* a], t. III,

* Il s'agit des quatre opérations rationnelles, et de l'extraction de racines d'ordre quelconque ; J. Gregory n'a jamais cessé de croire à la possibilité de résoudre par radicaux les équations de tous les degrés.

p. 150), en précisant parfois qu'il s'agit d'une quantité formée « *d'une manière algébrique ou transcendante* » ([*198* a], t. III, p. 324) : et, en 1698, il se met d'accord avec Leibniz pour donner à une telle quantité le nom de « fonction de x » ([*198* a], t. III, p. 507-510 et p. 525-526) *. Déjà Leibniz avait introduit les mots de « constante », « variable », « paramètre », et précisé à propos d'enveloppes la notion de famille de courbes dépendant d'un ou plusieurs paramètres ([*198* a], t. V, p. 266-269). Les questions de notation se précisent aussi dans la correspondance avec Johann Bernoulli : celui-ci écrit volontiers X, ou ξ, pour une fonction arbitraire de x ([*198* a], t. III, p. 531); Leibniz approuve, mais propose aussi $\overline{x}\rceil\underline{1}|$, $\overline{x}\rceil\underline{2}|$ là où nous écririons $f_1(x)$, $f_2(x)$; et il propose, pour la dérivée $\dfrac{dz}{dx}$ d'une fonction z de x, la notation $\eth z$ (par opposition à dz qui est la différentielle) alors que Bernoulli écrit Δz ([*198* a], t. III, p. 537 et 526).

Ainsi, avec le siècle, l'époque héroïque a pris fin. Le nouveau calcul, avec ses notions et ses notations, est constitué, sous la forme que Leibniz lui a donnée. Les premiers disciples, Jakob et Johann Bernoulli, rivalisent de découvertes avec le maître, explorant à l'envi les riches contrées dont il leur a montré le chemin. Le premier traité de calcul différentiel et intégral a été écrit en 1691 et 1692 par Johann Bernoulli **, à l'usage d'un marquis qui se montre bon élève. Peu importe d'ailleurs que Newton se soit décidé enfin, en 1693, à publier parcimonieusement un bref aperçu de ses fluxions ([*326* a], t. II, p. 391-396); si ses *Principia* ont de quoi fournir aux méditations de

* Jusque-là, et déjà dans un manuscrit de 1673, Leibniz avait employé ce mot comme abréviation pour désigner une grandeur « remplissant telle ou telle fonction » auprès d'une courbe, par exemple la longueur de la tangente ou de la normale (limitée à la courbe et à Ox), ou bien la sous-normale, la sous-tangente, etc... donc en somme une fonction d'un point variable sur une courbe, à définition géométrico-différentielle. Dans le même manuscrit de 1673, la courbe est supposée définie par une relation entre x et y, « *donnée par une équation* » (c'est-à-dire, en notre langage, algébrique) (cf. [*217*]).

** La partie de ce traité qui se rapporte au calcul intégral fut publiée en 1742 seulement ([*20* a], t. III, p. 385-558 et [*20* b]); celle qui a trait au calcul différentiel n'a été retrouvée et publiée que récemment [*20* c]; il est vrai que le marquis de l'Hôpital l'avait publiée en français, légèrement remaniée, sous son propre nom, ce dont Bernoulli marque quelque amertume dans ses lettres à Leibniz.

plus d'un siècle, sur le terrain du calcul infinitésimal il est rejoint, et sur bien des points dépassé.

Les faiblesses du nouveau système sont d'ailleurs visibles, du moins à nos yeux. Newton et Leibniz, abolissant d'un coup une tradition deux fois millénaire, ont accordé à la différentiation le rôle primordial, et réduit l'intégration à n'en être que l'inverse ; il faudra tout le XIXe siècle, et une partie du XXe, pour rétablir un juste équilibre, en mettant l'intégration à la base de la théorie générale des fonctions de variable réelle, et de ses généralisations modernes (voir p. 281). C'est de ce renversement de point de vue aussi que découle le rôle excessif, et presque exclusif, que prend déjà chez Barrow, et surtout à partir de Newton et Leibniz, l'intégrale indéfinie aux dépens de l'intégrale définie : là aussi le XIXe siècle eut à remettre les choses au point. Enfin la tendance proprement leibnizienne au maniement formel des symboles devait aller en s'accentuant à travers tout le XVIIIe siècle, bien au delà de ce que pouvaient autoriser les ressources de l'analyse de ce temps. En particulier, il faut bien reconnaître que la notion leibnizienne de différentielle n'a à vrai dire aucun sens ; au début du XIXe siècle, elle tomba dans un discrédit dont elle ne s'est relevée que peu à peu ; et, si l'emploi des différentielles premières a fini par être complètement légitimé, les différentielles d'ordre supérieur, d'un usage pourtant si commode, n'ont pas encore été vraiment réhabilitées jusqu'à ce jour.

Quoi qu'il en soit, l'histoire du calcul différentiel et intégral, à partir de la fin du XVIIe siècle, se divise en deux parties. L'une se rapporte aux applications de ce calcul, toujours plus riches, nombreuses et variées. A la géométrie différentielle des courbes planes, aux équations différentielles, aux séries de puissances, au calcul des variations, dont il a déjà été question plus haut, viennent s'ajouter la géométrie différentielles des courbes gauches, puis des surfaces, les intégrales multiples, les équations aux dérivées partielles, les séries trigonométriques, l'étude de nombreuses fonctions spéciales, et bien d'autres types de problèmes. Nous n'avons à nous occuper ici que des travaux qui ont contribué à mettre au point, approfondir et consolider les principes mêmes du calcul infinitésimal, en ce qui concerne les fonctions d'une variable réelle.

De ce point de vue, les grands traités du milieu du XVIIIe siècle n'offrent que peu de nouveautés. Maclaurin en Angleterre [*214*], Euler sur le continent ([*108* a], (1), t. X à XIII), restent fidèles aux traditions dont chacun d'eux est l'héritier. Il est vrai que le premier s'efforce de clarifier quelque peu les conceptions newtoniennes * tandis que le second, poussant le formalisme leibnizien à l'extrême, se contente, comme Leibniz et Taylor, de faire reposer le calcul différentiel sur un passage à la limite fort obscur à partir du calcul des différences, calcul dont il donne du reste un exposé fort soigné. Mais surtout Euler achève l'œuvre de Leibniz en introduisant et faisant adopter les notations encore aujourd'hui en usage pour e, i, et les fonctions trigonométriques, et répandant la notation π. D'autre part, et si le plus souvent il ne fait pas de distinction entre fonctions et expressions analytiques, il insiste, à propos de séries trigonométriques et du problème des cordes vibrantes, sur la nécessité de ne pas se borner aux fonctions ainsi définies (et qu'il qualifie de « continues ») mais de considérer aussi, le cas échéant, des fonctions arbitraires, ou « discontinues », données expérimentalement par un ou plusieurs arcs de courbe ([*108* a], (1), t. XXIII, p. 74-91). Enfin, bien que cela sorte quelque peu de notre cadre, il n'est pas possible de ne pas mentionner ici son extension de la fonction exponentielle au domaine complexe, d'où il tire les célèbres formules liant l'exponentielle aux fonctions trigonométriques, ainsi que la définition du logarithme d'un nombre complexe ; par là se trouve élucidée définitivement la fameuse analogie entre logarithme et fonctions circulaires réciproques, ou, dans le langage du XVIIe siècle, entre les quadratures du cercle et de l'hyperbole, observée déjà par Grégoire de St. Vincent, précisée par Huygens et surtout par J. Gregory, et qui, chez Leibniz et Bernoulli, était apparue dans l'intégration formelle de

$$\frac{1}{1+x^2} = \frac{i}{2(x+i)} - \frac{i}{2(x-i)}.$$

D'Alembert cependant, ennemi de toute mystique en mathématique comme ailleurs, avait, dans de remarquables articles ([*75* a], articles DIFFÉRENTIEL et LIMITE, et [*75* b]), défini avec la plus grande clarté les notions de limite et de dérivée, et soutenu avec force qu'au fond c'est là toute la « métaphysique » du calcul infinitésimal. Mais ces sages avis n'ont pas eu de suite immédiate. Le monumental ouvrage de Lagrange ([*191*], t. IX-X) représente une tentative de

* Elles avaient fort besoin, en effet, d'être défendues contre les attaques philosophico-théologico-humoristiques du fameux évêque Berkeley. D'après celui-ci, qui croit aux fluxions ne doit pas trouver fort difficile de prêter foi aux mystères de la religion : argument *ad hominem*, qui ne manquait ni de logique ni de piquant.

fonder l'analyse sur l'une des plus discutables conceptions newtoniennes, celle qui confond les notions de fonction arbitraire et de fonction développable en série de puissances, et de tirer de là (par la considération du coefficient du terme du premier ordre dans la série) la notion de différentiation. Bien entendu, un mathématicien de la valeur de Lagrange ne pouvait manquer d'obtenir à cette occasion des résultats importants et utiles, comme par exemple (et d'une manière en réalité indépendante du point de départ que nous venons d'indiquer) la démonstration générale de la formule de Taylor avec l'expression du reste par une intégrale, et son évaluation par le théorème de la moyenne ; du reste l'œuvre de Lagrange est à l'origine de la méthode de Weierstrass en théorie des fonctions d'une variable complexe, ainsi que de la théorie algébrique moderne des séries formelles. Mais, du point de vue de son objet immédiat, elle représente un recul plutôt qu'un progrès.

Avec les ouvrages d'enseignement de Cauchy, au contraire ([*56* a], (2), t. IV) on se retrouve enfin sur un terrain solide. Il définit une fonction essentiellement comme nous le faisons aujourd'hui, bien que dans un langage encore un peu vague. La notion de limite, fixée une fois pour toutes, est prise pour point de départ ; celles de fonction continue (au sens moderne) et de dérivée s'en déduisent immédiatement, ainsi que leurs principales propriétés élémentaires ; et l'existence de la dérivée, au lieu d'être un article de foi, devient une question à étudier par les moyens ordinaires de l'analyse. Cauchy, à vrai dire, ne s'y intéresse guère ; et d'autre part, si Bolzano, parvenu de son côté aux mêmes principes, construisit un exemple de fonction continue n'ayant de dérivée finie en aucun point [*27* a], cet exemple ne fut pas publié, et la question ne fut publiquement tranchée que par Weierstrass, dans un travail de 1872 ([*329* a], t. II, p. 71-74).

En ce qui concerne l'intégration, l'œuvre de Cauchy représente un retour aux saines traditions de l'antiquité et de la première partie du XVIIe siècle, mais appuyé sur des moyens techniques encore insuffisants. L'intégrale définie, passée trop longtemps au second plan, redevient la notion primordiale, pour laquelle Cauchy fait adopter définitivement la notation $\int_a^b f(x)dx$ proposée par Fourier (au lieu de l'incommode $\int f(x)dx \begin{bmatrix} x = b \\ x = a \end{bmatrix}$ parfois employé par Euler) ; et, pour la définir, Cauchy revient à la méthode d'exhaustion, ou comme nous dirions, aux « sommes de Riemann » (qu'il vaudrait mieux nommer sommes d'Archimède, ou sommes d'Eudoxe). Il est vrai que le XVIIe siècle n'avait pas jugé à propos de soumettre à un examen critique la notion d'aire, qui lui avait paru au moins aussi claire que celle de nombre réel incommensurable ; mais la convergence des sommes « de Riemann » vers l'aire sous la courbe, tant qu'il s'agit d'une courbe monotone ou monotone par morceaux, était une notion familière à tous les auteurs soucieux de rigueur au XVIIe siècle, tels Fermat, Pascal, Barrow ; et J. Gregory, particulièrement bien préparé par ses réflexions sur le passage à la limite et sa familiarité avec une forme déjà fort abstraite du principe des « intervalles emboîtés », en avait même rédigé, paraît-il, une démonstration soignée, restée inédite ([*136* d], p. 445-446), qui eût pu servir à Cauchy presque sans changement s'il l'avait connue *. Malheureusement pour lui, Cauchy prétendit démontrer l'existence de l'intégrale, c'est-à-dire la convergence des « sommes de Riemann », pour une fonction continue quelconque ; et sa démonstration, qui deviendrait correcte si elle s'appuyait sur le théorème de continuité uniforme des fonctions continues dans un intervalle fermé, est dénuée de toute valeur probante faute de cette notion. Dirichlet ne semble pas s'être aperçu non plus de la difficulté au moment où il rédigeait ses célèbres mémoires sur les séries trigonométriques, puisqu'il y cite le théorème en question comme « facile à démontrer » ([*92*], t. I, p. 136); il est vrai qu'il ne l'applique en définitive qu'aux fonctions bornées, monotones par morceaux ; Riemann, plus circonspect, ne mentionne que ces dernières lorsqu'il s'agit de faire usage de sa condition nécessaire et suffisante pour la convergence des « sommes de Riemann » ([*259* a], p. 227-271). Une fois le théorème sur la continuité uniforme établi par Heine (cf. p. 182), la question n'offrit bien entendu plus aucune difficulté ; et elle est aisément tranchée par Darboux en 1875 dans son mémoire sur l'intégration des fonctions discontinues [*77*], mémoire où il se rencontre du reste sur bien des points avec les importantes recherches de P. du Bois-Reymond, parues vers la même époque. Du même coup se trouve démontrée pour la première fois, mais cette fois définitivement, la linéarité de l'intégrale des fonctions continues. D'autre part, la notion de convergence uniforme d'une suite ou d'une série, introduite entre autres par Seidel en 1848, et mise en valeur en particulier par

* C'est du moins ce qu'indique le résumé donné par Turnbull d'après le manuscrit.

Weierstrass (cf. p. 257) avait permis de donner une base solide, sous des conditions un peu trop restrictives il est vrai, à l'intégration des séries terme à terme, et à la différentiation sous le signe ∫, en attendant les théories modernes dont nous n'avons pas à parler ici, et qui devaient éclaircir ces questions d'une manière provisoirement définitive.

Nous avons ainsi atteint à l'étape finale du calcul infinitésimal classique, celle qui est représentée par les grands Traités d'Analyse de la fin du XIXe siècle ; du point de vue qui nous occupe, celui de Jordan [*174* c] occupe parmi eux une place éminente, pour des raisons esthétiques d'une part, mais aussi parce que, s'il constitue une admirable mise au point des résultats de l'analyse classique, il annonce à bien des égards l'analyse moderne et lui prépare la voie.

DÉVELOPPEMENTS ASYMPTOTIQUES

La distinction entre les « infiniment petits » (ou « infiniment grands ») de divers ordres, apparaît implicitement dès les premiers écrits sur le Calcul différentiel, et par exemple dans ceux de Fermat ; elle devient pleinement consciente chez Newton et Leibniz, avec la théorie des « différences d'ordre supérieur » ; et on ne tarde pas à observer que, dans les cas les plus simples, la limite (ou « vraie valeur ») d'une expression de la forme $f(x)/g(x)$, en un point où f et g tendent toutes deux vers 0, est donnée par le développement de Taylor de ces fonctions au voisinage du point considéré (« règle de l'Hôpital », due vraisemblablement à Johann Bernoulli).

En dehors de ce cas élémentaire, le principal problème d'« évaluation asymptotique » qui se pose aux mathématiciens dès la fin du XVIIe siècle est le calcul, exact ou approché, de sommes de la forme $\sum_{k=1}^{n} f(k)$, lorsque n est très grand; un tel calcul est en effet nécessaire aussi bien pour l'interpolation et l'évaluation numérique de la somme d'une série, que dans le Calcul des probabilités, où les « fonctions de grands nombres » telles que $n!$ ou $\binom{a}{n}$ jouent un rôle prépondérant. Déjà Newton, pour obtenir des valeurs approchées de $\sum_{k=1}^{n} \frac{1}{a+k}$ lorsque n est grand, indique une méthode qui revient (sur ce cas particulier) à calculer les premiers termes de la formule d'Euler-Maclaurin ([*262*], t. II, p. 309-310). Vers la fin du siècle, Jakob Bernoulli, au cours de recherches sur le Calcul des probabilités, se propose de déterminer les sommes $S_k(n) = \sum_{p=1}^{n} p^k$, polynômes en n *

* Ce sont les primitives des « polynômes de Bernoulli » $B_k(x)$.

dont il découvre la loi générale de formation (sans en donner de démonstration), introduisant ainsi pour la première fois, dans l'expression des coefficients de ces polynômes, les nombres qui portent son nom, et la relation de récurrence qui permet de les calculer ([*19* b], p. 97). En 1730, Stirling obtient un développement asymptotique pour $\sum_{k=1}^{n} \log(x + ka)$, n croissant indéfiniment, avec un procédé de calcul des coefficients par récurrence.

De 1730 à 1745 se placent les travaux décisifs d'Euler sur les séries et les questions qui s'y rattachent. Posant $S(n) = \sum_{k=1}^{n} f(k)$, il applique à la fonction $S(n)$ la formule de Taylor, ce qui lui donne

$$f(n) = S(n) - S(n-1) = \frac{dS}{dn} - \frac{1}{2!}\frac{d^2S}{dn^2} + \frac{1}{3!}\frac{d^3S}{dn^3} - \dots,$$

équation qu'il « inverse » par la méthode des coefficients indéterminés, en cherchant une solution de la forme

$$S(n) = \alpha \int f(n)dn + \beta f(n) + \gamma \frac{df}{dn} + \delta \frac{d^2f}{dn^2} + \dots;$$

il obtient ainsi de proche en proche

$$S(n) = \int f(n)dn + \frac{f(n)}{2} + \frac{1}{12}\frac{df}{dn} - \frac{1}{720}\frac{d^3f}{dn^3} + \frac{1}{30.240}\frac{d^5f}{dn^5} - \dots$$

sans pouvoir tout d'abord déterminer la loi de formation des coefficients ([*108* a], (1), t. XIV, p. 42-72 et 108-123). Mais vers 1735, par analogie avec la décomposition d'un polynome en facteurs du premier degré, il n'hésite pas à écrire la formule

$$1-\frac{\sin s}{\sin \alpha}=\left(1-\frac{s}{\alpha}\right)\left(1-\frac{s}{\pi-\alpha}\right)\left(1-\frac{s}{-\pi-\alpha}\right)\left(1-\frac{s}{2\pi+\alpha}\right)\left(1-\frac{s}{-2\pi+\alpha}\right)\cdots$$

et en égalant les coefficients des développements des deux membres en série entière, il obtient en particulier (pour $\alpha = \frac{\pi}{2}$) les célèbres expressions des séries $\sum_{n=1}^{\infty} \frac{1}{n^{2k}}$ à l'aide des puissances de π * (*loc. cit.*, p. 73-86). Quelques années plus tard, il s'aperçoit enfin que les coefficients de ces puissances de π sont donnés par les mêmes équations que ceux de sa formule sommatoire, et reconnaît leur lien avec les nombres introduits par Bernoulli, et avec les coefficients du développement en série de $z/(e^z - 1)$ (*loc. cit.*, p. 407-462).

Indépendamment d'Euler, Maclaurin était arrivé vers la même époque à la même formule sommatoire, par une voie un peu moins hasardeuse, voisine ce celle suivie aujourd'hui : il itère en effet la formule « taylorienne » qui exprime $f(x)$ à l'aide des différences $f^{(2k+1)}(x+1) - f^{(2k+1)}(x)$, formule qu'il obtient en « inversant » les développements de Taylor de ces différences par la méthode des coefficients indéterminés ([*214*], t. II, p. 672-675); il n'aperçoit d'ailleurs pas la loi de formation des coefficients, découverte par Euler.

Mais Maclaurin, comme Euler et tous les mathématiciens de son temps, présente toutes ses formules comme des développements en *série*, dont la convergence n'est même pas étudiée. Ce n'est pas que la notion de série convergente fût totalement négligée à cette époque : on savait depuis Jakob Bernoulli que la série harmonique est divergente, et Euler avait lui-même précisé ce résultat en évaluant la somme des n premiers termes de cette série à l'aide de sa formule sommatoire ([*108* a], (1), t. XIV, p. 87-100 et 108-123); c'est aussi Euler qui remarque que le rapport de deux nombres de Bernoulli consécutifs croît indéfiniment, et par suite qu'une série entière ayant ces nombres pour coefficients ne peut converger (*loc. cit.*, p. 357) **. Mais la tendance au calcul formel est la plus forte, et l'extraordinaire intuition d'Euler lui-même ne l'empêche pas de tomber parfois dans

* En 1743, Euler, pour répondre à diverses critiques de ses contemporains, donne une dérivation un peu plus plausible des « développements eulériens » des fonctions trigonométriques ; par exemple, le développement en produit infini de $\sin x$ est tiré de l'expression $\sin x = \frac{1}{2i}(e^{ix} - e^{-ix})$, et du fait que e^{ix} est limite du polynome $\left(1 + \frac{ix}{n}\right)^n$ (*loc. cit.*, p. 138-155).

** Comme la série que considère Euler en cet endroit est introduite en vue du calcul numérique, il n'en prend que la somme des termes qui vont en décroissant, et à partir de l'indice où les termes commencent à croître, il les remplace par un reste dont il n'indique pas l'origine (le reste de la formule d'Euler-Maclaurin sous sa forme générale n'apparaît pas avant Cauchy).

l'absurde, lorsqu'il écrit par exemple $0 = \sum_{n=-\infty}^{+\infty} x^n$ (*loc. cit.*, p. 362) *.

Nous avons dit ailleurs (voir p. 192) comment les mathématiciens du début du XIXe siècle, lassés de ce formalisme sans frein et sans fondement, ramenèrent l'Analyse dans les voies de la rigueur. Une fois la notion de série convergente précisée, apparut la nécessité de critères simples permettant de démontrer la convergence des intégrales et des séries par comparaison avec des intégrales ou séries connues ; Cauchy donne un certain nombre de ces critères dans son *Analyse algébrique* ([*56* a], (2), t. III), tandis qu'Abel, dans un mémoire posthume ([*1*], t. II, p. 197-205), obtient les critères logarithmiques de convergence. Cauchy, d'autre part ([*56* a], (1), t. VIII, p. 18-25), élucide le paradoxe des séries telles que la série de Stirling, obtenues par application de la formule d'Euler-Maclaurin (et souvent appelées « séries semi-convergentes ») : il montre que si (en raison de la remarque d'Euler sur les nombres de Bernoulli) le terme général $u_k(n)$ d'une telle série, pour une valeur *fixe* de n, croît indéfiniment avec k, il n'en reste pas moins que, pour une valeur *fixe* de k, la somme partielle $s_k(n) = \sum_{h=1}^{k} u_h(n)$ donne un développement asymptotique (pour n tendant vers $+\infty$) de la fonction « représentée » par la série, d'autant plus précis que k est plus grand.

Dans la plupart des calculs de l'Analyse classique, il est possible d'obtenir une loi générale de formation des développements asymptotiques d'une fonction, ayant un nombre de termes *arbitrairement grand* ; ce fait a contribué à créer une confusion durable (tout au moins dans le langage) entre séries et développements asymptotiques ; si bien que H. Poincaré, lorsqu'il prend la peine, en 1886 ([*251* a], t. I, p. 290-296), de codifier les règles élémentaires des développements asymptotiques (suivant les puissances entières de $1/x$ au voisinage de $+\infty$), emploie encore le vocabulaire de la théorie des séries. Ce n'est guère qu'avec l'apparition des développements asymptotiques provenant de la théorie analytique des nombres que s'est enfin opérée la distinction nette entre la notion de développement asymptotique et celle de série, en raison du fait que, dans la plupart des problèmes

* Il est piquant que cette formule suive, à une page de distance, un passage où Euler met en garde contre l'usage inconsidéré des séries divergentes !

que traite cette théorie, on ne peut obtenir explicitement qu'un très petit nombre de termes (le plus souvent un seul) du développement cherché.

Ces problèmes ont aussi familiarisé les mathématiciens avec l'usage d'échelles de comparaison autres que celle des puissances de la variable (réelle ou entière). Cette extension remonte surtout aux travaux de P. du Bois-Reymond [*94* a et b] qui, le premier, aborda systématiquement les problèmes de comparaison des fonctions au voisinage d'un point, et, dans des travaux très originaux, reconnut le caractère « non archimédien » des échelles de comparaison, en même temps qu'il étudiait de façon générale l'intégration et la dérivation des relations de comparaison, et en tirait une foule de conséquences intéressantes [*94* b]. Ses démonstrations manquent toutefois de clarté et de rigueur, et c'est à G. H. Hardy [*147*] que revient la présentation correcte des résultats de du Bois-Reymond : sa contribution principale a consisté à reconnaître et démontrer l'existence d'un ensemble de « fonctions élémentaires », les fonctions (H), où les opérations usuelles de l'Analyse (notamment la dérivation) sont applicables aux relations de comparaison.

LA FONCTION GAMMA

L'idée d' « interpoler » une suite (u_n) par les valeurs d'une intégrale dépendant d'un paramètre réel λ et égale à u_n pour $\lambda = n$, remonte à Wallis (cf. p. 233-234). C'est cette idée qui guide principalement Euler lorsque, en 1730 ([*108* a], (1), t. XIV, p. 1-24), il se propose d'interpoler la suite des factorielles. Il commence par remarquer que $n!$ est égal au produit infini $\prod_{k=1}^{\infty}\left(\frac{k+1}{k}\right)^n \frac{k}{k+n}$, que ce produit est défini pour toute valeur de n (entière ou non), et qu'en particulier, pour $n = \frac{1}{2}$ il prend la valeur $\frac{1}{2}\sqrt{\pi}$ d'après la formule de Wallis. L'analogie de ce résultat avec ceux de Wallis le conduit alors à reprendre l'intégrale $\int_0^1 x^e(1-x)^n dx$ (n entier, e quelconque), déjà considérée par ce dernier. Euler en obtient la valeur $\frac{n!}{(e+1)(e+2)\ldots(e+n)}$ par le développement du binôme ; un changement de variables lui montre alors que $n!$ est la limite, pour z tendant vers 0, de l'intégrale $\int_0^1 \left(\frac{1-x^z}{z}\right)^n dx$, d'où la « seconde intégrale eulérienne » $n! = \int_0^1 \left(\log \frac{1}{x}\right)^n dx$; par la même méthode, et l'usage de la formule de Wallis, il obtient la formule $\int_0^1 \sqrt{\log \frac{1}{x}}\, dx = \frac{1}{2}\sqrt{\pi}$. Dans ses travaux ultérieurs, Euler revient fréquemment à ces intégrales; il découvre ainsi la relation des compléments ([*108* a], (1), t. XV, p. 82 et t. XVII, p. 342), la formule $\mathrm{B}(p, q) = \Gamma(p)\Gamma(q)/\Gamma(p+q)$ ([*108* a], (1), t. XVII, p. 355), et le cas particulier de la formule de Legendre-Gauss correspondant à $x = 1$ ([*108* a], (1), t. XIX, p. 483); le tout bien entendu sans s'inquiéter de questions de convergence.

Gauss poursuit l'étude de la fonction Γ à l'occasion de ses recherches sur la fonction hypergéométrique, dont la fonction Γ est un cas limite ([*124* a], t. III, p. 125-162); c'est au cours de ces recherches qu'il obtient la formule générale de multiplication (déjà remarquée par Legendre peu auparavant pour $p = 2$). Les travaux ultérieurs sur Γ ont surtout porté sur le prolongement de cette fonction au domaine complexe. Ce n'est que récemment que l'on s'est aperçu que la propriété de convexité logarithmique caractérisait $\Gamma(x)$ (dans le domaine réel) à un facteur près parmi toutes les solutions de l'équation fonctionnelle $f(x+1) = xf(x)$ ([*26*], p. 149-164); et Artin a montré [*7* d] comment on peut rattacher simplement tous les résultats classiques sur $\Gamma(x)$ à cette propriété.

ESPACES FONCTIONNELS

On sait que la notion de fonction arbitraire ne se dégagea guère avant le début du XIXe siècle. A plus forte raison l'idée d'étudier de façon générale des ensembles de fonctions, et de les munir d'une structure topologique, n'apparaît pas avant Riemann (voir p. 177) et ne commence à être mise en œuvre que vers la fin du XIXe siècle.

Toutefois, la notion de convergence d'une *suite* de fonctions numériques était utilisée de façon plus ou moins consciente depuis les débuts du Calcul infinitésimal. Mais il ne s'agissait que de convergence *simple* et il ne pouvait en être autrement avant que les notions de série convergente et de fonction continue n'eussent été définies de façon précise par Bolzano et Cauchy. Ce dernier n'aperçut pas au premier abord la distinction entre convergence simple et convergence uniforme, et crut pouvoir démontrer que toute série convergente de fonctions continues a pour somme une fonction continue ([*56* a], (2), vol. III, p. 120). L'erreur fut presque aussitôt décelée par Abel, qui prouva en même temps que toute série entière est continue à l'intérieur de son intervalle de convergence, par le raisonnement devenu classique qui utilise essentiellement, dans ce cas particulier, l'idée de la convergence uniforme ([*1*], t. I, p. 223-224). Il ne restait plus qu'à dégager cette dernière de façon générale, ce qui fut fait indépendamment par Stokes et Seidel en 1847-1848, et par Cauchy lui-même en 1853 ([*56* a], (1), vol. XII, p. 30) *.

Sous l'influence de Weierstrass et de Riemann, l'étude systématique de la notion de convergence uniforme et des questions connexes

* Dans un travail daté de 1841, mais publié seulement en 1894 ([*329* a], t. I, p. 67-74), Weierstrass utilise avec une parfaite netteté la notion de convergence uniforme (à laquelle il donne ce nom pour la première fois) pour les séries de puissances d'une ou plusieurs variables complexes.

est développée dans le dernier tiers du XIXe siècle par l'école allemande (Hankel, du Bois-Reymond) et surtout l'école italienne : Dini et Arzelà précisent les conditions nécessaires pour que la limite d'une suite de fonctions continues soit continue, tandis qu'Ascoli introduit la notion fondamentale d'équicontinuité et démontre le théorème caractérisant les ensembles compacts de fonctions continues [*10*] (théorème popularisé plus tard par Montel dans sa théorie des « familles normales », qui ne sont autres que des ensembles relativement compacts de fonctions analytiques).

Weierstrass lui-même découvrit d'autre part ([*329* a], t. III, p. 1-37) la possibilité d'approcher uniformément par des polynômes une fonction numérique continue d'une ou plusieurs variables réelles dans un ensemble borné, résultat qui suscita aussitôt un vif intérêt, et conduisit à de nombreuses études « quantitatives » qui restent en dehors du point de vue où nous nous plaçons ici.

La contribution moderne à ces questions a surtout consisté à leur donner toute la portée dont elles sont susceptibles, en les abordant pour des fonctions dont l'ensemble de définition et l'ensemble des valeurs ne sont plus restreintes à $\mathbf{R}$ ou aux espaces de dimension finie, et en les plaçant ainsi dans leur cadre naturel, à l'aide des concepts topologiques généraux. En particulier, le théorème de Weierstrass, qui déjà s'était révélé un outil de premier ordre en Analyse classique, a pu, dans ces dernières années, être étendu à des cas beaucoup plus généraux par M. H. Stone : développant une idée introduite par H. Lebesgue (dans une démonstration du théorème de Weierstrass), il a mis en lumière le rôle important joué dans l'approximation des fonctions continues numériques par les ensembles réticulés (approximation par des « polynômes latticiels »), et a montré d'autre part comment le théorème de Weierstrass généralisé entraîne aussitôt toute une série de théorèmes d'approximation analogues, qui se groupent ainsi de façon beaucoup plus cohérente [*301* c].

ESPACES VECTORIELS TOPOLOGIQUES

La théorie générale des espaces vectoriels topologiques a été fondée dans la période qui va de 1920 à 1930 environ. Mais elle avait été préparée de longue date par l'étude de nombreux problèmes d'Analyse fonctionnelle ; et on ne peut retracer son histoire sans indiquer, au moins de façon sommaire, comment l'étude de ces problèmes amena peu à peu les mathématiciens (surtout à partir du début du XXe siècle) à prendre conscience de la parenté entre les questions considérées, et de la possibilité de les formuler de façon beaucoup plus générale et de leur appliquer des procédés de solution uniformes.

On peut dire que les analogies entre Algèbre et Analyse, et l'idée de considérer des équations fonctionnelles (c'est-à-dire où l'inconnue est une fonction) comme des « cas limites » d'équations algébriques, remontent aux débuts du Calcul infinitésimal, qui en un certain sens répond à ce besoin de généralisation « du fini à l'infini ». Mais l'ancêtre algébrique direct du Calcul infinitésimal est le calcul des différences finies (cf. p. 231-238), et non la résolution des systèmes linéaires généraux ; et ce n'est pas avant le milieu du XVIIIe siècle que se manifestent les premières analogies entre cette dernière et des problèmes de Calcul différentiel, à propos de l'équation des cordes vibrantes. Nous n'entrerons pas ici dans le détail de l'histoire de ce problème ; mais il nous faut relever l'apparition de deux idées fondamentales, qui se retrouveront constamment par la suite, et qui toutes deux paraissent dues à D. Bernoulli. La première consiste à considérer l'oscillation de la corde comme « cas limite » de l'oscillation d'un système de n masses ponctuelles, lorsque n augmente indéfiniment ; on sait que, pour n fini, ce problème devait un peu plus tard donner le premier exemple de recherche de valeurs propres d'une transformation linéaire (cf. p. 114) ; à ces nombres correspondent, dans le « passage à la limite » envisagé, les fréquences des « oscillations propres » de la corde, observées expérimentalement de longue date, et dont l'existence théorique avait été établie (notamment par Taylor) au début du siècle. Cette analogie formelle, bien qu'assez rarement mentionnée par la suite ([*302* b], p. 390), ne paraît jamais avoir été perdue de vue au cours du XIXe siècle ; mais, comme nous le verrons plus loin, elle n'acquerra toute son importance que vers 1890-1900.

L'autre idée de D. Bernoulli (peut-être inspirée par les faits expérimentaux) est le « principe de superposition », d'après lequel l'oscillation la plus générale de la corde doit pouvoir se « décomposer » en superposition d' « oscillations propres », ce qui, mathématiquement parlant, signifie que la solution générale de l'équation aux cordes vibrantes doit pouvoir se développer en série $\sum_n c_n\varphi_n(x,t)$, où les $\varphi_n(x, t)$ représentent les oscillations propres. On sait que ce principe devait déclencher une longue querelle sur la possibilité de développer une fonction « arbitraire » en série trigonométrique, querelle qui ne fut tranchée que par les travaux de Fourier et de Dirichlet dans le premier tiers du XIXe siècle. Mais avant même que ce résultat ne fût atteint, on avait rencontré d'autres exemples de développements en séries de fonctions « orthogonales » * : fonctions sphériques et polynômes de Legendre, ainsi que divers systèmes de la forme $(e^{i\lambda_n x})$, où les λ_n ne sont plus multiples d'un même nombre, et qui avaient été introduits dès le XVIIIe siècle dans des problèmes d'oscillation, ainsi que par Fourier et Poisson au cours de leurs recherches sur la théorie de la chaleur. Vers 1830, tous les phénomènes observés dans ces divers cas particuliers sont systématisés, par Sturm [*302* a et b] et Liouville [*204* a et b] en une théorie générale des oscillations, pour les fonctions d'une variable : ils considèrent l'équation différentielle

$$(1) \qquad \frac{d}{dx}\left(p(x)\frac{dy}{dx}\right) + \lambda\rho(x)y = 0 \qquad (p(x) > 0,\ \rho(x) > 0)$$

avec les conditions aux limites

$$(2) \qquad \begin{cases} y'(a) - h_1y(a) = 0 \\ y'(b) + h_2y(b) = 0 \end{cases} \qquad (h_1 \geqslant 0,\ h_2 \geqslant 0,\ a < b)$$

et démontrent les résultats fondamentaux suivants :

1) le problème n'a de solution $\neq 0$ que lorsque λ prend l'une des valeurs d'une suite (λ_n) de nombres > 0, tendant vers $+\infty$;

2) pour chaque λ_n, les solutions sont multiples d'une même fonc-

* Ce terme n'apparaît toutefois pas avant les travaux de Hilbert.

tion v_n, qu'on peut supposer « normée » par la condition $\int_a^b \rho v_n^2 dx = 1$, et on a $\int_a^b \rho v_m v_n dx = 0$ pour $m \neq n$;

3) toute fonction f, deux fois différentiable dans $[a, b]$, et satisfaisant aux conditions aux limites (2), est développable en série uniformément convergente $f(x) = \sum_n c_n v_n(x)$, où $c_n = \int_a^b \rho f v_n dx$;

4) on a l'égalité $\int_a^b \rho f^2 dx = \sum_n c_n^2$ (déjà démontrée par Parseval en 1799 — de façon purement formelle, d'ailleurs — pour le système des fonctions trigonométriques, et d'où découle aussitôt l' « inégalité de Bessel » énoncée par ce dernier (toujours pour les séries trigonométriques) en 1828).

Un demi-siècle plus tard, ces propriétés sont complétées par les travaux de Gram [*133*] qui, poursuivant des recherches de Tchebychef, met en lumière la relation entre les développements en séries de fonctions orthogonales et le problème de la « meilleure approximation quadratique » (issu directement de la « méthode des moindres carrés » de Gauss, dans la théorie des erreurs) : ce dernier consiste, étant donnée une suite finie de fonctions $(\psi_i)_{1 \leqslant i \leqslant n}$, à trouver, pour une fonction f, la combinaison linéaire $\sum_i a_i \psi_i$ pour laquelle l'intégrale $\int_a^b \rho(f - \sum_i a_i \psi_i)^2 dx$ atteint son minimum. Il ne s'agit là en principe que d'un problème d'algèbre linéaire banal, mais Gram le résout d'une façon originale, en appliquant aux ψ_i le processus d'« orthonormalisation » généralement connu sous le nom d'Erhard Schmidt. Passant ensuite au cas d'un système orthonormal infini (φ_n), il se pose la question de savoir quand la « meilleure approximation quadratique » μ_n d'une fonction f par les combinaisons linéaires des n premières fonctions de la suite, tend vers 0 lorsque n augmente indéfiniment * ;

* Il est à noter que, dans toute cette étude, Gram ne se limite pas à la considération des fonction continues, mais insiste sur l'importance de la condition $\int_a^b \rho f^2 dx < +\infty$.

il est ainsi amené à définir la notion de système orthonormal complet, et reconnaît que cette propriété équivaut à la non-existence de fonctions $\neq 0$ orthogonales à toutes les φ_n. Il cherche même à élucider le concept de « convergence en moyenne quadratique », mais, avant l'introduction des notions fondamentales de la théorie de la mesure, il ne pouvait guère obtenir dans cette direction que des résultats très particuliers.

Dans la seconde moitié du XIXe siècle, l'effort principal des analystes se porte plutôt vers l'extension de la théorie de Sturm-Liouville aux fonctions de plusieurs variables, à quoi conduisait notamment l'étude des équations aux dérivées partielles de type elliptique de la Physique mathématique, et des problèmes aux limites qui leur sont naturellement associés. L'intérêt se concentre principalement sur l'équation des « membranes vibrantes »

$$\mathrm{L}_\lambda(u) = \Delta u + \lambda u = 0 \tag{3}$$

où l'on cherche dans un domaine G assez régulier les solutions qui s'annulent au contour ; et ce n'est que peu à peu que furent surmontées les difficultés analytiques considérables présentées par ce problème, auquel on ne pouvait songer à appliquer les méthodes qui avaient réussi pour les fonctions d'une seule variable. Rappelons les principales étapes vers la solution : l'introduction de la « fonction de Green » de G, dont l'existence est démontrée par Schwarz ; la démonstration, due aussi à Schwarz, de l'existence de la plus petite valeur propre; enfin, en 1894, dans un mémoire célèbre ([*251* a], t. IX, p. 123-196), H. Poincaré parvient à démontrer l'existence et les propriétés essentielles de toutes les valeurs propres, en considérant, pour un « second membre » f donné, la solution u_λ de l'équation $\mathrm{L}_\lambda(u) = f$ qui s'annule au contour, et en prouvant, par une habile généralisation de la méthode de Schwarz, que u_λ est fonction méromorphe de la variable complexe λ, n'ayant que des pôles simples réels λ_n, qui sont justement les valeurs propres cherchées.

Ces recherches se relient étroitement aux débuts de la théorie des équations intégrales linéaires, qui devait sans doute contribuer le plus à l'avènement des idées modernes. Nous nous bornerons ici à donner quelques brèves indications sur le développement de cette théorie. Ce type d'équations fonctionnelles, apparu d'abord sporadiquement dans la première moitié du XIXe siècle (Abel, Liouville), avait acquis de l'importance depuis que Beer et C. Neumann avaient ramené la solution du « problème de Dirichlet » pour un domaine assez régulier G, à la résolution d'une « équation intégrale de deuxième espèce »

$$(4) \qquad u(x) + \int_a^b \mathrm{K}(x, y)u(y)dy = f(x)$$

pour la fonction inconnue u ; équation que C. Neumann était parvenu à résoudre au moyen d'un procédé d' « approximations successives » en 1877. Mû sans doute autant par les analogies algébriques déjà mentionnées que par les résultats qu'il venait d'obtenir sur l'équation des membranes vibrantes, H. Poincaré, en 1896 ([*251* a], t. IX, p. 202-272), a l'idée d'introduire un paramètre variable λ devant l'intégrale dans l'équation précédente, et affirme que, comme pour l'équation des membranes vibrantes, la solution est alors fonction méromorphe de λ ; mais il ne parvint pas à démontrer ce résultat, qui ne fut établi (pour un « noyau » K continu et un intervalle $[a, b]$ fini) que par I. Fredholm quatre ans plus tard [*116*]. Ce dernier, plus consciemment peut-être encore que ses prédécesseurs, se laisse complètement guider par l'analogie de (4) avec le système linéaire

$$(5) \qquad \sum_{q=1}^{n} (\delta_{pq} + \frac{1}{n} a_{pq})x_q = b_p \qquad (1 \leqslant p \leqslant n)$$

pour obtenir la solution de (4) comme quotient de deux expressions formées sur le modèle des déterminants qui interviennent dans les formules de Cramer. Ce n'était d'ailleurs pas là une idée nouvelle : dès le début du XIXe siècle, la méthode des « coefficients indéterminés » (consistant à obtenir une fonction inconnue supposée développable en série $\sum_n c_n \varphi_n$, où les φ_n sont des fonctions connues, en calculant les coefficients c_n) avait conduit à des « systèmes linéaires à une infinité d'inconnues »

$$(6) \qquad \sum_{j=1}^{\infty} a_{ij}x_j = b_i \qquad (i = 1, 2, \ldots).$$

Fourier, qui rencontre un tel système, le « résout » encore comme un mathématicien du XVIIIe siècle : il supprime tous les termes ayant un indice i ou j supérieur à n, résout explicitement le système fini obtenu, par les formules de Cramer, puis « passe à la limite » en faisant tendre n vers $+\infty$ dans la solution ! Lorsque plus tard on ne se contenta plus de pareils tours de passe-passe, c'est encore par la théorie des déterminants qu'on chercha d'abord à attaquer le problème ;

à partir de 1886 (à la suite de travaux de Hill), H. Poincaré, puis H. von Koch, avaient édifié une théorie des « déterminants infinis » qui permet de résoudre certains types de systèmes (6) suivant le modèle classique ; et si ces résultats n'étaient pas directement applicables au problème visé par Fredholm, du moins est-il certain que la théorie de von Koch, en particulier, lui servit de modèle pour la formation de ses « déterminants ».

C'est à ce moment que Hilbert entre en scène et donne une impulsion nouvelle à la théorie [*163* b]. Il commence par compléter les travaux de Fredholm en réalisant effectivement le passage à la limite qui conduit de la solution de (5) à celle de (4) ; mais il y ajoute aussitôt le passage à la limite correspondant pour la théorie des formes quadratiques réelles, à quoi conduisaient naturellement les types d'équations intégrales à noyau symétrique (c'est-à-dire telles que $K(y,x) = K(x,y)$), de beaucoup les plus fréquentes en Physique mathématique. Il parvient ainsi à la formule fondamentale qui généralise directement la réduction d'une forme quadratique à ses axes

$$(7) \qquad \int_a^b \int_a^b K(s,t)x(s)x(t)dsdt = \sum_{n=1}^{\infty} \frac{1}{\lambda_n} \left(\int_a^b \varphi_n(s)x(s)ds \right)^2,$$

les λ_n étant les valeurs propres (nécessairement réelles) du noyau K, les φ_n formant le système orthonormal des fonctions propres correspondantes, et le second membre de la formule (7) étant une série convergente pour $\int_a^b x^2(s)dx \leqslant 1$. Il montre aussi comment toute fonction « représentable » sous la forme $f(x) = \int_a^b K(x,y)g(y)dy$ admet le « développement » $\sum_{n=1}^{\infty} \varphi_n(x) \int_a^b \varphi_n(y)f(y)dy$, et, poursuivant l'analogie avec la théorie classique des formes quadratiques, il indique un procédé de détermination des λ_n par une méthode variationnelle, qui n'est autre que l'extension des propriétés extrémales bien connues des axes d'une quadrique ([*163* b], p. 1-38).

Ces premiers résultats de Hilbert furent presque aussitôt repris par E. Schmidt, sous une forme plus simple et plus générale, évitant l'introduction des « déterminants de Fredholm » ainsi que le passage du fini à l'infini, et déjà très proche d'un exposé abstrait, les propriétés fondamentales de linéarité et de positivité de l'intégrale étant visiblement seules utilisées dans les démonstrations [*274* a]. Mais déjà Hilbert était parvenu à des conceptions bien plus générales encore. Tous les travaux précédents faisaient ressortir l'importance des fonctions de carré intégrable, et la formule de Parseval établissait un lien étroit entre ces fonctions et les suites (c_n) telles que $\sum_n c_n^2 < +\infty$. C'est sans doute cette idée qui guide Hilbert dans ses mémoires de 1906 ([*163* b], chap. XI-XIII) où, reprenant la vieille méthode des « coefficients indéterminés », il montre que la résolution de l'équation intégrale (4) est équivalente au système d'une infinité d'équations linéaires

$$x_p + \sum_{q=1}^{\infty} k_{pq}x_q = b_p \qquad (p = 1, 2, \ldots) \tag{8}$$

pour les « coefficients de Fourier » $x_p = \int_a^b u(t)\omega_p(t)dt$ de la fonction inconnue u par rapport à un système orthonormal complet donné (ω_n) (avec $b_p = \int_a^b f(t)\omega_p(t)dt$ et $k_{pq} = \int_a^b \int_a^b K(s, t)\omega_p(s)\omega(t_q)dsdt$). En outre, les seules solutions de (8) à considérer de ce point de vue sont celles pour lesquelles $\sum_n x_n^2 < +\infty$; aussi est-ce à ce type de solution que se limite systématiquement Hilbert ; mais il élargit par contre les conditions imposées à la « matrice infinie » (k_{pq}) (qui, dans (8), est telle que $\sum_{p,q} k_{pq}^2 < +\infty$). Dès ce moment, il est clair que l' « espace de Hilbert » des suites $x = (x_n)$ de nombres réels telles que $\sum_n x_n^2 < +\infty$, bien que non explicitement introduit, est sous-jacent à toute la théorie, et apparaît comme un « passage à la limite » à partir de l'espace euclidien de dimension finie. De plus, ce qui est particulièrement important pour les développements ultérieurs,

Hilbert est amené à introduire dans cet espace, non pas seulement une, mais deux notions distinctes de convergence (correspondant à ce que l'on a appelé depuis la topologie faible et la topologie forte *), ainsi qu'un « principe de choix » qui n'est autre que la propriété de compacité faible de la boule unité. La nouvelle algèbre linéaire qu'il développe à propos de la résolution des systèmes (8) repose tout entière sur ces notions topologiques : applications linéaires, formes linéaires et formes bilinéaires (associées aux applications linéaires) sont classées et étudiées suivant leurs propriétés de « continuité » **. En particulier, Hilbert découvre que le succès de la méthode de Fredholm repose sur la notion de « complète continuité », qu'il dégage en la formulant pour les formes bilinéaires *** et étudie de façon approfondie ; nous ne pouvons ici donner plus de détails sur cette importante notion, ni sur les admirables et profonds travaux où Hilbert inaugure la théorie spectrale des formes bilinéaires symétriques (bornées ou non).

Le langage de Hilbert reste encore classique, et, tout au long des « *Grundzüge* », il ne cesse d'avoir en vue les applications de la théorie, dont il développe de nombreux exemples (occupant à peu près la moitié du volume). La génération suivante va déjà adopter un point de vue beaucoup plus abstrait. Sous l'influence des idées de Fréchet et de F. Riesz sur la topologie générale (voir p. 179), E. Schmidt [*274* b] et Fréchet lui-même introduisent délibérément, en 1907-1908, le langage de la géométrie euclidienne dans l'« espace de Hilbert » (réel ou complexe) ; c'est dans ces travaux qu'on trouve la première mention de la norme (avec la notation actuelle $\| x \|$), l'inégalité du triangle qu'elle vérifie, le fait que l'espace de Hilbert est « séparable » et complet ; en outre, E. Schmidt démontre l'existence de la projection orthogonale sur une variété linéaire fermée, ce qui lui permet de

* Le Calcul des variations avait déjà conduit de façon naturelle à envisager des notions de convergence différentes sur un même ensemble de fonctions (suivant que l'on exigeait seulement la convergence uniforme des fonctions, ou la convergence uniforme des fonctions et d'un certain nombre de leurs dérivées) ; mais les modes de convergence définis par Hilbert étaient d'un type tout à fait nouveau à cette époque.

** Il faut noter que, jusque vers 1935, par fonction « continue » on entend pratiquement toujours une application transformant toute suite convergente en une suite convergente.

*** Pour Hilbert, une forme bilinéaire $B(x,y)$ est complètement continue si, lorsque les suites (x_n), (y_n) tendent *faiblement* vers x et y respectivement, $B(x_n, y_n)$ tend vers $B(x, y)$.

donner une forme plus simple et plus générale à la théorie des systèmes linéaires de Hilbert. En 1907 aussi, Fréchet et F. Riesz remarquent que l'espace des fonctions de carré sommable a une « géométrie » tout à fait analogue ; analogie qui s'explique parfaitement lorsque, quelque mois plus tard, F. Riesz et E. Fischer démontrent que cet espace est complet et isomorphe à l' « espace de Hilbert », mettant en même temps en évidence de façon éclatante la valeur de l'outil nouvellement créé par Lebesgue. Dès ce moment les points essentiels de la théorie des espaces hilbertiens peuvent être considérés comme acquis ; parmi les progrès plus récents, il faut notamment mentionner la présentation axiomatique de la théorie donnée vers 1930 par M. H. Stone et J. von Neumann, ainsi que l'abandon des restrictions de « séparabilité », qui s'effectue aux environs de 1934, dans les travaux de Rellich, Löwig, et F. Riesz [*260* g].

Cependant d'autres courants d'idées venaient, dans les premières années du XXe siècle, renforcer la tendance qui menait à la théorie des espaces normés. L'idée générale de « fonctionnelle » (c'est-à-dire une fonction à valeurs numériques définie dans un ensemble dont les éléments sont eux-mêmes des fonctions numériques d'une ou de plusieurs variables réelles) s'était dégagée dans les dernières décades du XIXe siècle, en liaison avec le calcul des variations, d'une part, la théorie des équations intégrales de l'autre. Mais si c'est principalement à l'école italienne, autour de Pincherle et surtout de Volterra, que l'on doit d'avoir mis en lumière cette notion, ainsi que l'idée plus générale d' « opérateur », les travaux de cette école restaient souvent de nature passablement formelle et attachés à des problèmes de type particulier, faute d'une analyse assez poussée des concepts topologiques sous-jacents. En 1903, Hadamard inaugure la théorie moderne de la dualité « topologique », en cherchant les « fonctionnelles » linéaires continues les plus générales sur l'espace $\mathcal{C}(I)$ des fonctions continues numériques dans un intervalle compact I (espace muni de la topologie de la convergence uniforme), et en les caractérisant comme limites de suites d'intégrales $x \longrightarrow \int_I k_n(t)x(t)dt$. En 1907, Fréchet et F. Riesz montrent de même que, sur l'espace de Hilbert, les formes linéaires continues sont les formes « bornées » introduites par Hilbert ; puis, en 1909, F. Riesz met sous une forme définitive le théorème de Hadamard, en exprimant toute fonctionnelle linéaire continue sur $\mathcal{C}(I)$ par une intégrale de Stieltjes, théorème qui devait plus tard servir de point de départ à la théorie moderne de l'Intégration (voir p. 285).

L'année suivante, c'est encore F. Riesz [*260* c] qui fait faire de nouveaux et importants progrès à la théorie par l'introduction et l'étude (calquée sur la théorie de l'espace de Hilbert) des espaces $L^p(I)$ des fonctions de puissance p-ème sommable dans un intervalle I (pour un exposant p tel que $1 < p < +\infty$), étude qu'il fait suivre trois ans plus tard [*260* e] d'un travail analogue sur les espaces de suites $L^p(\mathbf{N})$; ces recherches, comme nous le verrons plus loin, devaient grandement contribuer à éclaircir les idées sur la dualité, du fait que l'on rencontrait ici pour la première fois deux espaces en dualité et non naturellement isomorphes *.

Dès ce moment, F. Riesz pensait à une étude axiomatique englobant tous ces résultats ([*260* c], p. 452); et il semble que seul un scrupule d'analyste soucieux de ne pas trop s'éloigner des mathématiques classiques l'ait retenu d'écrire sous cette forme son célèbre mémoire de 1918 sur la théorie de Fredholm [*260* f]. Il y considère en principe l'espace $\mathcal{C}(I)$ des fonctions continues dans un intervalle compact ; mais, après avoir défini la norme de cet espace, et avoir remarqué que $\mathcal{C}(I)$, muni de cette norme, est complet, il n'utilise plus jamais, dans ses raisonnements, autre chose que les axiomes des espaces normés complets **. Sans entrer ici dans l'examen détaillé de ce travail, mentionnons que c'est là que se trouve pour la première fois définie de façon générale la notion d'application linéaire complètement continue (par la propriété de transformer un voisinage en un ensemble relativement compact) *** ; et, par un chef-d'œuvre d'analyse

* Bien que la dualité entre L^1 et L^∞ soit implicite dans la plupart des travaux de cette époque sur l'intégrale de Lebesgue, c'est seulement en 1918 que H. Steinhaus démontra que toute forme linéaire continue sur $L^1(I)$ (I intervalle fini) est de la forme $x \mapsto \int_I f(t)x(t)dt$, où $f \in L^\infty(I)$.

** F. Riesz remarque d'ailleurs explicitement que l'application de ses théorèmes aux fonctions continues n'est là que comme « pierre de touche » de conceptions beaucoup plus générales ([*260* f], p. 71).

*** Dans ses travaux sur les espaces L^p, F. Riesz avait défini les applications complètement continues comme étant celles qui transforment toute suite faiblement convergente en suite fortement convergente ; ce qui (compte tenu de la compacité faible de la boule unité dans les L^p pour $1 < p < +\infty$) est équivalent, dans ce cas, à la définition précédente ; en outre, F. Riesz avait indiqué que, pour l'espace L^2, sa définition était équivalente à celle de Hilbert (en la traduisant du langage des applications linéaires dans celui des formes bilinéaires ([*260* c], p. 487)).

axiomatique, toute la théorie de Fredholm (sous son aspect qualitatif) est ramenée à un seul théorème fondamental, savoir que tout espace normé localement compact est de dimension finie.

La définition générale des espaces normés fut donnée en 1920-1922 par S. Banach, H. Hahn et E. Helly (ce dernier ne considérant que des espaces de suites de nombres réels ou complexes). Dans les dix années qui suivent, la théorie de ces espaces se développe principalement autour de deux questions d'une importance fondamentale dans les applications : la théorie de la dualité et les théorèmes se rattachant à la notion de « catégorie » de Baire.

Nous avons vu que l'idée de dualité (au sens topologique) remonte au début du XXe siècle ; elle est sous-jacente à la théorie de Hilbert et occupe une place centrale dans l'œuvre de F. Riesz. Ce dernier observe par exemple, dès 1911 ([*260* d], p. 41-42), que la relation $|f(x)| \leqslant M\|x\|$ (prise comme définition des fonctionnelles linéaires « bornées » dans l'espace de Hilbert) est équivalente à la continuité de f lorsqu'on se place dans l'espace $\mathcal{C}(I)$, et ce par un raisonnement de caractère tout à fait général. A propos de la caractérisation des fonctionnelles linéaires continues sur $\mathcal{C}(I)$, il remarque aussi que la condition pour qu'un ensemble A soit dense dans $\mathcal{C}(I)$ est qu'il n'existe aucune mesure de Stieltjes $\mu \neq 0$ sur I qui soit « orthogonale » à toute fonction de A (généralisant ainsi la condition de Gram pour les systèmes orthonormaux complets) ; il constate enfin, dans le même travail, que le dual de l'espace L^∞ est « plus grand » que l'espace des mesures de Stieltjes ([*260* d], p. 62).

D'autre part, dans ses travaux sur les espaces $L^p(I)$ et $L^p(\mathbf{N})$, F. Riesz parvient à modifier la méthode de résolution des systèmes linéaires dans l'espace de Hilbert, donnée par E. Schmidt [*274* b], de façon à la rendre applicable à des cas plus généraux. L'idée de E. Schmidt consistait à déterminer une solution « extrémale » de (6) en cherchant le point de la variété linéaire fermée représentée par les équations (6), dont la distance à l'origine est minima. En utilisant la même idée, F. Riesz montre qu'une condition nécessaire et suffisante pour qu'il existe une fonction $x \in L^p(a, b)$ satisfaisant aux équations

$$(9) \qquad \int_a^b \alpha_i(t)x(t)dt = b_i \qquad (i = 1, 2, \ldots)$$

(où les α_i appartiennent à L^q (avec $\frac{1}{p} + \frac{1}{q} = 1$)), et telle en outre que

$\int_a^b |x(t)|^p dt \leqslant M^p$, est que, pour toute suite finie $(\lambda_i)_{1 \leqslant i \leqslant n}$ de nombres réels, on ait

$$(10) \qquad \left|\sum_{i=1}^{n} \lambda_i b_i\right| \leqslant M \, . \left(\int_a^b \sum_{i=1}^{n} \left|\lambda_i \alpha_i(t)\right|^q dt\right)^{1/q}$$

En 1911 [*260* d], il traite de façon analogue le « problème des moments généralisés », consistant à résoudre le système

$$(11) \qquad \int_a^b \alpha_i(t) d\xi(t) = b_i \qquad (i = 1, 2, \ldots)$$

où les α_i sont continues et l'inconnue est une mesure de Stieltjes ξ * ; et il est visible ici que l'on peut énoncer le problème en disant qu'il s'agit de déterminer une fonctionnelle linéaire continue sur $\mathcal{C}(I)$ par ses valeurs en une suite de points donnés dans cet espace. C'est aussi sous cette forme que Helly traite le problème en 1912, — obtenant les conditions de F. Riesz par une méthode assez différente et de plus ample portée ** — et qu'il le reprend en 1921, dans des conditions beaucoup plus générales. Introduisant la notion de norme (sur les espaces de suites) comme nous l'avons vu plus haut, il remarque que cette notion généralise celle de « jauge » d'un corps convexe de l'espace à n dimensions, utilisée par Minkowski dans ses célèbres travaux sur la « géométrie des nombres » [*221* a et b]. Au cours de ces travaux, Minkowski avait aussi défini (dans $\mathbf{R}^n$) les notions d'hyperplan d'appui et de « fonction d'appui » [*221* b], et démontré l'existence d'un hyperplan d'appui en tout point frontière d'un corps convexe ([*221* a], p. 33-35). Helly étend ces notions à un espace de suites E, muni d'une norme quelconque; il établit une dualité entre E et

* Le « problème des moments » classique correspond au cas où l'intervalle $]a, b[$ est $]0, +\infty[$ ou $]-\infty, +\infty[$, et où $\alpha_i(t) = t^i$; en outre on impose à la mesure ξ d'être positive (F. Riesz indique dans son mémoire de 1911 comment ses conditions générales doivent être modifiées lorsqu'on cherche des solutions de cette nature). Parmi les diverses méthodes de résolution du problème des moments classique il faut en particulier signaler celle de M. Riesz, qui combine avec élégance les idées générales du Calcul fonctionnel et la théorie des fonctions d'une variable complexe pour obtenir des conditions explicites sur les b_i [*261*].

** Comme F. Riesz ([*260* d], p. 49-50), Helly utilise dans cette démonstration un « principe de choix » qui n'est autre, bien entendu, que la compacité faible de la boule unité dans l'espace des mesures de Stieltjes ; F. Riesz avait aussi fait usage de la propriété analogue dans les L^p $(1 < p < +\infty)$.

l'espace E′ des suites $u = (u_n)$ telles que, pour tout $x = (x_n) \in E$, la série $(u_n x_n)$ soit convergente ; $\langle u, x \rangle$ désignant la somme de cette série, il définit dans E′ une norme par la formule $\sup_{x \neq 0} | \langle u, x \rangle | / \| x \|$, qui donne la fonction d'appui dans les espaces de dimension finie *. La résolution d'un système (6) dans E, où chacune des suites $u_i = (a_{ij})_{j \geqslant 1}$ est supposée appartenir à E′, revient, comme le montre alors Helly, à résoudre successivement les deux problèmes suivants : 1° trouver une forme linéaire continue L sur l'espace normé E′, telle que $L(u_i) = b_i$ pour tout indice i, ce qui, comme il l'indique, conduit à des conditions du type (10) ; 2° chercher si une telle forme linéaire peut s'écrire $u \mapsto \langle u,x \rangle$ pour un $x \in E$. Ce dernier problème, comme l'observe Helly, n'a pas nécessairement de solution même lorsque L existe, et il se borne à donner quelques conditions suffisantes qui entraînent l'existence de la solution $x \in E$ dans certains cas particuliers [*156*].

Ces idées acquièrent leur forme définitive en 1927, dans un mémoire fondamental de H. Hahn [*142*] dont les résultats sont retrouvés (de façon indépendante) par S. Banach deux ans plus tard [*14* c]. Le procédé de Minkowski-Helly est appliqué par Hahn à un espace normé quelconque, et donne donc sur le dual une structure d'espace normé (complet) ; ce qui permet aussitôt à Hahn de considérer les duals successifs d'un espace normé, et de poser de façon générale le problème des espaces réflexifs, entrevu par Helly. Mais surtout le problème capital du prolongement d'une fonctionnelle linéaire continue avec conservation de sa norme est définitivement résolu par Hahn de façon tout à fait générale, par un raisonnement de récurrence transfinie sur la dimension — donnant ainsi un des premiers exemples d'une application importante de l'axiome de choix à l'Analyse fonctionnelle **. A ces résultats, Banach ajoute une étude poussée des relations entre une application linéaire continue et sa transposée, étendant aux espaces normés généraux des résultats connus seulement jusque-là pour les espaces L^p [*260* c], au moyen d'un théorème profond sur les parties faiblement fermées d'un dual ; ces résultats s'expriment d'ailleurs de façon plus frappante en utilisant la notion d'espace quo-

* Pour obtenir ainsi une norme, il faut supposer que la relation $\langle u,x \rangle = 0$ pour tout $x \in E$ entraîne $u=0$, comme le remarque d'ailleurs explicitement Helly.

** Banach avait déjà fait un raisonnement analogue en 1923 [*14* b], pour définir une mesure invariante dans le plan (définie pour *toute* partie bornée).

tient d'un espace normé, introduite quelques années plus tard par Hausdorff et Banach lui-même. Enfin, c'est encore Banach qui découvre le lien entre la compacité faible de la boule unité (observée dans de nombreux cas particuliers, comme nous l'avons signalé ci-dessus) et la réflexivité, tout au moins pour les espaces de type dénombrable ([*14* a], p. 189). La théorie de la dualité des espaces normés peut, dès ce moment, être considérée comme fixée dans ses grandes lignes.

A la même époque s'éclaircissent aussi des théorèmes d'allure paradoxale dont les premiers exemples remontent aux environs de 1910. Hellinger et Toeplitz avaient en effet démontré en substance, cette année-là, qu'une suite de formes bilinéaires bornées $B_n(x, y)$ sur un espace de Hilbert, dont les valeurs $B_n(a, b)$ pour tout couple donné (a, b) sont majorées (par un nombre dépendant *a priori* de a et b), est en fait *uniformément bornée* dans toute boule. Leur démonstration procède par l'absurde et consiste à construire un couple (a, b) particulier violant l'hypothèse, par une méthode de récurrence connue depuis sous le nom de « méthode de la bosse glissante », et qui rend encore des services dans bien des questions analogues. Dès 1905, Lebesgue avait d'ailleurs utilisé un procédé analogue pour démontrer l'existence de fonctions continues dont la série de Fourier diverge en certains points ; et, la même année que Hellinger et Toeplitz, il appliquait la même méthode pour démontrer qu'une suite faiblement convergente dans L^1 est bornée en norme *. Ces exemples se multiplient dans les années qui suivent, mais sans introduction d'idées nouvelles jusqu'en 1927, date où Banach et Steinhaus (avec la collaboration partielle de S. Saks) relient ces phénomènes à la notion d'ensemble maigre et au théorème de Baire dans les espaces métriques complets, obtenant un énoncé général qui englobe tous les cas particuliers antérieurs [*15*]. L'étude des questions de « catégorie » dans les espaces normés complets conduit d'ailleurs Banach, à la même époque, à de nombreux autres résultats sur les applications linéaires continues ; le plus remarquable et sans doute le plus profond est le théorème du « graphe fermé » qui, comme le théorème de Banach-

* Notons aussi le théorème analogue (plus facile) démontré par Landau en 1907 et qui servit de point de départ à F. Riesz dans sa théorie des espaces L^p : si la série de terme général $u_n x_n$ converge pour toute suite $(x_n) \in L^q(\mathbf{N})$, la suite (u_n) appartient à $L^p(\mathbf{N})$ (avec $\frac{1}{p} + \frac{1}{q} = 1$).

Steinhaus, s'est révélé un outil de premier ordre dans l'Analyse fonctionnelle moderne [*14* c].

La publication du traité de Banach sur les « Opérations linéaires » [*14* a] marque, pourrait-on dire, le début de l'âge adulte pour la théorie des espaces normés. Tous les résultats dont nous venons de parler, ainsi que beaucoup d'autres, se trouvent exposés dans ce volume, de façon encore un peu désordonnée, mais accompagnés de multiples exemples frappants tirés de domaines variés de l'Analyse, et qui semblaient présager un brillant avenir à la théorie. De fait, l'ouvrage eut un succès considérable, et un de ses effets les plus immédiats fut l'adoption quasi-universelle du langage et des notations utilisés par Banach. Mais, malgré un grand nombre de recherches entreprises depuis 40 ans sur les espaces de Banach ([*203 bis*]), si l'on excepte la théorie des algèbres de Banach et ses applications à l'analyse harmonique commutative et non commutative, l'absence presque totale de nouvelles applications de la théorie aux grands problèmes de l'Analyse classique a quelque peu déçu les espoirs fondés sur elle.

C'est plutôt dans le sens d'un élargissement et d'une analyse axiomatique plus poussée des conceptions relatives aux espaces normés que se sont produits les développements les plus féconds. Bien que les espaces fonctionnels rencontrés depuis le début du XXe siècle se fussent présentés pour la plupart munis d'une norme « naturelle », on n'avait pas été sans remarquer quelques exceptions. Vers 1910, E. H. Moore avait proposé de généraliser la notion de convergence uniforme en la remplaçant par la notion de « convergence uniforme relative », où un voisinage de 0 est constitué par les fonctions f satisfaisant à une relation $|f(t)| \leqslant \varepsilon g(t)$, g étant une fonction partout > 0, pouvant varier avec le voisinage. On avait d'autre part observé, avant 1930, que des notions telles que la convergence simple, la convergence en mesure pour les fonctions mesurables, ou la convergence compacte pour les fonctions entières, ne se laissaient pas définir au moyen d'une norme ; et en 1926, Fréchet avait noté que des espaces vectoriels de cette nature peuvent être métrisables et complets. Mais la théorie de ces espaces plus généraux ne devait se développer de façon fructueuse qu'en liaison avec l'idée de convexité. Cette dernière (que nous avons vu apparaître chez Helly) fit l'objet d'études de Banach et de ses élèves, qui reconnurent la possibilité d'interpréter ainsi de façon plus géométrique de nombreux énoncés de la théorie des espaces normés, préparant la voie à la définition générale des espaces localement convexes, donnée par J. von Neumann en 1935.

La théorie de ces espaces, et notamment les questions touchant à la dualité, ont surtout été développées dans les dix dernières années. Il faut noter à ce propos, d'une part, les progrès en simplicité et en généralité rendus possibles par la mise au point des notions fondamentales de Topologie générale, réalisée entre 1930 et 1940 ; en second lieu, l'importance prise par la notion d'ensemble borné, introduite par Kolmogoroff et von Neumann en 1935, et dont le rôle fondamental dans la théorie de la dualité a été mis en lumière par les travaux de Mackey [*213* a et b] et de Grothendieck [*138* b et c]. Enfin et surtout, il est certain que l'impulsion principale qui a motivé ces recherches est venue de nouvelles possibilités d'application à l'Analyse, dans des domaines où la théorie de Banach était inopérante : il faut mentionner à cet égard la théorie des espaces de suites, développée par Köthe, Tœplitz et leurs élèves depuis 1934 dans une série de mémoires [*184*], la mise au point récente de la théorie des « fonctionnelles analytiques » de Fantappié, et surtout la théorie des distributions de L. Schwartz [*280*], où la théorie moderne des espaces localement convexes a trouvé un champ d'applications qui est sans doute loin d'être épuisé.

INTÉGRATION DANS LES ESPACES LOCALEMENT COMPACTS

Le développement de la notion moderne d'intégrale est étroitement lié à l'évolution de l'idée de fonction, et à l'étude approfondie des fonctions numériques de variables réelles, qui s'est poursuivie depuis le début du XIXe siècle. On sait qu'Euler concevait déjà la notion de fonction d'une manière assez générale, puisque pour lui la donnée d'une courbe « arbitraire » rencontrée en un seul point par toute parallèle à l'axe Oy définit une fonction $y = f(x)$ (cf. p. 246) ; mais, ainsi que la plupart de ses contemporains, il se refusait à admettre que de telles fonctions pussent s'exprimer « analytiquement ». Ce point de vue ne devait guère se modifier jusqu'aux travaux de Fourier; mais la découverte, par ce dernier, de la possibilité de représenter des fonctions discontinues comme sommes de séries trigonométriques *, allait exercer une influence décisive sur les générations suivantes. A vrai dire, les démonstrations de Fourier manquaient totalement de rigueur, et leur domaine de validité n'apparaissait pas clairement ; toutefois, les formules intégrales

$$(1) \qquad a_n = \frac{1}{\pi}\int_{-\pi}^{+\pi} \varphi(x) \cos nx dx, \quad b_n = \frac{1}{\pi}\int_{-\pi}^{+\pi} \varphi(x) \sin nx dx \ (n \geqslant 1)$$

* Il ne s'agit d'ailleurs de « découverte » qu'en un sens tout à fait relatif : Euler connaissait déjà les développements en série trigonométrique de fonctions non périodiques telles que x ou x^2, et les formules (1) se trouvent dans un travail de Clairaut dès 1754, et chez Euler dans un mémoire de 1777. Mais là où le XVIIIe siècle, faute d'une conception claire de ce que signifie un développement en série, négligeait de tels résultats et gardait intacte la croyance à l'impossibilité d'obtenir de tels développements pour des fonctions « discontinues », Fourier, au contraire, proclame que ses développements sont convergents « *quelle que puisse être la courbe donnée qui répond à $\varphi(x)$, soit qu'on puisse lui assigner une équation analytique, soit qu'elle ne dépende d'aucune loi régulière* » ([*112*], t. I, p. 210).

donnant les coefficients du développement de φ en série de Fourier, avaient un sens intuitivement évident dès qu'on supposait φ continue et monotone par morceaux *. Aussi est-ce tout d'abord à ces fonctions que se borne Dirichlet, dans le célèbre mémoire ([*92*], t. I, p. 117-132) où il établissait la convergence de la série de Fourier; mais déjà, à la fin de son travail, il se préoccupe de l'extension de ses résultats à des classes de fonctions plus étendues. On sait que c'est à cette occasion que Dirichlet, précisant les idées de Fourier, définit la notion générale de fonction telle que nous l'entendons aujourd'hui ; le premier point à élucider était naturellement de savoir dans quels cas il était encore possible d'attacher un sens aux formules (1). « *Lorsque les solutions de continuité* [de φ] *sont en nombre infini...* » dit Dirichlet (*loc. cit.*, p. 131-132), « *il est nécessaire qu'alors la fonction* $\varphi(x)$ *soit telle que, si l'on désigne par a et b deux quantités quelconques comprises entre* $-\pi$ *et* $+\pi$, *on puisse toujours placer entre a et b d'autres quantités r et s assez rapprochées pour que la fonction reste continue dans l'intervalle de r à s. On sentira facilement la nécessité de cette restriction en considérant que les différents termes de la série* [de Fourier] *sont des intégrales définies et en remontant à la notion fondamentale des intégrales. On verra alors que l'intégrale d'une fonction ne signifie quelque chose qu'autant que la fonction satisfait à la condition précédemment énoncée.* »

En termes modernes, Dirichlet semble croire que l'intégrabilité équivaut au fait que les points de discontinuité forment un ensemble rare ; il signale d'ailleurs, quelques lignes plus loin, le célèbre exemple de la fonction égale à c pour x rationnel, à une valeur différente d pour x irrationnel, et affirme que cette fonction « *ne saurait être substituée* » dans l'intégrale. Il annonçait d'ailleurs des travaux ultérieurs sur ce sujet, mais ces travaux ne furent jamais publiés **, et pendant 25 ans, personne ne semble avoir cherché à avancer dans cette voie, peut-être parce que la considération de fonctions aussi « pathologiques » paraissait à l'époque tout à fait dénuée d'intérêt ; en tout cas, lorsque Riemann, en 1854 ([*259* a], p. 227-264), reprend la question

* Pour Fourier, l'intégrale est encore définie en faisant appel à la notion d'aire ; la définition analytique de l'intégrale n'apparaît, rappelons-le, qu'avec Cauchy (cf. p. 247).

** Selon certaines indications (assez obscures) de Lipschitz [*205* a], Dirichlet aurait peut-être cru que si l'ensemble des points de discontinuité est rare, son « dérivé » est fini, et aurait en tout cas limité ses investigations au cas où il en est ainsi.

(toujours à propos des séries trigonométriques *), il éprouve le besoin de justifier son travail : « *Quelle que soit notre ignorance touchant la façon dont les forces et les états de la matière varient avec le temps et le lieu dans l'infiniment petit, nous pouvons pourtant tenir pour certain que les fonctions auxquelles les recherches de Dirichlet ne s'appliquent pas, n'interviennent pas dans les phénomènes naturels. Toutefois* », poursuit-il, « *il semble que ces cas non traités par Dirichlet méritent l'attention pour deux raisons. Premièrement, comme Dirichlet lui-même le remarque à la fin de son travail, ce sujet est en relation très étroite avec les principes du calcul infinitésimal, et peut servir à apporter plus de clarté et de certitude à ces principes. De ce point de vue, son étude a un intérêt immédiat. En second lieu, l'application des séries de Fourier n'est pas limitée aux recherches de physique ; elles sont à présent appliquées aussi avec succès dans un domaine des mathématiques pures, la théorie des nombres, et là il semble que ce soient précisément les fonctions dont le développement en série trigonométrique n'a pas été étudié par Dirichlet, qui présentent de l'importance* » ([*259* a], p. 237-238).

L'idée de Riemann est de partir du procédé d'approximation de l'intégrale, remis en honneur par Cauchy, et de déterminer quand les « sommes de Riemann » d'une fonction f, dans un intervalle borné $[a, b]$, tendent vers une limite (la longueur maxima des intervalles de la subdivision tendant vers 0); problème dont il obtient sans peine la solution, sous la forme suivante : pour tout $\alpha > 0$, il y a une subdivision de $[a, b]$ en intervalles partiels de longueur maxima assez petite pour que la somme des longueurs des intervalles de cette subdivision, où l'oscillation de f est $> \alpha$, soit arbitrairement petite. Il montre en outre que cette condition est vérifiée, non seulement pour des fonctions continues et monotones par morceaux, mais aussi pour des fonctions pouvant avoir un ensemble partout dense de points de discontinuité **.

Le mémoire de Riemann ne fut publié qu'après sa mort, en 1867. Mais cette fois, l'époque était plus favorable à ce genre de recherches, et l' « intégrale de Riemann » prit naturellement sa place dans le courant d'idées qui conduisait alors à une étude poussée du « continu »

* De Dirichlet et Riemann à nos jours, nous verrons se poursuivre cette étroite association entre l'intégration et ce que nous appelons maintenant l' « analyse harmonique », qui en constitue en quelque sorte la pierre de touche.

** Par contre, H. J. Smith donna, dès 1875, le premier exemple d'une fonction non intégrable au sens de Riemann, et dont l'ensemble des points de discontinuité est rare ([*287*], t. II, p. 86-100).

et des fonctions de variables réelles (Weierstrass, Du Bois-Reymond, Hankel, Dini) et allait aboutir, avec Cantor, à l'éclosion de la théorie des ensembles. La forme donnée par Riemann à la condition d'intégrabilité suggérait l'idée de « mesure » pour l'ensemble des points de discontinuité d'une fonction dans un intervalle ; mais près de 30 ans devaient s'écouler avant que l'on parvînt à donner une définition féconde et commode de cette notion.

Les premières tentatives dans cette direction sont dues à Stolz, Harnack et Cantor (1884-1885) ; les deux premiers, pour définir la « mesure » d'une partie bornée E de $\mathbf{R}$, considèrent des ensembles $F \supset E$ qui sont réunions *finies* d'intervalles, prennent pour chaque F la somme des longueurs des intervalles correspondants, et appellent « mesure » de E la borne inférieure de ces nombres ; tandis que Cantor, se plaçant d'emblée dans l'espace $\mathbf{R}^n$, considère pour un ensemble borné E et pour $\rho > 0$ le voisinage $V(\rho)$ de E formé des points dont la distance à E est $\leqslant \rho$, et prend la borne inférieure du « volume » de $V(\rho)$ *. Avec cette définition, la « mesure » d'un ensemble était égale à celle de son adhérence, d'où résulte en particulier que la « mesure » de la réunion de deux ensembles sans point commun pouvait être strictement inférieure à la somme des « mesures » de ces deux ensembles. Sans doute pour pallier cette dernière difficulté, Peano [*246* a] et Jordan ([*174* c], t. I, p. 28-31), quelques années plus tard, introduisent, à côté de la « mesure » de Cantor $\mu(A)$ d'un ensemble A contenu dans un pavé I, sa « mesure intérieure » $\mu(I) - \mu(I - A)$, et appellent « mesurables » les ensembles A (dits maintenant « quarrables ») pour lesquels ces deux nombres coïncident. La réunion de deux ensembles quarrables A, B sans point commun est alors quarrable et a pour « mesure » la somme des « mesures » de A et de B ; mais un ensemble ouvert borné n'est pas nécessairement quarrable, et l'ensemble des nombres rationnels contenus dans un intervalle borné ne l'est pas non plus, ce qui enlevait beaucoup d'intérêt à la notion de Peano-Jordan.

C'est à E. Borel [*32* a] que revient le mérite d'avoir su discerner les défauts des définitions antérieures et vu comment on pouvait y remédier. On savait depuis Cantor que tout ensemble ouvert U dans $\mathbf{R}$ est réunion de la famille dénombrable de ses « composantes », inter-

* Cantor ne donne pas de définition précise de ce « volume » et se borne à dire qu'on peut le calculer par une intégrale multiple ([*47*], p. 229-236 et 257-258). On voit facilement que sa définition équivaut à celle de Stolz-Harnack, par application du théorème de Borel-Lebesgue.

valles ouverts deux à deux sans point commun ; au lieu de chercher à approcher U « par le dehors » en l'enfermant dans une suite finie d'intervalles, Borel, s'appuyant sur le résultat précédent, propose de prendre comme mesure de U (lorsque U est borné) la somme des longueurs de ses composantes. Puis il décrit très sommairement * la classe d'ensembles (appelés depuis « boréliens ») qu'on peut obtenir, à partir des ensembles ouverts, en itérant indéfiniment les opérations de réunion dénombrable et de « différence » A — B, et indique que, pour ces ensembles, on peut définir une mesure qui possède la propriété fondamentale d'*additivité complète* : si une suite (A_n) est formée d'ensembles boréliens deux à deux disjoints, la mesure de leur réunion (supposée bornée) est égale à la somme de leurs mesures.

Cette définition devait inaugurer une ère nouvelle en Analyse : d'une part, en liaison avec les travaux contemporains de Baire, elle formait le point de départ de toute une série de recherches de nature topologique sur la classification des ensembles de points (voir p. 206) ; et surtout, elle allait servir de base à l'extension de la notion d'intégrale, réalisée par Lebesgue dans les premières années du XXe siècle.

Dans sa thèse [*196* a], Lebesgue commence par préciser et développer les indications succinctes d'E. Borel ; imitant la méthode de Peano-Jordan, la « mesure extérieure » d'un ensemble borné $A \subset \mathbf{R}$ est définie comme borne inférieure des mesures des ensembles ouverts contenant A ; puis, si I est un intervalle contenant A, la « mesure intérieure » de A est la différence des mesures extérieures de I et de I — A ; on obtient ainsi une notion d' « ensemble mesurable » qui ne diffère de la définition « constructive » initiale de Borel que par adjonction d'une partie d'un ensemble de mesure nulle au sens de Borel. Cette définition s'étendait aussitôt aux espaces $\mathbf{R}^n$; la vieille conception de l'intégrale définie $\int_a^b f(t)dt$ d'une fonction bornée et $\geqslant 0$ comme « aire » limitée par la courbe $y = f(x)$, les droites $x = a$, $x = b$ et $y = 0$, fournissait donc une extension immédiate de l'intégrale de Riemann à toutes les fonctions f pour lesquelles la mesure de l'ensemble précédent se trouvait définie. Mais l'originalité de

* La mesure n'est encore pour Borel, à ce moment, qu'un moyen technique en vue de l'étude de certaines séries de fonctions rationnelles, et il souligne lui-même que, pour le but qu'il se propose, l'utilité de la mesure tient surtout au fait qu'un ensemble de mesure non nulle n'est pas dénombrable ([*32* a], p. 48).

Lebesgue ne réside pas tellement dans l'idée de cette extension *, que dans sa découverte du théorème fondamental sur le passage à la limite dans l'intégrale ainsi conçue, théorème qui apparaît chez lui comme conséquence de l'additivité complète de la mesure ** ; il en aperçoit aussitôt toute l'importance, et en fait la pierre angulaire de l'exposé didactique de sa théorie qu'il donne, dès 1904, dans les célèbres « *Leçons sur l'intégration et la recherche des fonctions primitives* » [*196* c] ***.

Nous ne pouvons décrire ici dans le détail les innombrables progrès que les résultats de Lebesgue devaient entraîner dans l'étude des problèmes classiques du Calcul infinitésimal. Lebesgue lui-même avait déjà, dans sa thèse, appliqué sa théorie à l'extension des notions classiques de longueur et d'aire à des ensembles plus généraux que les courbes et surfaces usuelles ; sur le développement considérable de cette théorie depuis un demi-siècle, nous renvoyons le lecteur à l'exposé récent de L. Cesari [*59*]. Mentionnons aussi les applications aux séries trigonométriques, développées par Lebesgue presque aussitôt après sa thèse [*196* b], et qui allaient ouvrir à cette théorie de nouveaux horizons, dont l'exploration est loin d'être terminée de nos jours (voir [*345*]), Enfin et surtout, la définition des espaces L^p et le théorème de Fischer-Riesz ([*111*], [*260* a et c]; cf. p. 267) mettaient en lumière le rôle que pouvait jouer en Analyse fonctionnelle la nouvelle notion d'intégrale ; rôle qui ne devait que grandir avec les généralisations ultérieures de cette notion, dont nous allons parler dans un moment.

* Indépendamment de Lebesgue, W. H. Young avait eu cette même idée pour les fonctions semi-continues [*339* a].

** Le cas particulier de ce théorème, où il s'agit d'une suite de fonctions intégrables au sens de Riemann dans un intervalle compact, uniformément bornées, et dont la limite est intégrable au sens de Riemann, avait été démontré par Arzelà [*9* a].

*** Parmi les conséquences les plus importantes de ce théorème dans la théorie générale de l'intégration, il faut mentionner en particulier le théorème d'Egoroff sur la convergence des suites de fonctions mesurables [*99*], précisant des remarques antérieures de Borel et Lebesgue. D'autre part, les fonctions mesurables (numériques) avaient d'abord été définies par Lebesgue par la propriété que, pour une telle fonction f, l'image réciproque par f de tout intervalle de **R** est un ensemble mesurable. Mais, dès 1903, Borel et Lebesgue avaient attiré l'attention sur les propriétés topologiques de ces fonctions ; elles furent mises sous leur forme définitive par Vitali, qui, en 1905 [*320* a], formula le premier la propriété des fonctions mesurables connue d'ordinaire sous le nom de « théorème de Lusin » (qui la retrouva en 1912).

Auparavant, nous nous arrêterons un peu plus longuement sur un des problèmes auxquels Lebesgue consacra le plus d'efforts, la liaison entre les notions d'intégrale et de primitive. Avec la généralisation de l'intégrale introduite par Riemann s'était naturellement posée la question de savoir si la correspondance classique entre intégrale et primitive, valable pour les fonctions continues, subsistait encore dans des cas plus généraux. Or, il est facile de donner des exemples de fonctions f, intégrables au sens de Riemann, et telles que $\int_a^x f(t)dt$ n'ait pas de dérivée (ni même de dérivée à droite ou de dérivée à gauche) en certains points ; inversement, Volterra avait montré, en 1881, qu'une fonction $F(x)$ peut avoir une dérivée bornée dans un intervalle I, mais non intégrable (au sens de Riemann) dans I. Par une analyse d'une grande subtilité (où le théorème de passage à la limite dans l'intégrale est loin de suffire), Lebesgue parvint à montrer que, si f est intégrable (à son sens) dans $[a, b]$, $F(x) = \int_a^x f(t)dt$ a presque partout une dérivée égale à $f(x)$ [*196* c]. Inversement, si une fonction g est dérivable dans $[a, b]$ et si sa dérivée $g' = f$ est *bornée*, f est intégrable et on a la formule $g(x) - g(a) = \int_a^x f(t)dt$. Mais Lebesgue constate que le problème est beaucoup plus complexe lorsque g' n'est pas bornée ; g' n'est pas nécessairement intégrable dans ce cas, et le premier problème était donc de caractériser les fonctions continues g pour lesquelles g' existe presque partout et est intégrable. En se bornant au cas où un des nombre dérivés * de g est partout *fini*, Lebesgue montra que g est nécessairement une fonction *à variation bornée* **.

* Les nombres dérivés à droite de g au point x sont les deux limites $\limsup_{h\to 0,\, h>0} (g(x+h) - g(x))/h$, $\liminf_{h\to 0,\, h>0} (g(x+h) - g(x))/h$. On définit de même les nombres dérivés à gauche.

** Ces fonctions avaient été introduites par Jordan, à propos de la rectification des courbes [*174* c]; il montra qu'on peut en donner les deux définitions équivalentes suivantes : *a*) f est différence de deux fonctions croissantes ; *b*) pour toute subdivision de l'intervalle $[a, b]$ par une suite finie croissante de points $(x_i)_{0\leqslant i\leqslant n}$, avec $a = x_0$, $b = x_n$, la somme $\sum_{i=1}^{n} |f(x_i) - f(x_{i-1})|$ est bornée par un nombre indépendant de la subdivision considérée. La borne supérieure de ces sommes est la *variation totale* de f dans $[a, b]$.

Enfin, il établit une réciproque de ce dernier résultat : une fonction à variation bornée g admet presque partout une dérivée, et g' est intégrable ; mais on n'a plus nécessairement

$$g(x) - g(a) = \int_a^x g'(t)dt \; ; \tag{2}$$

la différence entre les deux membres de cette relation est une fonction à variation bornée non constante et de dérivée nulle presque partout (fonction « singulière »). Il restait à caractériser les fonctions à variation bornée g telles que la relation (2) ait lieu. Lebesgue établit que ces fonctions (dites « absolument continues » par Vitali, qui en fit une étude détaillée) sont celles qui ont la propriété suivante : la variation totale de g dans un ensemble ouvert U (somme des variations totales de g dans chacune des composantes connexes de U) tend vers 0 avec la mesure de U.

Nous verrons ci-dessous comment, sous une forme affaiblie, ces résultats devaient plus tard acquérir une portée beaucoup plus générale. Sous leur forme initiale, leur champ d'application est demeuré assez restreint, et n'a pas dépassé le cadre de la théorie « fine » des fonctions de variables réelles, dont nous n'étudierons pas ici le développement ultérieur ; nous nous contenterons de mentionner les profonds travaux de Denjoy et de ses émules et continuateurs (Perron, de la Vallée-Poussin, Khintchine, Lusin, Banach, etc.) ; le lecteur en trouvera un exposé détaillé dans le livre de S. Saks [*268*].

Un des progrès essentiels apportés par la théorie de Lebesgue concerne les intégrales multiples. Cette notion s'était introduite vers le milieu du XVIIIe siècle, et d'abord sous forme d' « intégrale indéfinie » (par analogie avec la théorie de l'intégrale des fonctions d'une seule variable, $\int\int f(x,y)dxdy$ désigne une solution de l'équation $\frac{\partial^2 z}{\partial x \partial y} = f(x, y)$) ; mais, dès 1770, Euler a une conception fort claire de l'intégrale double étendue à un domaine borné (limité par des arcs de courbe analytiques), et écrit correctement la formule évaluant une telle intégrale au moyen de deux intégrales simples successives ([*108* a], (1), t. XVII, p. 289-315). Il n'était pas difficile de justifier cette formule en partant des « sommes de Riemann », tant que la fonction intégrée était continue, et le domaine d'intégration pas trop compliqué ; mais dès qu'on voulait aborder des cas plus généraux, le procédé de Riemann rencontrait de sérieuses difficultés ($f(x, y)$ peut être intégrable au sens de Riemann, sans que $\int dx \int f(x, y)dy$ ait un sens lorsque les intégrales simples sont prises au sens de Riemann). Ces difficultés s'évanouissent quand on passe à la définition de Lebesgue ; déjà ce dernier avait montré dans sa thèse que, lorsque $f(x,y)$ est une « fonction de Baire » bornée, il en est de même des fonctions $y \mapsto f(x,y)$ (pour tout x) et $x \mapsto \int f(x, y)dy$, et on a la formule

$$\int\int f(x, y)dxdy = \int dx \int f(x, y)dy \tag{3}$$

(intégrale prise dans un rectangle). Un peu plus tard, Fubini [*121*] apporta à ce résultat un complément important en prouvant que, si on suppose seulement f intégrable, alors l'ensemble des x tels que $y \mapsto f(x, y)$ ne soit pas intégrable est de mesure nulle, ce qui permettait d'étendre aussitôt la formule (3) à ce cas.

Enfin, en 1910 [*157* e], Lebesgue aborde l'extension aux intégrales multiples de ses résultats sur les dérivées des intégrales simples. Il est ainsi amené à associer à une fonction f, intégrable dans toute partie compacte de $\mathbf{R}^n$, la *fonction d'ensemble* $F(E) = \int_E f(\mathbf{x})d\mathbf{x}$, définie pour toute partie intégrable E de $\mathbf{R}^n$, qui généralise le concept d'« intégrale indéfinie » ; et il observe à cette occasion que cette fonction possède les deux propriétés suivantes : 1° elle est complètement additive ; 2° elle est « absolument continue » en ce sens que F(E) tend vers 0 avec la mesure de E. La partie essentielle du mémoire de Lebesgue consiste à démontrer la réciproque de cette proposition *. Mais il ne s'en tient pas là, et, dans la même direction, signale la possibilité de généraliser la notion de fonction à variation bornée, en considérant les fonctions d'ensemble mesurable F(E), complètement additives et telles que $\sum_n |F(E_n)|$ reste bornée pour toute partition dénombrable de E en parties mesurables E_n. Et, s'il se borne

* L'outil principal, dans cette démonstration, est un théorème de recouvrement, démontré quelque temps auparavant par Vitali [*320* b], et qui est resté fondamental dans ce genre de questions.

en fait à ne considérer de telles fonctions que dans l'ensemble des pavés de $\mathbf{R}^n$, il est bien clair qu'il ne restait plus qu'un pas à franchir pour aboutir à la notion générale de mesure que va définir J. Radon en 1913, englobant dans une même synthèse l'intégrale de Lebesgue et l'intégrale de Stieltjes, dont il nous faut parler maintenant.

En 1894, T. Stieltjes publiait, sous le titre « *Recherches sur les fractions continues* » [*297*], un mémoire très original où, à partir d'une question en apparence bien particulière, se trouvaient posés et résolus, avec une rare élégance, des problèmes d'une nature toute nouvelle dans la théorie des fonctions analytiques et celle des fonctions d'une variable réelle *. Afin de représenter la limite d'une certaine suite de fonctions analytiques, Stieltjes y était amené, entre autres, à introduire, sur la droite, le concept d'une « distribution de masse » positive, notion familière depuis longtemps dans les sciences physiques, mais qui n'avait jusque-là été considérée en mathématiques que sous des hypothèses restrictives (en général, l'existence d'une « densité » en tout point, variant de façon continue) ; il remarque que la donnée d'une telle distribution équivaut à celle de la fonction croissante $\varphi(x)$ qui donne la masse totale contenue dans l'intervalle d'extrémités 0 et x pour $x > 0$, et cette masse changée de signe pour $x < 0$, les discontinuités de φ correspondant aux masses « concentrées en un point » **. Stieltjes forme alors, pour une telle distribution de masse dans un intervalle $[a, b]$, les « sommes de Riemann » $\sum_i f(\xi_i)\,(\varphi(x_{i+1}) - \varphi(x_i))$ et montre que, lorsque f est continue dans $[a, b]$, ces sommes tendent vers une limite qu'il note $\int_a^b f(x)d\varphi(x)$. N'ayant besoin que d'intégrer des fonctions continues (et même des fonctions dérivables) Stieltjes ne poussa pas plus avant l'étude de cette intégrale *** et

* C'est là entre autres qu'est formulé et résolu le célèbre « problème des moments » (cf. p. 270).

** Stieltjes ne fait pas encore de différence entre les diverses espèces d'intervalles ayant mêmes extrémités a, b, ce qui le conduit à concevoir qu'aux points de discontinuité c de φ, une partie de la masse concentrée en c appartient à l'intervalle d'origine c, et l'autre partie à l'intervalle d'extrémité c, suivant la valeur de $\varphi(c)$.

*** Il faut cependant noter la première apparition, chez Stieltjes, de l'idée de « convergence » d'une suite de mesures ([*297*], p. 95; il s'agit en fait de la limite *forte*).

pendant une dizaine d'années cette notion ne paraît pas avoir attiré l'attention *. Mais, en 1909, F. Riesz [*260* d], résolvant un problème posé quelques années auparavant par Hadamard (cf. p. 267), démontrait que les intégrales de Stieltjes $f \mapsto \int_a^b f d\varphi$ sont les fonctionnelles linéaires continues les plus générales sur l'espace $\mathcal{C}(\mathrm{I})$ des fonctions numériques continues dans $\mathrm{I} = [a, b]$ ($\mathcal{C}(\mathrm{I})$ étant muni de la topologie de la convergence uniforme **) ; et l'élégance et la simplicité de ce résultat en suscitèrent presque aussitôt diverses généralisations. La plus heureuse fut celle de J. Radon, en 1913 [*256*] : combinant les idées de F. Riesz et de Lebesgue, il montra comment on pouvait définir une intégrale par les procédés de Lebesgue, en partant d'une « fonction complètement additive d'ensemble » quelconque (définie sur les ensembles mesurables pour la mesure de Lebesgue) au lieu de partir de la mesure de Lebesgue. Dans la notion de « mesure de Radon » sur $\mathbf{R}^n$, ainsi définie, se trouvait absorbée celle de fonction « à variation bornée » : la décomposition d'une telle fonction en différence de deux fonctions croissantes est un cas particulier de la décomposition d'une mesure en différence de deux mesures positives ; de même, la « mesure de base μ » correspond à la notion de fonction « absolument continue », et la décomposition d'une mesure quelconque en une mesure de base μ et une mesure étrangère à μ, à la décomposition de Lebesgue d'une fonction à variation bornée en somme d'une fonction absolument continue et d'une fonction « singulière ». En outre, Radon montra que la « densité » par rapport à μ d'une mesure de base μ existe encore lorsque μ est une mesure ayant pour base la mesure de Lebesgue, en utilisant une idée antérieure de F. Riesz (reprise et popularisée plus tard par J. von Neumann entre autres), qui consiste à construire une image de la mesure μ par une

* Elle prend toutefois de l'importance avec le développement de la théorie spectrale des opérateurs, à partir de 1906, par Hilbert et son école. C'est à cette occasion que Hellinger, vers 1907, définit des intégrales telles que celle qu'il notait $\int \frac{(dg)^2}{df}$, et qui paraissaient au premier abord plus générales que celle de Stieltjes ; mais en fait, Hahn montra, dès 1912, qu'elles se ramènent à cette dernière.

** C'est aussi dans ce travail qu'apparaît la notion de limite *vague* d'une suite de mesures ([*260* d], p. 49).

application θ de $\mathbf{R}^n$ dans $\mathbf{R}$, choisie de sorte que $\theta(\mu)$ soit la mesure de Lebesgue sur $\mathbf{R}$.

Presque aussitôt après la parution du mémoire de Radon, Fréchet remarquait que presque tous les résultats de ce travail pouvaient s'étendre au cas où la « fonction complètement additive d'ensemble », au lieu d'être définie pour les parties mesurables de $\mathbf{R}^n$, est définie pour certaines parties d'un ensemble E quelconque (ces parties étant telles que les opérations de réunion dénombrable et de « différence » donnent encore des ensembles pour lesquels la fonction est définie). Toutefois, l'expression d'une mesure de base μ sous la forme $g.\mu$ reposait, chez Lebesgue et Radon, sur des raisonnements faisant intervenir de façon essentielle la topologie de $\mathbf{R}^n$ (et nous avons vu que la démonstration de Radon ne s'applique que si μ est une mesure ayant pour base la mesure de Lebesgue) ; c'est seulement en 1930 que O. Nikodym [*235*] obtint ce théorème sous sa forme générale, par un raisonnement direct (notablement simplifié quelques années plus tard par J. von Neumann, grâce à l'utilisation des propriétés des espaces L^2 ([*324* g], p. 127-130)).

Avec le mémoire de Radon, la théorie générale de l'intégration pouvait être considérée comme achevée dans ses grandes lignes ; comme acquisitions ultérieures substantielles, on ne peut guère mentionner que la définition du produit infini de mesures, due à Daniell [*76* b], et celle de l'intégrale d'une fonction à valeurs dans un espace de Banach, donnée par Bochner en 1933 [*24* a], et qui préludait à l'étude plus générale de l' « intégrale faible » développée quelques années plus tard par Gelfand [*125* a], Dunford et Pettis ([*95*] et [*96*]). Mais il restait à populariser la nouvelle théorie, et à en faire un instrument mathématique d'usage courant, alors que la majorité des mathématiciens, vers 1910, ne voyait encore dans l' « intégrale de Lebesgue » qu'un instrument de haute précision, de maniement délicat, destiné seulement à des recherches d'une extrême subtilité et d'une extrême abstraction. Ce fut là l'œuvre de Carathéodory, dans un livre longtemps resté classique [*49*] et qui enrichit d'ailleurs la théorie de Radon de nombreuses remarques originales.

Mais c'est avec ce livre aussi que la notion d'intégrale, qui avait été au premier plan des préoccupations de Lebesgue (comme le marquent suffisamment les titres de sa thèse [*196* a] et de son principal ouvrage sur ces questions [*196* c]) cède le pas pour la première fois à celle de mesure, qui avait été chez Lebesgue (comme avant lui chez Jordan) un moyen technique auxiliaire. Ce changement de point de vue etait dû sans doute, chez Carathéodory, à l'excessive importance qu'il semble avoir attachée aux « mesures p-dimensionnelles » *. Depuis lors, les auteurs qui ont traité d'intégration se sont partagés entre ces deux points de vue, non sans entrer dans des débats qui ont fait couler beaucoup d'encre sinon beaucoup de sang. Les uns ont suivi Carathéodory ; dans leurs exposés sans cesse plus abstraits et plus axiomatisés, la mesure, avec tous les raffinements techniques auxquels elle se prête, non seulement joue le rôle dominant, mais encore elle tend à perdre contact avec les structures topologiques auxquelles en fait elle est liée dans la plupart des problèmes où elle intervient. D'autres exposés suivent de plus ou moins près une méthode déjà indiquée en 1911 par W. H. Young, dans un mémoire malheureusement peu remarqué [*339* b], et développée ensuite par Daniell. Le premier, traitant de l'intégrale de Lebesgue, partait de l'« intégrale de Cauchy » des fonctions continues à support compact, supposée connue, pour définir successivement l'intégrale supérieure des fonctions semi-continues inférieurement, puis des fonctions numériques quelconques, d'où une définition des fonctions intégrables, calquée sur celle de Lebesgue pour les ensembles, par des moyens purement « fonctionnels ». Daniell, en 1918 ([*76* a]; cf. [*207*]) étendit cet exposé, avec quelques variantes, à des fonctions définies sur un ensemble quelconque ; dans le même ordre d'idées (et en liaison étroite avec les méthodes utilisées en théorie spectrale avant Gelfand), il nous faut aussi signaler le mémoire de F. Riesz [*260* h] qui met sous une forme concise et élégante les quelques résultats de la théorie des espaces ordonnés qui jouent un rôle dans la théorie de l'Intégration.

Plutôt que dans des ouvrages d'exposition, plus ou moins agréables à lire, mais dont le contenu substantiel ne pouvait plus beaucoup varier, c'est du côté des applications qu'il faut chercher les progrès réalisés par la théorie de l'Intégration depuis 1920 : théorie des probabilités (autrefois prétexte à devinettes et à paradoxes, et devenue une branche de la théorie de l'Intégration depuis son axiomatisation par Kolmogoroff [*183*], mais branche autonome avec ses méthodes

* Il s'agit là de la généralisation de la notion de « longueur d'une courbe plane » à des valeurs quelconques n et p de la dimension de l'espace ambiant et de la dimension de l'espace étudié ; on suppose bien entendu qu'on a $0 \leqslant p \leqslant n$, mais on ne suppose pas toujours que p soit entier. Cette question a fait l'objet de travaux de nombreux auteurs depuis Minkowski, Carathéodory et Hausdorff ; Lebesgue lui-même, qui en aborde des cas particuliers dans sa thèse, ne semble pas y avoir vu autre chose qu'une occasion de mettre à l'essai la puissance des outils qu'il venait de forger.

et ses problèmes propres) ; théorie ergodique ; théorie spectrale et analyse harmonique, depuis que la découverte par Haar de la mesure qui porte son nom, et le mouvement d'idées provoqué par cette découverte, ont fait de l'intégrale l'un des plus importants outils en théorie des groupes.

MESURE DE HAAR
CONVOLUTION

Les notions de longueur, d'aire et de volume chez les Grecs sont essentiellement fondées sur leur *invariance* par les déplacements : « Des choses qui coïncident (ἐφαρμόξοντα) sont égales » (*Eucl. El.*, Livre I, « Notion commune » 4); et c'est par un usage ingénieux de ce principe que sont obtenues toutes les formules donnant les aires ou volumes des « figures » classiques (polygones, coniques, polyèdres, sphères, etc.), tantôt par des procédés de décomposition finie, tantôt par « exhaustion »*. En langage moderne, on peut dire que ce que font les géomètres grecs, c'est démontrer l'existence de « fonctions d'ensembles » additives et invariantes par déplacements, mais définies seulement pour des ensembles d'un type fort particulier. Le calcul intégral peut être considéré comme répondant au besoin d'élargir le domaine de définition de ces fonctions d'ensemble, et, de Cavalieri à H. Lebesgue, c'est cette préoccupation qui sera au premier plan des recherches des analystes; quant à la propriété d'invariance par déplacements, elle passe au second plan, étant devenue une conséquence triviale de la formule générale de changement de variables dans les intégrales doubles ou triples et du fait qu'une transformation orthogonale a un déterminant égal à ± 1. Même dans les géométries non-euclidiennes (ou pourtant le groupe des déplacements est différent), le point de vue reste le même : de façon générale, Riemann définit les éléments infinitésimaux d'aire ou de volume (ou leurs analogues pour les dimensions $\geqslant 3$) à partir d'un ds^2 par les

* On peut montrer que si deux polygones plans P, P′ ont même aire, il y a deux polygones $R \supset P$, $R' \supset P'$ qui peuvent être décomposés chacun en un nombre fini de polygones R_i (resp. R'_i) $(1 < i \leqslant m)$ sans point intérieur commun, tels que R_i et R'_i se déduisent l'un de l'autre par un déplacement (dépendant de i), et tels que R (resp. R′) soit réunion d'une famille finie de polygones S_j (resp. S'_j) $(0 < j < n)$, sans point intérieur commun, avec $S_0 = P$, $S'_0 = P'$, et S'_j se déduisant de S_j par une déplacement pour $1 \leqslant j \leqslant n$. Par contre, M. Dehn a démontré [*81*] que cette propriété n'est plus valable pour le volume des polyèdres, et que les procédés d'exhaustion employés depuis Eudoxe étaient par suite inévitables.

formules euclidiennes classiques, et leur invariance par les transformations qui laissent invariant le ds^2 est donc presque une tautologie.

C'est seulement vers 1890 qu'apparaissent d'autres extensions moins immédiates de la notion de mesure invariante par un groupe, avec le développement de la théorie des *invariants intégraux*, notamment par H. Poincaré et E. Cartan; H. Poincaré n'envisage que des groupes à un paramètre opérant dans une portion d'espace, tandis que E. Cartan s'intéresse surtout aux groupes de déplacements, mais opérant dans d'autres espaces que celui où ils sont définis. Par exemple, il détermine ainsi entre autres ([*52* a], t. II_1, p. 265-302) la mesure invariante (par le groupe des déplacements) dans l'espace des droites de $\mathbf{R}^2$ ou de $\mathbf{R}^3$*; en outre, il signale que de façon générale les invariants intégraux pour un groupe de Lie ne sont autres que des invariants différentiels particuliers, et qu'il est donc possible de les déterminer tous par les méthodes de Lie. Il ne semble pas toutefois que l'on ait songé à considérer ni à utiliser une mesure invariante sur le groupe lui-même avant le travail fondamental de A. Hurwitz en 1897 [*168*]. Cherchant à former les polynômes (sur $\mathbf{R}^n$) invariants par le groupe orthogonal, Hurwitz part de la remarque que, pour un groupe fini de transformations linéaires, le problème se résout aussitôt en prenant la *moyenne* des transformés $s.P$ d'un polynôme quelconque P par tous les éléments s du groupe; ce qui lui donne l'idée de remplacer, pour le groupe orthogonal, la moyenne par une intégrale relative à une mesure invariante; il donne explicitement l'expression de cette dernière à l'aide de la représentation paramétrique par les angles d'Euler, mais observe aussitôt (indépendamment de E. Cartan) que les méthodes de Lie fournissent l'existence d'une mesure invariante pour tout groupe de Lie. Peut-être à cause du déclin de la théorie des invariants au début du XXe siècle, les idées de Hurwitz n'eurent guère d'écho immédiat, et ne devaient être mises en valeur qu'à partir de 1924, avec l'extension aux groupes de Lie compacts, par I. Schur et H. Weyl, de la théorie classique de Frobenius (p. 154) sur les représentations linéaires des groupes finis. Le premier se borne au cas du groupe orthogonal, et montre comment la méthode de Hurwitz permet d'étendre les classiques relations d'orthogonalité des caractères; idée que H. Weyl combine avec les travaux de

* La mesure invariante sur l'espace des droites du plan avait déjà été essentiellement déterminée à l'occasion de problèmes de « probabilités géométriques », notamment par Crofton, dont E. Cartan ne connaissait probablement pas les travaux à cette époque.

E. Cartan sur les algèbres de Lie semi-simples pour obtenir l'expression explicite des caractères des représentations irréductibles des groupes de Lie compacts et le théorème de complète réductibilité [*331* b], puis, par une extension hardie de la notion de « représentation régulière », le célèbre théorème de Peter-Weyl, analogue parfait de la décomposition de la représentation régulière en ses composantes irréductibles dans la théorie des groupes finis [*332*].

Un an auparavant, O. Schreier avait fondé la théorie générale des groupes topologiques [*276* a], et dès ce moment il était clair que les raisonnements du mémoire de Peter-Weyl devaient rester valables tels quels pour tout groupe topologique sur lequel on pourrait définir une « mesure invariante ». A vrai dire, les notions générales sur la topologie et la mesure étaient encore à cette époque en pleine formation, et ni la catégorie de groupes topologiques sur lesquels on pouvait espérer définir une mesure invariante, ni les ensembles pour lesquels cette « mesure » serait définie, ne semblaient clairement délimités. Le seul point évident était qu'on ne pouvait espérer étendre au cas général les méthodes infinitésimales prouvant l'existence d'une mesure invariante sur un groupe de Lie. Or, un autre courant d'idées, issu de travaux sur la mesure de Lebesgue, conduisait précisément à des méthodes d'attaque plus directes. Hausdorff avait prouvé, en 1914, qu'il n'existe pas de fonction d'ensemble additive non identiquement nulle définie pour *tous* les sous-ensembles de $\mathbf{R}^3$ et invariante par déplacements, et il était naturel de chercher si ce résultat était encore valable pour $\mathbf{R}$ et $\mathbf{R}^2$: problème qui fut résolu par S. Banach en 1923 de façon surprenante, en montrant au contraire que dans ces deux cas une telle « mesure » existait bel et bien [*14* b]; son procédé, fort ingénieux, repose déjà sur une construction par induction transfinie et sur la considération des « moyennes » $\frac{1}{n}\sum_{k=1}^{n} f(x+\alpha_k)$ de translatées d'une fonction par des éléments du groupe*. Ce sont des idées analogues qui permirent à A. Haar, en 1933 [*139*], de faire le pas décisif en prouvant l'existence d'une mesure invariante pour les groupes localement compacts à base dénombrable d'ouverts : s'inspirant de la méthode d'approximation d'un volume, en Calcul intégral classique, par une juxtaposition de cubes congruents de côté arbitrairement petit, il obtient, à l'aide du procédé diagonal, la mesure invariante

* J. von Neumann montra, en 1929, que la raison profonde de la différence de comportement entre $\mathbf{R}$ et $\mathbf{R}^2$ d'une part, et les $\mathbf{R}^n$ pour $n \geq 3$ de l'autre, devait être cherchée dans la commutativité du groupe des rotations de l'espace $\mathbf{R}^2$.

comme limite d'une suite de « mesures approchées », procédé qui est encore essentiellement celui utilisé aujourd'hui. Cette découverte eut un très grand retentissement, en particulier parce qu'elle permit aussitôt à J. von Neumann de résoudre, pour les groupes compacts, le fameux « 5e problème » de Hilbert sur la caractérisation des groupes de Lie par des propriétés purement topologiques (à l'exclusion de toute structure différentielle préalablement donnée). Mais on s'aperçut aussitôt que, pour pouvoir utiliser la mesure invariante de façon efficace, il fallait non seulement connaître son existence, mais encore savoir qu'elle était unique à un facteur près; ce point fut d'abord démontré par J. von Neumann pour les groupes compacts, en utilisant une méthode de définition de la mesure de Haar par des « moyennes » de fonctions continues, analogues à celles de Banach [*324* e]; puis J. von Neumann [*324* f] et A. Weil [*330* c], par des méthodes différentes, obtinrent simultanément l'unicité dans le cas des groupes localement compacts, A. Weil indiquant en même temps comment le procédé de Haar pouvait s'étendre aux groupes localement compacts généraux. C'est aussi A. Weil (*loc. cit.*) qui obtint la condition d'existence d'une mesure relativement invariante sur un espace homogène, et montra enfin que l'existence d'une « mesure » (douée de propriétés raisonnables) sur un groupe topologique séparé, entraînait *ipso facto* que le groupe est localement précompact. Ces travaux achevaient essentiellement la théorie générale de la mesure de Haar; la seule addition plus récente à citer est la notion de mesure quasi-invariante, qui ne s'est guère dégagée qu'aux environs de 1950, en liaison avec la théorie des représentations des groupes localement compacts dans les espaces hilbertiens.

L'histoire du produit de convolution est plus complexe. Dès le début du XIXe siècle, on observe que si, par exemple, $F(x, t)$ est une intégrale d'une équation aux dérivées partielles en x et t, linéaire et à coefficients constants, alors

$$\int_{-\infty}^{+\infty} F(x - s, t) f(s) ds$$

est aussi une intégrale de la même équation; Poisson, entre autres, dès avant 1820, utilise cette idée pour écrire les intégrales de l'équation de la chaleur sous la forme

$$(1) \qquad \int_{-\infty}^{+\infty} \exp\left(-\frac{(x-s)^2}{4t}\right) f(s) ds.$$

Un peu plus tard, l'expression

$$(2) \qquad \frac{1}{2\pi}\int_{-\pi}^{+\pi} \frac{\sin \frac{2n+1}{2}(x-t)}{\sin \frac{x-t}{2}} f(t)dt$$

de la somme partielle d'une série de Fourier et l'étude, faite par Dirichlet, de la limite de cette intégrale lorsque n tend vers $+\infty$, donne le premier exemple de « régularisation » $f \mapsto \rho_n * f$ sur le tore $\mathbf{T}$ (à vrai dire par une suite de « noyaux » ρ_n non positifs, ce qui en complique singulièrement l'étude); sous le nom d'« intégrales singulières », les expressions intégrales analogues seront un sujet de prédilection des analystes de la fin du XIXe siècle et du début du XXe siècle, de P. du Bois-Reymond à H. Lebesgue. Sur $\mathbf{R}$, Weierstrass utilise l'intégrale (1) pour la démonstration de son théorème d'approximation par les polynômes, et donne à ce propos le principe général de la régularisation par une suite de « noyaux » positifs ρ_n de la forme $x \mapsto c_n\rho(nx)$. Sur $\mathbf{T}$, le plus célèbre exemple d'une régularisation par noyaux positifs est donné un peu plus tard par Fejér, et à partir de ce moment, c'est le procédé standard qui sera à la base de la plupart des « méthodes de sommation » des séries de fonctions.

Toutefois, ces travaux, en raison de la dissymétrie des rôles qu'y jouent le « noyau » et la fonction régularisée, ne faisaient guère apparaître les propriétés algébriques du produit de convolution. C'est à Volterra surtout que l'on doit d'avoir mis l'accent sur ce point. Il étudie de façon générale la « composition » $F * G$ de deux fonctions de deux variables

$$(F * G)(x, y) = \int_x^y F(x, t)G(t, y)dt$$

qu'il envisage comme une généralisation, par « passage du fini à l'infini », du produit de deux matrices [*322* a]. Il distingue très tôt le cas (dit « du cycle fermé » en raison de son interprétation dans la théorie de l'hérédité) où F et G ne dépendent que de $y - x$; il en est alors de même de $H = F * G$, et si l'on pose $F(x, y) = f(y - x)$, $G(x, y) = g(y - x)$, on a

$$H(x, y) = h(y - x),$$

avec

$$h(t) = \int_0^t f(t-s)g(s)ds$$

de sorte que, pour $t \geqslant 0$, h coïncide avec la convolution des fonctions f_1, g_1 égales respectivement à f et g pour $t \geqslant 0$, et à 0 pour $t < 0$.

Cependant, le formalisme algébrique développé par Volterra ne faisait pas apparaître les liens avec la structure de groupe de $\mathbf{R}$ et la transformation de Fourier. Nous n'avons pas à faire ici l'histoire de cette dernière; mais il convient de noter qu'à partir de Cauchy les analystes qui traitent de l'intégrale de Fourier s'attachent surtout à trouver des conditions de plus en plus larges pour la validité des diverses formules d'« inversion », et négligent quelque peu ses propriétés algébriques. On ne pourrait certes en dire autant des travaux de Fourier lui-même (ou de ceux de Laplace sur l'intégrale analogue $\int_0^\infty e^{-st}f(t)dt$); mais ces transformations avaient été introduites essentiellement à propos de problèmes *linéaires*, et il n'est donc pas très surprenant que l'on n'ait pas songé avant longtemps à considérer le produit de deux transformées de Fourier (exception faite des produits de séries trigonométriques ou de séries entières, mais le lien avec la convolution des mesures discrètes ne pouvait évidemment pas être aperçu au XIXe siècle). La première mention de ce produit et de la convolution sur $\mathbf{R}$ se trouve probablement dans un mémoire de Tchebychef [*306*], à propos de questions de calcul des probabilités. En effet, dans cette théorie, la convolution $\mu * \nu$ de deux « lois de probabilité » sur $\mathbf{R}$ (mesures positives de masse totale 1) n'est autre que la loi de probabilité « composée » de μ et ν (pour l'addition des « variables aléatoires » correspondantes). Bien entendu, chez Tchebychef, il n'est encore question que de convolution de lois de probabilités ayant une densité (par rapport à la mesure de Lebesgue), donc de convolution de fonctions; elle n'intervient d'ailleurs chez lui que d'une façon épisodique, et il en sera ainsi dans les quelques rares travaux où elle apparaît avant la période 1920-1930. En 1920, P.-J. Daniell, dans une note peu remarquée [*76* c], définit la convolution de deux mesures quelconques sur $\mathbf{R}$ et la transformée de Fourier d'une telle mesure, et observe explicitement que la transformation de Fourier fait passer de la convolution au produit ordinaire; formalisme qui, à partir de 1925, va être intensivement utilisé par les probabilistes, à la suite de P. Lévy surtout. Mais l'importance fondamentale de la convolution en théorie des groupes n'est reconnue pleinement que par H. Weyl en 1927; il s'aperçoit que, pour un groupe compact, la convolution des fonctions joue le rôle de la multiplication dans l'algèbre d'un groupe fini, et lui permet par suite de définir la « représentation régulière »; en même temps, il trouve dans la régularisation l'équivalent de l'élément unité de l'algèbre d'un groupe fini. Il restait à faire la synthèse de tous ces points de vue, qui s'accomplit dans le livre de A. Weil [*330* c], préludant aux généralisations ultérieures que constitueront, d'une part les algèbres normées de I. Gelfand, et de l'autre la convolution des distributions.

La mesure de Haar et la convolution sont rapidement devenues des outils essentiels dans la tendance à l'algébrisation qui marque si fortement l'Analyse moderne; nous aurons à en mentionner de nombreuses applications dans des notes ultérieures. Nous nous bornerons ici à signaler celle qui concerne la « variation » des sous-groupes fermés (et notamment des sous-groupes discrets) d'un groupe localement compact. Cette théorie, partant d'un résultat de K. Mahler en Géométrie des nombres, a été inaugurée en 1950 par C. Chabauty, et vient d'être considérablement développée et approfondie par Macbeath et Swierczkowski [*212*].

INTÉGRATION DANS LES ESPACES NON LOCALEMENT COMPACTS

Si l'étude des liens entre la topologie et la théorie de la mesure remonte aux débuts de la théorie moderne des fonctions de variables réelles, ce n'est que fort récemment que l'intégration dans les espaces topologiques séparés a été mise au point de manière générale. Avant de faire l'historique des travaux qui ont précédé la synthèse actuelle, nous rappellerons quelques étapes de l'évolution des idées concernant les relations entre topologie et mesure.

Pour Lebesgue, il n'est question que d'intégrer des fonctions d'une ou plusieurs variables réelles. En 1913, Radon définit les mesures générales sur $\mathbf{R}^n$ et les intégrales correspondantes; cette théorie est exposée en détail dans l'ouvrage [*82*] de Ch. de la Vallée Poussin et s'appuie de manière constante sur les propriétés topologiques des espaces euclidiens. Un peu plus tard, en 1915, Fréchet définit dans [*115* c] les mesures « abstraites » sur un ensemble muni d'une tribu et les intégrales par rapport à ces mesures; il note qu'on peut établir ainsi les principaux résultats de la théorie de Lebesgue sans utiliser de moyens topologiques. Il justifie son entreprise par les mots suivants, tirés de l'introduction de [*115* d], première partie : « *Que par exemple dans l'espace à une infinité de coordonnées où diverses applications de l'Analyse avaient conduit à diverses définitions non équivalentes d'une suite convergente, on remplace une de ces définitions par une autre, rien ne sera changé dans les propriétés des familles et fonctions additives d'ensembles dans ces espaces* ». Les recherches de Fréchet sont complétées par Carathéodory, à qui l'on doit un important théorème de prolongement d'une fonction d'ensemble en une mesure. Le début du livre de Saks [*268*] offre un exposé condensé de ce point de vue.

La découverte de la mesure de Haar sur les groupes localement compacts (p. 289-295) et les nombreuses applications qu'elle reçoit aussitôt, puis les travaux de Weil et Gelfand en Analyse Harmonique, amènent vers 1940 à une modification profonde de ce point de vue : dans ce genre de questions, le plus commode est de considérer une mesure comme une forme linéaire sur un espace de fonctions continues. Cette méthode oblige à se restreindre aux espaces compacts ou localement compacts, mais ce n'est pas une gêne pour la presque totalité des applications; bien mieux, l'introduction de l'Analyse Harmonique sur les groupes p-adiques et les groupes d'adèles par J. Tate et A. Weil a permis un renouvellement spectaculaire de la Théorie analytique des Nombres.

C'est d'une tout autre direction que provient la nécessité d'élargir ce point de vue par la considération de mesures sur des espaces topologiques non localement compacts : peu à peu, le Calcul des Probabilités amène à l'étude de tels espaces et fournit de nombreux exemples non triviaux. Peut-être faut-il rechercher la raison de l'influence tardive de ces développements sur la théorie de la mesure dans l'isolement relatif du Calcul des Probabilités, resté en marge des disciplines mathématiques traditionnelles jusqu'à une époque récente.

MESURES SUR LES ESPACES DE SUITES

Une des branches les plus développées du Calcul des Probabilités classique est celle des théorèmes limites (loi des grands nombres, tendance vers la loi de Gauss-Laplace, ...); il s'agit d'un approfondissement de la notion de régularité statistique manifestée par les phénomènes mettant en jeu des populations très nombreuses. La formulation mathématique correcte de ces problèmes nécessite l'introduction de mesures sur des espaces de suites; ces espaces, qui constituent la généralisation la plus évidente des espaces de dimension finie, sont le sujet de prédilection des recherches d' « Analyse Générale » entreprises vers 1920 par Fréchet, Lévy, Lusin, ... Il n'est d'ailleurs pas fortuit que Khintchine et Kolmogoroff, les créateurs des méthodes nouvelles du Calcul des Probabilités, soient tous deux disciples de Lusin, et que Lévy se soit très vite tourné vers les problèmes probabilistes : ceux-ci constituaient la pierre de touche des nouvelles méthodes.

La première intervention implicite d'une mesure sur un espace de suites apparaît dans le travail consacré par E. Borel en 1909 aux probabilités dénombrables [*32* b]. Une idée très originale de Borel consiste en l'application des résultats probabilistes qu'il vient d'obtenir à la démonstration de propriétés possédées par le développement décimal de presque tout nombre réel compris entre 0 et 1. Cette application repose sur la remarque fondamentale suivante : définissons tout nombre réel compris entre 0 et 1 par la suite des chiffres de son développement dans une base q donnée ($q \geqslant 2$); si l'on tire au sort successivement les divers chiffres d'un nombre x, indépendamment les uns des autres et avec une égale probabilité $1/q$ pour $0, 1, \ldots, q-1$, la probabilité que x se trouve dans un intervalle de $[0,1[$ est égale à la longueur de cet intervalle.

En 1923, Steinhaus [*293*] établit rigoureusement ces résultats et décrit le modèle mathématique précis de la suite illimitée de tirages au sort considérée par Borel : prenons $q = 2$ pour simplifier et notons I l'ensemble à deux éléments $\{0, 1\}$; on munit I de la mesure μ définie par $\mu(0) = \mu(1) = \frac{1}{2}$; les éléments de l'espace produit $\mathrm{I}^{\mathbf{N}}$ sont les suites $\varepsilon = (\varepsilon(n))_{n\in\mathbf{N}}$ de nombres égaux à 0 ou 1 et l'application $\varphi : \varepsilon \mapsto \sum_{n \geqslant 0} \varepsilon(n) . 2^{-n-1}$ est, à un ensemble dénombrable près, une bijection de $\mathrm{I}^{\mathbf{N}}$ sur l'intervalle $[0,1]$; de plus, φ^{-1} transforme la mesure de Lebesgue sur $[0,1]$ en la mesure P sur $\mathrm{I}^{\mathbf{N}}$ produit des mesures μ sur chacun des facteurs. En fait, Steinhaus ne dispose pas d'une construction des mesures produits; il utilise l'existence de la quasi-bijection φ pour *construire* la mesure P sur $\mathrm{I}^{\mathbf{N}}$ à partir de la mesure de Lebesgue sur $[0,1]$, puis il donne une caractérisation axiomatique de P. L'isomorphisme ainsi obtenu permet de traduire le langage des probabilités en celui de la mesure et d'appliquer les théorèmes connus sur l'intégrale de Lebesgue.

Dans le même travail, Steinhaus considère la série aléatoire $\sum_{n \geqslant 0} \sigma_n . a_n$, où les signes $\sigma_n = \pm 1$ sont choisis au hasard indépendamment les uns des autres et avec même probabilité $\frac{1}{2}$; entre 1928 et 1935, il étudie de nombreuses autres séries aléatoires. De leur côté, Paley, Wiener et Zygmund considèrent les séries de Fourier aléatoires * de la forme $\sum_{n=-\infty}^{\infty} a_n \exp(2\pi i(nt + \Phi_n))$; les « amplitudes » a_n sont fixes, et les « phases » Φ_n sont des variables aléatoires indépendantes uniformément réparties sur $[0,1]$. Si les difficultés analytiques varient énormément de l'un à l'autre de ces problèmes, la traduction en termes de théorie de la mesure est la même dans

Pour une mise au point sur les séries de Fourier aléatoires, voir [*176*].

tous les cas et représente une extension du cas traité par Borel et Steinhaus; il s'agit de construire une mesure sur $\mathbf{R}^{\mathbf{N}}$, produit d'une famille de mesures toutes identiques à une même mesure positive μ de masse 1 sur $\mathbf{R}$; par exemple, les séries de Fourier aléatoires précédentes correspondent au cas où μ est la mesure de Lebesgue sur $[0,1]$.

Pour construire de telles mesures produits, on peut utiliser deux méthodes. La première est une méthode directe, mise au point pour la première fois par Daniell [*76* b] en 1918; elle est retrouvée en 1934 par Jessen [*173*] qui fera une étude détaillée du cas où μ est la mesure de Lebesgue sur $[0,1]$. La deuxième méthode est la recherche d'artifices analogues à celui de Steinhaus pour se ramener à la mesure de Lebesgue sur $[0,1]$; cette façon de procéder avait l'avantage de la commodité tant qu'on ne disposait pas d'exposé complet de la théorie de la mesure générale, car elle permettait d'employer sans nouvelle démonstration les théorèmes de Lebesgue *.

LA THÉORIE DU MOUVEMENT BROWNIEN

Cette théorie occupe une place exceptionnelle dans le développement scientifique contemporain par l'échange constant et fécond dont elle témoigne entre les problèmes physiques et les mathématiques « pures ». L'étude du mouvement brownien, découvert en 1829 par le botaniste Brown, a été menée intensivement au XIXe siècle par de nombreux physiciens **, mais le premier modèle mathématique satisfaisant a été inventé par Einstein en 1905 seulement. Dans le cas simple d'une particule se déplaçant le long d'une droite, les hypothèses fondamentales d'Einstein se formulent ainsi : si $x(t)$ est l'abscisse de la particule à l'instant t, et si $t_0 < t_1 < \ldots < t_{n-1} < t_n$, les déplacements successifs $x(t_i) - x(t_{i-1})$ (pour $1 \leqslant i \leqslant n$) sont des variables aléatoires gaussiennes indépendantes. Ce n'est pas le lieu d'évoquer ici en détail les importants travaux expérimentaux de J. Perrin que motiva la théorie d'Einstein; pour notre propos, il

* Wiener prend aussi soin à de nombreuses reprises (cf. par exemple [*243*], chap. IX) de montrer que la mesure du mouvement brownien est isomorphe à la mesure de Lebesgue sur $[0,1]$. La possibilité de tels artifices trouve son explication dans un théorème général de von Neumann qui donne une caractérisation axiomatique des mesures isomorphes à la mesure de Lebesgue sur $[0,1]$.

** On trouvera un exposé très vivant de cette histoire dans [*229*].

convient de retenir seulement une remarque de Perrin, selon laquelle l'observation des trajectoires du mouvement brownien lui suggère irrésistiblement « les fonctions sans dérivée des mathématiciens ». Cette remarque sera l'étincelle initiale pour Wiener.

Un tout autre courant d'idées tire son origine de la théorie cinétique des gaz, développée entre 1870 et 1900 par Boltzmann et Gibbs. Considérons un gaz formé de N molécules de masse m à la température (absolue) T et notons $\mathbf{v}_1, \ldots, \mathbf{v}_N$ les vitesses des N molécules du gaz; l'énergie cinétique du système est égale à

$$(1) \qquad \frac{m}{2}(\mathbf{v}_1^2 + \ldots + \mathbf{v}_N^2) = 3NkT$$

où k est la constante de Boltzmann. D'après les idées de Gibbs, la multitude des chocs entre molécules ne permet pas de déterminer avec précision les vitesses des molécules, et il convient d'introduire une loi de probabilité P sur la sphère S de l'espace de dimension 3N définie par l'équation (1). L'hypothèse « microcanonique » consiste à supposer que P est la mesure de masse 1 invariante par rotation sur la sphère S. Par ailleurs, la loi des vitesses de Maxwell énonce que la loi de probabilité d'une composante de la vitesse d'une molécule est une mesure gaussienne de variance $2kT/m$. E. Borel semble avoir été le premier à remarquer en 1914 que la loi de Maxwell est conséquence des hypothèses de Gibbs et de propriétés de la sphère lorsque le nombre des molécules est très grand. Il considère une sphère S dans un espace euclidien de grande dimension et la mesure P de masse 1 invariante par rotation sur S; utilisant les méthodes classiques d'approximation fondées sur la formule de Stirling, il montre que la projection de P sur un axe de coordonnées est approximativement gaussienne. Ces résultats sont précisés un peu plus tard par Gâteaux et Lévy [*201* a]. Étant donnés un entier $m \geqslant 1$ et un nombre $r > 0$, notons $S_{m,r}$ l'ensemble des suites de la forme $(x_1, \ldots, x_m, 0, 0, \ldots)$ avec $x_1^2 + \ldots + x_m^2 = r^2$; notons aussi $\sigma_{m,r}$ la mesure de masse 1 invariante par rotation sur $S_{m,r}$. Énoncé en langage moderne, le résultat de Gâteaux et Lévy est le suivant : la suite des mesures $\sigma_{m,1}$ tend étroitement vers la masse unité à l'origine $(0, 0, \ldots)$ et la suite des mesures $\sigma_{m,\sqrt{m}}$ tend étroitement vers une mesure Γ de la forme

$$d\Gamma(x_1, x_2, \ldots) = \prod_{n=1}^{\infty} d\gamma(x_n)$$

(γ est la mesure gaussienne de variance 1 sur $\mathbf{R}$).

La mesure Γ précédente joue le rôle d'une mesure gaussienne en dimension infinie. Il semble bien que Lévy ait confusément espéré définir de manière intrinsèque une mesure gaussienne sur tout espace de Hilbert de dimension infinie. De fait, comme l'ont montré Lévy et Wiener, la mesure Γ est invariante en un certain sens * par les automorphismes de l^2; malheureusement, l'ensemble l^2 des suites $(x_1,x_2,\ldots,x_n,\ldots)$ de carré sommable est de mesure nulle pour Γ. On sait aujourd'hui qu'il faut se contenter d'une *promesure* gaussienne sur un espace de Hilbert de dimension infinie **.

On doit à Wiener le progrès essentiel : si l'on n'a pas de mesure de Gauss raisonnable sur un espace de Hilbert de dimension infinie, on peut construire par l'opération de primitive une mesure w sur un espace de fonctions continues à partir d'une promesure gaussienne. Nous allons expliquer succinctement la construction initiale de w par Wiener [*336*]; elle est directement influencée par la relation $\Gamma = \lim\limits_{m \to \infty} \sigma_{m,\sqrt{m}}$ de Gâteaux et Lévy. Pour tout entier $m \geqslant 1$, notons H_m l'ensemble des fonctions sur $T = \left]0, 1\right]$ qui sont constantes dans chacun des intervalles $\left]\frac{k-1}{m}, \frac{k}{m}\right]$ (pour $k = 1,2,\ldots,m$), et π_m la mesure de masse 1 invariante par rotation sur la sphère euclidienne de rayon 1 dans $\mathbf{R}^m$. Soit f_m l'isomorphisme de H_m sur $\mathbf{R}^m$ qui associe à toute fonction prenant la valeur a_k sur l'intervalle $\left]\frac{k-1}{m}, \frac{k}{m}\right]$ le vecteur $(a_1, a_2 - a_1, \ldots, a_m - a_{m-1})$ (d'où le nom de « differential space » affectionné par Wiener); notons w_m la mesure sur H_m image de π_m par f_m^{-1}. Wiener définit la mesure cherchée w comme la limite des mesures w_m. De manière précise, notons H l'ensemble des fonctions réglées sur T, avec la topologie de la convergence uniforme (on a $H_m \subset H$ pour tout entier $m \geqslant 1$); pour toute fonction uniformément continue et bornée F sur H, la limite

* De manière précise, on a le résultat suivant. Soient U un automorphisme de l'espace de Hilbert l^2 et (u_{mn}) la matrice de U. Soient E l'espace vectoriel de toutes les suites réelles $(x_n)_{n \geqslant 1}$ et F le sous-espace de E formé des suites $(x_n)_{n \geqslant 1}$ pour lesquelles les séries $\sum\limits_{n \geqslant 1} u_{mn}x_n$ convergent pour tout $m \geqslant 1$. La formule $(Ux)_m = \sum\limits_{n \geqslant 1} u_{mn}x_n$ définit une application linéaire $\tilde{U}$ de F dans E, la mesure Γ est concentrée sur F et l'on a $\tilde{U}(\Gamma) = \Gamma$.

** Cette notion a été introduite sous le nom de « weak canonical distribution » par I. Segal [*281*]. On doit à cet auteur une étude détaillée des promesures gaussiennes, et leur application à certains problèmes de théorie quantique des champs.

$A\{F\} = \lim_{m \to \infty} \int_{H_m} F(x)\, dw_m(x)$ existe; Wiener obtient ensuite certaines majorations par une analyse subtile des fluctuations du jeu de pile ou face, et, reprenant les arguments de compacité mis en évidence par Daniell, il montre que l'on est dans les conditions d'application du théorème de prolongement de Daniell. On conclut à l'existence d'une mesure w portée par $\mathscr{C}(T)$ et telle que $A\{F\} = \int_{\mathscr{C}(T)} F(x)\, dw(x)$. Wiener peut alors montrer que la mesure w correspond aux hypothèses d'Einstein *, et ses estimations lui permettent de donner un sens précis à la remarque de Perrin sur les fonctions sans dérivées : l'ensemble des fonctions satisfaisant à une condition de Lipschitz d'ordre $\frac{1}{2}$, est négligeable pour w (par contre, pour tout a avec $0 < a < \frac{1}{2}$, presque toute fonction satisfait à une condition de Lipschitz d'ordre a).

On connaît aujourd'hui de nombreuses constructions de la mesure de Wiener. Ainsi, Paley et Wiener utilisent les séries de Fourier aléatoires ([*243*], chap. IX) : pour toute suite réelle $\mathbf{a} = (a_n)_{n \geq 1}$ et tout entier $m \geqslant 0$, définissons la fonction $f_{m,\mathbf{a}}$ sur $]0,1[$ par

$$f_{m,\mathbf{a}}(t) = a_1 t + 2 \sum_{k \geq 2}^{2^{m+1}} \frac{1}{\pi k} a_{k-1} \sin \pi k t;$$

on peut montrer que, pour Γ-presque toute suite $\mathbf{a}$, la suite des fonctions $f_{m,\mathbf{a}}$ tend vers une fonction continue $f_{\mathbf{a}}$ et que w est l'image de Γ par l'application (définie presque partout) $\mathbf{a} \mapsto f_{\mathbf{a}}$. Plus tard, Lévy a donné dans [*201* b et c] une autre construction. Enfin, Kac. Donsker et Erdös montrent vers 1950 comment remplacer dans la construction initiale de Wiener les mesures sphériques π_m sur $\mathbf{R}^m$

* Ceci se traduit par la formule

$$\int_{\mathscr{C}(T)} f(x(t_1), \ldots, x(t_n))\, dw(x)$$

$$= (2\pi)^{-n/2} \prod_{i=1}^{n} (t_i - t_{i-1})^{-1/2} \int \ldots \int f(x_1, \ldots, x_n) \exp\left(-\frac{1}{2} \sum_{i=1}^{n} \frac{(x_i - x_{i-1})^2}{t_i - t_{i-1}}\right) dx_1 \ldots dx_n$$

où f est une fonction continue bornée arbitraire sur $\mathbf{R}^n$ et où l'on a

$$0 = t^0 < t_1 < \ldots < t_n \ldots \leqslant 1$$

(on fait la convention $x^0 = 0$). Wiener, formé à la rigueur analytique par Hardy, et défiant à juste titre à l'égard des fondements du Calcul des Probabilités à cette époque, prend soin de n'utiliser ni la terminologie ni les résultats probabilistes. Il en résulte que ses mémoires sont pleins de formidables formules dont la précédente est un échantillon; cette particularité est un des facteurs qui ont retardé la diffusion des idées de Wiener.

par des mesures plus générales. Leurs résultats établissent un lien solide entre la mesure de Wiener et les théorèmes limites du Calcul des Probabilités; ils seront complétés et systématisés par Prokhorov [*254*] dans un travail sur lequel nous reviendrons plus loin.

Ce n'est pas le lieu d'analyser les nombreux et importants travaux probabilistes occasionnés par la découverte de Wiener; aujourd'hui, le mouvement brownien n'apparaît plus que comme un des exemples les plus importants de processus markovien. Nous mentionnerons seulement l'application faite par Kac de la mesure de Wiener à la résolution de certaines équations aux dérivées partielles paraboliques; il s'agit là d'une adaptation des idées de Feynman en théorie quantique des champs — un exemple de plus de cette influence réciproque des mathématiques et des problèmes de physique.

LIMITES PROJECTIVES DE MESURES

Il s'agit d'une théorie qui s'est développée surtout en fonction des besoins du Calcul des Probabilités. Les problèmes concernant une suite finie de variables aléatoires $X_1, \ldots, X_n$ sont résolus en principe lorsqu'on connaît la loi P_X de cette suite : c'est une mesure positive de masse 1 sur $\mathbf{R}^n$, telle que la probabilité d'obtenir simultanément les inégalités $a_1 \leqslant X_1 \leqslant b_1, \ldots, a_n \leqslant X_n \leqslant b_n$ soit égale à $P_X(C)$ où C est le pavé fermé $[a_1, b_1] \times \ldots \times [a_n, b_n]$ de $\mathbf{R}^n$. En pratique, la mesure P_X a un support discret ou bien admet une densité par rapport à la mesure de Lebesgue. Lorsqu'on a affaire à une suite infinie $(X_n)_{n \geqslant 1}$ de variables aléatoires, on connaît en général la loi P_n de la suite partielle $(X_1, \ldots, X_n)$ pour tout entier $n \geqslant 1$; ces données satisfont à une condition de compatibilité qui exprime que la suite $(P_n)_{n \geqslant 1}$ est un système projectif de mesures. Jusque vers 1920, on définissait de manière plus ou moins implicite les probabilités d'événements liés à la suite infinie par des passages à la limite « naturels » à partir de probabilités du cas fini; on admettra ainsi que la probabilité qu'un jeu se termine est la limite, pour n tendant vers l'infini, de la probabilité qu'il se termine en au plus n parties. Naturellement, une telle théorie est assez peu cohérente, et rien n'exclut la présence de « paradoxes », une même probabilité recevant deux estimations distinctes selon qu'on l'évalue par l'un ou l'autre de deux procédés aussi « naturels » l'un que l'autre.

Steinhaus [*293*] semble avoir été le premier à ressentir la nécessité de considérer (pour le jeu de pile ou face) non seulement le système projectif $(P_n)_{n\geqslant 1}$ mais sa limite. Un peu auparavant, en 1919, Daniell [*76* d] avait démontré en général l'existence de telles limites projectives *, mais ce résultat semble être resté inconnu en Europe. Il est retrouvé en 1933 par Kolmogoroff dans l'ouvrage [*183*] où cet auteur formule la conception axiomatique du Calcul des Probabilités. Les démonstrations de Daniell et Kolmogoroff utilisent un argument de compacité qui repose sur le théorème de Dini.

Le théorème de Daniell-Kolmogoroff ne laissait rien à désirer pour le cas des suites aléatoires $(X_n)_{n\geqslant 1}$, mais l'étude des fonctions aléatoires entreprise à partir de 1935 par Kolmogoroff, Feller et Doob recèle des difficultés d'une tout autre ampleur. Considérons par exemple un intervalle T de $\mathbf{R}$, qui représente l'ensemble des instants d'observation d'un « processus stochastique »; l'ensemble des trajectoires possibles est l'espace produit $\mathbf{R}^T$, considéré comme limite projective des produits partiels $\mathbf{R}^H$, où H parcourt l'ensemble des parties finies de T; on se donne en général un système projectif de mesures (μ_H). Le théorème de Kolmogoroff fournit bien une mesure sur $\mathbf{R}^T$, mais elle est définie sur une tribu notablement plus petite que la tribu borélienne **. Une variante de la construction de Kolmogoroff, qui fournit une mesure sur un espace topologique, est due à Kakutani [*177*], et a été redécouverte plusieurs fois depuis : on considère μ_H comme une mesure sur $\overline{\mathbf{R}}^H$ portée par $\mathbf{R}^H$ ***; l'espace compact $E = \overline{\mathbf{R}}^T$ est limite projective des produits finis $\overline{\mathbf{R}}^H$ et l'on peut définir une mesure μ sur E limite projective des μ_H. Mais ce procédé possède un grave inconvénient; les éléments de $\overline{\mathbf{R}}^T$ ne possèdent aucune propriété de régularité permettant de pousser plus loin l'étude probabiliste du processus — ou même simplement d'éliminer les valeurs parasites $\pm\infty$ introduites par la compactification $\overline{\mathbf{R}}$ de $\mathbf{R}$. On peut y remédier en induisant la mesure μ de $\overline{\mathbf{R}}^T$ sur tel ou tel sous-

* Daniell traite le cas des mesures sur un produit $\prod_{n\geqslant 1} I_n$ d'intervalles compacts de $\mathbf{R}$, mais sa méthode s'étend immédiatement au cas d'un produit quelconque d'espaces compacts.

** La mesure de Kolmogoroff n'est définie que pour les ensembles boréliens dans $\mathbf{R}^T$ de la forme $A \times \mathbf{R}^{T-D}$ où D est une partie dénombrable de T, et A une partie borélienne de $\mathbf{R}^D$; de ce fait, le théorème de Kolmogoroff pour un produit quelconque $\mathbf{R}^T$ est une conséquence immédiate du cas des produits dénombrables.

*** On pourrait remplacer $\overline{\mathbf{R}}$ par n'importe quel espace compact contenant $\mathbf{R}$ comme sous-espace dense.

espace (par exemple $\mathscr{C}(T)$ dans le cas du mouvement brownien); la difficulté fondamentale provient de ce qu'un espace fonctionnel, même d'un type usuel, n'est pas nécessairement μ-mesurable dans $\overline{\mathbf{R}}^{T}$, et le choix même de l'espace fonctionnel peut faire question *.

Un pas décisif a été accompli en 1956 par Prokhorov dans un travail [*254*] qui a exercé une influence déterminante sur la théorie des processus stochastiques. En mettant sous forme axiomatique convenable les méthodes utilisées par Wiener dans l'article analysé plus haut, il établit un théorème général d'existence de limites projectives de mesures sur les espaces fonctionnels.

Une classe plus restreinte de systèmes projectifs a été introduite par Bochner [*24* b] en 1947; il s'agit des systèmes projectifs formés d'espaces vectoriels réels de dimension finie et d'applications linéaires surjectives. La limite projective d'un tel système s'identifie de manière naturelle au dual algébrique E^* d'un espace vectoriel réel E muni de la topologie faible $\sigma(E^*, E)$; un système projectif correspondant de mesures a une limite qui est une mesure μ définie sur une tribu notablement plus petite que la tribu borélienne de E^*. Bochner caractérisa complètement de telles « promesures » par leur transformée de Fourier, qui est une fonction sur E. Mais ce résultat n'est guère utilisable en l'absence d'une topologie sur E, auquel cas il faut examiner la possibilité de considérer μ comme une mesure sur le dual topologique E' de E. De manière indépendante, R. Fortet et E. Mourier, en cherchant à généraliser aux variables aléatoires à valeurs dans un espace de Banach certains résultats classiques du Calcul des Probabilités (loi des grands nombres, théorème central limite) mirent aussi en évidence le rôle fondamental joué par la transformation de Fourier dans ces questions. Mais un progrès substantiel ne fut réalisé qu'en 1956 lorsque Gelfand [*125* c] suggéra que le cadre naturel pour la transformation de Fourier n'est pas celui des espaces de Banach ou de Hilbert, mais celui des espaces de Fréchet nucléaires. Il conjectura que toute fonction continue de type positif sur un tel espace est la transformée de Fourier d'une mesure sur son dual, résultat établi tôt après par Minlos [*222*]. Son importance provient surtout de ce qu'il s'applique aux espaces de distributions, et que la quasi-totalité des espaces fonctionnels sont des parties boré-

* Pour une discussion détaillée du problème de la construction des mesures sur les espaces fonctionnels, et les méthodes utilisées avant Prokhorov, voir J. L. Doob [*93*].

liennes de l'espace des distributions (qui constitue donc un bien meilleur réceptacle que $\mathbf{R}^T$) *. La théorie des distributions aléatoires est un domaine en pleine expansion, et nous nous contenterons de renvoyer le lecteur à l'ouvrage de Gelfand et Vilenkin [*126*].

Les résultats que nous venons de mentionner sur les limites projectives utilisent l'existence de topologies sur les espaces de base. On peut se demander s'il existe une théorie analogue dans le cas des mesures « abstraites ». Von Neumann a démontré dès 1935 l'existence de mesures produits dans tous les cas, mais la découverte d'un contre-exemple par Jessen et Andersen [*290*] a ruiné l'espoir que tout système projectif de mesures admette une limite. On a découvert deux palliatifs : en 1949, C. Ionescu-Tulcea a établi l'existence de limites projectives dénombrables, moyennant l'existence de désintégrations convenables **, résultat fort intéressant pour l'étude des processus markoviens; par ailleurs, on s'est rendu compte que la topologie des espaces n'intervenait que par l'intermédiaire de l'ensemble des parties compactes. Il était donc naturel de chercher à axiomatiser cette situation à l'intérieur de la théorie abstraite, au moyen de la notion de classe compacte de parties d'un ensemble. Ce travail fut fait en 1953 par Marczewski (qui établit par ce moyen un théorème de limites projectives abstrait) et Ryll-Nardzewski (qui traita de la désintégration des mesures) ***.

MESURES SUR LES ESPACES TOPOLOGIQUES GÉNÉRAUX ET CONVERGENCE ÉTROITE

L'étude des liens entre la topologie et la théorie de la mesure a été surtout conçue comme l'étude des propriétés de régularité des mesures, et en particulier celle de la régularité « extérieure » et de la

* On pourra consulter la mise au point de X. Fernique [*110*], qui contient aussi de nombreux résultats sur la convergence étroite.

** Il semble que ce soit l'absence d'une théorie satisfaisante des désintégrations qui marque la limite de la théorie des mesures « abstraites ». Cette difficulté réapparaît de manière insistante dans le Calcul des Probabilités à propos des probabilités conditionnelles.

*** Pour un exposé de cette théorie, on pourra se reporter à [*249*].

régularité « intérieure » *; la régularité intérieure est équivalente à la régularité extérieure sur un espace localement compact dénombrable à l'infini. La construction que Lebesgue donne de la mesure des ensembles sur la droite met en évidence ces deux espèces de régularité, et la propriété de régularité extérieure des mesures sur un espace polonais semble avoir été de notoriété publique vers 1935. Mais ce n'est qu'en 1940, dans un article dont la guerre retarda la diffusion, qu'A. D. Alexandroff [*3*] met en évidence le rôle de la régularité intérieure et montre que celle-ci est possédée par les mesures sur un espace polonais; ce résultat est retrouvé plus tard par Prokhorov [*254*] et est souvent attribué à tort à cet auteur. On ne s'est aperçu que fort récemment que cette propriété s'étendait aux espaces sousliniens; de ce fait, l'importance de ces espaces s'est beaucoup accrue, d'autant plus qu'on s'est rendu compte que leur théorie pouvait se faire sans hypothèse de métrisabilité, et que la quasi-totalité des espaces fonctionnels étaient sousliniens (et même le plus souvent lusiniens) **.

La définition d'un mode de convergence (vague ou étroite) pour les mesures se fait de la manière la plus commode en mettant en dualité l'espace des mesures avec un espace de fonctions continues. Généralisant un résultat ancien de F. Riesz, A. A. Markoff a établi en 1938 une correspondance biunivoque entre les fonctionnelles positives sur $\mathscr{C}(X)$ et les mesures régulières sur un espace compact X. Dans le travail [*3*] déjà cité, A. D. Alexandroff étend ces résultats au cas d'un espace complètement régulier : il introduit une hiérarchie dans l'ensemble des formes linéaires positives sur l'espace $\mathscr{C}^b(X)$ des fonctions continues bornées sur un espace complètement régu-

* Une mesure « abstraite » μ sur la tribu borélienne d'un espace topologique séparé est dite extérieurement régulière si la mesure de tout ensemble borélien est la borne inférieure des mesures des ensembles ouverts qui le contiennent; la mesure μ est dite intérieurement régulière si la mesure de tout ensemble borélien est la borne supérieure des mesures de ses parties compactes.

** Pour tenter de résoudre certaines difficultés probabilistes (particulièrement les liens entre diverses notions d'indépendance ou de dépendance stochastique), plusieurs auteurs introduisent des classes restreintes de mesures « abstraites » : espaces « parfaits » de Kolmogoroff-Gnedenko, espaces « lusiniens » de Blackwell, espaces « de Lebesgue » de Rokhlin. En fait (tout au moins moyennant une hypothèse de dénombrabilité assez faible), toutes ces définitions donnent des caractérisations des mesures « abstraites » isomorphes à une mesure positive bornée sur un espace souslinien. On pourra consulter à ce sujet [*249*].

lier X *, il définit la convergence étroite des mesures bornées et démontre entre autres les deux théorèmes suivants :

a) si X est polonais, l'ensemble des formes linéaires sur $\mathscr{C}^b(X)$ correspondant aux mesures est fermé pour la convergence faible des suites;

b) si une suite de mesures bornées a une limite étroite, « il n'y a pas de masse fuyant à l'infini » (c'est une forme faible de la réciproque du théorème de convergence étroite de Prokhorov).

De cette foison de notions et de théorèmes, Prokhorov saura extraire les résultats importants pour la théorie des processus stochastiques, et les présenter sous une forme simple et frappante. Dans son grand travail de 1956 déjà cité [*254*], une partie importante est consacrée aux mesures positives bornées sur un espace polonais; en généralisant une construction de Lévy, il définit sur l'ensemble des mesures positives de masse 1 une distance qui en fait un espace polonais, puis il établit un critère important de compacité pour la convergence étroite. Indépendamment de Prokhorov, Le Cam [*197*] a obtenu un certain nombre de résultats de compacité pour la convergence étroite des mesures; il ne fait aucune hypothèse de métrisabilité sur les espaces qu'il considère, et ses résultats se réduisent à des théorèmes antérieurs de Dieudonné dans le cas localement compact.

* Il distingue par ordre de généralité décroissante les σ-mesures (mesures « abstraites » sur la tribu borélienne de X), les τ-mesures (mesures extérieurement régulières) et les mesures tendues (mesures intérieurement régulières). Lorsque X est polonais, ces trois notions coïncident. La terminologie elle-même est due à Mac Shane et Le Cam [*197*]. On trouvera une mise au point des travaux suscités par cette classification dans [*316*].

GROUPES DE LIE ET ALGÈBRES DE LIE

I. GENÈSE

La théorie, appelée depuis près d'un siècle « théorie des groupes de Lie », a été édifiée essentiellement par un mathématicien : Sophus Lie.

Avant d'en aborder l'histoire, nous résumerons brièvement diverses recherches antérieures qui en préparèrent le développement.

a) *Groupes de transformations* (Klein-Lie, 1869-1872)

Vers 1860, la théorie des groupes de permutations d'un ensemble *fini* se développe et commence à être utilisée (Serret, Kronecker, Mathieu, Jordan). D'autre part, la théorie des invariants, alors en plein essor, familiarise les mathématiciens avec certains ensembles infinis de transformations géométriques stables par composition (notamment les transformations linéaires ou projectives). Mais, avant le travail de 1868 de Jordan [*174* b] sur les « groupes de mouvements » (sous-groupes fermés du groupe des déplacements de l'espace euclidien à 3 dimensions), il ne semble pas que l'on ait établi de lien conscient entre ces deux courants d'idées.

En 1869, le jeune Félix Klein (1849-1925), élève de Plücker, se lie d'amitié à Berlin avec le norvégien Sophus Lie (1842-1899), de quelques années plus âgé, dont le rapproche leur intérêt commun pour la « géométrie des droites » de Plücker et notamment la théorie des complexes de droites (p. 167). C'est vers cette période que Lie conçoit l'une de ses idées les plus originales, l'introduction de la notion d'invariant en Analyse et en géométrie différentielle; l'une des sources en est son observation que les méthodes classiques d'intégration « par quadratures » des équations différentielles reposent toutes sur le fait que l'équation est invariante par une famille « continue » de transformations. C'est de 1869 que date le premier travail (rédigé par Klein) où Lie utilise cette idée; il y étudie le « complexe de Reye » (ensemble des droites coupant les faces d'un tétraèdre en 4 points ayant un birapport donné) et les courbes et surfaces admettant pour tangentes des droites de ce complexe ([*202*], vol. I, Abh. V, p. 68-77) : sa méthode repose sur l'invariance du complexe de Reye par le groupe commutatif à 3 paramètres (tore maximal de **PGL**(4,**C**)) laissant invariants les sommets du tétraèdre. Cette même idée domine le travail écrit en commun par Klein et Lie alors qu'ils se trouvent à Paris au printemps 1870 ([*182*], t. I, p. 416-420); ils y déterminent essentiellement les sous-groupes connexes commutatifs du groupe projectif du plan **PGL** (3, **C**), et étudient les propriétés géométriques de leurs orbites (sous le nom de courbes ou surfaces V); cela leur donne, par un procédé uniforme, des propriétés de courbes variées, algébriques ou transcendantes. telles que $y = cx^m$ ou les spirales logarithmiques. Leurs témoignages s'accordent à souligner l'impression profonde qu'ont produite sur eux les théories de Galois et de Jordan (le commentaire de Jordan sur Galois avait paru aux *Math. Annalen* en 1869; du reste. Lie avait entendu parler de la théorie de Galois dès 1863). Klein, qui en 1871 commence à s'intéresser aux géométries non-euclidiennes, y voit le début de sa recherche d'un principe de classification de toutes les géométries connues, recherche qui devait le conduire en 1872 au « programme d'Erlangen ». De son côté, Lie, dans une lettre de 1873 à A. Mayer ([*202*], vol. 5, p. 584), date de son séjour à Paris l'origine de ses idées sur les groupes de transformations, et dans un travail de 1871 ([*202*], vol. I, Abh. XII, p. 153-214), il utilise déjà le terme de « groupe de transformations » et pose explicitement le problème de la détermination de tous les sous-groupes (« *continus ou discontinus* ») de **GL** (n, **C**). A vrai dire, Klein et Lie ont dû l'un et l'autre éprouver quelque difficulté à s'insérer dans ce nouvel univers mathématique, et Klein parle du « Traité » de Jordan, nouvellement paru, comme d'un « *livre scellé de sept sceaux* » ([*182*], t. I, p. 51); il écrit par ailleurs à propos de ([*182*], t. I, p. 424-459) : « *C'est à Lie qu'appartient tout ce qui se rapporte à l'idée heuristique d'un groupe continu d'opérateurs, en particulier tout ce qui touche à l'intégration des équations différentielles ou aux dérivées partielles. Toutes les notions qu'il développa plus tard dans sa théorie des groupes continus se trouvaient déjà en germe chez lui, mais toutefois si peu élaborées, que je dus le convaincre de maints détails, par exemple au début l'existence même des courbes* V, *au cours de longs entretiens* » ([*182*], t. I, p. 415).

b) *Transformations infinitésimales*

La conception d'une transformation « infiniment petite » remonte au moins aux débuts du Calcul infinitésimal; on sait que Descartes découvre le centre instantané de rotation en admettant que « dans l'infiniment petit » tout mouvement plan peut être assimilé à une rotation; l'élaboration de la Mécanique analytique, au XVIIIᵉ siècle, est tout entière fondée sur des idées semblables. En 1851, Sylvester, cherchant à former des invariants du groupe linéaire $\mathbf{GL}(3,\mathbf{C})$ ou de certains de ses sous-groupes, donne aux paramètres z_j figurant dans ces matrices des accroissements « infiniment petits » de la forme $\alpha_j dt$, et exprime qu'une fonction $f((z_j))$ est invariante en écrivant l'équation $f((z_j + \alpha_j dt)) = f((z_j))$; ceci lui donne pour f l'équation linéaire aux dérivées partielles $\mathrm{X}f = 0$, où

$$\mathrm{X}f = \sum_j \alpha_j \frac{\partial f}{\partial z_j}, \tag{1}$$

X étant donc un *opérateur différentiel*, « dérivée dans la direction de paramètres directeurs α_j » ([*304*], vol. 3, p. 326 et 327); Sylvester semble sentir qu'il y a là un principe général d'une assez grande portée, mais ne paraît pas être revenu sur la question. Un peu plus tard, Cayley ([*58*], t. II, p. 164-178) procède de même pour les invariants de $\mathbf{SL}(2,\mathbf{C})$ dans certaines représentations de ce groupe et montre que ce sont les solutions de deux équations aux dérivées partielles du premier ordre $\mathrm{X}f = 0$, $\mathrm{Y}f = 0$, où X et Y sont obtenus comme ci-dessus à partir des transformations « infiniment petites »

$$\begin{pmatrix} 0 & 0 \\ dt & 0 \end{pmatrix} \quad \text{et} \quad \begin{pmatrix} 0 & dt \\ 0 & 0 \end{pmatrix}.$$

En termes modernes, cela s'explique par le fait que X et Y engendrent l'algèbre de Lie $\mathfrak{sl}(2, \mathbf{C})$; d'ailleurs Cayley calcule explicitement le crochet XY — YX et montre qu'il provient lui aussi d'une transformation « infiniment petite ».

Dans son mémoire de 1868 sur les groupes de mouvements [*174* b], Jordan utilise d'un bout à l'autre le concept de « transformation infiniment petite », mais exclusivement d'un point de vue géométrique. C'est sans doute chez lui qu'apparaît l'idée d'un groupe à un paramètre « engendré » par une transformation infiniment petite : pour Jordan, c'est l'ensemble des transformations obtenues en « *répétant convenablement* » la transformation infiniment petite (*loc. cit.*, p. 243).

Klein et Lie, dans leur mémoire de 1871, utilisent la même expression « *transformation infiniment petite répétée* » ([*182*], t. I, p. 424-459), mais le contexte montre qu'ils entendent par là une intégration d'un système différentiel. Si le groupe à un paramètre qu'ils considèrent est formé des transformations $x' = f(x,y,t)$, $y' = g(x,y,t)$, la « transformation infiniment petite » correspondante est donnée par

$$dx = p(x, y)dt, \qquad dy = q(x, y)dt$$

où $p(x, y) = \frac{\partial f}{\partial t}(x, y, t_0)$, $q(x, y) = \frac{\partial g}{\partial t}(x, y, t_0)$, et t_0 correspond à la transformation identique du groupe. Comme Klein et Lie connaissent explicitement les fonctions f et g, ils n'ont pas de peine à vérifier que les fonctions

$$t \mapsto f(x, y, t) \qquad \text{et} \qquad t \mapsto g(x, y, t)$$

donnent sous forme paramétrique la courbe intégrale de l'équation différentielle

$$q(\xi, \eta)d\xi = p(\xi, \eta)d\eta$$

passant par le point (x, y), mais n'en donnent aucune raison générale; ils n'utilisent d'ailleurs plus ce fait dans la suite de leur mémoire.

c) *Transformations de contact*

Dans les deux années suivantes, Lie paraît abandonner la théorie des groupes de transformations (bien qu'il reste en contact très suivi avec Klein, qui publie en 1872 son « Programme ») pour étudier les transformations de contact, l'intégration des équations aux dérivées partielles du premier ordre et les relations entre ces deux théories. Nous n'avons pas à faire l'historique de ces questions ici, et nous nous bornerons à mentionner quelques points qui paraissent avoir joué un rôle important dans la genèse de la théorie des groupes de transformations.

La notion de transformation de contact généralise à la fois les transformations ponctuelles et les transformations par polaires réciproques. *Grosso modo*, une transformation de contact * dans $\mathbf{C}^n$ est

* Il s'agit ici de transformations de contact « homogènes ». Antérieurement, la considération d'équations du type (2), mais où z intervient dans F, avait amené Lie à considérer des transformations de contact à $2n + 1$ variables $z, x_1, \ldots, x_n, p_1, \ldots, p_n$, où il s'agit de trouver $2n + 2$ fonctions Z, P_i, X_i $(1 \leqslant i \leqslant n)$ et ρ (cette dernière $\neq 0$ en tout point) telles que $dZ - \sum_i P_i dX_i = \rho(dz - \sum_i p_i\, dx_i)$. Ce cas en apparence plus général se ramène d'ailleurs aisément au cas « homogène » ([*203*], t. 2, p. 135-146).

un isomorphisme d'un ouvert Ω de la variété $T'(\mathbf{C}^n)$ des vecteurs cotangents à $\mathbf{C}^n$ sur un autre ouvert Ω' de $T'(\mathbf{C}^n)$ transformant la 1-forme canonique de Ω en celle de Ω'. En d'autres termes, si $(x_1, \ldots, x_n, p_1, \ldots p_n)$ désignent les coordonnées canoniques de $T'(\mathbf{C}^n)$, une transformation de contact est un isomorphisme $(x_i, p_i) \mapsto (X_i, P_i)$ satisfaisant à la relation $\sum_{i=1}^{n} P_i dX_i = \sum_{i=1}^{n} p_i dx_i$. De telles transformations interviennent dans l'étude de l'intégration des équations aux dérivées partielles de la forme

$$\text{(2)} \qquad F\left(x_1, x_2, \ldots, x_n, \frac{\partial z}{\partial x_1}, \ldots, \frac{\partial z}{\partial x_n}\right) = 0.$$

Lie se familiarise au cours de ses recherches sur ces questions avec le maniement des parenthèses de Poisson

$$\text{(3)} \qquad (f, g) = \sum_{i=1}^{n} \left(\frac{\partial f}{\partial x_i}\frac{\partial g}{\partial p_i} - \frac{\partial g}{\partial x_i}\frac{\partial f}{\partial p_i}\right)$$

et des crochets * $[X, Y] = XY - YX$ d'opérateurs différentiels du type (1); il interprète la parenthèse de Poisson (3) comme l'effet sur f d'une transformation de type (1) associée à g, et observe à cette occasion que l'identité de Jacobi pour les parenthèses de Poisson signifie que le crochet des opérateurs différentiels correspondant à g et h est associé à la parenthèse (g, h). La recherche de fonctions g telles que $(F, g) = 0$, qui intervient dans la méthode de Jacobi pour intégrer l'équation aux dérivées partielles (2), devient pour Lie celle d'une transformation infinitésimale de contact laissant invariante l'équation donnée. Enfin, Lie est amené à étudier des ensembles de fonctions $(u_j)_{1 \leqslant j \leqslant m}$ des x_i et des p_i tels que les parenthèses (u_j, u_k) soient fonctions des u_h, et nomme « groupes » ces ensembles (déjà considérés en substance par Jacobi).

* Ceux-ci intervenaient déjà dans la théorie de Jacobi-Clebsch des « systèmes complets » d'équations aux dérivées partielles du premier ordre $X_j f = 0$ $(1 \leqslant j \leqslant r)$, notion équivalente à celle de « système complètement intégrable » de Frobenius : le théorème fondamental (équivalent au « théorème de Frobenius ») qui caractérise ces systèmes est que les crochets $[X_i, X_j]$ doivent être des combinaisons linéaires (à coefficients variables) des X_k.

II. GROUPES CONTINUS ET TRANSFORMATIONS INFINITÉSIMALES

Brusquement, à l'automne 1873, Lie reprend l'étude des groupes de transformations et obtient des résultats décisifs. Pour autant qu'on puisse suivre le cheminement de sa pensée dans quelques lettres à A. Mayer des années 1873-1874 ([*202*], vol. 5, p. 584-608), il part d'un « groupe continu » de transformations sur n variables

$$(4) \qquad x'_i = f_i(x_1, \ldots, x_n, a_1, \ldots, a_r) \qquad (1 \leqslant i \leqslant n)$$

dépendant effectivement * de r paramètres $a_1, \ldots, a_r$; il observe que, si la transformation (4) est l'identité pour les valeurs $a_1^0, \ldots, a_r^0$ des paramètres **, alors les développements de Taylor des x_i, limités au premier ordre :

$$(5) \; f_i(x_1, \ldots, x_n, a_1^0 + z_1, \ldots, a_r^0 + z_r) = x_i + \sum_{k=1}^{r} z_k X_{ki}(x_1, \ldots, x_n) + \ldots \quad (1 \leqslant i \leqslant n)$$

donnent une transformation infiniment petite « générique » dépendant linéairement des r paramètres z_j

$$(6) \qquad dx_i = \left(\sum_{k=1}^{r} z_k X_{ki}(x_1, \ldots, x_n) \right) dt \qquad (1 \leqslant i \leqslant n).$$

Procédant comme dans son mémoire avec Klein, Lie intègre le système différentiel

$$(7) \qquad \frac{d\xi_1}{\sum_k z_k X_{k1}(\xi_1, \ldots, \xi_n)} = \ldots = \frac{d\xi_n}{\sum_k z_k X_{kn}(\xi_1, \ldots, \xi_n)} = dt,$$

ce qui lui donne, pour tout point $(z_1, \ldots, z_r)$, un groupe à un paramètre

$$(8) \qquad t \mapsto x'_i = g_i(x_1, \ldots, x_n, z_1, \ldots, z_r, t) \qquad (1 \leqslant i \leqslant n)$$

* Lie entend par là que les f_i ne peuvent s'exprimer à l'aide de moins de r fonctions des a_j, ou encore que la matrice jacobienne $(\partial f_i / \partial a_j)$ est de rang r « en général ».

** Dans ses premières notes, Lie pense pouvoir démontrer *a priori* l'existence de l'identité et de l'inverse dans tout ensemble de transformations (4) stable par composition; il reconnaît plus tard que sa démonstration était incorrecte, et Engel lui fournit un contre-exemple reproduit dans ([*203*], t. 1, § 44). Toutefois, Lie montre comment on ramène les systèmes « continus » (4) stables par composition aux groupuscules de transformations : un tel système est de la forme $G \circ h$, où G est un groupuscule de transformations et h une transformation du système ([*203*], t. 1, th. 26, p. 163 et t. 3, th. 46, p. 572).

tel que $g_i(x_1, \ldots, x_n, z_1, \ldots, z_r, 0) = x_i$ pour tout i. Il montre de façon ingénieuse, en utilisant le fait que les transformations (4) forment un ensemble stable par composition, que le groupe à un paramètre (8) est un sous-groupe du groupe donné ([*202*], vol. 5, Abh. VII, p. 32-63). L'idée nouvelle, clé de toute la théorie, est de pousser jusqu'au *second ordre* les développements de Taylor des fonctions (4). La marche de son raisonnement est assez confuse et heuristique ([*202*], vol. 5, Abh. VII, p. 32-63 et [*202*], vol. 5, p. 600-601); on peut la présenter de la façon suivante. Pour les z_j assez petits, on peut faire $t = 1$ dans (8), et on obtient ainsi de nouveaux paramètre $z_1, \ldots, z_r$ pour les transformations du groupe (c'est en fait la première apparition des « paramètres canoniques »). On a par définition, vu (7)

$$\frac{\partial g_i}{\partial t} = \sum_k z_k \mathrm{X}_{ki}(x'_1, \ldots, x'_n),$$

d'où

$$\begin{aligned}\frac{\partial^2 g_i}{\partial t^2} &= \sum_{k,j} z_k \frac{\partial \mathrm{X}_{ki}}{\partial x_j}(x'_1, \ldots, x'_n)\frac{\partial x'_j}{\partial t}\\ &= \sum_{k,j} z_k \frac{\partial \mathrm{X}_{ki}}{\partial x_j}(x'_1, \ldots, x'_n)\left(\sum_h z_h \mathrm{X}_{hj}(x'_1, \ldots, x'_n)\right)\end{aligned}$$

ce qui donne

$$\begin{aligned}x'_i = x_i &+ \left(\sum_k z_k \mathrm{X}_{ki}(x_1, \ldots, x_n)\right)t\\ &+ \tfrac{1}{2}\left(\sum_{k,h,j} z_k z_h \frac{\partial \mathrm{X}_{ki}}{\partial x_j}(x_1, \ldots, x_n)\mathrm{X}_{hj}(x_1, \ldots, x_n)\right)t^2 + \ldots,\end{aligned}$$

d'où, pour $t = 1$, les développements de Taylor par rapport aux paramètres z_j

$$(9)\quad x'_i = x_i + \left(\sum_k z_k \mathrm{X}_{ki}\right) + \tfrac{1}{2}\left(\sum_{k,h,j} z_k z_h \mathrm{X}_{hj}\frac{\partial \mathrm{X}_{ki}}{\partial x_j}\right) + \ldots \qquad (1 \leqslant i \leqslant n).$$

Écrivons en abrégé ces relations $x' = \mathrm{G}(x, z)$ entre vecteurs

$$x = (x_1, \ldots, x_n), \quad x' = (x'_1, \ldots, x'_n), \quad z = (z_1, \ldots, z_r);$$

la propriété fondamentale de stabilité de l'ensemble de ces transformations par composition s'écrit

$$(10)\qquad \mathrm{G}(\mathrm{G}(x, u), v) = \mathrm{G}(x, \mathrm{H}(u, v))$$

où $H = (H_1, \ldots, H_r)$ est indépendant de x; il est immédiat que $H(u, 0) = u$, $H(0, v) = v$, d'où les développements

$$H_i(u, v) = u_i + v_i + \tfrac{1}{2} \sum_{h,k} c_{ikh} u_h v_k + \ldots, \tag{11}$$

les termes non écrits étant non linéaires en u ou en v. Transformant (10) à l'aide de (9) et (11), puis comparant les termes en $u_h v_k$ des deux membres, Lie obtient les relations

$$\sum_{j=1}^{n} \left(X_{hj} \frac{\partial X_{ki}}{\partial x_j} - X_{kj} \frac{\partial X_{hi}}{\partial x_j} \right) = \sum_{l=1}^{r} c_{lhk} X_{li} \qquad (1 \leqslant h, k \leqslant r, 1 \leqslant i \leqslant n). \tag{12}$$

Sa pratique de la théorie des équations aux dérivées partielles l'amène à écrire ces conditions sous une forme plus simple : suivant le modèle de (1), il associe à chacune des r transformations infiniment petites obtenues en faisant $z_k = 1$, $z_h = 0$ pour $h \neq k$ dans (6), l'opérateur différentiel

$$A_k(f) = \sum_{i=1}^{n} X_{ki} \frac{\partial f}{\partial x_i}, \tag{13}$$

et récrit les conditions (12) sous la forme

$$[A_h, A_k] = \sum_{l} c_{lhk} A_l, \tag{14}$$

pierre angulaire de sa théorie. Jusque-là, il avait utilisé indifféremment les termes « transformation infiniment petite » et « transformation infinitésimale » (*e.g.* [*202*], vol. 5, Abh. I, p. 1-4); la simplicité des relations (14) le conduit à appeler l'opérateur (13) le « symbole » de la transformation infinitésimale $dx_i = X_{ki} dt$ $(1 \leqslant i \leqslant n)$ ([*202*], vol. 5, Abh. III, p. 42-75) et très rapidement, c'est l'opérateur (13) lui-même qu'il appellera « *transformation infinitésimale* » ([*202*], vol. 5, Abh. III, p. 42-75 et [*202*], vol. 5, p. 589).

Il devient alors conscient des liens étroits qui unissent la théorie des « groupes continus » à ses recherches antérieures sur les transformations de contact et les équations aux dérivées partielles. Ce rapprochement le remplit d'enthousiasme : « *Mes anciens travaux étaient pour ainsi dire tout prêts d'avance pour fonder la nouvelle théorie des groupes de transformations* » écrit-il à Mayer en 1874 ([*202*], vol. 5, p. 586).

Dans les années suivantes, Lie poursuit l'étude des groupes de transformations. Outre les théorèmes généraux résumés ci-après

(§ III), il obtient un certain nombre de résultats plus particuliers : détermination des groupes de transformations de la droite et du plan, des sous-groupes de petite codimension des groupes projectifs, des groupes à au plus 6 paramètres, etc. Il n'abandonne pas pour autant les équations différentielles. En fait, il semble même que, pour lui, la théorie des groupes de transformations devait être un instrument pour intégrer les équations différentielles, où le groupe de transformations jouerait un rôle analogue à celui du groupe de Galois d'une équation algébrique *. Notons que ces recherches l'amènent également à introduire certains ensembles de transformations à une infinité de paramètres, qu'il appelle « groupes infinis et continus » **; il réserve le nom de « groupes finis et continus » aux groupes de transformation à un nombre fini de paramètres du type (4) ci-dessus.

III. LE « DICTIONNAIRE » GROUPES DE LIE-ALGÈBRES DE LIE

La théorie des groupes « finis et continus », développée par Lie dans de nombreux mémoires à partir de 1874, est exposée systématiquement dans l'imposant traité « *Theorie der Transformationsgruppen* » ([*203*], 1888-1893), écrit en collaboration avec F. Engel *** ; elle y fait l'objet du premier volume et des cinq derniers chapitres du troisième, le second étant consacré aux transformations de contact.

Comme l'indique le titre, il n'est jamais question dans cet ouvrage que de groupes de transformations, au sens des équations (4), où l'espace des « variables » x_i et l'espace des « paramètres » a_j jouent

* Ces recherches n'ont eu que peu d'influence sur la théorie générale des équations différentielles, le groupe d'automorphismes d'une telle équation étant le plus souvent trivial. En revanche, pour certains types d'équations (par exemple linéaires), des résultats intéressants ont été obtenus ultérieurement par Picard, Vessiot, puis, plus récemment, Ritt et Kolchin.

** On les appelle aujourd'hui « pseudo-groupes de Lie »; on aura soin de ne pas les confondre avec les groupes de Lie « banachiques ».

*** De 1886 à 1898, Lie occupa à Leipzig la chaire laissée vacante par Klein et eut Engel pour assistant; cette circonstance favorisa l'éclosion d'une active école mathématique ainsi que la diffusion des idées de Lie, assez peu connues jusque-là (en raison, notamment, du fait que ses premiers mémoires étaient le plus souvent écrits en norvégien, et publiés dans les Comptes Rendus de l'Académie de Christiania, peu répandus ailleurs). C'est ainsi qu'à une époque où il n'était guère d'usage pour les jeunes mathématiciens français d'aller s'instruire en Allemagne, E. Vessiot et A. Tresse passèrent une année d'études à Leipzig, avec Sophus Lie.

des rôles initialement aussi importants. D'ailleurs le concept de groupe « abstrait » n'est pas clairement dégagé à cette époque; quand en 1883 ([*202*], vol. 5, Abh. XII, p. 311-313) Lie remarque qu'avec les notations de (10), l'équation $w = H(u, v)$ qui donne les paramètres de la composée de deux transformations du groupe définit un nouveau groupe, c'est comme *groupe de transformations* sur l'espace des paramètres qu'il le considère, obtenant ainsi ce qu'il appelle le « groupe des paramètres » (il en obtient même deux, qui ne sont autres que le groupe des translations à gauche et le groupe des translations à droite) *.

Les variables x_i et les paramètres a_j dans les équations (4) sont en principe supposés complexes (sauf dans les chap. XIX-XXIV du t. 3), et les fonctions f_i analytiques; Lie et Engel sont bien entendu conscients du fait que ces fonctions ne sont pas en général définies pour toutes les valeurs complexes des x_i et des a_j et que, par suite, la composition de telles transformations soulève de sérieuses difficultés ([*203*], t. 1, p. 15-17, p. 33-40 et *passim*); et bien que, par la suite, ils s'expriment presque toujours comme si la composition des transformations qu'ils étudient était possible sans restriction, ce n'est sans doute que pour la commodité des énoncés, et ils rétablissent explicitement le point de vue « local » chaque fois que c'est nécessaire (cf. *loc. cit.*, p. 168 ou 189 par exemple ou *ibid.*, t. 3, p. 2, note de bas de page); en d'autres termes, l'objet mathématique qu'ils étudient est voisin de ce que nous appelons maintenant un morceau de loi d'opération. Ils ne se font pas faute, à l'occasion, de considérer des groupes globaux, par exemple les 4 séries de groupes classiques ([*203*], t. 3, p. 682), mais ne paraissent pas s'être posé la question de ce que peut être en général un « groupe global »; il leur suffit de pouvoir obtenir, pour les « paramètres » des groupes classiques (les « variables » de ces groupes n'introduisent aucune difficulté, puisqu'il s'agit de transformations linéaires de $\mathbf{C}^n$), des systèmes de paramètres « locaux » au voisinage de la transformation identique, sans qu'ils s'inquiètent du domaine de validité des formules qu'ils écrivent. Ils se posent toutefois un problème qui sort nettement de la théorie locale ** : l'étude des groupes « mixtes », c'est-à-dire des groupes ayant un

* La notion analogue pour les groupes de permutations avait été introduite et étudiée par Jordan dans son « *Traité* ».

** Rappelons (p. 151), qu'à la suite d'une Note de H. Poincaré ([*251*], t. V, p. 77-79) divers auteurs ont étudié le groupe des éléments inversibles d'une algèbre associative de dimension finie. Il est intéressant de noter à ce propos que E. Study, dans ses travaux sur ce sujet, introduit un symbolisme qui revient en substance à envisager le groupe abstrait défini par le groupe des paramètres.

nombre fini de composantes connexes, tel le groupe orthogonal ([*203*], t. 1, p. 7). Ils présentent cette étude comme celle d'un ensemble de transformations stable par composition et passage à l'inverse, qui est réunion d'ensembles H_j dont chacun est décrit par des systèmes de fonctions $(f_i^{(j)})$ comme dans (4); le nombre de paramètres (essentiels) de chaque H_j est même *a priori* supposé dépendre de j, mais ils montrent qu'en fait ce nombre est le même pour tous les H_j. Leur résultat principal est alors l'existence d'un groupe fini et continu G tel que $H_j = G \circ h_j$ pour un $h_j \in H_j$ et pour tout j; ils établissent aussi que G est distingué dans le groupe mixte et remarquent que la détermination des invariants de ce dernier se ramène à celle des invariants de G et d'un groupe discontinu ([*203*], t. 1, chap. 18).

La théorie générale développée dans [*203*] aboutit (sans que cela soit dit de façon très systématique par les auteurs) à forger un « dictionnaire » faisant passer des propriétés des groupes « finis et continus » à celles de l'ensemble de leurs transformations infinitésimales. Il est basé sur les « trois théorèmes de Lie », dont chacun est formé d'une assertion et de sa réciproque.

Le *premier théorème* ([*203*], t. 1, p. 33 et 72 et t. 3, p. 563) affirme en premier lieu que si dans (4) les paramètres sont effectifs, les fonctions f_i vérifient un système d'équations aux dérivées partielles de la forme

$$(15) \qquad \frac{\partial f_i}{\partial a_j} = \sum_{k=1}^{r} \xi_{ki}(f(x, a))\, \psi_{kj}(a) \qquad (1 \leqslant i \leqslant n)$$

où la matrice (ξ_{ki}) est de rang maximum et $\det(\psi_{kj}) \neq 0$; réciproquement, si les fonctions f_i ont cette propriété, les formules (4) définissent un groupuscule de transformations.

Le *deuxième théorème* ([*203*], t. 1, p. 149 et 158, et t. 3, p. 590) donne des relations entre les ξ_{ki} d'une part, les ψ_{ij} de l'autre : les conditions sur les ξ_{ki} s'écrivent sous la forme

$$(16) \qquad \sum_{k=1}^{n} \left(\xi_{ik} \frac{\partial \xi_{jl}}{\partial x_k} - \xi_{jk} \frac{\partial \xi_{il}}{\partial x_k}\right) = \sum_{k=1}^{r} c_{ij}^k \xi_{kl} \qquad (1 \leqslant i, j \leqslant r,\ 1 \leqslant l \leqslant n)$$

où les c_{ij}^k sont des constantes $(1 \leqslant i, j, k \leqslant r)$ antisymétriques en i, j. Les conditions sur les ψ_{ij}, sous la forme donnée par Maurer, sont :

$$(17) \qquad \frac{\partial \psi_{kl}}{\partial a_m} - \frac{\partial \psi_{km}}{\partial a_l} = \frac{1}{2} \sum_{1 \leqslant i, j \leqslant r} c_{ij}^k (\psi_{il}\psi_{jm} - \psi_{jl}\psi_{im}) \qquad (1 \leqslant k, l, m \leqslant r).$$

En introduisant la matrice (α_{ij}) contragrédiente de (ψ_{ij}) et les transformations infinitésimales

$$(18) \qquad X_k = \sum_{i=1}^{n} \xi_{ki} \frac{\partial}{\partial x_i}, \qquad A_k = \sum_{j=1}^{r} \alpha_{kj} \frac{\partial}{\partial a_j} \qquad (1 \leqslant k \leqslant r),$$

on peut écrire (16) et (17) respectivement :

$$(19) \qquad [X_i, X_j] = \sum_{k=1}^{r} c_{ij}^k X_k$$

$$(1 \leqslant i, j \leqslant r).$$

$$(20) \qquad [A_i, A_j] = \sum_{k=1}^{r} c_{ij}^k A_k.$$

Réciproquement, si l'on se donne r transformations infinitésimales X_k $(1 \leqslant k \leqslant r)$ linéairement indépendantes et vérifiant les conditions (19), les sous-groupes à un paramètre engendrés par ces transformations engendrent un groupe de transformations à r paramètres essentiels.

Enfin, le *troisième théorème* ([*203*], t. 1, p. 170 et 297 et t. 3, p. 597) ramène la détermination des systèmes de transformations infinitésimales $(X_k)_{1 \leqslant k \leqslant r}$ vérifiant (29) à un problème purement algébrique : on doit avoir

$$(21) \qquad c_{ij}^k + c_{ji}^k = 0$$

$$(22) \qquad \sum_{l=1}^{r} (c_{il}^m c_{jk}^l + c_{kl}^m c_{ij}^l + c_{jl}^m c_{ki}^l) = 0 \qquad (1 \leqslant i, j, k, m \leqslant r).$$

Réciproquement *, si (21) et (22) sont vérifiées, il existe un système de transformations infinitésimales satisfaisant aux relations (19), d'où un groupe de transformations à r paramètres (en d'autres termes, les combinaisons linéaires à coefficients constants des X_k forment une algèbre de Lie, et inversement toute algèbre de Lie de dimension finie peut être obtenue de cette manière).

Ces résultats sont complétés par l'étude des questions d'iso-

* Cette réciproque n'a pas été obtenue sans peine. La première démonstration qu'en donne Lie ([*202*], vol. 5, Abh. III, p. 42-75) consiste à passer au groupe adjoint et n'est en fait valable que si le centre de l'algèbre de Lie donnée est réduit à 0. Il en donne ensuite deux démonstrations générales ([*203*], t. 2, chap. XVII et t. 3, p. 599-604); il est assez significatif que la première soit basée sur les transformations de contact et que Lie la trouve plus naturelle que la deuxième.

morphisme. Deux groupes de transformations sont dits *semblables* si l'on passe de l'un à l'autre par une transformation inversible de coordonnées sur les variables et une transformation inversible de coordonnées sur les paramètres : dès le début de ses recherches, Lie avait rencontré naturellement cette notion à propos de la définition des « paramètres canoniques ». Il montre que deux groupes sont semblables si, par une transformation sur les « variables », on peut amener les transformations infinitésimales de l'un sur celles de l'autre ([*203*], t. 1, p. 329). Une condition nécessaire pour qu'il en soit ainsi est que les algèbres de Lie des deux groupes soient isomorphes, ce que Lie exprime en disant que les groupes sont « *gleichzusammengesetzt* »; mais cette condition n'est pas suffisante, et tout un chapitre ([*203*], t. 1, chap. 19) est consacré à obtenir des conditions supplémentaires assurant que les groupes sont « semblables ». La théorie des groupes de permutations fournissait d'autre part la notion d' « isomorphisme holoédrique » de deux tels groupes (isomorphisme des groupes « abstraits » sous-jacents); Lie transpose cette notion aux groupes de transformations, et montre que deux tels groupes sont « holoédriquement isomorphes » si et seulement si leurs algèbres de Lie sont isomorphes ([*203*], t. 1, p. 418). En particulier, tout groupe de transformations est holoédriquement isomorphe à chacun de ses groupes de paramètres, et cela montre que, lorsqu'on veut étudier la structure du groupe, les « variables » sur lesquelles il opère importent peu et qu'en fait tout se ramène à l'algèbre de Lie *.

Toujours par analogie avec la théorie des groupes de permutations, Lie introduit les notions de sous-groupes, sous-groupes distingués, « isomorphismes mériédriques » (homomorphismes surjectifs), et montre qu'elles correspondent à celles de sous-algèbres, idéaux et homomorphismes surjectifs d'algèbres de Lie; il avait d'ailleurs rencontré très tôt un exemple particulièrement important d' « isomorphisme mériédrique », la représentation adjointe, et reconnu ses liens avec le centre du groupe ([*202*], vol. 5, Abh. III, p. 42-75). Pour ces résultats, comme pour les théorèmes fondamentaux, l'outil essentiel est le théorème de Jacobi-Clebsch donnant

* On peut constater une évolution semblable dans la théorie des groupes « abstraits », en particulier finis. Ils ont été tout d'abord définis comme groupes de transformations, mais déjà Cayley remarquait que l'essentiel est la manière dont les transformations se composent entre elles, et non la nature de la représentation concrète du groupe de permutations d'objets particuliers.

la complète intégrabilité d'un système différentiel (l'une des formes du théorème dit « de Frobenius »); il en donne du reste une démonstration nouvelle utilisant les groupes à un paramètre ([*203*], t. 1, chap. 6).

Les notions de transitivité et de primitivité, si importantes pour les groupes de permutations, se présentaient aussi naturellement pour les groupes « finis et continus » de transformations, et le traité de Lie-Engel en fait une étude détaillée ([*203*], t. 1, chap. 13 et *passim*); les relations avec les sous-groupes stabilisateurs d'un point et la notion d'espace homogène sont aperçues (pour autant qu'elles pouvaient l'être sans se placer au point de vue global) ([*203*], t. 1, p. 425).

Enfin, le « dictionnaire » se complète, dans [*203*], par l'introduction des notions de groupe dérivé et de groupe résoluble (appelé « groupe intégrable » par Lie; cette terminologie, suggérée par la théorie des équations différentielles, restera en usage jusqu'aux travaux de H. Weyl) ([*203*], t. 1, p. 261 et t. 3, p. 678-679); la relation entre commutateurs et crochets avait d'ailleurs été perçue par Lie dès 1883 ([*202*], vol. 5, p. 358).

Autres démonstrations des théorèmes fondamentaux

Dans [*278* b], F. Schur montre qu'en coordonnées canoniques les ψ_{ik} de (15) satisfont aux équations différentielles

$$\frac{d}{dt}(t\psi_{ik}(ta)) = \delta_{ik} + \sum_{j,l} c_{jl}^k t a_l \psi_{jl}(ta). \tag{23}$$

Celles-ci s'intègrent et donnent une formule équivalente à la formule

$$\varpi(\mathrm{X}) = \sum_{n\geqslant 0} \frac{1}{(n+1)!}(\mathrm{ad}(\mathrm{X}))^n \tag{24}$$

pour la différentielle droite $\varpi(\mathrm{X})$ de l'application exponentielle au point X; en particulier, en coordonnées canoniques, les ψ_{ij} se prolongent en fonctions entières des a_k. F. Schur en déduit un résultat précisant une remarque antérieure de Lie : si, dans la définition (4) des groupes de transformations, on suppose seulement que les f_i sont de classe C^2, alors le groupe est holoédriquement isomorphe à un groupe analytique *. A la suite de ses recherches sur l'intégration des systèmes différentiels, E. Cartan ([*52* a], t. II_2, p. 371) introduit en 1904 les formes de Pfaff

$$(25) \qquad \omega_k = \sum_{i=1}^{r} \psi_{ki} da_i \qquad (1 \leqslant i \leqslant r)$$

(avec les notations de (15)), appelées plus tard *formes de Maurer-Cartan*. Les conditions (17) de Maurer peuvent alors s'écrire

$$d\omega_k = -\tfrac{1}{2} \sum_{i,j} c_{ij}^k \, \omega_i \wedge \omega_j;$$

E. Cartan montre que l'on peut développer la théorie des groupes finis et continus à partir des ω_k et établit l'équivalence de ce point de vue et de celui de Lie. Mais, pour lui, l'intérêt de cette méthode est surtout qu'elle s'adapte aux « groupes infinis et continus » dont il pousse la théorie beaucoup plus loin que ne l'avait fait Lie, et qu'elle permet d'édifier sa théorie du « repère mobile » généralisé.

IV. LA THÉORIE DES ALGÈBRES DE LIE

Une fois acquise la correspondance entre groupes de transformations et algèbres de Lie, la théorie va prendre un tour nettement plus algébrique et sera centrée sur une étude approfondie des algèbres de Lie **.

* Lie avait déjà énoncé sans démonstration un résultat de ce genre ([*202*], vol. 6, Abh. V, p. 230-236). Il y avait été amené par ses recherches sur les fondements de la géométrie (« problème de Helmholtz »), où il avait remarqué que les hypothèses d'analyticité ne sont pas naturelles.

Le résultat de F. Schur devait amener Hilbert, en 1900, à demander si la même conclusion restait valable si l'on suppose seulement les f_i continues (« 5e problème de Hilbert »). Ce problème a suscité de nombreuses recherches. Le résultat le plus complet dans cet ordre d'idées est le théorème suivant, démontré par A. Gleason, D. Montgomery et L. Zippin : tout groupe topologique localement compact possède un sous-groupe ouvert qui est limite projective de groupes de Lie; il entraîne que tout groupe localement euclidien est un groupe de Lie. Pour plus de détails sur cette question, cf. [*226*].

** Le terme « algèbre de Lie » a été introduit par H. Weyl en 1934 : dans ses travaux de 1925, il avait utilisé l'expression « groupe infinitésimal ». Auparavant, on parle simplement des « transformations infinitésimales $X_1 f, \ldots, X_r f$ » du groupe, ce que Lie et Engel abrègent fréquemment en disant « le groupe $X_1 f, \ldots, X_r f$ »!

Une première et courte période, de 1888 à 1894, marquée par les travaux d'Engel, de son élève Umlauf et surtout de Killing et E. Cartan, aboutit à une série de résultats spectaculaires sur les algèbres de Lie complexes. Nous avons vu plus haut que la notion d'algèbre de Lie résoluble était due à Lie lui-même, qui avait démontré (dans le cas complexe) le théorème de réduction des algèbres de Lie linéaires résolubles à la forme triangulaire ([*203*], t. 1, p. 270) *. Killing observe [*180*] qu'il existe dans une algèbre de Lie un plus grand idéal résoluble (qu'on appelle aujourd'hui le radical), et que le quotient de l'algèbre de Lie par son radical a un radical nul; il appelle *semi-simples* les algèbres de Lie de radical nul, et prouve que ce sont des produits d'algèbres simples (cette dernière notion avait déjà été introduite par Lie, qui avait prouvé la simplicité des algèbres de Lie « classiques » ([*203*], t. 3, p. 682)).

D'autre part, Killing introduit, dans une algèbre de Lie, l'équation caractéristique $\det(\mathrm{ad}(x) - \omega.1) = 0$, déjà rencontrée par Lie en étudiant les sous-algèbres de Lie de dimension 2 contenant un élément donné d'une algèbre de Lie. Nous renvoyons à d'autres Notes historiques pour l'analyse des méthodes par lesquelles Killing, en étudiant de manière pénétrante les propriétés des racines de l'équation caractéristique « générique » pour une algèbre semi-simple, aboutit au plus remarquable de ses résultats, la détermination *complète* des algèbres de Lie simples (complexes) **.

Killing prouve que l'algèbre dérivée d'un algèbre résoluble est « de rang 0 » (ce qui signifie que ad x est nilpotent pour tout élément x de l'algèbre). Peu de temps après, Engel démontre que les algèbres « de rang 0 » sont résolubles (cet énoncé est en substance ce que l'on appelle aujourd'hui le théorème d'Engel). Dans sa thèse, E. Cartan introduit d'autre part ce qu'on appelle maintenant la « forme de Killing », et établit les deux critères fondamentaux qui caractérisent au moyen de cette forme les algèbres de Lie résolubles et les algèbres de Lie semi-simples.

Killing avait affirmé ([*180*], IV) que l'algèbre dérivée d'une

* Presque au début de ses recherches, Lie avait rencontré des groupes linéaires résolubles, et même en fait nilpotents ([*202*], vol. 5, Abh IV, p. 78-133).

** A cela près qu'il trouve deux algèbres exceptionnelles de dimension 52, dont il ne remarque pas l'isomorphisme. (Il s'agit uniquement d'algèbres de Lie simples complexes, car on n'envisageait pas de problème plus général à cette époque; les méthodes de Killing valent en fait pour tout corps algébriquement clos de caractéristique 0).

algèbre de Lie est somme d'une algèbre semi-simple et de son radical, qui est nilpotent, mais sa démonstration était incomplète. Un peu plus tard, E. Cartan annonçait sans démonstration ([*52* a], t. I_1, p. 104) que plus généralement toute algèbre de Lie est somme de son radical et d'une sous-algèbre semi-simple; le seul résultat dans cette direction établi de façon indiscutable à cette époque est un théorème d'Engel affirmant l'existence, dans toute algèbre de Lie non résoluble, d'une sous-algèbre de Lie simple de dimension 3. La première démonstration publiée (pour les algèbres de Lie complexes) de l'énoncé de Cartan est due à E. E. Levi [*200*]; une autre démonstration (valable également dans le cas réel) fut donnée par J. H. C. Whitehead en 1936 [*334* a]. En 1942, A. Malcev compléta ce résultat par le théorème d'unicité des « sections de Levi » à conjugaison près.

Dès ses premiers travaux, Lie s'était posé le problème de l'isomorphisme de toute algèbre de Lie avec une algèbre de Lie linéaire. Il avait cru le résoudre affirmativement en considérant la représentation adjointe (et en déduire ainsi une preuve de son « troisième théorème ») ([*202*], vol. 5, Abh. III, p. 42-75); il reconnut rapidement que sa démonstration n'était correcte que pour les algèbres de Lie de centre nul; après lui, la question resta très longtemps ouverte, et fut résolue affirmativement par Ado en 1935 [*2* a]. D'autre part, Lie s'était posé en substance le problème de déterminer les représentations linéaires de dimension minimale des algèbres de Lie simples, et l'avait résolu pour les algèbres classiques; dans sa Thèse, Cartan résout aussi ce problème pour les algèbres simples exceptionnelles *; les méthodes qu'il emploie à cet effet seront généralisées par lui vingt ans plus tard pour obtenir toutes les représentations irréductibles des algèbres de Lie simples réelles ou complexes.

La propriété de réductibilité complète d'une représentation linéaire semble avoir été rencontrée pour la première fois (sous une forme géométrique) par Study. Dans un manuscrit non publié, mais cité dans ([*203*], t. 3, p. 785-788) il démontre cette propriété pour les représentations linéaires de l'algèbre de Lie de $\mathbf{SL}(2, \mathbf{C})$, et obtient des résultats partiels pour $\mathbf{SL}(3, \mathbf{C})$ et $\mathbf{SL}(4, \mathbf{C})$. Lie et Engel conjecturent à cette occasion que le théorème de réductibilité complète

* Le point de vue de Cartan consiste à étudier les algèbres de Lie extensions non triviales d'une algèbre de Lie simple et d'un radical (commutatif) de dimension minimale.

vaut pour **SL**(n,**C**) quel que soit n. La réductibilité complète des représentations linéaires des algèbres de Lie semi-simples fut établie par H. Weyl en 1925 * par un argument de nature globale (voir plus loin). La première démonstration algébrique a été obtenue en 1935 par Casimir et van der Waerden [*55*]; d'autres démonstrations algébriques ont été données ensuite par R. Brauer [*34* b] et J. H. C. Whitehead [*334* b].

Enfin, au cours de ses recherches sur l'application exponentielle (cf. *infra*), H. Poincaré ([*251*], t. III) considère l'algèbre associative d'opérateurs différentiels de tous ordres, engendrée par les opérateurs d'une algèbre de Lie; il montre en substance que, si $(X_i)_{1 \leq i \leq n}$ est une base de l'algèbre de Lie, l'algèbre associative engendrée par les X_i a pour base certaines fonctions symétriques des X_i (sommes des « monômes » non commutatifs déduits d'un monôme donné par toutes les permutations de facteurs). L'essentiel de sa démonstration est de nature algébrique, et permet d'obtenir la structure de l'algèbre enveloppante. Des démonstrations analogues ont été données en 1937 par G. Birkhoff [*22* b] et E. Witt [*337* b] **.

La plupart des travaux cités ci-dessus se limitent aux algèbres de Lie réelles ou complexes, qui seules correspondent à des groupes de Lie au sens usuel. L'étude des algèbres de Lie sur un corps autre que **R** ou **C** est abordée par Jacobson [*172* a] qui montre que la plus grande partie des résultats classiques restent valables sur un corps de caractéristique zéro.

V. EXPONENTIELLE ET FORMULE DE HAUSDORFF

Les premières recherches concernant l'application exponentielle sont dues à E. Study et F. Engel; Engel [*104* b] remarque que l'exponentielle n'est pas surjective pour **SL**(2, **C**) (par exemple $\begin{pmatrix} -1 & a \\ 0 & -1 \end{pmatrix}$

* H. Weyl remarque à cette occasion que la construction donnée par E. Cartan des représentations irréductibles utilise implicitement cette propriété.

** La première utilisation des opérateurs différentiels d'ordre supérieur engendrés par les X_i est sans doute l'emploi de l' « opérateur de Casimir » pour la démonstration du th. de réductibilité complète. Après 1950, les recherches de Gelfand et de son école, et de Harish-Chandra, sur les représentations linéaires de dimension infinie, ont porté ces opérateurs au premier plan.

n'est pas une exponentielle si $a \neq 0$), mais qu'elle l'est pour $\mathbf{GL}(n, \mathbf{C})$, donc aussi pour $\mathbf{PGL}(n, \mathbf{C})$ (cette dernière propriété avait déjà été notée par Study pour $n = 2$); ainsi $\mathbf{SL}(2, \mathbf{C})$ et $\mathbf{PGL}(2, \mathbf{C})$ donnent un exemple de deux groupes localement isomorphes, mais qui sont néanmoins très différents du point de vue global. Engel montre aussi que l'exponentielle est surjective dans les autres groupes classiques, augmentés des homothéties; ces travaux sont repris et poursuivis par Maurer, Study et d'autres, sans apporter de substantielles nouveautés.

En 1899, H. Poincaré ([*251*], t. III, p. 169-172 et 173-212), aborde l'étude de l'application exponentielle d'un point de vue différent. Ses mémoires paraissent avoir été hâtivement rédigés, car à plusieurs endroits il affirme que tout élément d'un groupe connexe est une exponentielle, alors qu'il donne des exemples du contraire ailleurs. Ses résultats portent principalement sur le groupe adjoint : il montre qu'un élément semi-simple d'un tel groupe G peut être l'exponentielle d'une infinité d'éléments de l'algèbre de Lie L(G), alors qu'un élément non semi-simple peut ne pas être une exponentielle. Si ad(X) n'a pas de valeur propre multiple non nul de $2\pi i$, alors exp est étale en X. Il prouve aussi que, si U et V décrivent des lacets dans L(G), et si l'on définit par continuité W tel que $e^{\mathrm{U}}.e^{\mathrm{V}} = e^{\mathrm{W}}$, on ne retombe pas nécessairement sur la détermination initiale de W. Il utilise une formule de résidus qui revient essentiellement à

$$\Phi(\mathrm{ad}\ \mathrm{X}) = \frac{1}{2\pi i}\int \frac{\Phi(\xi)\, d\xi}{\xi - \mathrm{ad}\ \mathrm{X}}$$

où ad(X) est un élément semi-simple dont les valeurs propres non nulles sont de multiplicité 1, Φ une série entière de rayon de convergence suffisamment grand, l'intégrale étant étendue à un lacet enveloppant les valeurs propres de ad X; il étudie aussi ce qui se passe lorsque X tend vers une transformation ayant des valeurs propres multiples.

La recherche d'expressions de W en fonction de U et V dans la formule $e^{\mathrm{U}}.e^{\mathrm{V}} = e^{\mathrm{W}}$ avait déjà, peu avant le travail de Poincaré, fait l'objet de deux mémoires de Campbell [*46* a et b]. Comme l'écrit un peu plus tard Baker « ... *la théorie de Lie suggère de façon évidente que le produit* $e^{\mathrm{U}}e^{\mathrm{V}}$ *est de la forme* e^{W} *où* W *est une série d'alternants en* U *et* V... ». Les travaux ultérieurs sur ce sujet visent à préciser cette assertion et à donner une formule explicite (ou une méthode de construction) pour W (« formule de Hausdorff »). Après Campbell et Poincaré, Pascal, Baker [*13*] et Hausdorff [*152* a] reviennent sur la question; chacun considère que les démonstrations de ses prédécesseurs ne sont pas convaincantes; la difficulté principale réside dans ce qu'il faut entendre par « alternants » : s'agit-il d'éléments de l'algèbre de Lie particulière que l'on considère, ou d'expressions « symboliques » universelles? Ni Campbell, ni Poincaré, ni Baker ne s'expriment clairement sur ce point. Le mémoire de Hausdorff, par contre, est parfaitement précis; il travaille d'abord dans l'algèbre des séries formelles associatives (non commutatives) en un nombre fini d'indéterminées et considère U, V, W comme des éléments de cette algèbre. Il démontre l'existence de W par un argument d'équation différentielle analogue à celui de ses prédécesseurs. Le même argument lui sert à prouver la convergence de la série lorsqu'on y remplace les indéterminées par des éléments d'une algèbre de Lie de dimension finie. Comme l'avait remarqué Baker, et indépendamment Poincaré, ce résultat peut servir à donner une démonstration du troisième théorème de Lie; il éclaire la correspondance entre groupes et algèbres de Lie, par exemple en ce qui concerne le groupe des commutateurs.

En 1947, Dynkin [*98* a] reprend la question, et obtient les coefficients explicites de la formule de Hausdorff, en considérant d'emblée une algèbre de Lie normée (de dimension finie ou non, sur $\mathbf{R}$, $\mathbf{C}$ ou un corps ultramétrique) *.

VI. REPRÉSENTATIONS LINÉAIRES ET GROUPES DE LIE GLOBAUX

Aucun des travaux dont nous venons de parler n'abordait franchement le problème de la définition et de l'étude des groupes de Lie globaux. C'est à H. Weyl que reviennent les premiers pas dans cette voie. Il s'inspire de deux théories, qui s'étaient jusque-là développées indépendamment : celle des représentations linéaires des algèbres de Lie semi-simples complexes, due à E. Cartan, et celle des représentations linéaires des groupes finis, due à Frobenius et

* Dans le cas ultramétrique, la méthode classique des majorantes ne peut s'étendre sans précautions, à cause du comportement asymptotique de la valeur absolue p-adique de $1/n$ quand n tend vers l'infini.

qui venait d'être transposée au groupe orthogonal par I. Schur, en utilisant une idée de Hurwitz. Ce dernier avait montré [*168*] comment on peut former des invariants pour le groupe orthogonal ou le groupe unitaire en remplaçant l'opération de moyenne sur un groupe fini par une intégration relativement à une mesure invariante. Il avait aussi remarqué qu'en appliquant cette méthode au groupe unitaire, on obtient des invariants pour le groupe linéaire général, premier exemple du « unitarian trick ». En 1924, I. Schur [*279* e] utilise ce procédé pour montrer la complète réductibilité des représentations du groupe orthogonal $\mathbf{O}(n)$ et du groupe unitaire $\mathbf{U}(n)$, par construction d'une forme hermitienne positive non-dégénérée invariante; il en déduit, par le « unitarian trick », la complète réductibilité des représentations holomorphes de $\mathbf{O}(n, \mathbf{C})$, et de $\mathbf{SL}(n, \mathbf{C})$, établit des relations d'orthogonalité pour les caractères de $\mathbf{O}(n)$ et de $\mathbf{U}(n)$ et détermine les caractères de $\mathbf{O}(n)$. H. Weyl étend aussitôt cette méthode aux algèbres de Lie semi-simples complexes [*331* b]. Étant donnée une telle algèbre $\mathfrak{g}$, il montre qu'elle possède une « forme réelle compacte » (ce qui revient à dire qu'elle provient par extension des scalaires de $\mathbf{R}$ à $\mathbf{C}$ d'une algèbre $\mathfrak{g}_0$ sur $\mathbf{R}$ dont le groupe adjoint G_0 est compact). De plus, il montre que le groupe fondamental de G_0 est fini, donc que le revêtement universel * de G_0 est compact. Il en déduit, par une adaptation convenable du procédé de Schur, la réductibilité complète des représentations de $\mathfrak{g}$, et donne aussi, par voie globale, la détermination des caractères des représentations de $\mathfrak{g}$. Dans une lettre à I. Schur [*331* a], H. Weyl résume les résultats de Cartan, que Schur ne connaissait pas (cf. [*279* e], p. 299, note de bas de page) et compare les deux points de vue : la méthode de Cartan fournit toutes les représentations holomorphes du groupe simplement connexe d'algèbre de Lie $\mathfrak{g}$; dans le cas du groupe orthogonal, on obtient ainsi des représentations d'un revêtement à deux feuillets (appelé plus tard le groupe des spineurs), qui échappent à Schur; d'un autre côté, la méthode de Schur a l'avantage de démontrer la complète réductibilité et de donner explicitement les caractères.

Après les travaux de H. Weyl, E. Cartan adopte un point de vue

* H. Weyl ne définit pas explicitement cette notion, avec laquelle il était familier depuis la rédaction de son cours sur les surfaces de Riemann (1913). C'est O. Schreier [*276* a et b] qui, en 1926-1927, donne, pour la première fois, la définition d'un groupe topologique et celle d'un groupe « continu » (i.e. localement homéomorphe à un espace euclidien), ainsi que la construction du revêtement universel d'un tel groupe.

franchement global dans ses recherches sur les espaces symétriques et les groupes de Lie. C'est ce point de vue qui est à la base de son exposé de 1930 ([*52* a], t. I_2, p. 1165-1225) de la théorie des groupes « finis et continus ». On y trouve en particulier la première démonstration de la variante globale du troisième théorème fondamental (existence d'un groupe de Lie d'algèbre de Lie donnée); Cartan montre aussi que tout sous-groupe fermé d'un groupe de Lie réel est un groupe de Lie, ce qui généralise un résultat de J. von Neumann sur les sous-groupes fermés du groupe linéaire [*324* b]. Dans ce Mémoire, von Neumann montrait aussi que toute représentation continue d'un groupe semi-simple complexe est analytique réelle.

Après ces travaux, la théorie des groupes de Lie au sens « classique » (c'est-à-dire de dimension finie sur $\mathbf{R}$ ou $\mathbf{C}$) est à peu près fixée dans ses grandes lignes. Le premier exposé détaillé en est donné par Pontrjagin dans son livre sur les groupes topologiques [*253*]; il y garde un point de vue encore assez proche de celui de Lie, mais en distinguant soigneusement le local du global. Il est suivi par le livre de Chevalley [*62* d] qui renferme aussi la première discussion systématique de la théorie des variétés analytiques et du calcul différentiel extérieur; les « transformations infinitésimales » de Lie y apparaissent comme des champs de vecteurs et l'algèbre de Lie d'un groupe de Lie G est identifiée à l'espace des champs de vecteurs invariants à gauche sur G. Il laisse de côté l'aspect « groupuscules » et l'aspect « groupes de transformations ».

VII. EXTENSIONS DE LA NOTION DE GROUPE DE LIE

De nos jours, la vitalité de la théorie de Lie se manifeste par la diversité de ses applications (en topologie, géométrie différentielle, arithmétique, etc.), ainsi que par la création de théories parallèles où la structure de variété différentielle sous-jacente est remplacée par une structure voisine (variété p-adique, algébrique, schéma, schéma formel, ...). Nous n'avons pas à faire ici l'historique de tous ces développements, et nous nous bornerons à deux d'entre eux : groupes de Lie banachiques et groupes de Lie p-adiques.

a) *Groupes de Lie banachiques*

Il s'agit de groupes de Lie « de dimension infinie ». Du point de vue local, on remplace un voisinage de 0 dans un espace euclidien par un voisinage de 0 dans un espace de Banach. C'est ce que fait G. Birkhoff en 1936 [*22* a], aboutissant ainsi à la notion d'*algèbre de Lie normée complète* et à sa correspondance avec un « groupuscule » défini sur un ouvert d'un espace de Banach. Vers 1950, Dynkin complète ces résultats par une extension à ce cas de la formule de Hausdorff (cf. *supra*).

Les définitions et résultats de Birkhoff et Dynkin sont locaux. Jusqu'à une date récente, il ne semble pas que l'on ait cherché à expliciter la théorie globale correspondante, sans doute faute d'applications,

b) *Groupes de Lie* p-*adiques*

De tels groupes se rencontrent pour la première fois en 1907 dans les travaux de Hensel [*157* e] sur les fonctions analytiques p-adiques (définies par des développements en séries entières). Celui-ci étudie notamment l'exponentielle et le logarithme; malgré le comportement *a priori* surprenant des séries qui les définissent (par exemple la série exponentielle ne converge pas partout), leurs propriétés fonctionnelles fondamentales restent valables, ce qui fournit un *isomorphisme local* entre le groupe additif et le groupe multiplicatif de $\mathbf{Q}_p$ (ou, plus généralement, de tout corps ultramétrique complet de caractéristique zéro).

C'est également de groupes commutatifs (mais non linéaires cette fois) qu'il s'agit dans les travaux de A. Weil [*330* a] et E. Lutz [*210*] sur les courbes elliptiques p-adiques (1936). Outre des applications arithmétiques, on y trouve la construction d'un isomorphisme local du groupe avec le groupe additif, basé sur l'intégration d'une forme différentielle invariante. Cette méthode s'applique également aux variétés abéliennes, comme le remarque peu après C. Chabauty qui l'utilise sans plus d'explication pour démontrer un cas particulier de la « conjecture de Mordell » [*61*].

Dès ce moment, il était clair que la théorie *locale* des groupes de Lie s'appliquait à peu près sans changement au cas p-adique. Les théorèmes fondamentaux du « dictionnaire » groupes de Lie-algèbres de Lie sont établis en 1942 dans la thèse de R. Hooke [*166*], élève de Chevalley; ce travail contient aussi l'analogue p-adique du théorème de E. Cartan sur les sous-groupes fermés des groupes de Lie réels.

Plus récemment, M. Lazard [*195* b] développe une forme plus précise du « dictionnaire » pour les groupes analytiques compacts sur $\mathbf{Q}_p$. Il montre que l'existence d'une structure analytique p-adique sur un groupe compact G est étroitement liée à celle de certaines filtrations sur G, et en donne diverses applications (par exemple à la cohomologie de G). L'un des outils de Lazard est une amélioration des résultats de Dynkin sur la convergence de la série de Hausdorff p-adique [*195* a].

VIII. ALGÈBRES DE LIE LIBRES

Il nous reste à parler d'une série de travaux sur les *algèbres de Lie* où le lien avec la théorie des *groupes de Lie* est fort ténu; ces recherches ont par contre des applications importantes en théorie des groupes « abstraits » et plus spécialement des groupes nilpotents.

L'origine en est le travail de P. Hall [*144*], paru en 1932. Il n'y est pourtant pas question d'algèbres de Lie : P. Hall a en vue l'étude d'une certaine classe de p-groupes, ceux qu'il appelle « réguliers ». Mais cela l'amène à examiner en détail les commutateurs itérés et la suite centrale descendante d'un groupe; il établit à cette occasion une variante de l'identité de Jacobi, ainsi que la « formule de Hall »

$$(xy)^n = x^n y^n (x, y)^{n(1-n)/2} \dots$$

Peu après (en 1935-1937) paraissent les travaux fondamentaux de W. Magnus [*215* a et b] et E. Witt [*337* b]. Dans [*215* a] Magnus utilise la même algèbre de séries formelles $\hat{\mathrm{A}}$ que Hausdorff (appelée depuis « algèbre de Magnus »); il y plonge le groupe libre F et utilise la filtration naturelle de $\hat{\mathrm{A}}$ pour obtenir une suite décroissante (F_n) de sous-groupes de F; c'est l'un des premiers exemples de *filtration*. Il conjecture que les F_n coïncident avec les termes de la suite centrale descendante de F. Cette conjecture est démontrée dans son second mémoire [*215* b]; c'est également là qu'il fait explicitement le rapprochement entre ses idées et celles de P. Hall, et qu'il définit l'algèbre de Lie libre L (comme sous-algèbre de A) dont il montre en substance qu'elle s'identifie au gradué de F. Dans [*337* b], Witt complète ce résultat sur divers points. Il montre notamment que l'algèbre enveloppante de L est une algèbre associative libre et en déduit aussitôt le rang des composantes homogènes de L (« formules de Witt »).

Quant à la détermination de la base de L connue sous le nom de « base de Hall », il semble qu'elle n'apparaisse pour la première fois qu'en 1950, dans une note de M. Hall [*143*], bien qu'elle soit implicite dans les travaux de P. Hall et W. Magnus cités ci-dessus.

GROUPES ENGENDRÉS PAR DES RÉFLEXIONS ; SYSTÈMES DE RACINES

Les groupes considérés dans cette Note sont apparus à propos de questions variées de Géométrie, d'Analyse et de Théorie des groupes de Lie, tantôt sous forme de groupes de permutations, tantôt sous forme de groupes de déplacements en géométrie euclidienne ou hyperbolique, et ces divers points de vue n'ont été coordonnés qu'à date récente.

Historiquement, les débuts de la théorie sont bien antérieurs à l'introduction du concept de groupe : elle prend en effet sa source dans les études sur la « régularité » ou les « symétries » des figures géométriques, et notamment dans la détermination des polygones et des polyèdres réguliers (remontant sans doute aux Pythagoriciens), qui constitue le couronnement des *Éléments* d'Euclide, et une des créations les plus admirables du génie grec. Plus tard, notamment chez les auteurs arabes du haut Moyen âge, puis chez Képler, apparaissent les débuts d'une théorie mathématique des « pavages » réguliers du plan ou de la sphère par des polygones congruents deux à deux (mais non nécessairement réguliers), sans doute liés à l'origine aux divers types d'ornements imaginés par les civilisations antiques et arabe (que l'on peut à bon droit considérer comme une partie authentique des mathématiques développées par ces civilisations [*291*]).

Vers 1830-1840, les études de cristallographie (Hessel, Bravais, Möbius) conduisent à étudier un problème qui est exactement celui de la détermination des groupes finis de déplacements dans l'espace euclidien à 3 dimensions, bien que les auteurs précités n'usent pas encore du langage de la théorie des groupes; ce dernier n'entre guère dans l'usage que vers 1860, et c'est sous forme de classification de groupes que Jordan, en 1869 [*174* b], détermine les sous-groupes discrets de déplacements de $\mathbf{R}^3$ conservant l'orientation (et plus généralement, tous les sous-groupes *fermés* du groupe des déplacements conservant l'orientation).

Jusqu'aux dernières années du XIXe siècle, ce courant d'idées se développe dans plusieurs directions, dont les plus marquantes sont les suivantes :

1° Conformément à une tendance qui apparaît de très bonne heure dans la théorie des groupes finis, on cherche à « présenter » les groupes finis de déplacements par des générateurs et relations d'un type simple. C'est ainsi que Hamilton, dès 1856 [*145* b], prouve que les groupes finis de rotations dans l'espace euclidien $\mathbf{R}^3$ sont engendrés par deux générateurs S, T liés par les relations $S^p = T^q = (ST)^3 = 1$ pour des valeurs convenables de p et q.

2° Les groupes discrets de déplacements peuvent ou non contenir des *réflexions*. Dès 1852, Möbius détermine en substance les groupes finis de déplacements en géométrie sphérique *engendrés par des réflexions* (ce qui est équivalent au même problème pour les groupes finis de déplacements euclidiens dans $\mathbf{R}^3$); il trouve qu'exception faite des groupes cycliques, un tel groupe a pour domaine fondamental un triangle sphérique ayant des angles de la forme π/p, π/q, π/r, où p, q, r sont trois entiers > 1 tel que $\frac{1}{p} + \frac{1}{q} + \frac{1}{r} > 1$ ([*223*], t. II, p. 349-360 et p. 561-708). Il constate aussi que ces groupes contiennent tous les groupes finis de déplacements comme sous-groupes.

3° Ce dernier courant d'idées trouve une amplification nouvelle lorsqu'à la suite des travaux de Riemann et Schwarz sur les fonctions hypergéométriques et la représentation conforme, commence l'étude des « pavages » du plan complexe ou du demi-plan par des figures limitées par des arcs de cercle; Klein et Poincaré en font le fondement de la théorie des « fonctions automorphes », et y reconnaissent (pour le cas des arcs de cercle orthogonaux à une droite fixe) un problème équivalent à celui de la recherche des sous-groupes discrets du groupe des déplacements du plan non-euclidien hyperbolique (identifié au « demi-plan de Poincaré ») [*118*].

4° Les notions de polyèdre régulier et de pavage de $\mathbf{R}^3$ par de tels polyèdres sont étendues à tous les espaces euclidiens $\mathbf{R}^n$ par Schläfli, dans un travail qui remonte aux environs de 1850, mais ne fut publié que beaucoup plus tard et resta longtemps ignoré ([*273*], t. I, p. 167-387); il détermine complètement les « polytopes » réguliers dans chaque $\mathbf{R}^n$, le groupe des déplacements laissant invariant un tel polytope, et un domaine fondamental de ce groupe, qui, comme dans le cas $n = 3$ étudié par Möbius, est une « chambre » dont la trace sur la sphère $\mathbf{S}_{n-1}$ est un simplexe sphérique. Toutefois, il n'aborde pas le problème inverse de la recherche des groupes finis de déplacements engendrés par des réflexions dans $\mathbf{R}^n$; ce problème ne sera résolu que beaucoup plus tard, par Goursat [*132*] pour $n = 4$, et, pour n quelconque, sa solution devra attendre les travaux de E. Cartan ([*52* a], t. I_2, p. 1003-1020) et de Coxeter [*70* c], sur lesquels nous reviendrons plus bas.

***

Vers 1890, avec les premiers travaux de Killing et de E. Cartan sur les groupes de Lie, débute un nouveau courant d'idées qui pendant longtemps se développera sans lien avec les précédents. Killing [*180*] et Cartan ([*52* a], t. I_1, p. 137-287), dans leur étude de la structure des algèbres de Lie semi-simples complexes, font tout de suite jouer un rôle primordial à certaines formes linéaires ω_α sur une « sous-algèbre de Cartan » $\mathfrak{h}$ d'une telle algèbre de Lie $\mathfrak{g}$; ce sont les « racines » relatives à $\mathfrak{h}$, ainsi nommées parce que chez Killing elles apparaissent comme les racines de l'équation caractéristique $\det(\mathrm{ad}_{\mathfrak{g}}(x) - T) = 0$, considérées comme fonctions de $x \in \mathfrak{h}$. Les propriétés de ces « racines » établies par Killing et Cartan reviennent à affirmer que, dans le langage géométrique actuel, elles forment un « système de racines réduit »; ils montrent ensuite que la classification des algèbres de Lie semi-simples complexes se ramène à celle des « systèmes de racines » associés, qui elle-même se réduit à la détermination de certaines matrices à coefficients entiers (appelées plus tard « matrices de Cartan »). Killing et Cartan mettent aussi en évidence, pour toute racine ω_α, l'existence d'une permutation involutive S_α de l'ensemble des racines; ils se servent de façon essentielle de la transformation $C = S_{\alpha_1} S_{\alpha_2} \ldots S_{\alpha_l}$, produit des permutations associées à l racines formant un système fondamental (transformation appelée à présent « transformation de Coxeter »); ils étendent même cette permutation en une transformation linéaire de l'espace vectoriel engendré par les racines fondamentales ω_{α_i} $(1 \leqslant i \leqslant l)$, et étudient ses valeurs propres ([*180*], II, p. 20; [*52* a], t. I_1, p. 58). Mais ni Killing, ni tout d'abord Cartan, ne paraissent songer à considérer le groupe $\mathcal{G}'$ engendré par les S_α; et lorsque Cartan, un peu plus tard ([*52* a], t. I_1, p. 293-353), détermine le groupe de Galois $\mathcal{G}$ de l'équation caractéristique

$$\det(\mathrm{ad}_{\mathfrak{g}}(x) - T) = 0$$

d'un « élément général » $x \in \mathfrak{h}$, il l'étudie d'abord sans faire intervenir les S_α; trente ans plus tard, déjà sous l'influence des travaux de H. Weyl, il prouve ([*52* a], t. I_1, p. 555-568) que $\mathcal{G}$ a pour sous-groupe distingué le groupe $\mathcal{G}'$ et détermine dans tous les cas la structure du groupe quotient $\mathcal{G}/\mathcal{G}'$ qui (pour une algèbre simple $\mathfrak{g}$) est d'ordre 1 ou 2 sauf pour le type D_4 où il est isomorphe à $\mathfrak{S}_3$; c'est aussi à cette occasion qu'il interprète $\mathcal{G}'$ comme groupe induit par les automorphismes intérieurs d'une algèbre de Lie semi-simple complexe, laissant stable une sous-algèbre de Cartan.

Les travaux de H. Weyl, auxquels nous venons de faire allusion, sont ceux qui inaugurent l'interprétation géométrique du groupe $\mathcal{G}'$ (appelé depuis « groupe de Weyl » de $\mathfrak{g}$); de même que Killing et Cartan l'avaient fait pour la transformation C, il a l'idée de considérer les S_α comme des réflexions dans l'espace vectoriel des formes linéaires sur $\mathfrak{h}$. C'est aussi dans le mémoire de H. Weyl [*331* b] que l'on voit apparaître le domaine fondamental du « groupe de Weyl affine » (sans d'ailleurs que le lien avec le « groupe de Weyl » $\mathcal{G}'$ soit très clairement indiqué); Weyl l'utilise pour prouver que le groupe fondamental d'un groupe compact semi-simple est fini, point capital dans sa démonstration de la complète réductibilité des représentations linéaires d'une algèbre de Lie semi-simple complexe. Peu après, E. Cartan réalise la synthèse des points de vue globaux de H. Weyl, de sa propre théorie des algèbres de Lie semi-simples réelles ou complexes, et de la théorie des espaces riemanniens symétriques qu'il édifiait à cette époque. Dans le mémoire ([*52* a], t. I_2, p. 793-840), il complète la détermination des polytopes fondamentaux du groupe de Weyl et du groupe de Weyl affine, et introduit les réseaux des poids et des poids radiciels; il étend cette discussion aux espaces symétriques, et rencontre ainsi notamment les premiers exemples de systèmes de racines non réduits ([*52* a], t. I_2, p. 1003-1010). Enfin l'article ([*52* a], t. I_2, p. 867-989) donne la première démonstration du fait que tout groupe fini engendré par des réflexions dans $\mathbf{R}^n$ et irréductible a un domaine fondamental ayant pour trace sur $\mathbf{S}_{n-1}$ un simplexe sphérique; c'est aussi dans ce travail qu'il prouve l'unicité de la plus grande racine (pour un ordre lexicographique quelconque sur un système de racines) par des considérations géométriques.

Un peu plus tard, van der Waerden [*317* b], s'appuyant sur le mémoire de H. Weyl, montre que la classification des algèbres de Lie semi-simples complexes équivaut à celle des systèmes de racines réduits, qu'il effectue par des considérations géométriques élémentaires (alors que, chez Killing et Cartan, cette classification résulte de calculs compliqués de déterminants). A peu près en même temps, Coxeter détermine explicitement tous les groupes finis irréductibles de déplacements euclidiens qui sont engendrés par des réflexions [*70* c]; il complète ainsi les résultats du mémoire ([*52* a], t. I_2, p. 793-840) de E. Cartan, qui n'avait déterminé que les groupes « cristallographiques » (i.e. associés à un système de racines, ou encore susceptibles d'être plongés dans un groupe discret infini de déplacements). L'année suivante [*70* d], Coxeter montre que les groupes finis engendrés par des réflexions sont les seuls groupes finis (à isomorphie près) admettant une présentation par des générateurs involutifs R_i soumis à des relations de la forme $(R_i R_j)^{m_{ij}} = 1$ (m_{ij} entiers), d'où le nom de « groupes de Coxeter » donnés depuis aux groupes (finis ou non) admettant une telle présentation.

*
* *

Le premier lien entre les deux courants de recherche que nous avons décrits ci-dessus semble avoir été établi par Coxeter [*70* e], puis par Witt [*337* c]. Ils constatent que les groupes irréductibles infinis de déplacements euclidiens engendrés par des réflexions correspondent biunivoquement (à isomorphisme près) aux algèbres de Lie simples complexes. Witt donne une nouvelle détermination des groupes discrets de ce type, et étend en outre le théorème de Coxeter de [*70* d] rappelé ci-dessus en caractérisant également les groupes de Coxeter isomorphes aux groupes discrets infinis de déplacements euclidiens. Ce résultat, et le fait que les groupes analogues en géométrie hyperbolique sont aussi des groupes de Coxeter*, ont conduit à aborder franchement l'étude de ces derniers, tout d'abord en mettant l'accent sur une réalisation géométrique ([*71*], [*308* a]), puis, à la suite de J. Tits [*308* b et c] dans un cadre purement algébrique.

A partir des travaux de Witt, la théorie des groupes de Lie semi-simples et celles des groupes discrets engendrés par des réflexions ne vont cesser de réagir de façon extrêmement fructueuse l'une sur l'autre. Dès 1941, Stiefel [*296*] remarque que les groupes de Weyl sont exactement les groupes finis engendrés par des réflexions, et qui laissent invariant un réseau. Chevalley [*62* e] et Harish-Chandra [*149* a] donnent en 1948-51 des démonstrations *a priori* de la correspondance biunivoque entre groupes « cristallographiques » et algèbres de Lie semi-simples complexes; on ne savait jusque-là que vérifier

* Ces groupes, étudiés à fond dans le cas de dimension 2, n'ont été considérés en dimension $\geqslant 3$ qu'incidemment jusqu'à ces dernières années.

séparément cette correspondance sur chaque type d'algèbre de Lie simple.

Vers 1950, on remarque d'autre part que les polynômes invariants par le groupe de Weyl jouent un rôle important en théorie des représentations linéaires de dimension infinie [*149* a] et dans la topologie des groupes de Lie. De son côté, Coxeter [*70* g], reprenant l'étude de la transformation *C*, produit des réflexions fondamentales d'un groupe fini W engendré par des réflexions, constate (par un examen séparé de chaque type) que l'algèbre des polynômes invariants par W est engendré par des éléments algébriquement indépendants, dont les degrés sont liés de façon simple aux valeurs propres de *C*. Des démonstrations *a priori* de ces résultats furent ensuite données par Chevalley [*62* f] pour le premier, et par Coleman [*68*] et Steinberg [*292*] pour le second.

*
* *

Avec le travail de A. Borel sur les groupes algébriques linéaires [*30*] commencent de nouveaux développements de la théorie des groupes de Lie qui devaient conduire à un notable élargissement de celle-ci. A. Borel met en évidence l'importance des sous-groupes résolubles connexes maximaux (appelés depuis « sous-groupes de Borel ») dans un groupe de Lie, et en fait l'outil principal pour transposer une grande partie de la théorie classique aux groupes algébriques sur un corps algébriquement clos (sans toutefois obtenir encore une classification des groupes algébriques simples *). Les sous-groupes de Borel (dans le cas des groupes classiques réels ou complexes) étaient déjà intervenus quelques années auparavant dans les travaux de Gelfand et Neumark sur les représentations de dimension infinie; et en 1954, F. Bruhat avait découvert le fait remarquable que, pour les groupes simples classiques, la décomposition du groupe en doubles classes suivant un groupe de Borel est indexée de façon canonique par le groupe de Weyl [*40*]. Ce résultat fut ensuite étendu à tous les groupes semi-simples réels et complexes par Harish-Chandra [*149* b]. D'autre part, en 1955, Chevalley [*62* g] avait réussi à associer à toute algèbre de Lie semi-simple complexe $\mathfrak{g}$ et à *tout*

* Un groupe algébrique de dimension > 0 est dit *simple* (au sens de la géométrie algébrique) s'il ne contient aucun sous-groupe distingué algébrique de dimension > 0 autre que lui-même. Il est dit *semi-simple* s'il est isogène à un produit de groupes simples non commutatifs.

corps commutatif k, un groupe de matrices à coefficients dans k, possédant une décomposition de Bruhat; et il utilisa ce dernier fait pour montrer qu'à un petit nombre d'exceptions près, le groupe ainsi défini était *simple* (au sens de la théorie des groupes abstraits). Il « expliquait » ainsi la coïncidence, déjà observée depuis Jordan et Lie, entre les groupes de Lie simples (au sens de la théorie des groupes de Lie) des types A, B, C, D et les groupes simples classiques définis de façon purement algébrique sur un corps quelconque (coïncidence qui n'avait pu jusque-là être étendue qu'aux types exceptionnels G_2 et E_6 par Dickson [*88* c et d]. En particulier, en prenant un corps *fini* k, la construction de Chevalley fournit, pour chaque type d'algèbre de Lie simple complexe, une famille de groupes simples *finis*, contenant une grande partie des groupes simples finis connus jusqu'alors, ainsi que trois nouvelles séries (correspondant aux types d'algèbres de Lie simples F_4, E_7 et E_8). Peu après, par divers procédés, utilisant des modifications des méthodes de Chevalley, plusieurs auteurs (Hertzig, Suzuki, Ree, Steinberg et Tits) d'une part montrèrent que l'on peut obtenir de façon analogue les autres groupes simples finis connus à cette époque, à l'exception des groupes alternés et des groupes de Mathieu, et d'autre part construisirent d'autres séries de nouveaux groupes simples finis (cf. [*54*]).

Presqu'en même temps, Chevalley [*62* h], utilisant toujours la technique des décompositions de Bruhat, jointe à un résultat clé sur le normalisateur d'un sous-groupe de Borel, reprenait l'étude des groupes linéaires algébriques et parvenait au résultat que sur un corps *algébriquement clos* k de caractéristique *quelconque*, la théorie des groupes linéaires algébriques semi-simples * conduit essentiellement aux mêmes types que dans la classification de Killing-Cartan pour $k = \mathbf{C}$. Par la suite, J. Tits [*308* a et b], en analysant les méthodes de Chevalley, est parvenu à une version axiomatisée (les « BN-paires ») des décompositions de Bruhat, sous une forme remarquablement souple, ne faisant intervenir que la structure de groupe; c'est cette notion qui est à présent connue sous le nom de « système de Tits ». Tous les groupes simples (aux divers sens du mot) dont il a été question plus haut sont canoniquement munis de systèmes de Tits, et Tits lui-même [*308* c] a prouvé que l'existence

* L'existence de nombreuses algèbres de Lie simples « pathologiques » sur un corps de caractéristique $p > 0$ avait pu faire douter certains du caractère universel de la classification de Killing-Cartan.

d'un tel système dans un groupe abstrait G, jointe à quelques propriétés supplémentaires de pure théorie des groupes, permet de démontrer que G est *simple*, théorème qui couvre la plupart des démonstrations de simplicité données jusque-là pour ces groupes. En collaboration avec A. Borel, il a d'autre part généralisé les résultats de Chevalley de [*62* h], en montrant l'existence de systèmes de Tits dans le groupe des points rationnels d'un groupe algébrique linéaire semi-simple sur un corps *quelconque* [*31*].

Tous les systèmes de Tits rencontrés dans ces questions ont un groupe de Weyl fini. Une autre catégorie d'exemples a été découverte par Iwahori et Matsumoto [*170*]; ils ont montré que si, dans la construction de Chevalley de [*62* g], k est un corps p-adique, alors le groupe obtenu a un système de Tits dont le groupe de Weyl est le groupe de Weyl *affine* de l'algèbre de Lie semi-simple complexe d'où l'on est parti. Ce résultat vient d'être étendu par Bruhat et Tits [*41*] à tous les groupes algébriques semi-simples sur un corps local.

BIBLIOGRAPHIE

[*1*] N.H. Abel, *Œuvres*, 2 vol., éd. Sylow et Lie, Christiana, 1881.

[*2* a] I. Ado, Note sur la représentation des groupes finis et continus au moyen de substitutions linéaires (en russe), *Bull. Phys. Math. Soc. Kazan*, t. VII (1935), p. 3-43.

[*2* b] I. Ado, La représentation des algèbres de Lie par des matrices (en russe), *Uspehi Mat. Nauk.*, t. II (1947), p. 159-173 (trad. anglaise : *Amer. Math. Soc. Transl.*, (1), vol. 9, p. 308-327).

[*3*] A.D. Alexandroff, Additive set functions in abstract spaces, *Mat. Sbornik* : I (chap, 1), t. VIII (1940), p. 307-348; II (chap. 2 et 3), t. IX (1941), p. 563-628; III (chap. 4 à 6), t. XIII (1943), p. 169-238.

[*4*] P. Alexandroff-H. Hopf, *Topologie I*, Berlin (Springer), 1935.

[*5* a] *Archimedis Opera quae quidem exstant omnia, nunc primus et gr. et lat. edita...*, Basilae, Jo. Hervagius, 1 vol. in-fol., 1544.

[*5* b] *Archimedis Opera Omnia*, 3 vol., éd. J. L. Heiberg, 2e éd., Leipzig (Teubner), 1913-15.

[*5* c] *Les Œuvres complètes d'Archimède*, trad. P. Ver Eecke, Paris-Bruxelles (Desclée-de Brouwer), 1921.

[*6*] *The works of Aristotle*, translated under the editorship of W. D. Ross, Oxford, 1928 sqq.

[*7* a] E. Artin, *Galois theory...*, Notre-Dame, 1946.

[*7* b] E. Artin, Ueber die Zerlegung definiter Funktionen in Quadraten, *Abh. Math. Sem. Univ. Hamburg*, t. V (1927), p. 100-115.

[*7* c] E. Artin, Zur Theorie der hypercomplexen Zahlen, *Abh. Math. Sem. Univ. Hamburg*, t. V (1927), p. 251-260.

[*7* d] E. Artin, *Einführung in die Theorie der Gammafunktion*, Leipzig (Teubner), 1931.

[*8* a] E. Artin und O. Schreier, Algebraische Konstruktion reeller Körper, *Abh. Math. Sem. Univ. Hamburg*, t. V (1927), p. 85-99.

[*8* b] E. Artin und O. Schreier, Eine Kennzeichnung der reell abgeschlossenen Körper, *Abh. Math. Sem. Univ. Hambourg*, t. V (1927), p. 225-231.

[*9* a] C. Arzelà, Sulla integrabilità di una serie di funzioni, *Rendic. Acc. dei Lincei* (4), t. I (1885), p. 321-326.

[*9* b] C. Arzelà, Sulla integrazione per serie, *Rendic. Acc. dei Lincei* (4), t. I (1885), p. 532-537 et 566-569.

[*10*] G. Ascoli, Le curve limiti di una varietà data di curve, *Mem. Acc. dei Lincei* (3), t. XVIII (1883), p. 521-586.

[*11* a] R. Baire, *Leçons sur les fonctions discontinues*, Paris (Gauthier-Villars), 1905.

[*11* b] R. Baire, Sur les fonctions de variables réelles, *Ann. di Mat.* (3), t. III (1899), p. 1-123.

[*12*] R. BAIRE, E. BOREL, J. HADAMARD, H. LEBESGUE, Cinq lettres sur la théorie des ensembles, *Bull. Soc. Math. de France*, t. XXXIII (1905), p. 261-273.

[*13*] H. F. BAKER, Alternants and continuous groups, *Proc. Lond. Math. Soc.* (2), t. III (1905), p. 24-47.

[*14* a] S. BANACH, *Théorie des opérations linéaires*, Warszawa, 1932.

[*14* b] S. BANACH, Sur le problème de la mesure, *Fund. Math.*, t. IV (1923), p. 7-33.

[*14* c] S. BANACH, Sur les fonctionnelles linéaires, *Studia Math.*, t. I (1929), p. 211-216 et 223-239.

[*15*] S. BANACH et H. STEINHAUS, Sur le principe de condensation des singularités, *Fund. Math.*, t. IX (1927), p. 50-61.

[*16* a] I. BARROW, *Lectiones Geometricae...*, Londini, 1670.

[*16* b] I. BARROW, *Mathematical Works*, ed. W. Whevell, Cambridge, 1860.

[*17* a] O. BECKER, Eudoxos-Studien, *Quellen und Studien zur Geschichte der Math.*, Abt. B : Studien, t. II (1933), p. 311-333 et 369-387, et t. III (1936), p. 236-244 et 370-388.

[*17* b] O. BECKER, Die Lehre vom Geraden und Ungeraden im Neunten Buch der Euklidischen Elementen, *Quellen und Studien zur Geschichte der Math.*, Abt. B : Studien, t. III (1936), p. 533-553.

[*18* a] E. BELTRAMI, Saggio di interpretazione della geometria non-euclidea, *Giorn. di Mat.*, t. VI (1868), p. 284-312.

[*18* b] E. BELTRAMI, Teoria fondamentale degli spazii di curvatura costante, *Ann. di Mat.* (2), t. II (1868-69), p. 232-255.

[*19* a] JAKOB BERNOULLI, *Opera*, 2 vol., Genève (Cramer-Philibert), 1744.

[*19* b] JAKOB BERNOULLI, *Ars Conjectandi*, Bâle, 1713 (trad. S. Vastel, Paris, 1801).

[*20* a] JOHANN BERNOULLI, *Opera Omnia*, 4 vol., Lausanne-Genève (M. M. Bousquet), 1742.

[*20* b] JOHANN BERNOULLI, *Die erste Integralrechnung* (*Ostwald's Klassiker*, n° 194), Leipzig-Berlin (Engelmann), 1914.

[*20* c] JOHANN BERNOULLI, *Die Differentialrechnung* (*Ostwald's Klassiker*, n° 211), Leipzig (Akad. Verlag), 1924.

[*21*] E, BEZOUT, *Théorie générale des équations algébriques*, Paris, 1779.

[*22* a] G. BIRKHOFF, Continuous groups and linear spaces, *Rec. Math. Moscou*, t. I (1936), p. 635-642.

[*22* b] G. BIRKHOFF, Representability of Lie algebras and Lie groups by matrices, *Ann. of Math.*, t. XXXVIII (1937), p. 526-532.

[*23*] J. M. BOCHENSKI, *Ancient formal logic*, Studies in Logic, Amsterdam (North Holland Publ. Co.), 1951.

[*24* a] S. BOCHNER, Integration von Funktionen deren Werte die Elemente eines Vektorraumes sind, *Fund. Math.*, t. XX (1933), 262-276.

[*24* b] S. BOCHNER, *Harmonic Analysis and the Theory of Probability*, Berkeley (Univ. of California Press), 1960.

[*25*] P. BÖHNER, *Medieval logic, an outline of its development from 1250 to ca. 1400*, Chicago, 1952.

[*26*] H. BOHR und J. MOLLERUP, *Laerebog i matematisk Analyse*, t. III, Kopenhagen, 1922.

[*27* a] B. BOLZANO, *Œuvres*, 5 vol., Prague, 1930-1948.

[*27* b] B. BOLZANO, *Paradoxien des Unendlichen*, Leipzig, 1851 (trad. anglaise, New Haven (Yale Univ. Press), 1950).

[*27* c] B. BOLZANO, *Rein Analytischer Beweis der Lehrsatzes, dass zwischen zwei Werthen, die ein entgegengesetzes Resultat gewahren, wenigstens eine reelle Wurzel liegt* (*Ostwald's Klassiker*, n° 153), Leipzig, 1905.

[*28* a] R. BOMBELLI, *L'Algebra*, Bologna (G. Rossi), 1579.

[*28* b] R. BOMBELLI, *L'Algebra*, libri IV e V, éd. E. Bortolotti, Bologna (Zanichelli), 1929.

[*29*] G. BOOLE, *Collected logical works*, 2 vol., éd. P. Jourdain, Chicago-London, 1916.

[*30*] A. BOREL, Groupes linéaires algébriques, *Ann. of Math.*, t. LXIV (1956), p. 20-80.

[*31*] A. BOREL et J. TITS, Groupes réductifs, *Publ. math. I.H.E.S.*, n° 27 (1965), p. 55-150.

[*32* a] E. BOREL, *Leçons sur la théorie des fonctions*, Paris (Gauthier-Villars), 1898.

[*32* b] E. BOREL, Les probabilités dénombrables et leurs applications arithmétiques, *Rend. Circ. Mat. Palermo*, t. XXVII (1909), p. 286-310.

[*33*] H. BOSMANS, Sur le « libro del Algebra » de Pedro Nuñez, *Bibl. Math.* (3), t. VIII (1907-08), p. 154-169.

[*34* a] R. BRAUER, Über Systeme hypercomplexer Zahlen, *Math. Zeitschr.*, t. XXX (1929), p. 79-107.

[*34* b] R. BRAUER, Eine Bedingung für vollständige Reduzibilität von Darstellungen gewöhnlicher und infinitesimaler Gruppen, *Math. Zeitschr.*, t. XLI (1936), p. 330-339.

[*35*] A. BRAVAIS, Mémoires sur les polyèdres de forme symétrique, *Journ. de Math.* (1), t. XIV (1849), p. 141-180.

[*36*] H. BRIGGS, *Arithmetica logarithmica*, London, 1624.

[*37*] A. BRILL und M. NOETHER, Ueber algebraische Funktionen, *Math. Ann.*, t. VII (1874), p. 269-310.

[*38*] Lord BROUNCKER, The Squaring of the Hyperbola by an infinite series of Rational Numbers..., *Phil. Trans.*, t. III (1668), p. 645-649.

[*39* a] L. E. J. BROUWER, Intuitionism and formalism, *Bull. Amer. Math. Soc.*, t. XX (1913), p. 81-96.

[*39* b] L. E. J. BROUWER, Zur Begründung des intuitionistischen Mathematik, *Math. Ann.*, t. XCIII (1925), p. 244-257, t. XCV (1926), p. 453-473, t. XCVI (1926), p. 451-458.

[*40*] F. BRUHAT, Représentations induites des groupes de Lie semi-simples complexes, *C. R. Acad. Sci.*, t. CCXXXVIII (1954), p. 437-439.

[*41*] F. BRUHAT et J. TITS, Groupes algébriques simples sur un corps local, *Proc. Conf. on Local Fields*, p. 23-36, Berlin (Springer), 1967.

[*42*] C. BURALI-FORTI, Sopra un teorema del Sig. G. Cantor, *Atti Acad. Torino*, t. XXXII (1896-97), p. 229-237.

[*43*] H. BURKHARDT, Die Anfänge der Gruppentheorie und Paolo Ruffini, *Zeitschr. für Math. und Phys.*, t. XXXVII (1892), Suppl., p. 121-159.

[*44* a] W. BURNSIDE, On the condition of reducibility for any group of linear substitutions, *Proc. Lond. Math. Soc.*, t. III (1905), p. 430-434.

[*44* b] W. Burnside, *Theory of groups of finite order*, 2e éd., Cambridge (University Press), 1911.

[*45*] W. H. Bussey, The origin of mathematical induction, *Amer. Math. Monthly*, t. XXIV (1917), p. 199-207.

[*46* a] J. E. Campbell, On a law of combination of operators bearing on the theory of continuous transformation groups, *Proc. Lond. Math. Soc.*, (1), t. XXVIII (1897), p. 381-390.

[*46* b] J. E. Campbell, On a law of combination of operators (second paper), *Proc. Lond. Math. Soc.*, (1), t. XXIX (1898), p. 14-32.

[*47*] G. Cantor, *Gesammelte Abhandlungen*, Berlin (Springer), 1932.

[*48*] G. Cantor, R. Dedekind, *Briefwechsel*, éd. J. Cavaillès-E. Noether, *Actual. Scient. et Ind.*, nº 518, Paris (Hermann), 1937.

[*49*] C. Caratheodory, *Vorlesungen über reelle Funktionen*, Leipzig-Berlin (Teubner), 1918.

[*50*] H. Cardano, *Opera*, 10 vol., Lyon, 1663.

[*51*] L. Carnot, *Géométrie de Position*, Paris, 1803.

[*52* a] E. Cartan, *Œuvres complètes*, 6 vol. (3 parties), Paris (Gauthier-Villars), 1953-55.

[*52* b] E. Cartan, *Leçons sur la théorie des spineurs* (*Actual. Scient. et Ind.*, nos 643 et 701), Paris (Hermann), 1938.

[*53*] H. Cartan, Théorie des filtres, *C. R. Acad. Sci.*, t. CCV (1937), p. 595-598; Filtres et ultrafiltres, *ibid.*, p. 777-779.

[*54*] R. Carter, Simple groups and simple Lie algebras, *Journ. Lond. Math. Soc.*, t. XL (1965), p. 193-240.

[*55*] H. Casimir und B. L. van der Waerden, Algebraischer Beweis der vollständigen Reduzibilität der Darstellungen halbeinfacher Liescher Gruppen, *Math. Ann.*, t. CXI (1935), p. 1-12.

[*56* a] A.-L. Cauchy, *Œuvres complètes*, 26 vol. (2 séries), Paris (Gauthier-Villars), 1882-1958.

[*56* b] *Leçons de calcul différentiel et de calcul intégral, rédigées principalement d'après les méthodes de M. A.-L. Cauchy*, par l'Abbé Moigno, t. II, Paris, 1844.

[*57* a] B. Cavalieri, *Geometria indivisibilibus continuorum quadam ratione promota*, Bononiae, 1635 (2e éd., 1653).

[*57* b] B. Cavalieri, *Exercitationes geometricae sex*, Bononiae, 1647.

[*58*] A. Cayley, *Collected Mathematical Papers*, 13 vol., Cambridge (University Press), 1889-1898.

[*59*] L. Cesari, *Surface area*, Princeton, 1954.

[*60* a] M. Chasles, Note sur les propriétés générales du système de deux corps, *Bull. de Férussac*, t. XIV (1830), p. 321-326.

[*60* b] M. Chasles, *Aperçu historique sur l'origine et le développement des méthodes en géométrie*, Bruxelles, 1837.

[*61*] C. Chabauty, Sur les points rationnels des courbes algébriques de genre supérieur à l'unité, *C. R. Acad. Sci.*, t. CCXII (1941), p. 882-884.

[*62* a] C. Chevalley, *The algebraic theory of spinors*, New-York (Columbia University Press), 1954.

[*62* b] C. Chevalley, Généralisation de la théorie du corps de classes pour les extensions infinies, *Journ. de Math.*, (9), t. XV (1936), p. 359-371.

[*62* c] C. CHEVALLEY, On the theory of local rings, *Ann. of Math.*, t. XLIV (1943), p. 690-708.

[*62* d] C. CHEVALLEY, *Theory of Lie groups*, Princeton (University Press), 1946.

[*62* e] C. CHEVALLEY, Sur la classification des algèbres de Lie simples et de leurs représentations, *C. R. Acad. Sci.*, t. CCXXVII (1948), p. 1136-1138.

[*62* f] C. CHEVALLEY, Invariants of finite groups generated by reflections, *Amer. Journ. of Math.*, t. LXXVII (1955), p. 778-782.

[*62* g] C. CHEVALLEY, Sur certains groupes simples, *Tohôku Math. Journ.*, (2), t. VII (1955), p. 14-66.

[*62* h] C. CHEVALLEY, *Classification des groupes de Lie algébriques*, 2 vol., Paris (Inst. H. Poincaré), 1956-58.

[*63*] G. CHOQUET, Theory of capacities, *Ann. Inst. Fourier*, t. V (1953-54), p. 131-295.

[*64*] N. CHUQUET, Le Triparty en la Science des Nombres, éd. A. Marre, *Bull. bibl. storia math.*, t. XIII (1880), p. 555-659 et 693-814.

[*65*] W. K. CLIFFORD, *Mathematical Papers*, London (Macmillan), 1882.

[*66*] I. COHEN and A. SEIDENBERG, Prime ideals and integral dependence, *Bull. Amer. Math. Soc.*, t. LII (1946), p. 252-261.

[*67*] P. J. COHEN, The independence of the continuum hypothesis, *Proc. Nat. Acad. Sci. U.S.A.*, t. L (1963), p. 1143-1148 et t. LI (1964), p. 105-110.

[*68*] A. J. COLEMAN, The Betti numbers of the simple groups, *Can. Journ. of Math.*, t. X (1958), p. 349-356.

[*69* a] L. COUTURAT, *La logique de Leibniz d'après des documents inédits*, Paris (Alcan), 1901.

[*69* b] L. COUTURAT, La Philosophie des mathématiques de Kant, *Revue de Métaph. et de Morale*, t. XII (1904), p. 321-383.

[*70* a] H. S. M. COXETER, Groups whose fundamental regions are simplexes, *Journ. Lond. Math. Soc.*, t. VI (1931), p. 132-136.

[*70* b] H. S. M. COXETER, The polytopes with regular prismatic figures, *Proc. Lond. Math. Soc.*, (2), t. XXXIV (1932), p. 126-189.

[*70* c] H. S. M. COXETER, Discrete groups generated by reflections, *Ann. of Math.*, t. XXXV (1934), p. 588-621.

[*70* d] H. S. M. COXETER, The complete enumeration of finite groups of the form $R_i^2 = (R_i . R_j)^{k_{ij}} = 1$, *Journ. Lond. Math. Soc.*, t. X (1935), p. 21-25.

[*70* e] H. S. M. COXETER *in* H. WEYL, *The structure and representation of continuous groups* (Inst. for Adv. Study, notes miméographiées par N. Jacobson et R. Brauer, 1934-35) : *Appendix*.

[*70* f] H. S. M. COXETER, *Regular polytopes*, New York (Macmillan), 1948 (2e éd., 1963).

[*70* g] H. S. M. COXETER, The product of generators of a finite group generated by reflections, *Duke Math. Journ.*, t. XVIII (1951), p. 765-782.

[*71*] H. S. M. COXETER and W. O. J. MOSER, *Generators and relations for discrete groups*, *Ergeb. der Math.*, Neue Folge, Bd. 14, Berlin (Springer), 1957 (2e éd., 1965),

[*72*] G. CRAMER, *Introduction à l'analyse des lignes courbes*, Genève (Cramer et Philibert), 1750.

[73] H. CURRY, *Outlines of a formalist philosophy of mathematics*, Amsterdam (North Holland Publ. Co.), 1951.

[74] M. CURTZE, Über die Handschrift « Algorismes proportionum magistri Nicolay Orem », *Zeitschr. für Math. und Phys.*, t. XIII, Supplem. (1868), p. 65-79 et p. 101-104.

[75 a] J. d'ALEMBERT, *Encyclopédie*, Paris, 1751-1765.

[75 b] J. d'ALEMBERT, Sur les principes métaphysiques du Calcul infinitésimal, *Mélanges de litt., d'hist. et de philosophie*, nouv. éd., t. V, Amsterdam (1768), p. 207-219.

[75 c] J. d'ALEMBERT, *Misc. Taur.*, t. III (1762-65), p. 381.

[76 a] P. J. DANIELL, A general form of integral, *Ann. of Math.* (2), t. XIX (1918), p. 279-294.

[76 b] P. J. DANIELL, Integrals in an infinite number of dimensions, *Ann. of Math.* (2), t. XX (1919), p. 281-288.

[76 c] P. J. DANIELL, Stieltjes-Volterra products, *Congr. Intern. des Math.*, Strasbourg, 1920, p. 130-136.

[76 d] P. J. DANIELL, Functions of limited variation in an infinite number of dimensions, *Ann. of Math.*, (2), t. XXI (1919-20), p. 30-38.

[77] G. DARBOUX, Mémoire sur les fonctions discontinues, *Ann. Ec. Norm. Sup.* (2), t. IV (1875), p. 57-112.

[78] B. DATTA and A. N. SINGH, *History of Hindu Mathematics*, 2 vol., Lahore (Motilal Banarsi Das), 1935-38.

[79] R. DEDEKIND, *Gesammelte mathematische Werke*, 3 vol., Braunschweig (Vieweg), 1932.

[80] R. DEDEKIND und H. WEBER, Theorie der algebraischen Funktionen einer Veränderlichen, *J. de Crelle*, t. XCII (1882), p. 181-290.

[81] M. DEHN, Über den Rauminhalt, *Math. Ann.*, t. LV (1902), p. 465-478.

[82] Ch. DE LA VALLÉE POUSSIN, *Intégrales de Lebesgue, Fonctions d'ensembles, Classes de Baire*, Paris (Gauthier-Villars), 1916 (2e éd., 1936).

[83 a] A. DE MORGAN, On the syllogism (III), *Trans. Camb. Phil. Soc.*, t. X (1858), p. 173-230.

[83 b] A. DE MORGAN, On the syllogism (IV) and on the logic of relations, *Trans. Camb. Phil. Soc.*, t. X (1860), p. 331-358.

[84] G. DESARGUES, *Œuvres*, éd. Pourra, t. I, Paris (Leiber), 1864.

[85 a] R. DESCARTES, *Œuvres*, éd. Ch. Adam et P. Tannery, 13 vol., Paris (L. Cerf), 1897-1913.

[85 b] R. DESCARTES, *Geometria*, trad. latine de Fr. van Schooten, 2e éd., 2 vol., Amsterdam (Elzevir), 1659-61.

[86] J. A. DE SÉGUIER, *Théorie des groupes finis. Éléments de la théorie des groupes abstraits*, Paris (Gauthier-Villars), 1904.

[87] M. DEURING, *Algebren* (*Erg. der Math.*, Bd. 4), Berlin (Springer), 1937.

[88 a] L. E. DICKSON, Linear associative algebras and abelian equations, *Trans. Amer, Math. Soc.*, t. XV (1914), p. 31-46.

[88 b] L. E. DICKSON, Theory of linear groups in an arbitrary field, *Trans. Amer. Math. Soc.*, t. II (1901), p. 363-394.

[88 c] L. E. DICKSON, A new system of simple groups, *Math. Ann.*, t. LX (1905), p. 137-150.

[*88* d] L. E. DICKSON, A class of groups in an arbitrary realm connected with the configuration of the 27 lines on a cubic surface, *Quart. Journ. Pure and App. Math.*, t. XXXIII (1901), p. 145-173 et t. XXXIX (1908), p. 205-209.

[*89*] H. DIELS, *Die Fragmente der Vorsokratiker*, 2te Aufl., 2 vol., Berlin (Weidmann), 1906-07.

[*90* a] J. DIEUDONNÉ, Une généralisation des espaces compacts, *Journ. de Math.* (9), t. XXIII (1944), p. 65-76.

[*90* b] J. DIEUDONNÉ, *La géométrie des groupes classiques* (*Erg. der Math.*, Neue Folge, Heft 5), Berlin-Göttingen-Heidelberg (Springer), 1955.

[*91* a] *Diophanti Alexandrini Opera Omnia...*, 2 vol., éd. P. Tannery, Lipsiae (Teubner), 1893-95.

[*91* b] *Diophante d'Alexandrie*, trad. P. Ver Eecke, Bruges (Desclée-de Brouwer), 1926.

[*92* a] P. G. LEJEUNE-DIRICHLET, *Werke*, 2 vol., Berlin (Reimer), 1889-1897.

[*93*] J. L. DOOB, Probability in function space, *Bull. Amer. Math. Soc.*, t. LIII (1947), p. 15-30.

[*94* a] P. DU BOIS-REYMOND, Sur la grandeur relative des infinis des fonctions, *Ann. di Mat.* (2), t. IV (1871), p. 338-353.

[*94* b] P. DU BOIS-REYMOND, Ueber asymptotische Werthe, infinitäre Approximationen und infinitäre Auflösung von Gleichungen, *Math. Ann.*, t. VIII (1875), p. 362-414.

[*95*] N. DUNFORD, Uniformity in linear spaces, *Trans. Amer. Math. Soc.*, t. XLIV (1938), p. 305-356.

[*96*] N. DUNFORD and B. PETTIS, Linear Operations on summable functions, *Trans. Amer. Math. Soc.*, t. XLVII (1940), p. 323-392.

[*97*] W. DYCK, Gruppentheoretische Studien, *Math. Ann.*, t. XX (1882), p. 1-44.

[*98* a] E. DYNKIN, Calcul des coefficients de la formule de Campbell-Hausdorff (en russe), *Dokl. Akad. Nauk.*, t. LVII (1947), p. 323-326.

[*98* b] E. DYNKIN, Algèbres de Lie normées et groupes analytiques (en russe), *Uspehi Mat. Nauk*, t. V (1950), p. 135-186 (trad. anglaise : *Amer. Math. Soc. Transl.*, (1), vol. 9, p. 470-534).

[*99*] D. EGOROFF, Sur les suites de fonctions mesurables, *C. R. Acad. Sci.*, t. CLII (1911), p. 244-246.

[*100*] M. EICHLER, *Quadratische Formen und orthogonale Gruppen*, Berlin-Göttingen-Heidelberg (Springer), 1952.

[*101*] A. EINSTEIN, *Investigations on the theory of the Brownian movement*, New York (Dover), 1956.

[*102* a] G. EISENSTEIN, Beweis der Reciprocitätsgesetze für die cubischen Reste in der Theorie der aus dritten Wurzeln der Einheit zusammengesetzen Zahlen, *J. de Crelle*, t. XXVII (1844), p. 289-310.

[*102* b] G. EISENSTEIN, Zur Theorie der quadratischen Zerfällung der Primzahlen $8n + 3$, $7n + 2$ und $7n + 4$, *J. de Crelle*, t. XXXVII (1848), p. 97-126.

[*102* c] G. EISENSTEIN, Über einige allgemeine Eigenschaften der Gleichung von welcher die Teilung der ganzen Lemniscate abhängt, nebst Anwendungen derselben auf die Zahlentheorie, *J. de Crelle*, t. XXXIX (1850), p. 160-179 et 224-287.

[*103*] G. ENESTRÖM, Kleine Bemerkungen zur letzten Auflage von Cantors Vorlesungen zur Geschichte der Mathematik, *Bibl. Math.* (3), t. VIII (1907), p. 412-413.

[*104* a] F. ENGEL, Über die Definitionsgleichung der continuierlichen Transformationsgruppen, *Math. Ann.*, t. XXVII (1886), p. 1-57.

[*104* b] F. ENGEL, Die Erzeugung der endlichen Transformationen einer projektiven Gruppe durch die infinitesimalen Transformationen der Gruppe, I, *Leipziger Ber.*, t. XLIV (1892), p. 279-296; II (mit Beiträgen von E. Study), *ibid.*, t. XLV (1893), p. 659-696.

[*105* a] F. ENGEL und P. STÄCKEL, *Die Theorie der Parallellinien von Euklid bis auf Gauss*, Leipzig (Teubner), 1895.

[*105* b] F. ENGEL und P. STÄCKEL, *Urkunden zur Geschichte der nichteuklidischen Geometrien*, 2 vol., Leipzig (Teubner), 1898-1913.

[*106*] *Enzyklopädie der Mathematischen Wissenschaften*, 1te Aufl., 20 vol., Leipzig (Teubner), 1901-1935.

[*107*] *Euclidis Elementa*, 5 vol., éd. J. L. Heiberg, Lipsiae (Teubner), 1883-88.

[*108* a] L. EULER, *Opera Omnia*, 46 vol. parus (3 séries), Leipzig-Berlin-Zürich (Teubner et O. Füssli), 1911-1957.

[*108* b] L. EULER, Formulae generales pro translatione quacunque corporum rigidorum, *Novi Comm. Acad. Sc. imp. Petrop.*, t. XX (1776), p. 189-207.

[*109*] P. FERMAT, *Œuvres*, 5 vol., Paris (Gauthier-Villars), 1891-1922.

[*110*] X. FERNIQUE, Processus linéaires, processus généralisés, *Ann. Inst. Fourier*, t. XVII (1967), p. 1-92.

[*111*] E. FISCHER, Sur la convergence en moyenne, *C. R. Acad. Sci.*, t. CXLIV (1907), p. 1022-1024.

[*112*] J. B. FOURIER, *Œuvres*, 2 vol., Paris (Gauthier-Villars), 1888-90.

[*113* a] A. FRAENKEL, Über die Teiler der Null und die Zerlegung von Ringen, *J. de Crelle*, t. CXLV (1914), p. 139-176.

[*113* b] A. FRAENKEL, Zu den Grundlagen der Cantor-Zermeloschen Mengenlehre, *Math. Ann.*, t. LXXXVI (1922), p. 230-237.

[*113* c] A. FRAENKEL, *Einleitung in die Mengenlehre*, 3te Aufl., Berlin (Springer), 1928.

[*114*] D. C. FRASER, Newton's Interpolation Formulas, *Journ. Inst. Actuaries*, t. LI (1918), p. 77-106 et p. 211-232 et t. LVIII (1927), p. 53-95 (articles réimprimés en plaquette, London, s.d.).

[*115* a] M. FRÉCHET, Sur quelques points du calcul fonctionnel, *Rend. Circ. Mat. Palermo*, t. XXII (1906), p. 1-74.

[*115* b] M. FRÉCHET, Les ensembles abstraits et le Calcul fonctionnel, *Rend. Circ. Mat. Palermo*, t. XXX (1910), p. 1-26.

[*115* c] M. FRÉCHET, Sur l'intégrale d'une fonctionnelle étendue à un ensemble abstrait, *Bull. Soc. Math. de France*, t. XLIII (1915), p. 248-265.

[*115* d] M. FRÉCHET, Les familles et fonctions additives d'ensembles abstraits, *Fund. Math.*, t. IV (1923), p. 229-265 et t. V (1924), p. 206-251.

[*116*] I. FREDHOLM, Sur une classe d'équations fonctionnelles, *Acta Mathematica*, t. XXVII (1903), p. 365-390.

[*117* a] G. FREGE, *Begriffschrift eine der arithmetischen nachgebildete Formelsprache des reinen Denkens*, Halle, 1879.

[*117* b] G. Frege, *Die Grundlagen der Arithmetik*, 2nd ed. with an English translation by J. L. Austin, New-York, 1950.

[*117* c] G. Frege, *Grundgesetze der Arithmetik, begriffschriftlich abgeleitet*, 2 vol., Iena, 1893-1903.

[*118*] R. Fricke und F. Klein, *Theorie der automorphen Funktionen*, Leipzig (Teubner), 1897.

[*119*] G. Frobenius, *Gesammelte Abhandlungen* (éd. J. P. Serre), 3 vol., Berlin-Heidelberg-New York (Springer), 1968.

[*120*] G. Frobenius und L. Stickelberger, Ueber Gruppen von vertauschbaren Elementen, *J. de Crelle*, t. LXXXVI (1879), p. 217-262.

[*121*] G. Fubini, Sugli integrali multipli, *Rendic. Acc. dei Lincei* (5), t. XVI (1907), p. 608-614.

[*122* a] Galileo Galilei, *Discorsi e Dimostrazioni...*, Leyden (Elzevir), 1638.

[*122* b] Galileo Galilei, *Opere*, Ristampa della Ed. Nazionale, 20 vol., Firenze (Barbera), 1929-39.

[*123*] E. Galois, *Écrits et mémoires mathématiques* (éd. R. Bourgne et J. Y. Azra), Paris (Gauthier-Villars), 1962.

[*124* a] C. F. Gauss, *Werke*, 12 vol., Göttingen, 1870-1927.

[*124* b] *Die vier Gauss'schen Beweise für die Zerlegung ganzer algebraischer Functionen in reelle Factoren ersten oder zweiten Grades* (*Ostwald's Klassiker*, n° 14), Leipzig (Teubner), 1904.

[*125* a] I. Gelfand, Abstrakte Funktionen und lineare Operatoren, *Mat. Sborn.* (N. S.), t. IV (1938), p. 235-284.

[*125* b] I. Gelfand, Processus stochastiques généralisés (en russe), *Dokl. Akad. Nauk*, t. C (1955), p. 853-856.

[*125* c] I. Gelfand, Some problems of functional analysis (en russe), *Uspehi Mat. Nauk*, t. XI (1956), p. 3-12 (trad. anglaise : *Amer. Math. Soc. Transl.*, (2), vol. 16 (1960), p. 315-324).

[*126*] I. Gelfand and N. Ya. Vilenkin, *Generalized functions*, vol. IV, New York (Academic Press), 1964.

[*127*] G. Gentzen, *Die gegenwartige Lage in der mathematischen Grundlagenforschung. Neue Fassung des Widerspruchsfreiheitsbeweises für die reine Zahlentheorie* (*Forschungen zur Logik...*, Heft 4, Leipzig (Hirzel), 1938).

[*128*] Giorgini, Sopra alcune proprietà de' piani de' momenti..., *Mem. Soc. Ital. d. Sc. res. in Modena*, t. XX (1828), p. 243-254.

[*129*] A. Girard, *Invention nouvelle en Algèbre*, Amsterdam, 1629 (réimp. ed. Bierens de Haan, Leyde, 1884).

[*130* a] K. Gödel, Über formal unentscheidbare Sätze der Principia Mathematica und verwandter Systeme, *Monatsh. für Math. und Phys.*, t. XXXVIII (1931), p. 173-198.

[*130* b] K. Gödel, *The consistency of the axiom of choice and of the generalized continuum hypothesis* (*Ann. of Math. Studies*, n° 3), Princeton, 1940.

[*130* c] K. Gödel, What is Cantor's continuum hypothesis? *Amer. Math. Monthly*, t. LIV (1947), p. 515-525.

[131] D. Gorenstein, *Finite groups*, New York (Harper and Row), 1968.

[132] E. Goursat, Sur les substitutions orthogonales et les divisions régulières de l'espace, *Ann. Ec. Norm. Sup.*, (3), t. VI (1889), p. 9-102.

[133] J. P. Gram, Ueber die Entwickelung reeller Functionen in Reihen mittelst der Methode der kleinsten Quadrate, *J. de Crelle*, t. XCIV (1883), p. 41-73.

[134] H. Grassmann, *Gesammelte Werke*, 3 vol., Leipzig (Teubner), 1894-1911.

[135] P. Gregorii a Sancto Vicentio, *Opus Geometricum Quadraturae Circuli et Sectionum Coni...*, 2 vol., Antverpiae, 1647.

[136 a] J. Gregory, *Vera Circuli et Hyperbolae Quadraturae...*, Pataviae, 1667.

[136 b] J. Gregory, *Geometriae Pars Universalis*, Pataviae, 1668.

[136 c] J. Gregory, *Exercitationes Geometricae*, London, 1668.

[136 d] *James Gregory Tercentenary Memorial Volume, containing his correspondence with John Collins and his hitherto unpublished mathematical manuscripts...*, ed. H. W. Turnbull, London (Bell and sons), 1939.

[137] H. Grell, Beziehungen zwischen den Idealen verschiedener Ringe, *Math. Ann.*, t. XCVII (1927), p. 490-523.

[138 a] A. Grothendieck, Éléments de géométrie algébrique, I, *Publ. math. I. H. E. S.*, n° 4 (1960).

[138 b] A. Grothendieck, *Produits tensoriels topologiques et espaces nucléaires*, Mem. Amer. Math. Soc., n° 16 (1955).

[138 c] A. Grothendieck, *Espaces vectoriels topologiques*, 3e éd., São Paulo (Publ. Soc. Mat. São Paulo), 1964.

[139] A. Haar, Der Maassbegriff in der Theorie der kontinuierlichen Gruppen, *Ann. of Math.*, t. XXXIV (1933), p. 147-169.

[140] J. Hachette et S. Poisson, Addition au mémoire précédent, *Journ. de l'Ec. Polytechn.*, cahier 11 (an X), p. 170-172.

[141] J. Hadamard, Sur certaines applications possibles de la théorie des ensembles, *Verhandl. Intern. Math. Kongress*, Zürich, 1898, p. 201-202.

[142] H. Hahn, Ueber lineare Gleichungssysteme in linearen Räumen, *J. de Crelle*, t. CLVII (1927), p. 214-229.

[143] M. Hall, A basis for free Lie rings and higher commutators in free groups, *Proc. Amer. Math. Soc.*, t. I (1950), p. 575-581.

[144] P. Hall, A contribution to the theory of groups of prime power order, *Proc. Lond. Math. Soc.*, (3), t. IV (1932), p. 29-95.

[145 a] W. R. Hamilton, *Lectures on quaternions*, Dublin, 1853.

[145 b] W. R. Hamilton, Memorandum respecting a new system of roots of unity, *Phil. Mag.*, (4), t. XII (1856), p. 446.

[146] H. Hankel, *Theorie der complexen Zahlensysteme*, Leipzig (Voss), 1867.

[147] G. H. Hardy, *Orders of infinity* (*Cambridge tracts*, n° 12), 2e éd., Cambridge University Press, 1924.

[148] G. H. Hardy and E. M. Wright, *An Introduction to the Theory of Numbers*, Oxford, 1938.

[149 a] Harish-Chandra, On some applications of the universal enveloping algebra of a semi-simple Lie algebra, *Trans. Amer. Math. Soc.*, t. LXX (1951), p. 28-96.

[*149* b] HARISH-CHANDRA, On a lemma of Bruhat, *Journ. de Math.*, (9), t. XXXV (1956), p. 203-210.

[*150* a] H. HASSE, Ueber die Darstellbarkeit von Zahlen durch quadratischen Formen im Körper der rationalen Zahlen, *J. de Crelle*, t. CLII (1923), p. 129-148.

[*150* b] H. HASSE, Ueber die Äquivalenz quadratischer Formen im Körper der rationalen Zahlen, *J. de Crelle*, t. CLII (1923), p. 205-224.

[*150* c] H. HASSE, Kurt Hensels entscheidender Anstoss zur Entdeckung des Lokal-Global-Prinzips, *J. de Crelle*, t. CCIX (1960), p. 3-4.

[*150* d] H. HASSE, *Zahlentheorie*, Berlin (Akad. Verlag), 1949.

[*151*] H. HASSE und H. SCHOLZ, *Die Grundlagenkrise der grieschischen Mathematik*, Charlottenburg (Pan-Verlag), 1928 (= *Kant-Studien*, t. XXXIII (1928), p. 4-72).

[*152* a] F. HAUSDORFF, Die symbolische Exponentialformal in der Gruppentheorie, *Leipziger Ber.*, t. LVIII (1906), p. 19-48.

[*152* b] F. HAUSDORFF. *Grundzüge der Mengenlehre*, Leipzig (Veit), 1914.

[*152* c] F. HAUSDORFF, *Mengenlehre*, Berlin (de Gruyter), 1927.

[*153* a] T. HEATH, *A History of Greek Mathematics*, 2 vol., Oxford, 1921.

[*153* b] T. HEATH, *Apollonius of Perga, Treatise on conic sections*, Cambridge University Press, 1896.

[*153* c] T. HEATH, *The method of Archimedes*, Cambridge, 1912.

[*153* d] T. HEATH, *Mathematics in Aristotle*, Oxford (Clarendon Press), 1949.

[*153* e] T. HEATH, *The thirteen books of Euclid's Elements...*, 3 vol., Cambridge, 1908.

[*153* f] T. HEATH, *Diophantus of Alexandria*, 2ᵉ éd., Cambridge, 1910.

[*154* a] E. HEINE, Ueber trigonometrische Reihen, *J. de Crelle*, t. LXXI (1870), p. 353-365.

[*154* b] E. HEINE, Die Elemente der Functionenlehre, *J. de Crelle*, t. LXXIV (1872), p. 172-188.

[*155*] G. HEINRICH, James Gregorys « Vera circuli et hyperbolae quadratura », *Bibl. Math.*, (3), t. II (1901), p. 77-85.

[*156*] E. HELLY, Ueber Systeme linearer Gleichungen mit unendlich vielen Unbekannten, *Monatsh. für Math. und Phys.*, t. XXXI (1921), p. 60-91.

[*157* a] K. HENSEL, Über eine neue Begründung der Theorie der algebraischen Zahlen, *Jahresber. der D.M.V.*, t. VI (1899), p. 83-88.

[*157* b] K. HENSEL, Ueber die Fundamentalgleichung und die ausserwesentlichen Diskriminantentheiler eines algebraischen Körpers, *Gött. Nachr.* (1897), p. 254-260.

[*157* c] K. HENSEL, Neue Grundlagen der Arithmetik, *J. de Crelle*, t. CXXVII (1902), p. 51-84.

[*157* d] K. HENSEL, Über die arithmetische Eigenschaften der algebraischen und transzendenten Zahlen, *Jahresber. der D.M.V.*, t. XIV (1905), p. 545-558.

[*157* e] K. HENSEL, Ueber die arithmetischen Eigenschaften der Zahlen, *Jahresber. der D.M.V.*, t. XVI (1907), p. 299-319, 388-393, 474-496.

[*157* f] K. HENSEL, *Theorie der algebraischen Zahlen*, Leipzig (Teubner), 1908.

[*158*] J. HERBRAND, Recherches sur la théorie de la démonstration, *Trav. Soc. Sci. Lett. Varsovie*, cl. II (1930), p. 33-160.

[*159*] C. HERMITE, *Œuvres*, 4 vol., Paris (Gauthier-Villars), 1905-1917.

[*160*] C. Hermite, T. Stieltjes, *Correspondance*, 2 vol., Paris (Gauthier-Villars), 1905.

[*161*] J. Hessel, *Krystallometrie oder Krystallonomie und Krystallographie* (1830, repr. dans *Ostwald's Klassiker*, nos 88 et 89, Leipzig (Teubner), 1897).

[*162*] A. Heyting, *Mathematische Grundlagenforschung. Intuitionismus. Beweistheorie* (*Erg. der Math.*, Bd. 3), Berlin (Springer), 1934.

[*163* a] D. Hilbert, *Gesammelte Abhandlungen*, 3 vol., Berlin (Springer), 1932-35.

[*163* b] D. Hilbert, *Grundzüge einer allgemeinen Theorie der Integralgleichungen*, 2e éd., Leipzig-Berlin (Teubner), 1924.

[*163* c] D. Hilbert, *Grundlagen der Geometrie*, 7e éd., Leipzig-Berlin (Teubner), 1930.

[*164*] D. Hilbert und W. Ackermann, *Grundzüge der theoretischen Logik*, 3te Aufl., Berlin (Springer), 1949.

[*165*] O. Hölder, Zurückführung einer beliebigen algebraischen Gleichung auf eine Kette von Gleichungen, *Math. Ann.*, t. XXXIV (1889), p. 26-56.

[*166*] R. Hooke, Linear *p*-adic groups and their Lie algebras, *Ann. of Math.*, t. XLIII (1942), p. 641-655.

[*167*] C. Hopkins, Rings with minimal conditions for left ideals, *Ann. of Math.*, (2), t. XL (1939), p. 712-730.

[*168*] A. Hurwitz, Über die Erzeugung der Invarianten durch Integration, *Gött. Nachr.*, 1897, p. 71-90 (= *Math. Werke*, t. II, p. 546-564).

[*169* a] *Christiani Hugenii, Zulichemii Philosophi vere magni, Dum viveret Zelemii Toparchae, Opera...*, 4 tomes en 1 vol., Lugd. Batav., 1751.

[*169* b] C. Huygens, *Œuvres complètes*, 22 vol., La Haye (M. Nijhoff), 1888-1950.

[*170*] N. Iwahori and H. Matsumoto, On some Bruhat decomposition and the structure of the Hecke ring of *p*-adic Chevalley groups, *Publ. math. I.H.E.S.*, no 25 (1965), p. 5-48.

[*171*] C. G. J. Jacobi, *Gesammelte Werke*, 7 vol., Berlin (G. Reimer), 1881-91.

[*172* a] N. Jacobson, Rational methods in the theory of Lie algebras, *Ann. of Math.*, t. XXXVI (1935), p. 875-881.

[*172* b] N. Jacobson, Classes of restricted Lie algebras of characteristic *p*, II, *Duke Math. Journ.*, t. X (1943), p. 107-121.

[*172* c] N. Jacobson, A topology for the set of primitive ideals in an arbitrary ring, *Proc. Nat. Acad. Sci. U.S.A.*, t. XXXI (1945), p. 333-338.

[*172* d] N. Jacobson, *Structure of rings* (*Amer. Math. Soc. Coll. Public.*, t. 37), Providence, 1956.

[*173*] B. Jessen, The theory of integration in a space of an infinite number of dimensions, *Acta Math.*, t. LXIII (1934), p. 249-323.

[*174* a] C. Jordan, *Traité des substitutions et des équations algébriques*, 2e éd., Paris (Gauthier-Villars et A. Blanchard), 1957.

[*174* b] C. Jordan, Mémoire sur les groupes de mouvements, *Ann. di Mat.*, (2), t. II (1868-69), p. 167-215 et 322-345 (= *Œuvres*, t. IV, p. 231-302, Paris (Gauthier-Villars 4), 1964.)

[*174* c] C. Jordan, *Cours d'Analyse de l'École Polytechnique*, 3e éd., 3 vol., Paris (Gauthier-Villars), 1909-15.

[*175*] H. Jung, *Algebraischen Flächen*, Hannover (Helwing), 1925.

[*176*] J. P. Kahane, Séries de Fourier aléatoires, *Sém. Bourbaki*, n° 200, 12e année, 1959-60, New York (Benjamin).

[*177*] S. Kakutani, Notes on infinite product measure spaces, II, *Proc. Imp. Acad. Japan*, t. XIX (1943), p. 184-188.

[*178*] I. Kant, *Werke*, ed. E. Cassirer, 11 vol., Berlin (B. Cassirer), 1912-1921.

[*179* a] J. Kepler, *Stereometria Doliorum*, 1615.

[*179* b] J. Kepler, *Neue Stereometrie der Fässer* (*Ostwald's Klassiker*, n° 165), Leipzig (Engelmann), 1908.

[*180*] W. Killing, Die Zusammensetzung der stetigen endlichen Transformationsgruppen : I) *Math. Ann.*, t. XXXI (1888), p. 252-290; II) *ibid.*, t. XXXIII (1889), p. 1-48; III) *ibid.*, t. XXXIV (1889), p. 57-122; IV) *ibid.*, t. XXXVI (1890), p. 161-189.

[*181*] S. Kleene, *Introduction to metamathematics*, New York, 1952.

[*182*] F. Klein, *Gesammelte mathematische Abhandlungen*, 3 vol., Berlin (Springer), 1921-23.

[*183*] A. Kolmogoroff, *Grundbegriffe der Wahrscheinlichkeitsrechnung* (*Erg. der Math.*, Bd. 2), Berlin (Springer), 1933.

[*184*] G. Köthe, Neubegründung der Theorie der vollkommenen Räume, *Math. Nachr.*, t. IV (1951), p. 70-80.

[*185*] E. Kötter, *Die Entwickelung der synthetischen Geometrie*, Leipzig (Teubner), 1901 (= *Jahresbericht der D.M.V.*, t. V, 2tes Heft).

[*186* a] L. Kronecker, *Werke*, 5 vol., Leipzig (Teubner), 1895-1930.

[*186* b] L. Kronecker, *Vorlesungen über die Theorie der Determinanten...*, Leipzig (Teubner), 1903.

[*187* a] W. Krull, Über verallgemeinerte endliche Abelsche Gruppen, *Math. Zeitschr.*, t. XXIII (1925), p. 161-196.

[*187* b] W. Krull, Theorie und Anwendung der verallgemeinerten Abelschen Gruppen, *Sitzungsber. Heidelberger Akad. Wiss*, 1926, n° 1, 32 pp.

[*187* c] W. Krull, Zur Theorie der allgemeinen Zahlringe, *Math. Ann.*, t. XCIX (1928), p. 51-70.

[*187* d] W. Krull, Galoische Theorie der unendlichen algebraischen Erweiterungen, *Math. Ann.*, t. C (1928), p. 687-698.

[*187* e] W. Krull, Primidealketten in allgemeine Ringbereichen, *Sitzungsber. Heidelberg Akad. Wiss.*, 1928.

[*187* f] W. Krull, Allgemeine Bewertungstheorie, *J. de Crelle*, t. CLXVII (1931), p. 160-196.

[*187* g] W. Krull, Beiträge zur Arithmetik kommutativer Integritätsbereiche III, *Math. Zeitschr.*, t. XLII (1937), p. 745-766.

[*187* h] W. Krull, Dimensionstheorie in Stellenringe, *J. de Crelle*, t. CLXXIX (1938), p. 204-226.

[*187* i] W. Krull, *Idealtheorie* (*Erg. der Math.*, Bd. 4), Berlin (Springer), 1935.

[*188* a] E. Kummer, Sur les nombres complexes qui sont formés avec les nombres entiers réels et les racines de l'unité, *Journ. de Math.*, (1), t. XII (1847), p. 185-212.

[*188* b] E. Kummer, Zur Theorie der complexen Zahlen, *J. de Crelle*, t. XXXV (1847), p. 319-326.

[*188* c] E. KUMMER, Ueber die Zerlegung der aus Wurzeln der Einheit gebildeten complexen Zahlen in Primfactoren, *J. de Crelle*, t. XXXV (1847), p. 327-367.

[*188* d] E. KUMMER, Mémoire sur les nombres complexes composés de racines de l'unité et des nombres entiers, *Journ. de Math.*, (1), t. XVI (1851), p. 377-498.

[*188* e] E. KUMMER, Über die allgemeinen Reciprocitätsgesetze unter den Resten und Nichtresten der Potenzen deren Grad eine Primzahl ist, *Abhandl. der Kön. Akad. der Wiss. zu Berlin* (1859), Math. Abhandl., p. 19-159.

[*189* a] K. KURATOWSKI, Une méthode d'élimination des nombres transfinis des raisonnements mathématiques, *Fund. Math.*, t. V (1922), p. 76-108.

[*189* b] K. KURATOWSKI, *Topologie*, I, 2e éd., Warszawa-Vroclaw, 1948.

[*190*] J. KÜRSCHAK, Über Limesbildung und allgemeine Körpertheorie, *J. de Crelle*, t. CXLII (1913), p. 211-253.

[*191*] J. L. LAGRANGE, *Œuvres*, 14 vol., Paris (Gauthier-Villars), 1867-1892.

[*192*] E. LAGUERRE, *Œuvres*, 2 vol., Paris (Gauthier-Villars), 1898-1905.

[*193*] P. S. LAPLACE, *Œuvres*, 14 vol., Paris (Gauthier-Villars), 1878-1912.

[*194*] E. LASKER, Zur Theorie der Moduln und Ideale, *Math. Ann.*, t. LX (1905), p. 20-116.

[*195* a] M. LAZARD, Quelques calculs concernant la formule de Hausdorff, *Bull. Soc. Math. de France*, t. XCI (1963), p. 435-451.

[*195* b] M. LAZARD, Groupes analytiques *p*-adiques, *Publ. Math. I.H.E.S.*, n° 26 (1965), p. 389-603.

[*196* a] H. LEBESGUE, Intégrale, longueur, aire, *Ann. di Mat.* (3), t. VII (1902), p. 231-359.

[*196* b] H. LEBESGUE, Sur les séries trigonométriques, *Ann. Ec. Norm. Sup.*, (3), t. XX (1903), p. 453-485.

[*196* c] H. LEBESGUE, *Leçons sur l'Intégration et la recherche des fonctions primitives*, Paris (Gauthier-Villars), 1904.

[*196* d] H. LEBESGUE, Sur le problème de Dirichlet, *Rend. Circ. Mat. Palermo*, t. XXIV (1907), p. 371-402.

[*196* e] H. LEBESGUE, Sur l'intégration des fonctions discontinues, *Ann. Ec. Norm. Sup.* (3), t. XXVII (1910), p. 361-450.

[*197*] L. LE CAM, Convergence in distribution of stochastic processes, *Univ. Calif. Publ. Statistics*, n° 11 (1957), p. 207-236.

[*198* a] G. W. LEIBNIZ, *Mathematische Schriften*, 7 vol., éd. C. I. Gerhardt, Berlin-Halle (Ascher-Schmidt), 1849-63.

[*198* b] G. W. LEIBNIZ, *Philosophische Schriften*, 7 vol., éd. C. I. Gerhardt, Berlin, 1840-90.

[*198* c] G. W. LEIBNIZ, *Opuscules et fragments inédits*, éd. L. Couturat, Paris (Alcan), 1903.

[*198* d] *Der Briefwechsel von Gottfried Wilhelm Leibniz mit Mathematikern*, t. I, herausgegeben von C. I. Gerhardt, Berlin (Mayer und Müller), 1899.

[*199*] B. LEVI, Intorno alla teoria degli aggregati, *R. Ist. Lombardo Sci. Lett. Rendic.* (2), t. XXXV (1902), p. 863-868.

[*200*] E. E. LEVI, Sulla struttura dei Gruppi finiti e continui, *Atti Accad. Sci. Torino*, t. XL (1905), p. 551-565 (= *Opere*, t. I, p. 101-115).

[*201* a] P. LÉVY, *Leçons d'Analyse fonctionnelle*, Paris (Gauthier-Villars, 1922) (2e éd., sous le titre : *Problèmes concrets d'Analyse fonctionnelle*, 1951).

[*201* b] P. LÉVY, *Processus stochastiques et mouvement brownien*, Paris (Gauthier-Villars), 1948.

[*201* c] P. LÉVY, Le mouvement brownien, *Mémor. des Sci. Math.*, t. CXXVI (1954), Paris (Gauthier-Villars).

[*202*] S. LIE, *Gesammelte Abhandlungen*, 7 vol., Leipzig (Teubner).

[*203*] S. LIE und F. ENGEL, *Theorie der Transformationsgruppen*, 3 vol., Leipzig (Teubner), 1888-1893.

[*203* bis] J. LINDENSTRAUSS and L. TZAFRIRI, *Classical Banach spaces*, t. I, Berlin-Heidelberg-New York (Springer), 1977.

[*204* a] J. LIOUVILLE, Sur le développement des fonctions ou parties de fonctions en séries dont les divers termes sont assujettis à satisfaire à une même équation différentielle du second ordre contenant un paramètre variable, *Journ. de Math.* (1), t. I (1836), p. 253-265 et t. II (1837), p. 16-35 et 418-436.

[*204* b] J. LIOUVILLE, D'un théorème dû à M. Sturm et relatif à une classe de fonctions transcendantes, *Journ. de Math.* (1), t. I (1836), p. 269-277.

[*204* c] J. LIOUVILLE, Sur des classes très étendues de quantités dont la valeur n'est ni algébrique ni même réductible à des irrationnelles algébriques, *Journ. de Math.* (1), t. XVI (1851), p. 133-142.

[*205* a] R. LIPSCHITZ, De explicatione per serias trigonometricas instituenda functionum unius variabilis arbitrariarum, *J. de Crelle*, t. LXIII (1864), p. 296-308 (trad. française par P. Montel. *Acta Math.*, t. XXXVI (1912), p. 261-295).

[*205* b] R. LIPSCHITZ, *Untersuchungen ueber die Summen von Quadraten*, Bonn, 1886 (résumé en français dans *Bull. Sci. Math.*, t. XXI (1886), p. 163-183).

[*206*] N. LOBATSCHEVSKY, *Pangeometrie* (*Ostwald's Klassiker*, n° 130), Leipzig (Engelmann), 1902.

[*207*] L. H. LOOMIS, *An introduction to abstract harmonic analysis*, London-New York-Toronto (van Nostrand), 1953.

[*208*] G. LORIA, Le ricerche inedite di Evangelista Torricelli sopra la curve logaritmica, *Bibl. Math.* (3), t. I (1900), p. 75-89.

[*209*] N. LUSIN, *Leçons sur les ensembles analytiques et leurs applications*, Paris (Gauthier-Villars), 1930.

[*210*] E. LUTZ, Sur l'équation $y^2 = x^3 - Ax - B$ dans les corps p-adiques, *J. de Crelle*, t. CLXXVII (1937), p. 237-247.

[*211*] F. S. MACAULAY, On the resolution of a given modular system into primary systems including some properties of Hilbert numbers, *Math. Ann.*, t. LXXIV (1913), p. 66-121.

[*212*] A. MACBEATH and S. SWIERCZKOWSKI, Limits of lattices in a compactly generated group, *Can. Journ. of Math.*, t. XII (1960), p. 427-437.

[*213* a] G. W. MACKEY, On infinite-dimensional spaces, *Trans. Amer. Math. Soc.*, t. LVII (1945), p. 155-207.

[*213* b] G. W. MACKEY, On convex topological spaces, *Trans. Amer. Math. Soc.*, t. LX (1946), p. 519-537.

[*214*] C. MACLAURIN, *A treatise of fluxions*, Edinburgh, 2 vol., 1742.

[*215* a] W. MAGNUS, Beziehungen zwischen Gruppen und Idealen in einen speziellen Ring, *Math. Ann.*, t. CXI (1935), p. 259-280.

[*215* b] W. MAGNUS, Über Beziehungen zwischen höheren Kommutatoren, *J. de Crelle*, t. CLXXVII (1937), p. 105-115.

[*216*] W. MAGNUS, A. KARRASS and D. SOLITAR, *Combinatorial group theory*, New York (Interscience), 1966.

[*217*] D. MAHNKE, Neue Einblicke in die Entdeckungsgeschichte der höheren Analysis, *Abh. Preuss. Akad. der Wiss. Phys.-Math. Klasse*, 1925, n° 1, 64 pp., Berlin, 1926.

[*218*] F, MASÈRES, *Scriptores Logaritmici*, 6 vol., London, 1791-1807.

[*219*] L. MAURER, Über allgemeinere Invarianten-Systeme, *Sitzungsber. München*, t. XVIII (1888), p. 103-150.

[*220*] N. MERCATOR, *Logarithmotechnia... cui nunc accedit vera quadratura hyperbolae...*, Londini, 1668.

[*221* a] H. MINKOWSKI, *Gesammelte Abhandlungen*, 2 vol., Leipzig-Berlin (Teubner), 1911.

[*221* b] H, MINKOWSKI, *Geometrie der Zahlen*, Leipzig (Teubner), 1896.

[*222*] R. A. MINLOS, Generalized random processes and their extension to a measure (en russe), *Trudy Mosk. Mat. Obschtsch.*, t. VIII (1959), p. 497-518 (= *Selected transl. in math. statistics and probability*, t. III (19), p. 291-313, Amer. Math. Soc.).

[*223*] A. F. MÖBIUS, *Gesammelte Werke*, 4 vol., Leipzig (Hirzel), 1885-87.

[*224* a] T. MOLIEN, Ueber Systeme höherer complexer Zahlen, *Math. Ann.*, t. XLI (1893), p. 83-156.

[*224* b] T. MOLIEN, Über die Invarianten der linearen Substitutionsgruppen, *Berliner Sitzungsber.*, 1897, p. 1152-1156.

[*225*] G. MONGE, *Géométrie descriptive*, Paris, 1798 (nouvelle éd., Paris (Gauthier-Villars), 1922).

[*226*] D. MONTGOMERY and L. ZIPPIN, *Topological transformation groups*, New York (Interscience), 1955.

[*227*] E. H. MOORE and H. L. SMITH, A general theory of limits, *Amer. Journ. of Math.*, t. XLIV (1922), p. 102-121.

[*228*] S. G. MORLEY, *The ancient Maya*, Stanford University Press, 1946.

[*229*] E. NELSON, *Dynamical theories of brownian motion*, Mathematical Notes, Princeton (University Press), 1967.

[*230* a] J. NEPER, *Mirifici logarithmorum canonis descriptio*, Lyon, 1619 (reproduit dans [*218*], t. VI, p. 475-623).

[*230* b] *Napier Tercentenary Memorial Volume*, London, 1915.

[*231*] E. NETTO, Zur Theorie der Elimination, *Acta Math.*, t. VII (1885), p. 101-104.

[*232*] O. NEUGEBAUER, *Vorlesungen über die Geschichte der antiken Mathematik*, Bd. I : Vorgrieschische Mathematik, Berlin (Springer), 1934.

[*233* a] I. NEWTON, *Opuscula*, 3 vol., Lausanne-Genève (M. Bousquet), 1744.

[*233* b] I. NEWTON, *Philosophiae Naturalis Principia Mathematica*, London, 1687 (nouvelle éd., Glasgow, 1871).

[*233* c] I. NEWTON, *Mathematical principles of natural philosophy*, transl. into English by A. Motte in 1729, Univ. of California, 1946.

[*233* d] *The mathematical papers of Isaac Newton*, vol. I : 1664-1666 (ed. D. Whiteside), Cambridge (Univ. Press), 1967.

[*234*] J. NIELSEN, Die Isomorphismengruppen der freien Gruppen, *Math. Ann.*, t. XCI (1924), p. 169-209.

[*235*] O. NIKODYM, Sur une généralisation des intégrales de M. Radon, *Fund. Math.*, t. XV (1930), p. 131-179.

[*236* a] E. NOETHER, Idealtheorie in Ringbereichen, *Math. Ann.*, t. LXXXIII (1921), p. 24-66.

[*236* b] E. NOETHER, Abstrakter Aufbau der Idealtheorie in algebraischen Zahl- und Funktionenkörper, *Math. Ann.*, t. XCVI (1926), p. 26-61.

[*236* c] E. NOETHER, Hyperkomplexe Grössen und Darstellungstheorie, *Math. Zeitschr.*, t. XXX (1929), p. 641-692.

[*236* d] E. NOETHER, Nichtkommutative Algebra, *Math. Zeitschr.*, t. XXXVII (1933), p. 514-541.

[*237*] E. NOETHER und R. BRAUER, Über minimale Zerfallungskörper irreduzibler Darstellungen, *Berliner Sitzungsber.*, 1927, p. 221-228.

[*238*] E. NOETHER und W. SCHMEIDLER, Moduln in nichtkommutativen Bereichen, *Math. Zeitschr.*, t. VIII (1920), p. 1-35.

[*239*] M. NOETHER, Über einen Satz aus der Theorie der algebraischen Funktionen, *Math. Ann.*, t. VI (1873), p. 351-359.

[*240*] W. OSGOOD, Non uniform convergence and the integration of series term by term, *Amer. Journ. of Math.*, t. XIX (1897), p. 155-190.

[*241*] P. OSMOND, *Isaac Barrow. His life and time*, London, 1944.

[*242*] A. OSTROWSKI, Über einige Lösungen der Funktionalgleichung $\varphi(x)\varphi(y) = \varphi(x.y)$, *Acta Math.*, t. XLI (1917), p. 271-284.

[*243*] R. E. A. C. PALEY and N. WIENER, *Fourier transforms in the complex domain*, Amer. Math. Soc. Coll. Publ. n° 19, New York, 1934.

[*244*] B. PASCAL, *Œuvres*, 14 vol., éd. Brunschvicg, Paris (Hachette), 1904-14.

[*245*] M. PASCH und M. DEHN, *Vorlesungen über neuere Geometrie*, 2te Aufl., Berlin (Springer), 1926.

[*246* a] G. PEANO, *Applicazioni geometriche del calcolo infinitesimale*, Torino, 1887.

[*246* b] G. PEANO, *Calcolo geometrico secondo l'Ausdehnungslehre di Grassmann, preceduto dalle operazioni della logica deduttiva*, Torino, 1888.

[*246* c] G. PEANO, *Arithmeticas principia, novo methodo exposita*, Torino, 1889.

[*246* d] G. PEANO, *I principii di Geometria, logicamente expositi*, Torino, 1889.

[*246* e] G. PEANO, Démonstration de l'intégrabilité des équations différentielles ordinaires, *Math. Ann.*, t. XXXVII (1890), p. 182-228.

[*246* f] G. PEANO, *Formulaire de Mathématiques*, 5 vol., Torino, 1895-1905.

[*247*] B. PEIRCE, Linear associative algebra, *Amer. Journ. of Math.*, t. IV (1881), p. 97-221.

[*248* a] C. S. PEIRCE, Upon the logic of mathematics, *Proc. Amer. Acad. of Arts and Sci.*, t. VII (1865-68), p. 402-412.

[*248* b] C. S. PEIRCE, On the algebra of logic, *Amer. Journ. of Math.*, t. III (1880), p. 49-57.

[*248* c] C. S. PEIRCE, On the relative forms of the algebras, *Amer. Journ, of Math.*, t. IV (1881), p. 221-225.

[*248* d] C. S. PEIRCE, On the algebras in which division is unambiguous, *Amer. Journ. of Math.*, t. IV (1881), p. 225-229.

[*248* e] C. S. PEIRCE, On the algebra of logic, *Amer. Journ. of Math.*, t. VII (1884), p. 190-202.

[*249*] J. Pfanzagl and W. Pierlo, Compact systems of sets, *Lecture Notes in Math.*, n° 16 (1966), Berlin (Springer).

[*250*] Platon, *La République*, trad. E. Chambry, 2 vol., Paris (Les Belles Lettres), 1932-49.

[*251* a] H. Poincaré, *Œuvres*, 11 vol., Paris (Gauthier-Villars), 1916-1956.

[*251* b] H. Poincaré, *Les méthodes nouvelles de la mécanique céleste*, 3 vol., Paris (Gauthier-Villars), 1893-1899.

[*251* c] H. Poincaré, *Science et hypothèse*, Paris (Flammarion), 1902.

[*251* d] H. Poincaré, *La valeur de la Science*, Paris (Flammarion), 1905.

[*251* e] H. Poincaré, *Science et méthode*, Paris (Flammarion), 1908.

[*252*] J. V. Poncelet, *Traité des propriétés projectives des figures*, 2 vol., 2ᵉ éd., Paris (Gauthier-Villars), 1865.

[*253*] L. S. Pontrjagin, *Topological groups*, Princeton (Univ. Press), 1939.

[*254*] Ju. V. Prokhorov, Convergence of random processes and limit theorems in probability theory, *Theor. Probab. Appl.*, t. I (1956), p. 156-214.

[*255*] *Ptolemaei Cl. Opera*, ed. J. L. Heiberg, 2 vol., Lipsiae (Teubner), 1898-1903 (trad. Halma, réimp., 2 vol., Paris (Hermann), 1927).

[*256*] J. Radon, Theorie und Anwendungen der absolut additiven Mengenfunctionen, *Sitzungsber. der math. naturwiss. Klasse der Akad. der Wiss.* (*Wien*), t. CXXII, Abt. II a (1913), p. 1295-1438.

[*257*] G. Ricci et T. Levi-Civita, Méthodes de calcul différentiel absolu et leurs applications. *Math. Ann.*, t. LIV (1901), p. 125-201.

[*258*] J. Richard, Les principes des Mathématiques et le problème des ensembles, *Rev. Gén. des Sci. pures et appl.*, t. XVI (1905), p. 541-543.

[*259* a] B. Riemann, *Gesammelte mathematische Werke*, 2ᵉ éd., Leipzig (Teubner), 1892.

[*259* b] B. Riemann, *Gesammelte Werke, Nachträge*, Leipzig (Teubner), 1902.

[*259* c] B. Riemann, *in* Lettere di E. Betti a P. Tardy, *Rend. Accad. dei Lincei* (5), t. XXIV¹ (1915), p. 517-519.

[*260* a] F. Riesz, Sur les systèmes orthogonaux de fonctions, *C. R. Acad. Sci.*, t. CXLIV (1907), p. 615-619.

[*260* b] F. Riesz, Stetigkeitsbegriff und abstrakte Mengenlehre, *Atti del IV Congresso Intern. dei Matem.*, Roma, 1908, t. II, p. 18-24.

[*260* c] F. Riesz, Untersuchungen über Systeme integrierbarer Funktionen, *Math. Ann.*, t. LXIX (1910), p. 449-497.

[*260* d] F. Riesz, Sur certains systèmes singuliers d'équations intégrales, *Ann. Ec. Norm. Sup.* (3), t. XXVIII (1911), p. 33-62.

[*260* e] F. Riesz, *Les systèmes d'équations linéaires à une infinité d'inconnues*, Paris (Gauthier-Villars), 1913.

[*260* f] F. Riesz, Ueber lineare Funktionalgleichungen, *Acta Math.*, t. XLI (1918), p. 71-98.

[*260* g] F. Riesz, Zur Theorie des Hilbertschen Raumes, *Acta litt. ac. scient.* (*Szeged*), t. VII (1934-35), p. 34-38.

[*260* h] F. Riesz, Sur quelques notions fondamentales dans la théorie générale des opérations linéaires, *Ann. of Math.* (2), t. XLI (1940), p. 174-206.

[*261*] M. Riesz, Sur le problème des moments, 3, *Ark. för Math.*, t. XVII (1922-23), n° 16, 52 pp.

[*262*] S. P. Rigaud, *Correspondence of scientific men...*, 2 vol., Oxford, 1841-42.

[*263*] G. de ROBERVAL, *Ouvrages de Mathématique* (*Mémoires de l'Académie Royale des Sciences*, t. VI, Paris (1730), p. 1-478).

[*264*] R. ROBINSON, Plato's consciousness of fallacy, *Mind*, t. LI (1942), p. 97-114.

[*265*] P. RUFFINI, *Opere Matematiche*, 3 vol., Ed. Cremonese (Roma), 1953-54.

[*266*] B. RUSSELL and A. N. WHITEHEAD, *Principia Mathematica*, 3 vol., Cambridge, 1910-13.

[*267*] A. RUSTOW, *Der Lügner*, Diss. Erlangen, 1910.

[*268*] S. SAKS, *Theory of the integral*, 2e éd., New York (Stechert), 1937.

[*269*] P. ALFONSO ANTONIO DE SARASA, *Solutio problematis*..., Antverpiae, 1649.

[*270*] P. SAMUEL, La notion de multiplicité en Algèbre et en Géométrie algébrique, *Journ. de Math.* (9), t. XXX (1951), p. 159-274.

[*271*] G. SCHEFFERS, Zurückführung complexer Zahlensysteme auf typische Formen, *Math. Ann.*, t. XXXIX (1891), p. 293-390.

[*272*] E. SCHERING, *Gesammelte mathematische Werke*, 2 vol., Berlin (Mayer und Müller), 1902-1909.

[*273*] L. SCHLÄFLI, *Gesammelte mathematische Abhandlungen*, 3 vol., Basel (Birkhäuser), 1950-56.

[*274* a] E. SCHMIDT, Zur Theorie der linearen und nichtlinearen Integralgleichungen. I. Teil : Entwickelung willkürlicher Funktionen nach Systeme vorgeschriebener, *Math. Ann.*, t. LXIII (1907), p. 433-476.

[*274* b] E. SCHMIDT, Ueber die Auflösung linearer Gleichungen mit unendlich vielen Unbekannten, *Rend. Palermo*, t. XXV (1908), p. 53-77.

[*275* a] A. SCHOENFLIES, *Entwickelung der Mengenlehre und ihrer Anwendungen*, 2e éd., Leipzig-Berlin (Teubner), 1913.

[*275* b] A. SCHOENFLIES, Die Krisis in Cantor's mathematischem Schaffen, *Acta Math.*, t. L (1927), p. 1-23.

[*276* a] O. SCHREIER, Abstrakte kontinuierliche Gruppen, *Abh. math. Sem. Univ. Hamburg*, t. IV (1926), p. 15-32.

[*276* b] O. SCHREIER, Die Verwandschaft stetiger Gruppen in grossen, *Abh. math. Sem. Univ. Hamburg*, t. V (1927), p. 233-244.

[*277*] E. SCHRÖDER, *Vorlesungen über die Algebra der Logik*, 3 vol., Leipzig (Teubner), 1890.

[*278* a] F. SCHUR, Zur Theorie der aus Haupteinheiten gebildeten Komplexen, *Math. Ann.*, t. XXXIII (1889), p. 49-60.

[*278* b] F. SCHUR, Neue Begründung der Theorie der endlichen Transformationsgruppen, *Math. Ann.*, t. XXXV (1890), p. 161-197.

[*278* c] F. SCHUR, Zur Theorie der endlichen Transformationsgruppen, *Math. Ann.*, t. XXXVIII (1891), p. 273-286.

[*278* d] F. SCHUR, Über den analytischen Character der eine endliche continuierliche Transformationsgruppe darstellende Funktionen, *Math. Ann.*, t. XLI (1893), p. 509-538.

[*279* a] I. SCHUR, *Uber eine Klasse von Matrices, die sich einer gegebenen Matrix zuordnen lassen*, Diss. Berlin, 1901.

[*279* b] I. SCHUR, Über die Darstellung der endlichen Gruppen durch gebrochene lineare Substitutionen, *J. de Crelle*, t. CXXVII (1904), p. 20-50.

[*279* c] I. SCHUR, Neue Begründung der Theorie der Gruppencharaktere, *Berliner Sitzungsber.*, 1905, p. 406-432.

[*279* d] I. SCHUR, Arithmetische Untersuchungen über endliche Gruppen linearer Substitution, *Berliner Sitzungsber.*, 1906, p. 164-184.

[*279* e] I. SCHUR, Neue Anwendungen der Integralrechnung auf Probleme der Invariantentheorie, *Berliner Sitzungsber.*, 1924, p. 189-208, 297-321, 346-355.

[*280*] L. SCHWARTZ, *Théorie des distributions* (*Actual. Scient. et Ind.*, n°s 1091 et 1122), Paris (Hermann), 1950-51.

[*281*] I. SEGAL, Distributions in Hilbert space and canonical systems of operators, *Trans. Amer. Math. Soc.*, t. LXXXVIII (1958), p. 12-41.

[*282*] E. SELLING, Ueber die idealen Primfactoren der complexen Zahlen, welche aus der Wurzeln einer beliebigen irreductiblen Gleichung rational gebildet sind, *Zeitschr. für Math. und Phys.*, t. X (1865), p. 17-47.

[*283* a] J.-P. SERRE, Faisceaux algébriques cohérents, *Ann. of Math.*, t. LXI (1955), p. 197-278.

[*283* b] J.-P. SERRE, Géométrie algébrique et géométrie analytique, *Ann. Inst. Fourier*, t. VI (1956), p. 1-42.

[*284*] J. A. SERRET, *Cours d'Algèbre Supérieure*, 3e éd., Paris (Gauthier-Villars), 1866.

[*285*] C. L. SIEGEL, Symplectic Geometry, *Amer. Journ. of Math.*, t. LXV (1943), p. 1-86.

[*286* a] T. SKOLEM, Einige Bemerkungen zur axiomatischen Begründung der Mengenlehre, *Wiss. Vorträge, 5.Kongress Skand. Math.*, Helsingfors, 1922, p. 217-232.

[*286* b] T. SKOLEM, Zur Theorie der associativen Zahlensysteme, *Skr. norske Vid. Akad.*, Oslo, 1927, n° 12, 50 pp.

[*287*] H. J. SMITH, *Collected Mathematical Papers*, 2 vol., Oxford, 1894.

[*288*] SOMMER, *Introduction à la théorie des nombres algébriques* (trad. A. Lévy), Paris (Hermann), 1911.

[*289*] M. SOUSLIN, Sur une définition des ensembles mesurables B sans nombres transfinis, *C. R. Acad. Sci.*, t. CLXIV (1917), p. 88-91.

[*290*] E. SPARRE-ANDERSEN and B. JESSEN, On the introduction of measures in infinite product sets, *Dansk. Vid. Selbskab. Mat. Fys. Medd.*, t. XXV (1948), n° 4, p. 1-7.

[*291*] A. SPEISER, *Theorie der Gruppen von endlicher Ordnung*, 4e éd., Basel (Birkhäuser), 1956.

[*292*] R. STEINBERG, Finite reflection groups, *Trans. Amer. Math. Soc.*, t. XCI (1959), p. 493-504.

[*293*] H. STEINHAUS, Les probabilités dénombrables et leur rapport à la théorie de la mesure, *Fund. Math.*, t. IV (1923), p. 286-310.

[*294* a] E. STEINITZ, Algebraische Theorie der Körpern, *J. de Crelle*, t. CXXXVII (1910), p. 167-309 (nouv. éd. H. Hasse und R. Baer, Berlin-Leipzig (de Gruyter), 1930).

[*294* b] E. STEINITZ, Rechteckige Systeme und Moduln in algebraischen Zahlkörpern, *Math. Ann.*, t. LXXI (1912), p. 328-354 et LXXII (1912), p. 297-345.

[*295*] S. STEVIN, *Les Œuvres mathématiques...*, éd. A. Girard, Leyde (Elzevir), 1634.

[*296*] E. Stiefel, Ueber eine Beziehung zwischen geschlossenen Lie'sche Gruppen und diskontinuierlichen Bewegungsgruppen euklidischer Räume und ihre Anwendung auf die Aufzählung der einfachen Lie'schen Gruppen, *Comm. Math. Helv.*, t. XIV (1941-42), p. 350-380.

[*297*] T. Stieltjes, Recherches sur les fractions continues, *Ann. Fac. Sci. de Toulouse*. t. VIII (1894), p. J.1-J.122.

[*298*] M. Stifel, *Arithmetica integra*, Nüremberg, 1544.

[*299*] J. Stirling, *Lineae tertii ordinis Newtonianae...*, Londini, 1717 (nouvelle éd., Paris (Duprat), 1797).

[*300*] A. H. Stone, Paracompactness and product spaces, *Bull. Amer. Math. Soc.*, t. LIV (1948), p. 977-982.

[*301* a] M. H. Stone, The theory of representation for Boolean algebras, *Trans. Amer. Math. Soc.*, t. XL (1936), p. 37-111.

[*301* b] M. H. Stone, Applications of the theory of Boolean rings to general topology, *Trans. Amer. Math. Soc.*, t. XLI (1937), p. 375-481.

[*301* c] M. H. Stone, The generalized Weierstrass approximation theorem, *Math. Magazine*, t. XXI (1948), p. 167-183 et 237-254.

[*302* a] C. Sturm, Sur les équations différentielles linéaires du second ordre, *Journ. de Math.* (1), t. I (1836), p. 106-186.

[*302* b] C. Sturm, Sur une classe d'équations à différences partielles, *Journ. de Math.*, (1), t. I (1836), p. 373-444.

[*303*] L. Sylow, Théorèmes sur les groupes de substitutions, *Math. Ann.*, t. V (1872), p. 584-594.

[*304*] J. J. Sylvester, *Collected Mathematical Papers*, 4 vol., Cambridge, 1904-1911.

[*305*] B. Taylor, *Methodus Incrementorum directa et inversa*, Londini, 1715.

[*306*] P. Tchebychef, Sur deux théorèmes relatifs aux probabilités, *Acta Math.*, t. XIV (1890), p. 305-315 (= *Œuvres*, t. II, p. 481-491).

[*307*] H. Tietze, Über Funktionen die auf einer abgeschlossenen Menge stetig sind, *J. de Crelle*, t. CXLV (1915), p. 9-14.

[*308* a] J. Tits, Groupes simples et géométries associées, *Proc. Intern. Congress Math.*, Stockholm, 1962, p. 197-221.

[*308* b] J. Tits, Théorème de Bruhat et sous-groupes paraboliques, *C. R. Acad. Sci.*, t. CCLIV (1962), p. 2910-2912.

[*308* c] J. Tits, Algebraic and abstract simple groups, *Ann. of Math.*, t. LXXX (1964), p. 313-329.

[*309* a] O. Toeplitz, Ueber die Auflösung unendlichvieler linearer Gleichungen mit unendlichvielen Unbekannten, *Rend. Circ. Mat. Palermo*, t. XXVIII (1909), p. 88-96.

[*309* b] O. Toeplitz, Das Verhältnis von Mathematik und Ideenlehre bei Plato, *Quellen und Studien zur Geschichte der Math.*, Abt. B : Studien, t. I (1929), p. 3-33.

[*309* c] O. Toeplitz, Die mathematische Epinomisstelle, *Quellen und Studien zur Geschichte der Math.*, Abt. B. : Studien, t. II (1933), p. 334-346.

[*310*] E. Torricelli, *Opere*, 4 vol., éd. G. Loria et G. Vassura, Faenza (Montanari), 1919.

[*311*] J. Tropfke, *Geschichte der Elementar-Mathematik*, 7 vol., 2e éd., Berlin-Leipzig (de Gruyter), 1921-24.

[*312*] N. TSCHEBOTARÖW, *Grundzüge der Galois'schen Theorie* (trad. Schwerdtfeger), Groningen (Noordhoff), 1950.

[*313*] A. TYCHONOFF, Über die topologische Erweiterung von Räumen, *Math. Ann.*, t. CII (1930), p. 544-561.

[*314*] P. URYSOHN, Ueber die Mächtigkeit der zusammenhängenden Mengen, *Math. Ann.*, t. XCIV (1925), p. 262-295.

[*315*] A. VANDERMONDE, Mémoire sur la résolution des équations, *Hist. de l'Acad. royale des sciences*, année 1771, Paris (1774), p. 365-416.

[*316*] V. S. VARADARAJAN, Measures on topological spaces (en russe), *Mat. Sbornik*, t. LV (1961), p. 35-100 (trad. anglaise : *Amer. Math. Soc. Transl.* (2), vol. 48, p. 161-228).

[*317* a] B. L. van der WAERDEN, *Moderne Algebra*, 1re éd., 2 vol., Berlin (Springer), 1930-31.

[*317* b] B. L. van der WAERDEN, Die Klassification der einfachen Lieschen Gruppen, *Math. Zeitschr.*, t. XXXVII (1933), p. 446-462.

[*317* c] B. L. van der WAERDEN, Zenon und die Grundlagenkrise..., *Math. Ann.*, t. CXVII (1940), p. 141-161.

[*317* d] B. L. van der WAERDEN, Die Arithmetik der Pythagoreer, I, *Math. Ann.*, t. CXX (1947), p. 127-153.

[*318*] G. VERONESE, *Fondamenti di geometria*, Padova, 1891.

[*319*] FRANCISCI VIETAE, *Opera mathematica*..., Lugduni Batavorum (Elzevir), 1646.

[*320* a] G. VITALI, Una proprieta delle funzioni misurabili, *R. Ist. Lombardo Sci. Lett. Rend.*, (2), t. XXXVIII (1905), p. 599-603.

[*320* b] G. VITALI, Sui gruppi di punti e sulle funzioni di variabili reali, *Rend. Acc. Sci. di Torino*, t. XLIII (1908), p. 229-236.

[*321*] H. VOGT, Die Entdeckungsgeschichte des Irrationalen nach Plato und andere Quellen des 4.Jahrhunderts, *Bibl. Math.*, (3), t. X (1909), p. 97-155.

[*322* a] V. VOLTERRA, *Leçons sur les fonctions de lignes*, Paris (Gauthier-Villars), 1913.

[*322* b] V. VOLTERRA, *Theory of Functionals*, London-Glasgow (Blackie and sons), 1930.

[*323*] K. von FRITZ, The discovery of incommensurability by Hippasus of Metapontium, *Ann. of Math.*, (2), t. XLVI (1945), p. 242-264.

[*324* a] J. von NEUMANN, Eine Axiomatisierung der Mengenlehre, *J. de Crelle*, t. CLIV (1925), p. 219-240.

[*324* b] J. von NEUMANN, Zur Theorie der Darstellung kontinuierlicher Gruppen, *Berliner Sitzungsber.*, 1927, p. 76-90.

[*324* c] J. von NEUMANN, Die Axiomatisierung der Mengenlehre, *Math. Zeitschr.*, t. XXVII (1928), p. 669-752.

[*324* d] J. von NEUMANN, Zur Hilbertschen Beweistheorie, *Math. Zeitschr.*, t. XXVI (1927), p. 1-46.

[*324* e] J. von NEUMANN, Zum Haarschen Mass in topologischen Gruppen, *Compos. Math.*, t. I (1934), p. 106-114.

[*324* f] J. von NEUMANN, The uniqueness of Haar's measure, *Mat. Sbornik.*, t. I (= XLIII) (1936), p. 721-734.

[*324* g] J. von NEUMANN, On rings of operators III, *Ann. of Math.* (2), t. XLI (1940), p. 94-161.

[*325*] K. G. V. von STAUDT, *Beiträge zur Geometrie der Lage*, Nürnberg, 1856.

[*326* a] J. WALLIS, *Opera Mathematica*, 3 vol., Oxoniae, 1693-95.

[*326* b] J. WALLIS, Logarithmotechnia Nicolai Mercatoris..., *Phil. Trans.*, t. III (1668), p. 753-759.

[*327* a] H. WEBER, Untersuchungen über die allgemeinen Grundlagen der Galois'schen Gleichungstheorie, *Math. Ann.*, t. XLIII (1893), p. 521-544.

[*327* b] H. WEBER, Leopold Kronecker, *Math. Ann.*, t. XLIII (1893), p. 1-25.

[*327* c] H. WEBER, Beweis des Satzes, dass jede eigentlich primitive quadratische Form unendlich viele Primzahlen darzustellen fähig is, *Math. Ann.*, t. XX (1882), p. 301-329.

[*327* d] H. WEBER, Theorie der Abels'chen Zahlkörper, IV, *Acta Math.*, t. IX (1886), p. 105-130.

[*328* a] J. MACLAGAN WEDDERBURN, A theorem on finite algebras, *Trans. Amer. Math. Soc.*, t. VI (1905), p. 349-352.

[*328* b] J. MACLAGAN WEDDERBURN, On hypercomplex numbers, *Proc. Lond. Math. Soc.* (2), t. VI (1908), p. 77-118.

[*328* c] J. MACLAGAN WEDDERBURN, A type of primitive algebra, *Trans. Amer. Math. Soc.*, t. XV (1914), p. 162-166.

[*328* d] J. MACLAGAN WEDDERBURN, On division algebras, *Trans. Amer., Math. Soc.*, t. XXII (1921), p. 129-135.

[*329* a] K. WEIERSTRASS, *Mathematische Werke*, 7 vol., Berlin (Mayer und Müller), 1894-1927.

[*329* b] K. WEIERSTRASS, Briefe an P. du Bois-Reymond, *Acta Math.*, t. XXXIX (1923), p. 199-225.

[*330* a] A. WEIL, Sur les fonctions elliptiques *p*-adiques, *C. R. Acad. Sci.*, t. CCIII (1936), p. 22.

[*330* b] A. WEIL, *Sur les espaces uniformes et sur la topologie générale* (*Actual. Scient. et Ind.*, n° 551), Paris (Hermann), 1937.

[*330* c] A. WEIL, *L'intégration dans les groupes topologiques et ses applications* (*Actual. Scient. et Ind.*, n° 869), Paris (Hermann), 1940.

[*330* d] A. WEIL, *Foundations of algebraic geometry* (*Amer. Math. Soc. Coll. Publ.*, t. 29), New York, 1946.

[*330* e] A. WEIL, *Fibre spaces in Algebraic Geometry* (Notes by A. Wallace), Chicago Univ., 1952.

[*331* a] H. WEYL, Lettre à I. Schur, *Berliner Sitzungsber.*, 1924, p. 338-343.

[*331* b] H. WEYL, Theorie der Darstellung kontinuierlicher halbeinfacher Gruppen durch lineare Transformationen, *Math. Zeitschr.*, t. XXIII (1925), p. 271-309, t. XXIV (1926), p. 328-395 et 789-791.

[*331* c] H. WEYL, *Symmetry*, Princeton (Princeton Univ. Press), 1952.

[*332*] H. WEYL und F. PETER, Die Vollständigkeit der primitiven Darstellungen einer geschlossenen kontinuierlichen Gruppe, *Math. Ann.*, t. XCVII (1927), p. 737-755.

[*333*] A. N. WHITEHEAD, On cardinal numbers, *Amer. Journ. of Math.*, t. XXIV (1902), p. 367-394.

[*334* a] J. H. C. WHITEHEAD, On the decomposition of an infinitesimal group, *Proc. Camb. Phil. Soc.*, t. XXXII (1936), p. 229-237.

[*334* b] J. H. C. WHITEHEAD, Certain equations in the algebra of a semi-simple infinitesimal group, *Quart. Journ. of Math.*, (2), t. VIII (1937), p. 220-237.

[*335*] H. WIELEITNER, Der « Tractatus de latitudinibus formarum » des Oresme, *Bibl. Math.* (3), t. XIII (1912), p. 115-145.

[*336*] N. WIENER, Differential space, *J. Math. Phys. M.I.T.*, t. II (1923), p. 131-174.

[*337* a] E. WITT, Theorie der quadratischen Formen in beliebigen Körpern, *J. de Crelle*, t. CLXXVI (1937), p. 31-44.

[*337* b] E. WITT, Treue Darstellung Lieschen Ringe, *J. de Crelle*, t. CLXXVII (1937), p. 152-160.

[*337* c] E. WITT, Spiegelungsgruppen und Aufzählung halbeinfacher Liescher Ringe, *Abh. math. Sem. Univ. Hamburg*, t. XIV (1941), p. 289-322.

[*338*] E. WRIGHT, *Table of Latitudes*, 1599.

[*339* a] W. H. YOUNG, On upper and lower integration, *Proc. Lond. Math. Soc.* (2), t. II (1905), p. 52-66.

[*339* b] W. H. YOUNG, A new method in the theory of integration, *Proc. Lond. Math. Soc.* (2), t. IX (1911), p. 15-50.

[*340* a] O. ZARISKI, The compactness of the Riemann manifold of an abstract field of algebraic functions, *Bull. Amer. Math. Soc.*, t. L (1944), p. 683-691.

[*340* b] O. ZARISKI, Generalized local rings, *Summa Bras. Math.*, t. I (1946), p. 169-195.

[*341*] H. ZASSENHAUS, *Lehrbuch der Gruppentheorie*, Bd. I, Leipzig-Berlin (Teubner), 1937.

[*342* a] E. ZERMELO, Beweis dass jede Menge wohlgeordnet werden kann, *Math. Ann.*, t. LIX (1904), p. 514-516.

[*342* b] E. ZERMELO, Neuer Beweis für die Möglichkeit einer Wohlordnung, *Math. Ann.*, t. LXV (1908), p. 107-128.

[*342* c] E. ZERMELO, Untersuchung über die Grundlagen der Mengenlehre, *Math. Ann.*, t. LXV (1908), p. 261-281.

[*343*] G. ZOLOTAREFF, Sur la théorie des nombres complexes, *Journ. de Math.* (3), t. VI (1880), p. 51-84 et 129-166.

[*344*] M. ZORN, A remark on method in transfinite algebra, *Bull. Amer. Math. Soc.*, t. XLI (1935), p. 667-670.

[*345*] A. ZYGMUND, *Trigonometrical series*, 2 vol., Cambridge (Univ. Press), 1959.

INDEX DES NOMS CITÉS

Zeitgeist científico se impone en desarrollo del cálculo inf. p. 215

MASSON, Editeur
120,bd St-Germain
75280 Paris Cédex 06
Dépôt légal : sep.95

Achevé d'imprimer par
TREFLE COMMUNICATION
50 rue ST-SABIN
75011 PARIS
43 55 55 17

AOUT 1995